梁 艳 萍 自 选 集

漫游寻美

梁艳萍　著

中国社会科学出版社

图书在版编目（CIP）数据

漫游寻美：梁艳萍自选集／梁艳萍著．—北京：中国社会科学
出版社，2015.12

ISBN 978 – 7 – 5161 – 7151 – 6

Ⅰ．①漫…　Ⅱ．①梁…　Ⅲ．①美学—文集②中国文学—当代文学—
文学评论—文集　Ⅳ．①B83 – 53②I206.7 – 53

中国版本图书馆 CIP 数据核字（2015）第 283366 号

出 版 人	赵剑英
责任编辑	刘志兵
特约编辑	张翠萍等
责任校对	董晓月
责任印制	李寡寡

出　　版	中国社会科学出版社
社　　址	北京鼓楼西大街甲 158 号
邮　　编	100720
网　　址	http://www.csspw.cn
发 行 部	010 – 84083685
门 市 部	010 – 84029450
经　　销	新华书店及其他书店
印　　刷	北京君升印刷有限公司
装　　订	廊坊市广阳区广增装订厂
版　　次	2015 年 12 月第 1 版
印　　次	2015 年 12 月第 1 次印刷
开　　本	710×1000　1/16
印　　张	25.75
插　　页	2
字　　数	436 千字
定　　价	90.00 元

凡购买中国社会科学出版社图书，如有质量问题请与本社营销中心联系调换
电话:010 – 84083683

此书献给我在天上的父母

目　　录

文之探幽

理之论说

漫游寻美（代自序）

　　湖北大学文学院《自选集》的编选，使我有机会对自己的文字进行重读、整理，现在呈上的这本书是我二十多年部分文字的汇编，也是我漫游寻美之路的回溯。

　　柏拉图认为："心灵中孕育的思想是作家最伟大的一部分，最好的文章、作品是哲学思想的孕育，不是写在纸上，而是写在作家和受教者的心灵里。"本来书稿选编已毕，文章完成之后，作者应即行退隐，任由评说，而无须再来置喙。可是依据丛书统一的体例要求，需要完成一篇写在前面、带有介绍性的自序，内心的忐忑，不知如何言说。

　　日月荏苒，感觉似乎仅仅回首的瞬间，时间却已过去了二十多年。我也从而立之年走到了知天命的岁月。初冬时分，离开研究室回家的路上，走在深夜静谧寒凉的校园里，想一想流逝的时光，倏忽得令人惊悸震撼，亦温暖欣悦。

　　我的学习和写作，若要从时间、空间来分的话，主要可以分为两段三地——时间以1994年为节点划为两段，前一段从读书到编辑，后一段从读书到教学；空间则以武汉为相对的定点，连接着山西大同与日本东京。

　　在山西的时间，我的写作主要是以当代山西作家为对象的文学评论与以《源氏物语》为文本的日本文学的研究。文学评论主要有《水在冰下流——曹乃谦创作批评》《石评梅散文艺术展拓》《长江写意意纵横——秦岭诗集〈大长江〉评论》，以及《从〈源氏物语〉看白居易对紫式部创作的影响》等论文，同时与当时的同事一道参与编撰了《云中古代诗集注》① 等，其中稚拙、模仿、探索的足迹是显而易见的。

---

　　① 参见戴绍敏、李青山、李峰主编《云中古代诗集注》，北京燕山出版社1999年版。

　　从文学批评走向文艺学、美学，与我一直以来的学习、漫游直接相关。20 世纪 80 年代，因为学习、工作的关系，总是在京城及各地游走，从北到南，由东向西，走了很多地方，见识到浩海、大漠、高山、远岭，观察过日出、日落、枯藤、孤鸦，认识了罗丹、凡·高、黑田、桥本，领悟到生命的个体性与独孤性。人生的很多感悟、体验其实不可交流，也难以沟通。生命是个体的，体验也是自我的、单一的。人只有走自己的路，也只能走自己的路。1989 年春天，从北京大学读完美学研究生，毕业回到山西省教育学院的张卓玉先生为我们讲授《美学》与《西方文论》，张卓玉老师是北京大学阎国忠教授的弟子，专攻古希腊罗马美学、文论与审美教育。在张老师深沉、舒曼声音的引领下，我逐渐走进了美学与西方文艺理论的世界，了解了柏拉图、亚里士多德、康德、席勒、黑格尔、海德格尔……了解了古希腊、罗马美学，中世纪神学美学、浪漫主义，德国古典美学，现象学美学……读到了张卓玉先生的《经验的审美性质——杜威美学思想研究》①《走向思想家之路》②，以及他参与写作的《西方著名美学家评传》③。后来，当我把准备到武汉读研的意愿告知我的老师张卓玉先生后，他以一个学者的严谨与师长的关注，帮我去山西大学查找湖北大学文艺学的相关资料。在资讯尚不发达、网络未曾普及的 90 年代初，先生的书信、文字成为我了解学术前沿的捷径、助我上行的阶梯，我们多次探讨古希腊——柏拉图、亚里士多德的教育理念，席勒的审美教育与游戏的理念迁延，各位美学家阐释之间关系与相互的交叉、继承和发展。

　　1994 年初秋，再次求学上路，从北国到江城，来到湖北大学，一过二十年。学习，从硕士到博士磕磕绊绊；教学，从本科生到博士生，步履维艰。

　　英年自戕的陈超先生在他的诗中写道："灯盏。思想。噬心的隐喻。/在变血为墨的阵痛中/生命铺展的澄澈而宽和……""一个新词像肤色冷白的合金/把自己攥紧又攥紧挤出多余的空气/谁见到它谁就变得警惕，/满含汉语的锋刃/诗篇，你从言辞的核心脱险而出/又在本质的错视里捍卫

　　① 参见张卓玉《经验的审美性质——杜威美学思想研究》，硕士学位论文，北京大学，1989 年。

　　② 参见张卓玉《走向思想家之路》，山西经济出版社 1994 年版。

　　③ 参见阎国忠主编《西方著名美学家评传》，安徽教育出版社 1991 年版。

孤单。"真正的读书、研究、写作，其实都是以血为墨，孤独前行的，诗意栖居的澄澈与宽和，是乌托邦最后留守者的信仰；即使同仁好友交流、碰撞点燃的灵感，也需要再次转入心灵化作语言，才能成为诗文与篇章。在我策划、选编《二十世纪文化散文》系列丛书时，选编了陈超的《从生命始源到天空的旅程》《学徒纪事——我的师傅和文学启蒙老师》等散文。那段时间，关于诗与散文的通信最为频繁。我以为：陈超近期的诗文时常会有一种痛感。诗的痛感与思的痛感的杂糅。场景、画面、声音、气味、感觉、意绪，当淡然入神的诗人在现代化的实用时代，仍然坚守自我对诗与思的辨析，表现出艺术的敏锐洞察力与高度的思维水准。因为，"诗人的感情、智性和客观物体在瞬间的融合，它暗示诗人内心的图景，它锋利而具体有着坚固的质量"。我喜欢的诗句是："当晚云静止于天体透明的琥珀，你愿意和另一个你多呆些时间。"

陈超弃世之后的"头七"的深夜，我写了这首诗：

我知道，你认识——写在告别陈超的第七天

我没有送你走进那道门槛
亲睹太阳最后照耀你的，一分钟
不是没有胆量，只是只是
为的让你在，我的眼底、心中、脑海，
永远保存活的形象，直到我
与你，在另一个世界
相见的那一瞬间

残秋消尽时将，立冬
雾霾弥漫，月在上弦，
庄里（我们谈话中，常常用这个词指代你暂住的地方）
尘埃悬浮飘荡，晦暗昏光
丑末寅初十分，我倏然惊醒
恍惚看到，千里之外
有缪斯前来接引，
长久无法安眠的你，起身

走过疲惫妻子刚刚熟睡的沙发
跨出家门，以双臂当做了翅膀
随着诗神飞翔，栌叶纷落
万籁都在悲响——

"您拨打的电话已关机！"
"您拨打的电话已关机！"
在手与手那脱钩的刹那，
生命内核中置放的军火爆响。
电波，无法捧起你那摔出体外的心脏
上帝啊，你不慈祥！

再也听不到，陈默叫阿姨出来的稚语
再也听不到，波涛中传出的南海欢声
再也听不到，寒冬里裂解的北方新词
再也听不到，海德格尔呼唤的光芒朗照
你飞走了，这个世界从此是冬天。
…………
我不愿你投入在场的火阵
我不愿你成为转世的桃花
就留守你热爱的最后的乌托邦
在太行深处，在并州的大唐
在海子边上，在江南的水乡
你坐在绿色的旷野草地上，微笑
略微俯视，一如平时模样。
我把风信子　非洲菊的花束，
放在你的脚边，没有名片，
也没有诗句、文字
我知道，你认识……
你说过，你"心情平静"。其实
你在我心中一直高蹈、飞舞
等我也走过那扇门的时候，

我们会，再见

终于可以坐在书房里，回想我们二十八年半的交通，检视陈超与我一通又一通往还的书信，发现我们谈论最多的依然是诗歌，是散文，是文学。关于"鲁迅崇拜"、"知识分子写作"、第三代诗人、散文与文化、后先锋文学、下半身、网络写作、新诗典……喧闹的文坛，错位的话语，不一而足。相对而言，我比较认同陈超的见解：文学批评不仅应该包含文学判断、艺术判断，也应该包含审美判断、价值判断。作为批评主体的批评家，应该保持对于语言的敏感、对于话语的解析、对于肢体的整合、对于现象的把握和对于潮流的透视。不断思考和修正自己，同时，也必须从情理逻辑保持相对的稳定性。这二者之间的张力，正是文学批评的活力之源。

　　文学与道义承诺不是一回事，但它实在不该无休止炫耀欲望燃烧变形的嘴脸。这样的文学被称为"探索"，令人不解。
　　看看福楼拜以降的外国文学大师吧，他们都有头脑、同情心、意志、希望、谦逊，怎么中国那些迷恋"现代性"的作家却有封建性的猥琐呢？
　　其实这正是世纪转型时期大陆文学的悖论，也是文学的悲哀。

这样的讨论不止一次，从书信到电话，从文学而学术，砥砺中的坚守，对谈中的交锋，石家庄—武汉，东京—石家庄，太原—海南，扬州—石家庄，诗语超越时空的阻隔，文意沟通地域的距离。或许正是因为在心底依旧存有那美好的念想，在现世仍然保留着真诚的诗意，让我还在坚持文学作品的阅读与鉴赏，坚持文学批评的研究与写作，坚持审美的漫游与寻觅。美国诗人保罗·安格尔说过："我不能移山，但我可以发光。"

在湖大学习、工作近二十年时间，特别是读博士之后的这些年，使我有更多机会接触在学术上有所建树的中外文艺理论家、美学学者。我的硕博导师涂怀章、张玉能教授的耳提面命，关爱有加；我的日本导师西村清和教授真诚指教，获益良多。刘纲纪、王先霈、郁源、邹贤敏、朱青生、曹俊峰、朱立元、邓晓芒、彭富春、胡亚敏、王又平、彭修银、高建平、曹卫东、佐佐木健一、小田部胤久、大石昌史等学者，或聆听他们亲授、讲座，或在他们的指导下编著、翻译，或随同他们参加学术会议、研讨，探访山川、美景。在时光的流逝中，在学习的路途上，进而使我更加领悟美在天地人神的四方游戏的学与思，体悟美在山水之间的仁与智。

西周

2006 年，我受教育部和日本国际协力银行的资助，前往日本东京大学做客座研究员。选择去东大客座有两方面的原因：其一，东大是日本近代以来的第一所国立大学，也是日本以及东亚现代哲学、美学、文学的发祥地和策源地。我的日语启蒙老师赵一民先生早年毕业于东京帝国大学。其二，也是更重要的一个原因，东亚近代以来的哲学、美学起源于日本，起源于东京大学。日本"近代哲学之父"——《美妙学说》①的作者西周，唯心主义哲学家井上哲次郎、大西祝，唯物哲学家加藤弘之，最先在日本建立"独创哲学"的西田几多郎、李凯尔特、海德格尔和柏格森的弟子九鬼周造都曾在东大教书、读书、游学、生活；有日本明治文豪"双璧"之称的森鸥外、夏目漱石就曾是东大医学部和文学部的学生，日本两位诺贝尔文学奖获得者——川端康成和大江健三郎也毕业于东大文学部……冈仓天心、永井荷风、芥川龙之介、幸田露伴、泉静花、太宰治、谷崎润一郎、三岛由纪夫、横山大观、竹久梦二、樋口一叶都曾在东大游走或围绕东大"结庐而居"……独自在这样的大学"滞在"读书，漫游寻觅，或许可以找到美之本身，得到学之启迪。

从知识学来说，美学本来是 18 世纪前半叶德国哲学家、美学家（属于莱布尼兹学派的沃尔夫的弟子）鲍姆嘉通（Alexander Gottliel Baumgar-

---

① 西周．『西周全集（全 4 卷）』．宗高书房，1960—1971 年に刊行完结．编集委员は大久保利谦．

ten，1714—1762）在 1735 年所著的《哲学的省查》（*Meditatomes philo-sophicae 1735*）以及《美学》（*Ästhetik*，Ⅰ1750，Ⅱ1758）所创设的、为与理性的纯粹认识相对立的感性的学问所做的命名——"感性学"，即后来被翻译为"美学"的学问。可以说，没有西周率先将德文的"Ästhetik"定译命名为汉字的"美妙学说"和"善美学"，在幕府及御前会议进行讲座，就可能没有后来日本与东亚的近现代美学的诞生与发展；没有东京大学外山正一开启的西方现代大学教育体系上的"美学讲义"① 课，就可能没有中国及东亚的现代意义的大学美学教学②；没有日本近代教育中以美育"改造国民性"的理念，也不可能有梁启超、鲁迅等人"改造国民性"的意识。中国的近、现代大学的美学教育思想、理念、课程设置直接借鉴日本远早于借鉴欧洲③。中国近现代以来所使用的"美学"一词的翻译就直接来源于日本的中江兆民根据法语"Esrhétigue"翻译的"美学"。中国哲学、美学、美术、艺术学、伦理学、格致学、语言学等语词的翻译都是从日本"拿来"直接作为汉语名词使用的。日本作为中国现代通向西方思想、理念、意识、文化、学术的桥梁，应该说是当之无疑的。

E·F·フェノロサ

费诺洛萨

东京大学西方近、现代意义上的美学课程是明治 14 年（1881）开设的审美学讲义，最初担任讲师的是从美国学成归国的斯宾塞学派的社会学

---

① "美学講義"最初属于ゼミナール—seminar，明治 26 年（1893）开设于东京大学文学部。

② 1904 年清政府颁布由张百熙、张之洞、荣庆拟定的《奏定学堂章程》也即"癸卯学制"（设置理念与思路，很多受到西周《百学连环》的启发，很多名称、提法与西周相同），美学第一次被列入大学工科建筑学门，作为一门课程出现，成为现代美学教学的开端。

③ 1906 年王国维在《奏定经科大学文学科大学章程书后》中，将哲学学科、美学学科列为教育学科的重要课程。

教授外山正一。外山教授的美学课只讲了一个学年。从 1882 年开始，"审美学讲义"课改由 1878 年应邀来日本讲授哲学的哈佛大学博士费诺洛萨①担任。费诺洛萨的讲义主要有《美术真说》（*The True Meaning Art*）、《斯宾塞的艺术游戏理论与康德的美的判断理论》。费诺洛萨的美学乃是广义的美学——艺术美学的讲解与分析，主要研究与东西方美术史有关的美学问题。1889 年，费诺洛萨将自己的讲义改为《审美学美术史》，次年又改为《美学美术史》。这是东京大学美学美术史学科的前身。

凯倍尔

继费诺洛萨来东京大学担任美学教授的是鲁迅曾经提及的凯倍尔②教授。凯倍尔从 1893 年至 1924 年退职前，一直在东京大学讲授以康德为中心的西方哲学史、古希腊哲学及西方音乐美学。为日本培育了安倍能成③、阿部次郎④、小山鞆绘、九鬼周造、和辻哲郎、深田康算⑤、大西克礼⑥、波多野精一、田中秀央等哲学、美学、伦理学和宗教学人才。他们毕业之后，在京都大学、东北大学等开设哲学、美学、伦理学学科及课程，为日本哲学、美学、伦理学的教学与研究筚路蓝缕，打下了坚实的学术基础。现在日本很多大学的文学部，都有美学研究室和美学美

① 费诺洛萨（Ernest Francisco Fenollosa, 1853—1908），美国东洋美术史学家、哲学家。《美术真说》是明治 15 年（1882）5 月 14 日应池龙会邀请在上野公园教育博物馆内观书室所做的演讲。

② 凯倍尔（Raphael von Koeber, 1848—1923），德裔俄国人，莫斯科大学毕业后，前往耶拿大学跟随奥伊肯（Rudolf Christoph Eucken, 1846—?）学习美学，获得博士学位后，在柏林大学、汉堡大学、慕尼黑大学讲授音乐史与音乐美学。1893 年至 1914 年的 21 年间，在东京帝国大学任职，讲授以康德为中心的西方哲学史、古希腊哲学及西方美学、美术史。

③ 安倍能成（1883—1966），日本哲学家、教育家。『西洋古代中世哲学史』. 岩波书店, 1916. 『西洋近世哲学史』. 岩波书店, 1917.

④ 阿部次郎（1883—1959），『美学』. 岩波书店, 1917. 『倫理学の根本問題』. 岩波书店, 1916. 『ニイチェのツアラツストラ解釈並びに批評』. 新潮社, 1919.

⑤ 深田康算（1878—1928），日本美学者。1910 年 11 月京都帝国大学文科大学哲学科教授（美学美术史学讲座）。

⑥ 大西克礼（1888—1959），日本美学者，东京帝国大学教授。『美学原論』. 不老閣书房, 1917.

术史研究室，这是由费诺洛萨和凯倍尔的美学讲义生长起来的学科与学问。

1884 年文部省编辑局出版了中江兆民①翻译的法国记者、社会活动家维隆的《维氏美学》，但《维氏美学》并未能进入大学成为教学参考书，究其原因，可是因为过于社会化的缘故吧。日本美学的第一部教材，是森林太郎（森鸥外）与大村西崖共同编译的，他们将德国悲观主义美学家爱德华·哈特曼（Kerl Robert Edunard Hartmann，1842—1906）的《美学》翻译为《审美纲领》②，此书出版后成为东京大学、庆应义塾大学等学校使用多年的美学教学参考书。其后，主要的美学、艺术学的讲义和参考书主要有渡边嘉重的《美育论》（1893），高山林次郎③的《近世美学》（1899），岛村泷太郎④编写的《泰西美学史》（1899）、《美学概论》

《审美纲领》

（1900）、《近代文艺研究》（1909），桑木严翼的《哲学概论》（1900），杰拉德·布瑞温·布朗⑤的《美术概论》（1903），大西祝的《美学论》（1904），太田善男的《文学概论》（1906），姊崎正治⑥的《美的宗教》（1907），吉田秀雄的《美术概论》（1907），深田康算的《洛采的美学》

---

① 中江兆民（1847—1901），日本思想家、自由与民权运动的理论指导者。日本第一次众议院选举议员的民选第一人。1883—1884 年翻译法国社会活动家维隆的《维氏美学》。

② 森林太郎，大村西崖同编．『審美綱領』．东京：春陽堂，明治 32 年［1899］．Eduard von Hartmann 著 Philosophie des Schoenen の大綱の編述．

③ 高山林次郎（1871—1902），东京大学讲师，日本明治时代思想家、文艺评论家。编著的《近世美学》作为《帝国百科全书》之一，东京博文馆 1899 年版。

④ 岛村泷太郎（岛村抱月，1871—1918）《泰西美学史》东京专门学校（早稻田大学前身）明治 33 年。标记为"東京專門學校文学科第四回第三部講義録"。

⑤ 杰拉德·布瑞温·布朗（Gerard Baldwin Brown，1849—1932），英国美术史学家，以研究英国美术史与伦勃朗知名，著有《美术概论》，日文版由长谷川天溪翻译，东京春阳堂 1903 年版。

⑥ 姊崎正治（1873—1949），东京大学图书馆馆长，宗教学家。『美の宗教』．博文馆，1907.

《近世美学》

（1917），等等。从 1900 年到 1910 年的，日本编著、翻译了近百种美学书籍，帝国教育学会编辑的"帝国百科全书"中有相当数量的美学、艺术、文学和美育论著与翻译学术著作，其中包括了哈特曼的《美学》，布朗的《美术概论》《托尔斯泰〈艺术论〉》（1906），笹川种郎的《支那文学史》（1898）等。

1900 年，大塚保治（1869—1931）博士从欧洲学成归国，日本在东京大学建立了东方第一个美学研究室，设置了"美学讲义"课程和属于美学课程的专任教授。大塚保治是东大美学研究室的创始人，也是东大乃至日本第一位日本人自己的美学教授。他在美学研究室不仅开设美学艺术学课程，而且讲授文学艺术理论。从《美学讲义》的编写到审美的音乐、绘画、建筑艺术鉴赏与实践，从精通一艺到理论概括，层层推进，步步上升。大塚教授的主要论著有《美学概论》《艺术论》《造型美术论》《唯美主义思潮》《象征主义思潮》等。大塚保治对日本美学与艺术的教学与研究进行了扎扎实实的推进工作，不仅在学科教学创设方面贡献卓著，而且与当时承担美学教学的外籍教授凯倍尔博士一道培养了阿部次郎、大西克礼、深田康算等众多美学教育与研究的优秀人才，瓜瓞绵绵，开枝散叶。

东大的美学学科和美学教育从"美学讲义"到美学艺术学研究，百年如一，持之以恒地坚持着美学与艺术学的研究；坚持美学作为文科必修课的教学；即使是在战争最严酷的时期，大学的教育并未中断，美学的研究仍在继续。大西克礼①从 1939 年到 1949 年的十年间出版了《幽玄与

---

① 大西克礼（1888—1959）．『幽玄とあはれ』．東京：岩波書店，1939．『風雅論「さび」の研究』．東京：岩波書店，1940．『万葉集の自然感情』．東京：岩波書店，1943．『美意識論史』．東京：角川書店，1949.

哀》《风雅论"寂"之研究》《万叶集的自然感情》《美意识史论》，完成
了其美学研究由西洋美学到东洋美学的转型，建构了作为比较美学先驱者
学术体系，也为日后东京大学的比较美学研究和人才的培育奠定了学术基
础；在同一时间段内，植田寿藏①出版了《日本美术》《视觉构造》《日
本的美的精神》；本间久雄②出版了《文学与美术》；鼓常良③出版了《艺
术日本的探究》《艺术学》《东洋美与西洋美》；九鬼周造④完成了《人类
与存在》《文艺论》《西洋近世哲学史稿》；木村素卫⑤出版了《美的存
在》；谷川彻三⑥出版了《茶的美学》；三木清⑦出版了《亚里士多德》
《苏格拉底》《想象力的逻辑》等；高坂正显⑧出版了《康德学派》《象征
的人类》；唐木顺三⑨出版了《近代日本文学的展开》；井岛勉⑩完成了
《艺术史的哲学》；吉田精一⑪出版了《日本文艺学论考》……正是这一系
列著述与战前、战争中的学术研究著作，为战后教育的发展奠定了良好的
基础，培育了日本大学的美学教育良好传统，从柏拉图、亚里士多德、史
达尔夫人、诺瓦利斯、施莱格尔、康德、席勒、黑格尔、海德格尔、伽达
默尔、马戈利斯的原文原著精读，到浪漫主义美学、分析美学、"言葉と
イメージ"（语言与形象）、音乐艺术学、绘画艺术研究，课程设置维持
与保护着美学学科特有的历史与传统，使之不因社会发展与变革、学校管
理者或者教授人员的变化而导致学科的萎缩和蜕变，同时也保证了学术研

---

① 植田寿藏（1886—1973）．『日本美術』．東京：弘文堂，1940．『視覚構造』．東京：
弘文堂書房，1941．『日本の美の精神』．東京：弘文堂書房，1944．

② 本间久雄（1986—1981）．『文学と美術』．東京：東京堂，1942．

③ 鼓常良（1887—1981）．『芸術日本の探究』．東京：創元社，1941．『芸術学』．東
京：三笠書房，1943．『東洋美と西洋美』．東京：敵文館，1943．

④ 九鬼周造（1888—1941）．『人間と実存』．東京：岩波書店，1939．『文藝論』．東
京：岩波書店，1941．『西洋近世哲学史稿』（上下）．東京：岩波書店，1944．

⑤ 木村素衛（1895—1946）．『美のかたち』．東京：岩波書店，1941．

⑥ 谷川徹三（1895—1989）．『茶の美学』．東京：生活社，1945．

⑦ 三木清（1897—1945）．『アリストテレス』．東京：岩波書店，1938．『ソクラテス』．
東京：岩波書店，1939．『構想力の論理』．東京：岩波書店，1939．

⑧ 高坂正顕（1900—1969）．『カント学派』．東京：弘文堂，1940．『象徴的人間』．東
京：弘文堂，1941．

⑨ 唐木順三（1904—1980）．『近代日本文学の展開』．東京：黄河書院，1939．

⑩ 井嶋勉（1908—1978）．『芸術史の哲学』．東京：弘文堂，1944．

⑪ 吉田精一（1908—1984）．『日本文芸学論攷』．東京：目黒書店，1945．

究的承传沿革与学术人才的培育和育成。在写这篇文章时，我查看的东大美学研究室下学期的课程安排，除小田部胤久教授的康德的《判断力批判》和《实用人类学》德文原著精读外，还有渡边裕和桥爪惠子合开的《音乐与映像的多媒体分析》（音楽と映像のマルチメディア分析）、《历史电影与现实历史》（歴史映画と現実の歴史）的英语文献讲读；三浦俊彦的《肯德尔·L. 沃尔顿的分析美学研究》英文原著精读；川濑智之的梅洛·庞蒂的《眼与精神》、马场朗让·巴普蒂斯特·杜博斯的《诗画论》法语原著讲读；田中均的《艺术的民主》《近代美学史中的客观支配——美学与民主的关系》，等等。从大学三年级到研究生期间的原著阅读与精读，不仅提高了学生的文献阅读水平，而且有助于学生对于原著的理解和分析，可以顺利地借用原书的学习提高研究能力和分析解决问题的能力。直接与原作者对话，也避免了翻译和二手资料可能或者必然存在的误读、误判和误解。

回观中国美学，其介绍和引入是一个逐渐变化的过程，早期的美学、美育介绍与研究者大多留居日本，或者在日留学期间接触到了森鸥外、中江兆民、高山林次郎等译述、介绍的西洋美学、艺术学理论，从而发现了这一新的学科和理论，进一步追溯其希腊和欧洲的本源，并将其引入国内，梁启超、王国维、蔡元培、吕澂①、杨匏安②、陈望道③等莫不如此。

梁启超流亡日本的 13 年间，不仅可以以日文直接阅读接受日本明治维新以来的哲学、美学、教育理念，而且得以近距离地观察日本明治以来的民育、民智和民情的变化，了解了西周、中江兆民、福泽渝吉等人以及当时日本的哲学、美学及美育理念后，梁启超的思想逐渐发生变化，由"维新变法"转向了"陶铸国人之精神，冶炼国人之灵魂"——"改造国民性"的美育理念上来，认为"今日中国之第一急

---

① 吕澂（1896—1989），1915 年留学日本。翌年回国，先任上海美术专科学校教务长，后任支那内学院教务长、院长。1949 年之后，担任《佛教百科全书》（英文）副主编。主要著作有《中国佛学源流略讲》《印度佛学源流略讲》《因明纲要》等。

② 杨匏安（1896—1931），早年赴日，居住于横滨。1916 年回国。

③ 陈望道（1891—1977），1915—1919 年在日本留学，先后在东洋大学、早稻田大学、中央大学等校学习文学、哲学、法律。回国后翻译了大量文学、美学、社会学文献。主要有《机械美》《现代思潮》《劳动运动通论》《民国 8 年》（1919 年）。

务，在于新民"。1902 年梁启超发表《新民说》，进一步提出了"新民"就是要提高"民德、民智、民力"，塑造中国人为"现代国民之资格"。若要新民，重在教育；教育能够起到重要作用且最为合适的手段，在于美育。梁启超进一步撰写了《论小说与群治之关系》《趣味教育与教育趣味》《美术与生活》① 等文章，阐释美学艺术与美育的关系，1919 年"五四"之后更是提出了"趣味主义"的理念，为中国审美教育的推进尽心尽力。

王国维在日期间，其哲学、美学思想都受到京都学派学者桑木严翼很大影响。在王国维哲学美学理论初发期，日本已经翻译了大量的西方哲学、美学著作，使得王国维在日期间得以通过日本学者的译注，接触西方的哲学美学理论。在王国维写作《哲学辩惑》（1903）之前，日本学者已经出版的主要著作、译著有：元良勇次郎的《心理学》（1890）、《伦理学》（1893），井上哲次郎的《日本阳明学派之哲学》（1900），日桑木严翼的《哲学概论》（1900）、《亚里士多德的伦理学》《荀子的逻辑说》（1901）、《尼采逻辑说一斑》（1902），高桥正雄的② 《管子之伦理说》，等等。王国维通过日本学者的介绍，接触到西方哲学，他在《哲学辩惑》③ 中指出："夫哲学者，犹中国所谓理学云尔。"艾儒略《西学（发）凡》有"费禄琐非亚"之语，而未译其义。"哲学"之语之自日本始。日本称自然科学曰"理学"，古不译"费禄琐非亚"曰理学，而译曰"哲学"。王国维明确地告知中国学人，"哲学"（费禄琐非亚）是日本人翻译的西学名词。王国维在《哲学辩惑》中分析哲学与教育的关系，强调哲学对于教育的作用、意义与价值，认为"教育学者实不过心理学、伦理学、美学之应用"。"教育之宗旨亦不外造就真善美之人物，故谓教育学上之理想即哲学上之理想。"④ 王国维认为"哲学者而非教育学者有之矣，未有教育学者而不通哲学者也"。在《哲学辩惑》中，王国维认为提到美

---

① 参见梁启超《趣味教育与教育趣味》《美术与生活》，《饮冰室文集》38，《饮冰室合集》第 5 册，中华书局 1989 年版。

② 高桥正雄（Takahashi Masao，1887—1965），哲学家、教育家、宗教家。金光教第二代的代表人物。

③ 参见王国维《哲学辩惑》，《教育世界》第 55 期，1903 年 7 月，见《王国维哲学美学论文辑佚》，华东师范大学出版社 1993 年版，第 3 页。

④ 同上书，第 5 页。

学，"夫既言教育，则不得不言教育学；教育学者实不过心理学、伦理学、美学之应用"。明确了教育与美学之关系，运用美学以教育人的思考。

1904 年，王国维在《教育世界》上发表《孔子之美育主义》①，提出"美之为物，不关于吾人之利害者也"。同年在同一刊物发表《汗德之哲学说》②提到了康德的美学思想："汗德之哲学分为三部即理论的（论知力）、实践的（论意志）、审美的（论情感）。"从其中介绍康德经历的"卒业""私讲师"等日语词语，可以看出其日文的直接译述与移用。同年王国维发表《叔本华与尼采学说之关系》（连载）和《〈红楼梦〉之美学上之价值》③，介绍叔本华与尼采的哲学美学思想，分析叔本华理论与席勒美学的继承关系，尼采的"超人哲学"与叔本华美学的关系与差异；开始借助西方美学的悲剧理论，研究中国古典小说、戏曲。1905 年王国维发表《论哲学家与美术家之天职》④，阐述哲学与美术的非功利性，分析中国哲学美术不发达的原因，认为均在于功利之心。功利之心成为中国哲学、美学不发达的根本原因，是因为中国的哲学家都怀有远大的政治抱负，希望成为"平天下"的治国政治家，"坐令四海如唐虞"，而不单单是"爱智慧"，爱"思的游戏"。稍加梳理可以看出，王国维最初试图探究儒学中孔子的美育思想与中国美育的关系，却发现了中国哲学者的圣而王的功利之心，与审美的非功利之大相径庭，转而将视野投向了西方——日本已有的西方即当时日本比较流行的尼采和叔本华的——哲学美学思想，继续从西方哲学美学的观念，来探究灵感、天才、审美、伦理、悲剧与文学艺术的联系，进行审美判断与伦理批评。王国维由东向西的探索与反观，实际上是当时美学者从事美学研究的一个重要表征：试图以西学的钥匙，开启古老东方帝国的审美之门，通过教育启发民众，由人的改变进而达到改造环境，培育"新人"。

1906 年，在《奏定经学科大学、文学科大学章程书后》中，王国维介绍了欧洲、日本大学哲学科目的设置，阐述了哲学的重要性，强调

---

① 参见王国维《孔子之美育主义》，《教育世界》1904 年第 1 期，第 1—6 页。

② 参见王国维《汗德之哲学说》，《教育世界》1904 年第 6 期，第 1—4 页。

③ 参见王国维《〈红楼梦〉之美学上之价值》，《教育杂志》1904 年。

④ 参见王国维《论哲学家与美术家之天职》，《教育研究》1905 年第 7 期，第 1—4 页。

哲学的"无用之用"。认为"大学之所授者，非限于物资的应用的科学不可"，"哲学不可不特立一科"。要学习外国之文学，必先学外国之哲学，不了解外国的哲学，要理解外国文学无异于南辕北辙。因为文学中的美的标准，可以"从哲学之一分科之美学中求之"。① 故此，王国维在文科大学的五科中，除史学之外，其余四科都设置了美学课程。因此可以说，王国维是中国倡导和设置大学哲学、美学学科与教育的第一人。

从王国维美学与美学教育思想的变化，我们可以看到现代中国大学美学教育的嬗变。中国大学的美学教育，起步晚于日本，概念、范畴、术语直接引进使用。在《奏定大学堂章程》即"癸卯学制"中，"美学"是设置在工科的建筑学门内，作为应用学科的辅助课程被引入的。1906 年初王国维对"癸卯学制"的课程体系提出了新的思考，提出了在经学学科、中国文学学科和外国文学设置"美学"课的思路。直到 1912 年的"壬子癸丑学制"——民国教育部颁布的《大学规程》中大学文科科目中，哲学门开设"美学及美术史"课程，文学门的八类课程中，除"梵文学"之外，都设有"美学概论"课程。这是文科专业第一次设置美学课程，也是第一次将美学作为文学专业的必修课，标志着美学真正作为独立学科的开始。1916 年，国立北京大学哲学门开设"美学"课程，武昌高等师范学校、南京高等师范学校、上海图画美术学校、北京美术学校、国立北京高等师范学校等都先后开设了美学课程，讲授内容或为"欧洲美术史"，或为"美学概论"，裴南美、林立、曾孝谷、吕澂、钱稻孙、蔡元培、俞寄凡、邓以蛰、宗白华、冯文潜等都为大学生开设过美学课。

蔡元培② 1902 年夏前往日本游学、访问，在日本的近一年时间，他接触到了日本的哲学、美学、文学的教育理念与教育现实。蔡元培不仅接触到了日本的哲学美学的教育，还翻译了当时在东京大学讲授哲学、美学的德国哲学家凯倍尔教授的《哲学要领》，这是凯倍尔教授出版的极少著

---

① 王国维：《奏定经学科大学、文学科大学章程书后》，《东方杂志》1906 年第 3 卷第 6 期，第 109—117 页。

② 蔡元培（1868—1940），1902 年游学日本，1907 年赴德国莱比锡大学游学，先后三次五年在德国留学、访学。

作的一部。由此可以看出中国哲学、美学与作为亚洲第一美学重镇——东京大学的联系。

1912 年蔡元培在担任教育总长期间，制定了《对于教育方针之意见》[①]，论及美育，认为要教育人与美丽为伍，"与造物为友"，通过美丽与尊严结合，经由美育的桥梁，通过现象世界抵达实体世界。1917 年初，蔡元培在北京神州学会做了《以美育代宗教说》[②]的演讲，在这次演讲中，蔡元培指出："教育是帮助被教育的人，完成他的人格，于人类文化上能尽一分子责任；不是把被教育的人，造成一种特别器具，给抱有他种目的人去应用的。"[③] 以美育取代宗教，是因为美育可以通过纯粹的美感，通过人的情感的相通，来克服、遏制人的"利己损人之思念"。蔡元培讲述了自然美、建筑美与艺术美的关系与发展变化，指出："所谓美感，凡宗教之建筑，多择山水最胜处，吾国人所谓天先名山僧多占，即其例也。其间恒有古木名花，传播于诗人之笔，是皆利用自然之美，以感其人。其建筑也，恒有峻秀之塔，崇闳幽邃之殿堂。饰以精致之造像，瑰丽之壁画，构成暗淡之光线，佐以美妙之音乐。……种种设施之屏弃之，恐无能为役矣。然而美术之进化史，亦有脱离宗教之趋势。"在列数了美术的发展变化由宗教之美趋向于世俗之美，庙堂之美转而为剧院、学校、博物馆之美后，蔡元培分析了宗教对于情感的刺激作用，指出："专尚陶养感情之术，莫人舍宗教而易之以纯粹之美育，所以陶养吾人之感情，使有高尚纯洁之习惯"，因为美具有普遍性，"盖以美为普遍性，绝无人我差别之见"，所以，蔡元培认为西方的文学艺术与中国的文学艺术皆可以进入美育，美乃是"我与人均不得而私之"的，因为审美鉴赏没有利害冲突，人与人之间可以产生共同的美感。蔡元培将美学二分，并将西方的优美、崇高翻译为"都丽之美"和"崇闳之美"，将滑稽与悲剧分别归属于都丽之美和崇闳之美，并特别指出日本人翻译的是"优美"和"壮美"，可见，蔡元培对于日本美学的了解和熟知，以及日本美学对于蔡元培的美学、美育思想影响。《以美育代宗教说》的演讲之

---

① 参见蔡元培《对于教育方针之意见》，《东方杂志》1912 年第 8 卷第 4 期。

② 参见蔡子民《以美育代宗教说》，《新青年》1917 年第 3 卷第 6 期，第 10—14 页。

③ 同上。

后，蔡元培发表了很多关于美学与美育的文章，如《美学与科学底关系》①《美学的研究法》②《美学的进化》③《美育实施的方法》④，探讨美学教育与美育的关系、美学研究的方法、美育的实施等。在《美育实施的方法》中，蔡元培希望避去高压和激进派，采用优雅温和的方法，以文学、绘画、音乐、色彩、演剧的方法，加上社会的美术馆、音乐会、剧院、博物馆、展览馆、动物植物园、建筑、公园等，全方位、立体化地对学生与公民实施美育，将其贯穿到各个学科与课程中去，形成一种全民公众美育的社会氛围。

余箴的《美育论》⑤借用西方美学理论中的知情意三分法，将美育分为知育、情育、意育，余箴着意区分了艺术教育与普通美育之差别，认为教育的美育是："人之情感欲其完全发展，而无失于正规，而必导之于纯洁美妙之境，使卑劣之情绪不待抑遏而自行消弭。"儿童美的种子本来就植于其固有之心，教育的任务就是及时激发早已经潜伏于儿童心性中的爱美的冲动，不使其委顿而陷于精神畸形之中。余箴特别注重美育中的环境熏陶对于培育审美的情操的作用，指出："所谓美育者也，第置诸美之环象中，使夫耳目之所触，旦夕之所接，无往而非美，如是习而安焉，积而久焉，终有心领神会之一境。盖非欲使之知美，而使之化于美者也。"⑥读余箴的论文，使我想起了我们在设计美学精品课程时所提出的"以美化人，以智育人，以情感人"的教学理念。如果没有美的环境，美育其实就是空中楼阁。

就在蔡元培在北京进行美育呼召、研究和探索的同时，在南方的广州，从日本回来的杨匏安⑦于 1919 年 6 月 28 日—8 月 19 日连续在《广东中华新报》上发表美学文章，以《美学拾零》为总标题，介绍了从柏拉图、亚里士多德、鲍姆嘉通、康德、席勒、黑格尔到基尔希曼。第一次在

---

① 蔡子民讲演，马文义笔记，《民国日报·觉悟》1920 年第 11 卷第 15 期，第 2—3 页。

② 参见蔡元培《美学的研究法》，《绘学杂志》1921 年第 3 期，第 10—16 页。

③ 参见蔡元培《美学的进化》，《绘学杂志》1921 年第 3 期，5—10 页。

④ 参见蔡元培《美育实施的方法》，《教育杂志》1922 年第 14 卷第 6 期，第 1—7 页。

⑤ 参见余箴《美育论》，《教育杂志》1913 年第 5 卷第 6 期，第 71—79 页。

⑥ 同上书，第 75 页。

⑦ 杨匏安（1896—1931），原名锦涛（焘 dāo），笔名匏安。太阳社发起人之一。早年赴日生活，但并未进入大学读书，主要靠自学接触日本与西方哲学美学论述。曾担任国民党中央组织部秘书、代部长，中执委，中共中央委员。

中国介绍爱德华·哈特曼的美学理论——《哈脱门批评克尔曼之说》，与当时世界美学对于哈特曼热的研究同步。马采先生曾经赞扬杨匏安的文章，填补了迄今为止中国西方美学对于哈特曼研究历史的空白。诚然，杨匏安的文章是大陆继王国维、蔡元培之后，较为系统地介绍西方美学发展史的文章，给当时的中国学界以耳目一新之感，梳理之全面、分析之系统都在当时居于较高的水平。不过，杨匏安的文章并非独立的研究，而是翻译、编译于日本美学家高山林次郎的《近世美学》。仔细对比阅读可以发现，无论是席勒的"假象论""游戏论"美学，费希特（当时译为费斯德）的自然与艺术、艺术家与天才，黑格尔的"绝对观念论美学"，特别是"克尔曼①之说""哈脱门（哈特曼）批评克尔曼之说""哈脱门之说"等部分，几乎完全是翻译的《近世美学》一书。

从 1900 年到 1930 年，全国各地报刊发表的美学、美育研究论文很多，大部分来自对日本学者著述和论文的翻译。中日美学之间的交叉叠合、影影幢幢，需要认真研读、分析和梳理。就我自己来说，也仍然在路上。

文集主要分为"美之巡礼""诗之悠游""文之探幽"和"理之论说"四个部分，文章涵盖美学、文学——诗歌、散文与小说——的研究与批评。

美学研究包括了日本美学、柔美范畴和创造美学的研究与思考；文学评论主要集中于中国当代特别是新时期以来的诗歌思潮、散文文体、小说创作等的研究与各体文学批评，是作者文学研究、探索的记录。

---

① 克尔曼（1802—1884），现译为基尔希曼，德国经验派美学家。著有《立足于实在论基础上的美学》等。

美之巡礼

日本的马克思主义美学研究

马克思主义从 19 世纪末开始传入日本，之后，通过日本学者、马克思主义研究者、政治家的传播和弘扬，推动了马克思主义哲学、经济学、科学社会主义在日本的研究与普及，也为中国等东亚国家的马克思主义的传播、普及与发展做出了贡献。日本的马克思主义研究，不仅包括哲学、经济学、社会学、伦理学，也包括美学与艺术理论。

一　美学与马克思主义在日本的早期传播

日本近代对西学的大量引进，特别是哲学、美学学科的引进和马克思主义学说的传入，为日本马克思主义美学的传播和发展提供了基本条件。

日本在幕府末期，为了"王政奉还""君主立宪"，革除当时存在的社会痼疾，建设强大的日本，开始派遣有识之士游学西方，寻找救国之真理与方法，西周、福泽谕吉、森鸥外等都属于被派遣者。明治维新（1868）以来，日本一直非常注重西方学说的引进、翻译和研究。日本与中国等东亚国家现在所使用的"哲学"一词，就是日本哲人、现代启蒙思想家西周在《百一新论》一文中由德文的"Philosophy"翻译而来的。"美学"一词的缘起则说法颇多。日本当代美学家今道友信认为，中江兆民所翻译的《维氏美学》是汉字文化圈中使用"美学"一词的最早记录。但据史料记载，学理意义上的"美学"一词的介绍与使用应在中江兆民之前，是西周在 1866—1867 年为德川庆喜所作的御前讲座《百一新论》中最早引进使用的。尽管西周在此文中仍然是以"善美学"（エステチ－キ）形式出现，但从其日语与西文发音的对应来看，"善美学"直接指向的就是德文的"Ästhetik"，此后西周虽曾用"佳趣论""美妙学"等语词来解释"Ästhetik"，但依据西周在《百一新论》中的解释，"善美学"指的就是美学。1879 年 1 月 13 日，西周在"宫中御谈会"上为王宫贵族讲授"美妙学说"，在此，西周对"美妙学"进行了详细的界说，他认为："美妙学"（エッセチクス）是哲学的一种，与所谓美术（ハイソアート）有着共通的原理。① 然后，他依据哲学的逻辑思辨定义"美妙学"，区分了"美妙学"与道德、法律、宗教的差异，认为"美妙学"主要是以美术为对象，研究其美的一种学问。在《美妙学说》中，西周将美妙学分解为内部元素与外部元素，分析了"感性""情感""想象""趣味""可笑"等美学（美妙学）的范畴。《美妙学说》的前半部分辨识"美的自律"，后半部分分析了美学所应承担的社会启蒙与教育责任。关西学院大学加藤哲弘教授认为：西周对于美妙学说的解释在日本思想史上导入了功利主义美学的因子，也属于"明六社"的共同理念，这与当时崇尚实学的社会风尚有相当密切的关系。② 可见，对西方美学的介绍，西周无疑是最早的，且其《美妙学说》实际上是日本也是东亚近代的第一篇美学文献。

1870 年，加藤弘之在他的论著中首次介绍了马克思其人及部分观点，加藤的介绍可视为马克思学说在日本的第一次登陆。以后，加藤还撰写了《人权新说》（1882），传播唯物主义思想与社会主义思想。在加藤等人的倡导下，日本大学逐渐形成了学习研究马克思主义的风尚与传统。

1881 年，森林太郎（森鸥外）和大村西崖将德国悲观主义美学家爱德华·冯·哈特曼的《美学》（Ästhetik）编译为《审美纲领》，作为东京大学、庆应义塾大学等学校的《美学》授课讲义，美学开始进入日本大学的课堂。在《审美纲领》的编译前言中，大村介绍说："审美虽固局一法宗，因须相应全理本迹，必双融彼此，自夷齐难哉。统摄包含使物无不罄，笼罗该括致事有所归。是以往哲诠量，众贤鼓吹，旁经委他，异部纷纶。白道尚隐，没铁无塔，无由辟精艺之胎藏，虽法尔备具，美学之金界未圆。……鸥外求法请益，讲敷显扬，斯土始全的传艺苑，忽得津梁。今以所诵出兹，审其证诠，采彼多言，述此纲领，简文正摄，深义少册，妙

---

① 　土方定一.『明治芸术・文学論集』. 筑摩書房，1975，p. 3.
② 　加藤哲弘.『明治期日本の美学と芸術研究』. 関西学院大学，2002，p. 3.

期总持。"① 大村在这里详述了此书的来源、翻译的情形与过程以及他们对于《审美纲领》的评价与期许。

1882 年 5 月 14 日，美国学者费诺洛萨应日本龙池会之邀在上野公园内的教育博物馆观书室演讲《美术真说》。在演讲中，费诺洛萨论述了"美术与非美术的区别"以及美术（艺术）的内在本体与外部的关系，认为"美术是善美的"。② 费诺洛萨从美学理论的高度对"美术"——美的艺术进行了高度抽象的解释，认为艺术家的技能是艺术的决定因素，艺术具有愉悦性，艺术源于模仿——是对自然与现实的模仿。费诺洛萨从艺术与非艺术、艺术定义的三种方法、艺术的审美价值等视角，阐述了美术的奥义、美术作为艺术的特质及其价值、美术与美学的关系等问题。费诺洛萨在东京大学和东京艺术学校教学期间，深入研究西方艺术美学与西方艺术史，开了日本艺术学研究之先河。

1883 年，中江兆民翻译出版了法国学者维隆（Eugene Véron）的《美学》（L'-esthetique，1878），将其定名为《维氏美学》。翻译出版之后，"美学"作为确定的学术术语流布开来。中江不仅翻译了《维氏美学》，而且还在 1882 年介绍了空想社会主义、拉萨尔和马克思。虽然中江对于马克思主义的理解、认识与阐述还有相当大的局限性，但他的介绍的确为马克思主义在日本的传播作出了重要贡献。

此后，草鹿丁卯次郎于 1893 年撰写了《马克思与拉萨尔》；片山潜于 1903 年撰写了《都市社会主义》《我的社会主义》；1904 年幸德秋水和堺利彦依据米歇尔·莫尔保存的英文本，共同翻译了马克思、恩格斯的《共产党宣言》，这是日本首次翻译马克思、恩格斯的著作；1907 年堺利彦发表《社会主义纲要》；1909 年《社会新闻》连载安部矶雄翻译的马克思的《资本论》第一卷；1919 年堺利彦发表《坚持唯物史观的立场》；1928 年日译本《马克思恩格斯全集》开始刊行；此后，不仅是马克思主义的社会主义思想，包括哲学、政治经济学、科学社会主义唯物史观、唯物辩证法在内的马克思主义理论在日本都获得了广泛传播，接受者获得了观察与认识世界的新视角，无产阶级政党、团体与文艺运动此起彼伏，一定程度地影响了当时日本的社会发展进程。

① 森林太郎、大村西崖.『審美綱領』. 春陽堂，明治 32 年（1899），p. 1.
② 土方定一.『明治芸術·文学論集』. 筑摩書房，1975，p. 37.

日本哲学界也逐渐产生了近代哲学史上早期的唯物主义哲学家。1925年福本和夫与河上肇、山川均等人关于辩证唯物主义和历史唯物主义的激烈争论，在日本掀起了学习马克思主义哲学的热潮，对于进一步研究和理解马克思主义哲学起了重要的促进作用。河上肇、户坂润、永田广志对于马克思主义哲学有较为深入的理解研究。1932 年，户坂润、三枝博音、冈邦雄等组织了"唯物论研究会"，出版了学会的机关杂志《唯物论研究》。在"唯物论研究会"活动期间，日本马克思主义哲学传播和研究进入了战前的鼎盛时期，使马克思主义哲学在日本得到确立并进一步深入与普及。

从以上的简述可以看出，西方哲学、美学是先于马克思主义传入日本的。马克思主义思想传入日本，首先是日本知识分子中的先觉者期望以马克思主义理论、社会主义思想、共产主义思想进行社会改良，反对战争，倡导人权、自由平等博爱，宣传唯物辩证法的人生观、价值观、历史观。与马克思主义美学相较，日本学者更加注重马克思主义哲学的研究。日本马克思主义研究虽然几经挫折，但延绵不绝。日本早期马克思主义美学的研究，包孕于马克思主义哲学、社会学、伦理学的研究之中，在马克思主义思想与哲学传播的过程中，马克思主义美学艺术思想也逐渐得到传播。

二　日本马克思主义美学的产生与发展过程

日本早期的马克思主义美学研究蕴含于马克思主义哲学的研究之中，研究者更多地关注马克思主义哲学思想、经济学思想和社会主义思想。当《资本论》在日本报刊上连载时，日本学者开始注意马克思的"剩余价值"理论、"资本"理论，了解了马克思的认识论及辩证法。马克思主义哲学、经济学既作为新的社会主义的思想，同时也作为知识、学问，进入了日本政治界、学术界与研究界。俄国"十月革命"作为社会主义的成功范例，也给日本的社会主义者和研究者注入了新的活力，马克思主义学说、社会主义思想的翻译理论研究和评介进入了第一个高潮。

日本战前马克思主义美学研究大致可以分为两个阶段——初识期（明治末年到 1925 年）和传播期（1925 年到战前）。

初识期的马克思主义美学研究主要是将马克思的哲学思想、美学思想的介绍，蕴含在对其社会主义和社会革命的思想之中，蕴含于当时的社会状况和社会改造的理想的研究之中，蕴含于国民性格对于社会发展与变革的决定作用的研究之中，蕴含于启蒙主义、社会主义的理想之中……主要介绍者、研究者是日本爱好和平、反对战争、主张人权和平等的社会主义者、自由主义者、无政府主义者以及自由民权左派的学者、工人运动的活动家、理论家等。他们有的成立了社会主义研究会，有的组织了马克思学术研究小组，有的怀抱社会改造的热望，有的立足于学理与社会实践，从不同立场、不同视角对马克思主义理论进行研究与介绍。这时的主要著述者有高野房太郎、片山潜、幸德秋水、安部矶雄、大杉荣、堺利彦、和辻哲郎、福本和夫、三木清等。初识期的马克思主义哲学美学著述主要有：和辻哲郎的《关于劳动问题与劳动文学》、堺利彦的《唯物史观与理想主义》、武者小路实笃的《文学与社会主义倾向》、宫地嘉六的《无产阶级艺术》，以及大杉荣的《为了新世界的新艺术》等。其中，平林初之辅的《唯物史观与文学》《文艺运动与劳动运动》《无产阶级的文化》，在日本第一次引进了"无产阶级文学"的概念，运用历史唯物主义的观念分析文艺，强调艺术的阶级性、政治作用和社会意义，并初步建构起无产阶级文艺理论的框架。平林受卢梭影响甚深，故他在接受马克思主义思想的过程中，在强调无产阶级文学艺术的审美观念的同时，也在张扬人的自我解放与自由主义的思想。在初识期的著述中，日本研究者主要停留于实用理性方面，主要关注的是"学理与实际的社会问题研究"，关注"社会主义的原理在日本应用是否可行"。在这种思想的指导下，美学与艺术的研究和探讨成为哲学研究的一部分：哲学主要探讨的是"人的哲学"——人的实践、人的品格、人作为创造世界的创造要素应该如何生活以及如何进行"人的生活""美的生活"；美学与艺术理论也在探讨人、劳动、政治倾向、世界观与艺术的关系等问题。例如，和辻哲郎所关注的是"劳动与文学的关系"；福本和夫所关注的是劳动与"人的异化"问题以及"辩证法与喜剧精神的关系"；宫地嘉六关注的是"无产阶级艺术的特质"；平林初之辅关注的是"文艺运动与劳动运动、无产阶级的关系"。最值得注意的应该是河上肇对于物质与精神关系的阐释：他认为"社会底经济组织也不得不随着而变动。这一思想是马克思的社会组织进化论底中心思想，还有社会组织一旦变动，流行在那个社会的宗教、艺术哲学等也不得不随着而变动"，"我现在假定名为'精神的生活底物质的说明'"，也就是物质文明决定精神文明。① 河上肇在这里阐释了文艺层面物质与精神的关系问题，强调物质文明决定精神文明。以上观点，从不同侧面展示了日本马克思主义初识期美学与哲学、社会学及其他学科交织研究的特点。初识期的马克思主义美学与艺术学研究，更多地集中于启蒙思想界的探究与思考，集中于对马克思主义美学艺术思想的认识与探讨。此时的社会影响，主要集中于文学艺术的创作。1924 年，土方与志与小山内薰在东京的筑地创设了"筑地小剧场"，试图"打破旧的戏剧艺术，在新的精神和技巧方面，开创国剧的新纪元"，开始上演反映劳农生活的戏剧。② 无产阶级文艺开始涌动，出现了叶山嘉树、黑岛传治等无产阶级文学家以及《牢狱日记》《电报》等作品。

传播期的日本马克思主义哲学美学研究，有众多著名哲学家与学者参与其中，如西田几多郎、田边元、三木清、户坂润、永田广志、本多谦三、加藤正、中井正一等。中井正一一直非常关注马克思主义哲学美学的研究，他于 1929 年写的《机械美的构造》一文中，关于空间美的论述，将东方生命美学与"把自我否定作为媒介的辩证法"结合在了一起。中井与同学一道于 1930 年在京都创办了同仁杂志《美·批评》，该杂志以美术（艺术）研究为中心，运用唯物辩证法的理念研究哲学、美学，并介绍了卡西尔等人的哲学、美学思想。中井的主要哲学美学研究著作虽多在战后才得以出版，但其研究却在此时已经展开。马克思主义哲学美学的研究，最值得关注的是 1932 年"唯物论研究会"的组成及其同年 11 月《唯物论研究》的出版。几年时间里，围绕唯物论研究聚集的学者，从各个方面对于马克思主义哲学、经济学、文化艺术学进行了研究。户坂润在战前接连写了《科学精神是什么——及日本文化论》《我：公式主义的呼吁》等，强调运用现代唯物论的实证精神进行哲学、科学与美学、文化艺术的研究，建设科学的、符合学理的现代日本的文明与文化。传播期的其他著作与译著还有：平林初之辅的《政治的价值与艺术的价值》《马克思主义文学理论再吟味》，田口宪一的《马克思主义与艺术运动》，梅林的《美学及文学史论》，威廉汉姆·霍善斯坦因的《艺术与唯物史观》

---

① 河上肇：《马克思的唯物史观》，范寿康译，《东方杂志》1921 年第 18 期。

② 尸板康二．『对談日本新劇史』．青蛙房，1961.

《造型艺术社会学》，卢那察尔斯基的《马克思主义艺术论》，雅各布·莱夫的《作为文学方法论者的普列汉诺夫论》，这些著作比较系统全面地介绍了马克思主义的美学与艺术观。

这一时期马克思主义美学与艺术理论研究值得关注的是，曾在苏联学习并亲历苏俄无产阶级文艺运动的日本马克思主义艺术理论家藏原惟人和日本无产阶级文学理论的先驱者批评家平林初之辅。平林的主要著作有《文艺运动与劳动运动》，第一次运用历史唯物主义观点阐明了文艺的阶级性、政治作用和社会意义，强调文艺的阶级性与工具性，认为"最近兴起的阶级艺术的运动，至少在其本质上必须是阶级斗争一种现象，是阶级斗争的局部战斗，阶级战线的一个方面的斗争"①。他的论述奠定了日本无产阶级文艺理论的最初基石。

藏原惟人的《通向无产阶级现实主义之路》，针对当时存在的美学与文学艺术的主观主义功利主义和标语口号主义，呼吁"返归现实"，以写实主义的态度和方法作为无产阶级文学与艺术的基本方法，认为主观主义的理想主义是一切没落阶级的艺术，写实主义才是一切新兴阶级的艺术，强调要将艺术的有用性与艺术性统一到对无产阶级立场的把握之上。藏原的论述集中显现了他所理解的马克思主义的美学文艺理论，是建立在苏俄马克思主义的基础之上的，尤其是对文艺的阶级性与审美的理想性的阐释，都有相当的局限性。在《通向无产阶级现实主义之路》一文中藏原提出："作家必须要有阶级的观点，要用无产阶级先锋的眼睛观察世界。"② 所谓"先锋的眼睛"，就是作家正确认识世界所必备的先进世界观之掌握，即"明确的共产主义观点"之掌握。正如藏原在该文中所说的倡导"革命文学"的艺术家必须成为"真正布尔什维克的共产主义艺术家"。藏原惟人在《纳普艺术家的新任务》一文中提倡无产阶级文学"主题的积极性"③，实际上就是提倡革命文学的讽刺性、鼓动性。日本无产阶级文学理论家鹿地亘也撰文《克服所谓的社会主义文艺》，提倡无产阶级文学"是从政治上的暴露手段组织大众的进军号角，它是对于采取决

---

① 前田河广一郎.『プロレタリア文学集』.講談社，1969.
② 藏原惟人.『プロレタリアレアリズムへの道』.『戦旗』1928 年第 5 期.
③ 前田河广一郎.『プロレタリア文学集』.講談社，1969.

定性行动的鼓吹者"①。主张无产阶级文学的暴露性、鼓动性及教化作用（教导性）。

1926 年 10 月，日本"马克思主义艺术研究会"同人研究了青野季吉同年 9 月发表的《自然生长与目的意识》一文后，由谷一执笔在文艺战线上发表题为《我国文艺运动的发展》一文，文章提出了日本无产阶级文学主张，即"在整个无产阶级的现阶段，文艺运动理所当然地要成为教化运动，这是正确的观点离开大众为发展社会主义政治斗争所作的努力，而专心执着于艺术领域，这是一种不了解无产阶级文艺运动所面临的任务的表现，必须克服这种错误"②。

在马克思主义美学的传播期，随着马克思主义美学与文学、艺术理论研究的逐渐深入，无产阶级文艺运动实践也在各个层面展开。表现在结盟方面，出现了各种文学艺术的同盟，如"'普罗'美术家同盟""'普罗'音乐同盟""'普罗'剧场同盟"等。表现在艺术创作活动方面，1927—1930 年间连续举办的"无产阶级美术大展览会"，展出了大量具有社会主义倾向和反映底层生活状态表现劳农集会斗争的作品，如冈本唐贵的《失业者：无产阶级》《政治集会》《到工厂去》等，在社会上产生了极大的反响。宫本百合子认为，这些作品犹如日常斗争的报告和阶级意识的呼吁书，在政治宣传和工人运动中发挥了积极作用。冈本不仅自己创作，还与秋田雨雀一道协助矢部友卫在东京举办了"新俄罗斯美术展"，介绍十月革命后的俄罗斯美术作品，为日本接受者打开了一个认识新俄罗斯的窗口。村山知义等在 1926 年创建了"无产阶级剧场同盟"，先后演出了《怒吼吧！中国》《森林》《无脚玛丽》等剧作。"'普罗'音乐同盟"的成员则出版了《"普罗"歌曲集》，走出都市，深入乡野、工厂，用音乐传播社会主义思想。此外，《文艺战线》《战旗》等在 1928 年前后，也组织了以"劳农通信"和"生活记录"等为主题的征文，德永直等创办的《文学评论》发表了大量的报告文学作品，运用整体的、数字的方法与文学的逻辑的方法，反映工农疾苦、吁求。这一时期的文学艺术

①　鹿地亘．『所謂社会主義文芸を克服せよ』．三好行雄、祖父江昭二『近代文学評論大系』．角川書店，1973.

②　青野季吉．『自然生長と目的意識』．『日本プロレタリア文学評論集』．平林初之輔、青野季吉集．新日本出版社，1990.

实践，过度强调文学艺术的认识作用、教育作用、宣传作用，强调文艺的功利主义，在艺术方面则显得比较单一。

三　马克思主义美学的研究现状

日本战后马克思主义美学、文学艺术研究，大致与马克思主义哲学研究同步。经历了战时马克思主义研究的低谷之后，第二次世界大战结束后的马克思主义哲学和美学可分为以下三个时期：

第一个时期（从 1945 年到 20 世纪 50 年代后期）。这一时期，随着民主进程的推进，马克思主义、社会主义研究逐渐取得了合法的地位，各种各样的社团杂志纷纷冒头，对于推进马克思主义哲学和美学研究起到了重要的促进作用。不过此时日本的马克思主义主要是经由列宁、斯大林阐释的苏联马克思主义。西方马克思主义的介绍仍然是初探式的、宏观性的。这一时期的美学研究仍然集中在哲学、社会学领域，主要著作有：黑田宽一的《社会观的探求：马克思主义哲学的基础》，古在由重的《马克思主义与现代》《日本的马克思主义》，高桑纯夫的《唯物论与主体性》，中井正一的《美学入门》；主要译作有：城塚登、生松敬三翻译的《卢卡奇的实存（存在）主义马克思主义》，冈田纯一翻译的《马克思体系再检讨：马克思与马克思主义》，良知力、池田优三翻译的马尔库塞的《早期马克思研究：关于〈经济学·哲学手稿〉的异化论》。日本作者的部分著作，涉及马克思主义美学的内容往往是与作者的哲学思想、社会学理论及文学艺术理论杂糅的，需要在进一步研究过程中进行剥离和梳理。

第二个时期（从 20 世纪 50 年代后期到 70 年代后期）。这一时期，特别是进入 70 年代以后，随着西方存在主义、结构主义、符号学等哲学美学研究的深入，日本哲学研究开始进入一个建构日本实存主义哲学的阶段，美学研究也随之进入一个日本特色的美学研究新阶段。日本的马克思主义哲学美学研究视线由对列宁、斯大林、毛泽东的研究，转向西方马克思主义哲学、美学以及法兰克福学派、葛兰西、阿尔都塞等西方马克思主义美学家的研究。此时对于马克思主义哲学美学的研究主要是对马克思、恩格斯进行实证性、多角度、全方位的研究。主要著作有：中村秀吉的《逻辑实证主义与马克思主义》，冲浦和光的《马克思主义艺术论争》，森本和夫的《实存主义与马克思主义》，村上嘉隆的《关于美学的唯物论：

卢卡奇与马克思主义》，岛崎隆的《后现代马克思主义的思想与方法》，
中井正一的《美学的空间》，粟田贤三的《马克思主义的自由与价值》，
城塚登的《青年马克思的思想：社会主义思想的成立》《新人类主义的哲
学：克服异化可能吗?》，森山重雄的《作为文学的革命与转向：日本马
克思主义文学》；主要译作有：良知力等翻译的卢卡奇的《美与辩证法：
作为美学范畴的特殊性》，泷崎安之助翻译的米哈伊尔·里夫希茨和弗里
茨·埃鲁普贝克编选的《马克思恩格斯艺术论》，吕西安·塞巴格的《马
克思主义与结构主义》等。

　　1975 年，大泽正道的《游戏与劳动的辩证法》出版。在这部著作中，
大泽认为，马克思是继承了康德、席勒、黑格尔而发展了自己的实践的劳
动、游戏的美学与艺术观。该著在仔细辨识一般翻译与学者对马克思在
《1844 年经济学哲学手稿》中关于人的自然感性的存在后，认为"马克思
具有独创性的是，将迄今为止在哲学中处于次要的从属地位的人的感性存
在提升为哲学的出发点"。① 大泽指出：当马克思着眼于人的感性，并围
绕感性进行思考的进程中，由于受康德感性论的影响，将感性复归于康德
的哲学范畴——使之成为与悟性并列的认识的两大能力。回归康德应该是
马克思得以推翻黑格尔理性至上的哲学观点的撒手锏。大泽认为：青年马
克思凭借稚嫩的感性描绘出来的"作为一个完整的人，占有自己的全面
的本质"，与实现自由这一命题并没有直接的关联。为了实现自由，必须
形成一个世界——"对外观（假象）的欣悦"，即想象力与想象力创造出
来的游戏的世界。因为在游戏中，首次开启的不是一个自我与他者自我异
化地面对的世界，而是一个自我与他人在现实中融为一体的世界。在大泽
看来：由于马克思所描绘的人是完整的、占有自己全面本质的，所以，人
的想象力、游戏都是从过于丰富的、过剩的生命中衍生出来的。如果没有
这种丰富与过剩，游戏就无法成立。可以说，生产出这种丰富与过剩的劳
动，就会不断创造出成为游戏前提的状态。而且，劳动所创造的游戏，驱
使着人的想象力，不断创造出新的欠缺与不足，又反过来促进了人类的劳
动与实践。大泽运用马克思主义的辩证法分析人类劳动与游戏的关系，引
进文化人类学、社会学的方法，厘清了对于马克思《手稿》的某些误读，
在游戏与劳动的关系方面拓展了马克思主义美学的研究内涵。

---

① 　大沢正道．『游戏と劳働の弁证法』．纪伊國屋新书，1975.

　　第三个时期（从 20 世纪 80 年代至今）。进入 80 年代，在基本完成了对马克思主义哲学美学著作的实证考察和理论辨识之后，日本马克思主义哲学美学的研究进入了一个相对平稳发展的时期，研究视角愈益宽阔，研究内涵愈加丰富，很多学者从美与自然的关系、美与现实存在、美与艺术、马克思主义美学与当下社会现实、马克思主义与全体性（整体性）、马克思主义与结构主义、马克思主义与现象学、马克思主义与逻辑实证主义、马克思主义与现代主义（前卫派）、马克思与尼采及弗洛伊德的关系等诸多方面检视和阐释马克思主义美学，产生了许多马克思主义美学的研究专著，如黑田宽一的《马克思主义形成的逻辑》《马克思与文艺复兴》，广松涉的《马克思主义与历史的现实》，柄谷行人的《马克思，其可能性的中心》《超跨性批判：康德与马克思》，杉山康彦的《艺术与异化：写实主义的逻辑》，浅田彰、柄谷行人等合著的《马克思的现在》，芦村异的《卢卡奇与马克思：物化与异化》，清真人的《马克思主义美学的今日可能性》，池谷寿夫的《马克思主义范式再检讨——高木仁三郎〈现在同看自然吗?〉》，等等。此时，日本的西方马克思主义美学的研究也进入了一个西方马克思主义美学个案研究与谱系研究结合的阶段，主要著作有：上野俊树的《结构主义与马克思主义：阿尔都塞与普朗查斯》，盐泽由典的《马克思的遗产：从阿尔都塞到复杂的系统》，千石好郎的《后马克思主义的形成与确立：后现代理论成立的背景》，盐川伸明的《形形色色马克思主义思想的谱系——图谱形成初探》，今村仁司的《阿尔都塞：认识论的断裂》。这些著述，既注重博采众长，也发挥了日本学者一贯注重实证考据的优势，不人云亦云。不仅介绍了西方的后马克思主义理论、法兰克福学派、结构主义与马克思主义、弗洛伊德主义与马克思主义，而且在多元决定论、行动的主体性、文化意识、人道主义与人性自由等方面都有自己的见解。如柄谷行人的《马克思，其可能性的中心》，从马克思的博士论文开始，对马克思的主要著作进行解读，希望恢复马克思的真面目，揭示马克思尚未被思考、被认识的内涵。他认为："马克思、尼采、弗洛伊德，他们的共同点就在于，他们都是从肉体组织所感知的缺乏和无力性出发，并且从那里发现了表象、欲望及语言的生成。"① 只有发展到马克思时，黑格尔才成为终结，无论是哲学还是美学。

---

① 柄谷行人. 『マルクスその可能性の中心』. 講談社，1990.

与此同时，日本的马克思主义哲学美学研究者也在梳理日本的马克思主义理论与美学艺术的关联，如鹤见太郎的《柳田国男和他的弟子们：学习马克思主义的民俗学者》、川口武彦的《日本马克思主义的源流：堺利彦与山川均》、服部健二的《京都学派与马克思主义——以左派的人们为中心》、田口富久治的《丸山真男与马克思的夹缝》。

此时日本学者对于马克思主义及其与马克思主义哲学美学相关的著作的翻译，依然热情不减，主要有马克思的《艺术·文学·书信》，赫伯特·马尔库塞的《美的维度及其他》，马丁·杰伊的《马克思主义与全体性：从卢卡奇到哈贝马斯的概念冒险》，马格利特·罗兹的《迷失的美学：马克思与前卫》，特里·伊格尔顿的《文艺批评与意识形态：作为马克思主义的文学理论》《马克思主义与文艺批评》，弗雷德里克·杰姆逊的《辩证法批评的冒险：马克思主义与形式》，萨特的《哲学语言论集》，古斯塔夫·希博特的《美的断章》，等等。

由上述的梳理可以看出，日本战后的马克思主义美学研究，越来越呈现出与20世纪前三十年不同的取向，即不断超越对马克思主义美学艺术理论的功利性研究，超越线性接轨式地套用马克思美学艺术思想，强调对社会现实政治理念的宣传文艺创作活动的引领与观照，而走向理性化、学术化当下日本对马克思主义美学理论的研究，已经成为西方美学艺术学研究的一个重要组成部分，成为西方美学众多学术流派中的一个学派，成为西方美学多元研究中的一元，虽然其社会影响力没有20世纪前三十年那样广泛深入，但其在学术研究进程中，学术的、理性的比重却大大增强，在学院派马克思主义理论研究中的价值也日益增强。

原载《湖北大学学报》（哲学社会科学版）2009 年第 36 卷第 2 期

游戏与劳动的辩证法

"人的自由全面的发展，是马克思主义哲学、美学的重要命题之一，在马克思主义哲学、美学研究中"占有重要的地位。以往对马克思的"人的自由全面发展"的研究，大多将劳动视为主要的前提与途径，着重观照此一维度，从而遮蔽了闲暇、游戏与劳动的关系，割裂了闲暇、游戏与劳动的内在联系，以及闲暇、游戏对于人的全面发展的意义与价值。本文试图将着眼点集中于"游戏"与"劳动"两个范畴，梳理"劳动"与"游戏"在历史变迁中内涵与外延的变化，从美学历史的发展进程中阐释游戏与劳动的辩证法，以揭示游戏与劳动的内在关系，从而更深入地理解马克思关于劳动与人的自由全面的发展的思想，理解劳动、自由、闲暇、游戏之间的关系。

一　劳动：由丰富到简单的嬗变

"劳动"一词在古希腊语为"εργου"，用作名词，其词源意义为：一种不会留下任何实体性的物产能量的支出；人在负重状态下蹒跚前行的样子。劳动用作动词，指在田地上的劳作。在古希腊，劳动与工作、实践、创造、竞赛是同义语，亦包含了"手工""技艺""农事""纺织""女红"等意思。古希腊时代劳动与人类的其他活动、行为处于同一地位且相互包蕴，密不可分。劳动在以后才演变为泛指各种形式的体力劳动——手工、农耕、打鱼、竞赛、行动等。[①] 在古希腊，劳动既可以获取衣食住行所必需的生活资料，也可以放松身心，参与竞赛，从事创造。赫西

---

① 　古川晴風．『ギリシャ語辞典』．大学書林，1989，p.324.

俄德第一次将劳动与财富、与神灵眷顾的荣耀联系起来，他指出："人类只有通过劳动，才能增加羊群和财富，而且也只有从事劳动才能备受永生神灵的眷爱。"①

古希腊文里，劳动和工作有所不同，工作写作"πόνοs"，除苦役外，是惩罚、麻烦的同义词。古拉丁文中，劳动与工作再次出现了语词和语义上的分离，工作写作"poena"，来自希腊文，意思是"苦恼""悲伤"。由于工作指的是为了制造某种规定的物品或完成某种任务而付出的体力或脑力，因而包含着烦恼和悲伤的成分。德语的工作"arbeiten"的原意是"痛苦""麻烦"；法语工作"travail"的本义是"劳苦"；德语和法语中对于工作的解释，基本保留了希腊文和拉丁文包含劳苦、麻烦、艰辛的意思，鲜明地显现出"工作"与"劳动"内涵上的分野。英语里工作"work"指的是人类的活动，据研究认为是衍生于古英语名词"woerc"和动词"wyrcan"。《韦伯完整版新辞典》对劳动的定义是：从事或制造某事物所付出的心力、劳力，有目的的活动；劳动、苦工。

从语言内涵的演变可以见出，工作与劳动不同。工作大多是剔除了劳动所蕴含的创造性，单纯作为制造产品或者责罚、奴役来进行固定活动。工作并非劳动，劳动有工作的成分，工作是异化的劳动。随着时代的发展，劳动与工作逐渐融为一体，成为个体的人难以区分的活动，工作即劳动，劳动也是工作。

必须强调的是：是劳动创造了人，而不是工作创造了人。在从猿到人的转变过程中，起决定作用的是劳动——制造工具，创生语言。人类社会区别于猿群的特征在我们看来又是什么呢？是劳动。动物仅仅利用外部自然界，简单地通过自身的存在在自然界中引起变化；而人则通过他所作出的改变来使自然界为自己的目的服务，来支配自然界。这便是人同其他动物的最终的本质的差别，而造成这一差别的又是劳动。②

马克思继承了西欧近代哲学的劳动观念，将劳动作为普遍的人类学的规定，以其丰富的想象力描绘人类未来的理想图景，并发展成为属于马克

---

① ［古希腊］赫西俄德：《工作与时日》，张竹明、蒋平译，商务印书馆1991年版，第10页。

② 参见［德］马克思、恩格斯《马克思恩格斯选集》第4卷，人民出版社1995年版，第373—386页。

思的独特的劳动理论："人以一种全面的方式，也就是说，作为一个完整的人，占有自己的全面的本质。人同世界的任何一种人的关系——视觉、听觉、嗅觉、味觉、触觉、思维、直观、感觉、愿望、活动、爱——总之，他的个体的一切器官，正像在形式上直接是社会的器官的那些器官一样，通过自己的对象性关系，即通过自己同对象的关系而占有对象。"这些器官同对象的关系，是人的现实的占有；这些器官同对象的关系，是人的现实的实现。① "作为完整的人"对于"对象的占有"，具体来说指的就是"劳动是人在外化范围之内的或者作为外化的人的自为的生成"，就是劳动。在马克思那里，"整个所谓世界历史不外是人通过人的劳动而诞生的过程，是自然界对人说来的生成过程"②，劳动是人区别于其他动物的本质特征："……诚然，动物也生产。……但是动物只生产它自己或它的幼仔所直接需要的东西；动物的生产是片面的，而人的生产是全面的；动物只是在直接的肉体需要的支配下进行生产，而人甚至不受肉体需要的支配也进行生产，并且只有不受这种需要的支配时才进行真正的生产；动物只生产自身，而人再生产整个自然界；动物的产品直接同它的肉体相联系，而人则自由对待自己的产品。"③ 能够"不受肉体支配"进行生产，并"自由地对待自己的产品"，自由地将自己的产品作为自己的对象的只有人类。因为只有具有将各种对象作为自己的对象的意识，人才成之为人，与动物、植物相较，能"更普遍地"获得"自由"。因此，马克思进一步阐述了他关于劳动的思想与理论："因此，正是在改造对象世界中，人才真正地证明自己是类存在物。这种生产是人的能动的类生活。通过这种生产，自然界才表现为他的作品和他的现实。"因此，劳动的对象是人的类生活的对象化：人不仅像在意识中那样在精神上使自己二重化，而且能动地、现实地使自己二重化，从而在他所创造的世界中直观自身。④ 就是说：人类只有通过改造世界与改造自己的劳动，人才能成为人自己。只有劳动——生产活动才是与人相称的、才能成为从事劳动的人的生活。通过这种生产，自然——人的本质力量的对象——成了人类劳动所改造出来

---

① ［德］马克思、恩格斯：《马克思恩格斯全集》第 42 卷，人民出版社 1979 年版，第 123—124 页。

② 同上书，第 131 页。

③ 同上书，第 96—97 页。

④ 同上书，第 97 页。

的自然，也成了人自身的新的世界。因此，创造人之所以为人的生活既是劳动的过程，也是劳动的目的。

马克思在其他著述中将劳动规定为"生命活动，生产活动"和"人的自己生产（繁衍）行为"。无论使用任何一种规定，劳动对于人作为人的存在方式来说，是不可或缺的。赫尔伯特·马尔库塞在《初期马克思研究》中，详细地分析了《1844 年经济学哲学手稿》中马克思关于劳动的理论，明确指出，马克思在手稿中揭示了劳动与自由的关系："劳动是人类自由的现实表现。人类通过劳动实现自由；人类在劳动对象中能够自由地将自己现实化。"① 人类在劳动中如何实现自由，如何使自己现实化，对于我们研究游戏与劳动辩证的关系，极富启发意义。

二 游戏:人的自由实现

西文的"游戏"一词最早来源于古希腊文，写作"παιγνια"，拉丁化拼写为"paignia"，有两个义项：一个是游戏（包括制定胜负规则的竞技游戏），另一个是节日。以后的"游戏"一词——德语的"Spiel"、法语的 Jouer、英语的"play"——都源于古希腊文的"παιγνια"。

东方（汉语文化圈）的"游戏"观念源于汉语。古汉语中的"游戏"本来是两个词，"游"通"遊"，但两个词的意思不完全相同。"游"的本字是"斿"。《说文解字》解释"游"说："游，旌旗之流也。从斿，汙声。"又说："斿，旌旗之游，斿塞之儿。从中，曲而下垂，斿相出入也。"可见"游"的本义是饰于旗帜上下垂的飘带。正是从旌旗垂缨的飘动感，"游"引申出了从容悠闲、无拘无束的含义。"游"又指人或动物在水中行动。《诗·邶风·谷风》："就其浅兮，泳之游之。"游也指游憩，游玩。《礼记·学记》："故君子之学也，藏焉，修焉，息焉，游焉。"郑玄注："游谓闲暇无事之游，然则游者不迫遽之意。"孔子尚游，他将"游"与"学艺"联系起来："志于道，据于德，依于仁，游于艺。"这里的"游于艺"就像钱穆解释的"人之习于艺，如鱼在水，忘其为水，斯有游泳自如之乐完善自己"。即指忘却外在的功利，从容自如地乐游于

---

① マルクーゼ.『初期マルクス研究:「経済学 哲学手稿」における疎外論』. 良知力，池田優三共訳. 未来社，2000，p. 5.

"礼、乐、射、御、书、数"六艺之中，成为仁至善美之人。"遊"其一是"遨游、游览"的意思。《诗经·大雅·卷阿》："岂来君子，来游来歌，以矢其音。"其二是"乐"的意思，嬉戏，玩乐。《书·大禹谟》："罔遊于逸，罔淫于乐。"《孟子·梁惠王下》："吾王不遊，吾何以休。""遊"意味着悠然自得、从容不迫，超乎功利之外，近乎于一种自由的状态。"戏"《说文解字》的解释是："戏，三军之偏也。一曰兵也，从戈，虗声。"原始含义为兵器，但由于该兵器失传，我们至今无法目睹这一名为"戏"的武器。俞樾认为，戏之本义为角力，竞赛体力之强弱。《国语·晋语》曰："少室周为赵简子之右，闻牛谈有力，请与之戏，弗胜，致右焉。"其后，"戏"有开玩笑、嘲弄之意，也有游戏逸乐之意。如《论语·阳货》中的"前言戏之耳"。《史记·孔子世家》云："孔子为儿嬉戏，常陈俎豆，设礼容。""游（遊、逰）戏"合起来指的是嬉戏娱乐，最早见于《韩非子·难三》："管仲之所谓言室满室，言堂满堂者，非特谓遊戲饮食之言也，必谓大物也。"《乐府诗集》中亦有"黄牛细犊车，遊戲出孟津"之语。《晋书·王沈传》指出："将吏子弟，优闲家门，若不教之，必致游戏……"这里的"游戏"均主要指玩耍、嬉戏和娱乐。

日文里，"遊戲"与古汉语"遊戲"二字相同，发音为"yugi"。明治维新之后，"遊戲"逐渐与美学艺术结合起来，成为审美的重要对象。

梵文中的"游戏"为"Kridati"，指动物、儿童、成人的游戏，还指人的舞蹈、跳跃等，都有节奏与动感蕴含其中。

西方从赫拉克利特开始，一直非常重视"游戏"对儿童成长的作用。他们从不同的角度、运用不同的方法阐述游戏的重要性，留下了大量的论著。

赫拉克利特论述命运时指出："存在的命运就是一个儿童，他正在下棋。这个儿童就是始基。"[①] 赫拉克利特在此所说的存在是指作为整体的世界，始基则是指世界的开端和根据。"当游戏的儿童是始基的时候，这无非是说，世界是没有根据的，它自身建立自身的根据。"[②]

柏拉图在《斐多篇》《斐德罗篇》《蒂迈欧篇》《法篇》《理想国》中清晰地描述了仪式、舞蹈、音乐、教育与游戏之间的关系，认为诗（文学）的模仿是一种"游戏"，虽然不能揭示真理，但可以"照料人的心

---

① 苗力田：《古希腊哲学》，中国人民大学出版社 1989 年版，第 51 页。

② 彭富春：《说游戏说》，《哲学研究》2003 年第 3 期。

魂"，满足观者某种宣泄的需要。悲剧诗的所有目的，"只是为了满足观众，或者使观众愉快而已"①。柏拉图要把诗人驱逐出他的理想国，是因为诗人创作的作品对青年有巨大的影响——在潜移默化中挑逗人灵魂的情感来败坏灵魂。"柏拉图和诗人之所以都反对虚假的东西，不是因为它是虚假的，而是为了教育的缘故。"② 柏拉图认为：为了把儿童培养成城邦未来合格的公民，必须通过他们喜欢和能够接受的方式进行教育，比较好的办法是游戏。"出于实用的目的，对儿童的教导可以分成两类：一类是身体方面的教养，与身体有关，另一类是音乐，旨在心灵的卓越。"③ 同时，必须制定游戏的内容与规则，限制儿童在游戏中的个人意识、好斗心理与粗鄙欲望的膨胀，阻止超越规范的行为。因为在游戏中喜欢创新的孩子，"将来不可避免地会成为与从前时代不同的人，儿童身上的变化会诱使他们去寻求一种不同的生活方式，追求一套不同的体制与法律"④，会给城邦共同体带来灾难和不幸。人应该在游戏中度过一生，这些游戏就是献祭、歌唱、跳舞⑤；引导儿童游戏最好的方式是音乐、舞蹈、体育比赛、节日游行等。"把游戏当做教育的工具，引导孩子们的兴趣和爱好，使他们成年以后可以去实现自己的理想"，"要在游戏中有效地引导孩子们的灵魂去热爱他们将来要去成就的事业"⑥。柏拉图对于游戏与教育规范的作用，对后来的教育家和美学研究者产生了深刻的影响。

亚里士多德继承柏拉图的思想，深入阐释了游戏与闲暇的关系，认为：闲暇是全部人生的唯一本愿，当人的生命处于自由自在的"游戏"中可以安享闲暇，获得内在的自由、快乐、愉悦与幸福。⑦

康德和席勒的探索使西方游戏理论研究取得突破性进展。康德把人规定为"自由活动的存在"，提出了"模糊表象"和"艺术游戏"两个概

---

① ［古希腊］柏拉图：《柏拉图全集》第 1 卷，王晓朝译，人民出版社 2002 年版，第 395 页。

② ［德］H. G. 伽达默尔：《伽达默尔论柏拉图》，余纪元译，光明日报出版社 1992 年版，第 49 页。

③ ［古希腊］柏拉图：《柏拉图全集》第 3 卷，王晓朝译，人民出版社 2003 年版，第 551 页。

④ 同上书，第 555 页。

⑤ 同上书，第 561 页。

⑥ 同上书，第 39 页。

⑦ ［古希腊］亚里士多德：《尼各马可伦理学》，廖申白译，商务印书馆 2003 年版，第 302—305 页。

念。康德认为模糊表象在心灵游戏中扮演着重要的角色。"我们常常拿模糊表象来游戏，并对想象力把我们喜欢或不喜欢的对象遮蔽起来感兴趣；但更常见的是我们成了模糊表象的玩物，我们的理智也不能摆脱那种荒诞。"① 以模糊表象进行游戏，一方面指的是我们的心灵机能——想象力之类——会围绕着这个表象展开活动，这种活动就是心灵的游戏，也是一种审美活动。另一方面模糊表象也拿我们来游戏——被它所迷惑、愚弄去做傻事。艺术游戏则直接将心灵游戏与审美活动联系起来，这种感性假象的艺术游戏——幻想——是与"自然"相对的、"有意识的"、"人为的"活动，是令人愉快的有益的活动。康德美学中想象力与知性的自由游戏是其重要思想支柱。康德认为："诗的艺术是思想的一种游戏。……诗既不以情感也不以直观和理解为目的，而是要把心灵中的一切机能和动力置于游戏之中；它所描写的图景不必有助于对于对象的理解，只应有助于使想象活跃起来。它要有一种内容，因为知性都是有规则、有秩序的，知性的游戏会引起最大的快乐。……诗是一切游戏中最美的游戏，因为我们把一切心灵能力都投入其中。"② 在这样的游戏状态中，审美主体所构造的审美表象由想象力送入知性王国，知性在无概念的状态下活动起来，与想象力自由地游戏，此刻想象力与知性完全不受约束与强制，是愉悦、快乐和舒适的，是合目的性的愉悦。

席勒继承了康德的游戏学说，在《审美教育书简》中，更为广泛和深入地论述了游戏、游戏冲动、游戏与审美、游戏与艺术的关系。席勒认为：在人与世界的关系中，人有两种冲动，一种是感性冲动，另一种是形式冲动，或者是理性冲动。前者要"把我们自身以内的必然的东西转化为现实"，后者要"使我们自身以外的实在的东西服从必然的规律"。但这两者是对立的，它必须依靠第三者亦即游戏冲动才能达到统一。游戏不是强迫，而是自由活动。在游戏里，感性冲动和理性冲动恢复了自由。游戏冲动的对象是，"用一种普通的概念来表示，可以叫做活的形象（一种有生命的形态）"，"即用以表示现象的一切审美特性，总而言之，用以表示一种最广义的美的概念"。而且，"游戏的冲动"这一名称是恰如其分

① ［德］康德：《实用人类学》，菲利克斯·麦诺出版社 1980 年版，第 22 页。

② ［德］康德：《康德美学文集》，曹俊峰译，北京师范大学出版社 2003 年版，第 217—218 页。

的，因为我们通常用"游戏"一词来表示"一切在主体和客体方面都不是偶然的，而无论从外在方面还是从内在方面都不受强制的东西"。在此，席勒完全拒绝了附着在游戏上的卑俗形象。我们已经知道，在人的一切状态中，正是游戏而且只有游戏才使人成为完整的人，使人的双重本性一下子发挥出来。"因此，理性又做出了裁决，人应该同美仅仅进行游戏，人也应该仅仅同美进行游戏。"总之，"只有当人是完整意义上的人的时候，他才游戏；而只有当人在游戏时，他才是完整的人"。①

马克思与席勒一样非常重视感性的作用。他将哲学中处于次要的、从属地位的感性能力——直接的、现实的、自然的人的感性能力（视觉、听觉、嗅觉、味觉、爱）——提升到了哲学的层面进行研究。

马克思在《1844 年经济学哲学手稿》中分析了感性与对象之间的关系，认为感性的即是现实的，这就是说，感觉的对象就是感性的对象，因而，拥有自身外部的感性的各种对象，是拥有自己的感性的各种对象。② 这并非马克思自己独创性、革命性理论，而是他继承与沿袭传统哲学用语来表达自己的思想和观点的一种方式。马克思指出："人直接地是自然存在物。人作为自然存在物，而且作为有生命的自然存在物，一方面具有自然力、生命力，是能动的自然存在物；这些力量作为天赋和才能、作为欲望存在于人身上；另一方面，人作为自然的、肉体的、感性的、对象的存在物，和动植物一样，是受动的、受制约的和受限制的存在物，也就是说，他的欲望的对象是作为不依赖于他对象而存在于他之外的；但这些对象是他需要的对象；是表现和确证他的各种本质力量所不可缺少的、重要的对象。"③

但是，马克思并没有把这种独创性延伸到感性本身的理解上来。"当他着眼于感性，并围绕感性进行思考的过程中，可能是受到康德感性论的影响，把感性复归于康德的哲学范畴之内——使之成为与悟性并列的认识的两大能力。这可能是马克思得以推翻黑格尔理性至上的哲学观点的撒手锏。"④ 为什么同样将感性作为逻辑展开的依据，马克思所导出的结论与

---

① ［德］席勒：《审美教育书简》，张玉能译，译林出版社 2009 年版，第 32—49 页。

② 参见 ［德］马克思、恩格斯《马克思恩格斯全集》第 42 卷，人民出版社 1979 年版，第 74—82 页。

③ 同上书，第 167—168 页。

④ 大沢正道．『遊戯と労働の弁証法』．紀伊國屋書店，1975，p. 20.

席勒存在明显差别？其根本原因在于，他们对感性的理解方式不同。马克思认为，"感性的就是受苦的"，在某种意义上，人"与动物和植物一样，存在着一种受苦的、受制约、被限制的本质"①，而人的冲动的诸种对象都在他的外部、作为独立于其自身对象而存在着，人要在对象中确证自己的本质力量，对象就成为不可或缺、不以自身左右的自在的他者。"通过劳动人类获得自由，在劳动的对象中人类自由地实现自己。"② 席勒则认为："只有当人在游戏时，他才是完整的人。"③

马克思在《1844 年经济学哲学手稿》中所解说的感性与康德所说的感性有相同之处——由来自外界的感觉上的刺激而引发主体的受动的能力。外部世界的压力直接对主体起作用的，是来自外界的"受苦""被制约且被限制"的能力。马克思所强调的人的自由全面的发展不是康德式的合目的性的自由发展，也并非席勒式的游戏自由的发展，而是在劳动中获得的自由和发展。这种自由和发展是在超越异化劳动达到本质力量对象化之后——有闲暇、享自由、能游戏、会创造——的自由发展。

三　游戏与劳动的辩证法

在人类的童年时期，游戏与劳动是合为一体的。"游戏是劳动的产儿，没有一种形式的游戏不是以某种严肃的工作做原型的。不用说，这个工作在时间上是先于游戏的，因为生活的需要迫使人去劳动，而人在劳动中逐渐把自己的力量的实际使用看作一种快乐。"④ 冯特关注游戏与劳动之间的密切关系，强调游戏是从劳动中诞生和形成的。如冯特所察，现在仍在流传的某些传统游戏，最初的起源往往是严肃紧张的劳动活动。一开始这些活动的主要目的是满足人们物质生活的需要，是一种功利性劳动。但随着社会生产的发展，劳动效率提高了，劳动产生了剩余，人们不再需要为物质生活的需要付出自己所有的劳动，由此一些原有的生产劳动形式

---

① 大沢正道.『遊戯と労働の弁証法』. 紀伊國屋書店，1975，p. 8.

② マルクーゼ.『初期マルクス研究：「経済学哲学手稿」における疎外論』. 良知力，池田優三共訳. 未来社，2000，pp. 11 – 12.

③ ［德］席勒：《审美教育书简》，张玉能译，译林出版社 2009 年版，第 32—49 页。

④ ［俄］普列汉诺夫：《论艺术（没有地址的信）》，曹葆华译，三联书店 1964 年版，第 73 页。

便开始转化为游戏活动。

　　游戏与劳动从最初的合一到分离是伴随着人类的成长历史而实现的。在历史的发展进程中，劳动与游戏的辩证关系一直存在着被异化的倾向。关于劳动概念的文献中几乎没有游戏的论述，关于游戏的文献中则有关于从劳动的视角考察游戏的记述，总体研究中重劳动而轻游戏的研究不容忽视。劳动、工作作为人类的正业被强化、美化，游戏作为"无用之用"或无所作为的代名词被弱化、异化。

　　庄子在《人间世》的结尾写道："桂可食，故伐之；漆可用，故割之。人皆知有用之用，而莫知无用之用也。"或许庄子已经天才地观察到了无用之用——游戏已经被异化了，有用之用——劳动与游戏的分离业已成当时和未来的定局，因为在庄子哲学与美学中，一切物化都为道所造。

　　文化人类学的研究者在长期的研究中发现原始民族中游戏与劳动并不通常都是完全相反的行为，游戏与劳动具有一致的可能性。赫伊津哈在《游戏的人》中写道："人类开始共同生活的时候，在他们伟大的原初行动过程中，自始就交织着游戏。……游戏满足了人们表达意图和共同生活的理想。"[1] 赫伊津哈从文化人类学的视角对游戏进行了多方位的研究，但是，赫伊津哈却并没有注意到游戏可能被异化的情况，而是理想化地夸饰着初民与原始部落游戏中人的快乐愉悦。

　　日本学者大泽正道对游戏与劳动的元素进行抽象，试图提取并还原游戏与劳动的指标，以比较、分析其中的异同。游戏的指标包括想象力、社会的需求、现实性、节奏性；劳动的指标：饥渴、社会的需求、对象化、节奏性。[2] 通过具体指标的比较可以看出，游戏与劳动完全相同的两项是"社会的需求"和"节奏性"，而"想象力"与"饥渴"、"现实性"与"对象化"是不同的。"节奏性"与"社会的需求"这两个指标就是游戏与劳动的共同点。但在具体研究中，学术界往往是夸大了不同的一面，而忽视了其相同的一面。

　　原始时代没有节奏性的游戏，难以聚拢氏族群体参与其中，劳动同样如此。因为原始劳动是群体性的，当以节奏性为辨识标准时，游戏与劳动明显地趋同。如果要寻找人类活动样态的两个根本性标志的话，只有游戏

①　［荷］赫伊津哈：《游戏的人》，多人译，中国美术学院出版社1996年版，第17页。

②　大沢正道．『遊戯と労働の弁証法』．紀伊國屋書店，1975．

与劳动。作为社会性需求的具体体现的共同劳动和共同游戏，其同一性不言自明，所谓的"杭吁杭吁派"指的就是这种相近性。当社会性需求得到肯定时，游戏与劳动就可以找到共同的表现形式。如果仅仅关注相同性这一侧面的话，游戏与劳动的确具有相当的一致性。游戏与劳动既有不同的一面，也有相同的一面。"游戏不能权凭游戏存在，劳动也不能权凭劳动存在。当二者相互结合为一个整体时，游戏才开始成其为游戏，劳动也才开始成其为劳动。"[1] 但是，由于游戏与劳动的组合被任意地肢解，游戏仅为游戏、劳动仅为劳动的时候，无论对于游戏，还是对于劳动，我们都难以接近它们的真正的本质。当游戏与劳动作为一对范畴——"游戏—劳动"来被把握时，它们的特性就会得到完整的揭示——"游戏—劳动"并不是静止的、固定的活动样态，而是有活力的流动的样态。

　　大泽正道将"游戏—劳动"的活动样态称为游戏与劳动的辩证法，并标以图示（下图）。[2] 在图中，力量的强弱用线的长度来表示，力量均衡则用线条等长来表示。在这种情况下，游戏的三角形与劳动的三角形是

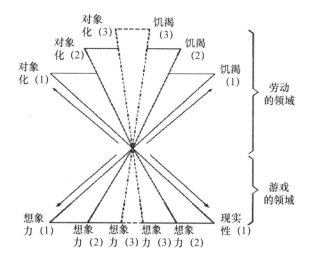

完全相同的。相同表示它们双方保持平衡，平衡就是"游戏—劳动"的基点。但是，这种平衡不可能长久保持下去，如果强化饥渴或对象化的力

　　① 　J. ホイジンガ. 『ホモ・ルーデンス：人類文化と遊戯』. 高橋英夫訳译. 中央公論社，1971，p. 176.
　　② 　大沢正道. 『遊戯と労働の弁証法』. 紀伊國屋，1975.

量的话，想象力与现实性的力量就会削弱，当饥渴或对象化的力量达到极限时，三角形就解消为直线。那时，劳动和游戏均将解体，归于虚无。反之亦然。游戏与劳动就是以这样的平衡为基点，不断地运动，你消我涨，达到平衡的。

可见，游戏与劳动之间存在辩证统一的关系。当完全超越了异化劳动时，人类劳动不再被外在目的——工资、生存所拘囿，劳动者投入于劳动之中忘却自我，犹如游戏者进入闲暇一般。那时，游戏与劳动、艺术与产业、职业与消遣、游戏与艺术的沟壑被填平，人成为完整的人、自由全面发展的人。

在历史进程中，劳动是一个由丰富逐渐走向异化和单面，对人的心身逐渐生发拘囿的过程，而游戏则是一个不断发展、变化，不断被丰富的过程，具有多重向度和丰富内蕴，包蕴着现实、想象、自由、创造、审美等诸多元素。我们在研究游戏与劳动的过程中，要关注游戏自身内部的多样统一性——既要注意到游戏自身的多义性与多维度，也要关注游戏的社会性与共同体性，关注游戏对于人的完整、自由全面发展的重要意义与作用。在当下实存的"现实性劳动"难以完全超越异化的状态下，即使闲暇的游戏以及游戏与劳动共存共融依旧是一个难以实现的乌托邦理想，我们也应该在理性、理念上更多关注作为劳动与游戏者——既是生产的手段也是生产物的——人的身体；更多关注作为劳动工具或游戏工具的技术器具，更多关注作为劳动与游戏的对象的存在世界，"在平衡—动摇—平衡"，或者"紧张—松弛—紧张"这样进行无限运动的辩证法的关系中，延续人类爱的游戏的生命。

原载《湖北大学学报》（哲学社会科学版）2011 年第 38 卷第 4 期

近代以来日本美术的大学教育的发展进程

　　日本学院式的美术教育，是从明治时期开始的，最早的是明治 9 年（1876）创办的工部美术学校和明治 13 年（1880）幸野楳岭建议创立的京都府画学校。而最具现代大学建制和规模的是明治 22 年（1889）冈仓天心等人创办的东京艺术大学。130 多年来，日本美术大学在学科建设、艺术创作、人才培养等方面，走过了由纯粹西洋到东西结合的道路，建立起多层次、多学科、立体多元的美术教育体系，培养出了各个层次的美术人才活跃于世界艺术领域，不仅在世界绘画、雕塑、摄影、电影、陶瓷艺术、工业设计领域占据一席之地，而且为在日本普及美术—艺术教育方面作出了重要贡献。

　　日本近代的大学教育肇始于明治时期，近代美术（艺术）的学院式教育也是在明治时期开始的，主要可以分为以下三个方面。

一　"美术"一词的引进与阐释

　　在近代美术（艺术）教育的发展进程中，"美术"一词出现于明治前期。学界一般认为：日语中的"美术"一词，是依据 1872 年奥地利维也纳万国博览会总监、奥地利拉伊纳尔亲王向世界各国政府发出的邀请函里所附的万国博览会参会分类分项文件的附件中的德文"Kunstgewerbe""Bildende Kunst""Schöne Kunst"等以造型艺术为主要艺术形式语词翻译的，主要是德文如"Scheöne Kunst"包含了诗、音乐等艺术的广义的"美术"解释。北泽宪昭认为："美术"一词在日语历史上的初次登场，是参加维也纳万国博览会之际，依据该博览会参展展品目录分类而翻译的，该展品分类是在明治 5 年（1872）也就是博物馆开馆的同年一月，由太政官布告宣布（日本）前往万国博览会参展的展品名称而来的。[①]"'美术'一词，是在明治 6 年作为参加维也纳万国博览会的展品分类识名而出场的，可是，明治 10 年代以前的'美术一词的运用，包含诗、音乐的状况比较多'。如现在这样限定为视觉艺术来使用，大致是明治 20 年代之后的事情。"[②] 为参加维也纳博览会，日本"维也纳万国博览会"副总裁佐野常明上书天皇，阐述了日本参与博览会的五个目的，其中第三个目的就是"创建工艺设计者的育成的博物馆，同时将引进西方近代美术学校教育纳入视野，以为将来本国百工的补充"[③]。这一上书，可谓近代美术学校建设的前奏。为了万国博览会的预展，文部省在东京汤岛圣堂（孔庙）的文部省博物馆举办了"日本博览会"，主要展品为陶瓷艺术与日本绘画。

最先运用"Fine art（s）"一词作为"美术"概念的是近代启蒙思想家西周，他于 1872 年（明治 5 年）完成的"宫中御谈会"的讲稿《美妙学说》中第一次提及"美术"。西周指出："哲学中有一种称之为美妙学（エスセチクス）的学问，该学问与所谓的美术（ハインアート）有相通之处，是研究美术原理的学问。在人性方面呈现道德倾向，具有分辨善恶正邪的作用。"[④] 关于这个"美术"所涵盖的范围，西周介绍说："在西方，现今列入美术范围的有绘画学、雕像术、雕刻术、工匠术等内容，此外，诗歌、散文、音乐以及中国的书法也属于此类，皆适用于美妙学的原理，如果将此范围更加扩大的话，舞乐[⑤]、演剧（包括戏剧和曲艺）之类以及木偶剧（傀儡戏）等等皆可以归入上述范围。"[⑥] 宫中御谈会参与者与听众除了亲王及侍从外，主要是宫内高官，该讲座除了为执政者在制定政策方面的建言之外，也包含着西周试图借用包括美学—美术在内的人文

---

① 北沢憲昭.『眼の神殿』.東京美術出版社，1989，とくにpp. 141 - 143.

② 佐藤道信.『明治国家と近代美術』.吉川弘文館，1999，p. 44.

③ 『東京国立博物館百年史』.東京国立博物館，昭和 58 年。

④ 西周.『美妙学说』，土方定一編『明治藝術・文学論集』.筑摩書房，1975，p. 3.

⑤ 指伴有舞蹈的日本雅乐演奏形式，分为唐代音乐系统的舞乐（左方）和高丽乐系统的舞乐（右方）。此前国内有学者在引用西周《美妙学说》，将"舞乐"误译为"舞蹈"，是不够确切的。

⑥ 西周.『美妙学说』，土方定一編『明治藝術文学論集』.筑摩書房，1975，p. 3.

教养（教育）培育"和魂洋才"，改造日本国民性的思想与理念。

关于美术及美术教育的论争，一直断断续续地进行着，各家都以自己的理解阐释着对于美术及美术教育的理解。1882 年美国学者、东京大学教授费诺洛萨在上野龙池会发表了《美术真说》①，揭开了日本美术讨论的序幕，接着日本洋画家小山正太郎在《东洋学艺杂志》上发表了《书法不是美术》②的论文，对于美术大学里是否要讲授书道，是否可以将书法纳入美术的教育与研究内容以及书法的教育存在的问题发表见解，冈仓接着在同一杂志上发表了《读〈书法不是美术〉》③与其进行论辩，成为美术教育历史上革新与保守的较早交锋。此后关于美术与美术教育，有相当一部分启蒙思想者与哲学、美学、教育家涉足其中，进行探讨。比较重要的论述有外山正一的《日本绘画的未来》（1890），森鸥外的《驳外山正一氏的画论》，增田藤之助编译的《美术的个人主义》（1891）④，九鬼隆一的《在明治美术的演讲》（1894）⑤，大西祝的《我国美术之问题》（1889），高山樗牛的《宗教与美术》（1897）、《日本画的过去与将来》（1902）、《奈良朝的美术》（1902），大塚保治的《京都画家对东京画家》⑥，从历史到当下，从现在到未来，多角度地论述了日本美术及其教育的历史与发展进程，结合西方大学的艺术—美术教育，提出了日本大学美术教育的设计、规划、意见与建议，对教育进程中的日本画和西洋画的传授，日西绘画的各自的特征及存在的问题，断代美术的挖掘与演讲进行了深入的讨论，为日本美术教育的勃兴进行了筚路蓝缕的开创性工作和研究。

二 早期的美术学校教育与格局

日本近代美术教育可以追溯到 1873 年 7 月开设的工部省工学寮工学

---

① フェノロサ.『美術眞説』（大森惟中筆記）. 土方定一编『明治藝術・文学論集』. 筑摩書房，1975，p. 36.

② 小山正太郎.『書ハ美術ナラス』.『東洋學藝雜誌』1882 年第 8—10 期.

③ 岡倉覚三.『書ハ美術ナラズノ論ヲ読ム』.『東洋學藝雜誌』1882 年第 11、12、15 期.

④ 増田藤之助.『美術の個人主義』.『自由』明治 24 年 5 月 18 日.

⑤ 九鬼隆一.『明治美術会について演説』（明治 26 年 4 月 30 日）.『経緯副刊』1903 第 3 期翻译刊载.

⑥ 大塚保治.『京都画家对東京画家』. 土方定一编『明治藝術・文学論集』. 筑摩書房，1975 年，p. 316.

校设计（造家）学科①等7个科目的设立，当时的造家学科以培养工艺美术设计师与建筑设计师为主要目标。

明治9年（1876）的工部省的工部大学校附属的工部美术学校成立②，它是一所纯粹的西洋美术专门学校。教学科目分为两科——画学和雕刻，聘请意大利画家安东尼奥·冯塔内希（Antonio Fontanesi，1818—1882）讲授西洋画，雕塑家文森佐·拉古札（Vincenzo Ragusa，1841—1927）教授雕塑，建筑学家乔万尼·文森佐·卡培莱迪（Giovanni Vincenzo Cappeletti,？—1887）讲授装饰艺术。工部美术学校是日本近代以来第一所以"美术"命名的专门学校，学校的校规明确指出："美术学校是学习欧洲近代的技术，以补足我日本国原有百工之不足"而设，讲授科目也是"全盘西化"——以西洋绘画、雕塑艺术为主要教学内容的纯粹视觉艺术。可见，工部美术学校的建设与教学的展开，标志着近代学院式美术教育的肇始。例如，雕塑专业，在意大利雕塑家V.拉古札的指导下，大熊氏广、藤田文藏等人跟随其专门学习西方雕塑，为日本培育了第一代西洋雕塑的专门人才，奠定了西式雕塑教育与教学的基础。以后，大熊氏广创作的雕塑——大村益次郎铜像作为其在意大利留学的成果成为日本近代西式雕塑最早的纪念性作品。藤田文藏则于明治23年（1890）受聘于东京艺术学校雕刻科，教授西方雕塑与创作，明治33年（1900）成为雕刻科教授。明治32年（1899）私立东京女子美术学校（女子美大）创立，藤田文藏应聘担任校长，成为日本第一位女子美术专门学校的校长与导师。工部美术学校的绘画专业在A.冯塔内希的指导下，小山正太郎（こやま·しょうたろう，1857—1916）、松冈寿（まつおか ひさし，1862—1944）、浅井忠（あさい·ちゅう，1856—1907）、山本芳翠（やまもと·ほうすい，1850—1906）、疋田敬藏（ひきた-けいぞう，1851—？）等接受了正统的西洋美术——素描与油画的教育，次年小山正太郎即作为A.冯塔内希的助教进入美术教学领域，日后在多个画塾从事西洋画教学，并且担任东京高等师范学校教师，成为日本第一代西洋画教师，其代表作有《仙台之樱》等。浅井忠在工部美术学校毕业之后，作为新闻画家被派往中国，有很多描写当时中国世俗与风景的绘画在报刊发

① 長田謙一、樋田豊郎、森仁史．『近代日本デザイン史』．美學出版社，2006，p. 25.
② 该校于1883年在"复兴日本美术"的浪潮中年被关闭。

表。回到日本后，浅井忠于明治31年（1898）担任东京美术学校（现东京艺术大学）教授。明治33年（1900）前往法国留学，学习西洋绘画，明治35年（1902）学成归国后担任京都高等工艺学校（现京都工艺纤维大学）教授，并创办了个人性的圣护院洋画研究所（后来的关西美术院），终身致力于西洋绘画的教学与研究，并独树一帜。其代表作品有《春亩》《收获》《灰色之秋》等。松冈寿则于明治13年（1880）前往欧洲留学，八年后毕业于罗马国立美术学校，返日后参加了明治美术会的创建，并担任各种博览会与文展的审查工作，历任东京美术学校教授、东京高等工艺学校第一任校长等职，在日本的美术教育与美术行政管理方面，作出了重要贡献，主要作品有《罗马康斯坦丁的凯旋门》《意大利 Bersagliere 的哨兵》等。疋田敬藏则于明治22年（1889）出任京都府画学校教师，翌年辞职后专心从事石版画创作与研究，代表作品合集为《蕙兰画谱》。

　　工部美术学校培养的第一代西洋绘画和雕塑毕业生，可谓人才济济，为未来日本的西洋绘画和雕塑教育与创作作出了重要的贡献。

　　后于工部美术学校四年、成立于明治13年（1880）的京都府画学校（现京都市立艺术大学），是为挽救由于迁都江户导致的绘画艺术与工艺美术的颓势，由田能村直入①、幸野楳岭②、望月玉泉③等于1878年向京都府知事槇村正直倡议创办的，1880年获得文部省批复开始招生，教学分为东、西、南、北四宗，每宗招生各20名，学制为3年。田能村直入

----

　　① 田能村直入（たのむら・ちょくにゅう，1814—1907），本名松太，也称传太，出生于丰后直入郡（现日本大分县竹田市），是日本明治时期活跃的画家，被誉为"最后的文人画家"。文政5年（1823）9岁入画塾学习，显现出卓异的绘画才能，被画塾的老师收为养子，随师学画。1835年老师田能村竹田去世后，他前往京都大阪去游历，过着参禅、绘画、斗茶的生活。1878年与幸野楳岭等联合创办京都府画学校，担任第一任校长。但是由于与各画派的冲突与纷争，1884年辞职，创办南宗画学校。明治23年（1890）与富冈铁斋、谷口蔼山等共同创办日本南画协会。主要作品有《黄檗山狮子林真景图》《岁寒三友图》《柳荫闲步图》《平江秋色图》等。

　　② 幸野楳岭（こうの ばいれい，1844—1895），本名田中直丰，出生于京都。9岁即入圆山派门下跟随中岛来章、盐川文麟学习绘画，此后凡二十余年，又入四条派之门学习，终身致力于古典花鸟画的创作。与田能村直入等一道创办京都府画学校。在京都府画学校任期间，专心致力于教学，培养了很多位知名画家。竹内栖凤、菊池芳文、川合玉堂出自其门下。教学之外创建了京都青年绘画会、京都私立绘画研究会等协会组织，为新日本画的发展奉献了毕生精力。代表作有《帝释三兽图》《群鱼图》，著作有《花鸟画谱》等。

　　③ 望月玉泉（もちづき ぎょくせん，1833—1913）。

等 43 名知名画家（工）被聘为教师，田能村小虎（直入）担任第一代摄理（校长）。

　　京都府画学校与工部美术学校的"全盘西化"教学完全不同，1883年制定的《京都府画学校通则》指出："本校为扩大美术与基础工艺制作而创设，以戒粗求精，去浮就实，共谋公益，补救文化为宗旨。本校至今所一贯保持的基本教学理念、所具有的教学精神就是创造精神与拓宽技术，为社会与文化作出贡献。"依据学校的教学理念与教学精神，其教学融合东西，兼顾南北。学校在教学上具体分为东、西、南、北四宗：东宗为日本写生画、大和绘①等，学习日本传统美术，主要教授以胶画蛋彩（鸡蛋、胶料调制）为颜料，表现日本自然与现实日常生活为题材的写实性绘画，指导教师主要有望月玉泉等；西宗为西洋画，主要是教授采用西方绘画颜料和技法创作的绘画——油画、水彩画和彩色粉笔画等，指导教师主要有：小山三造（こやま さんぞう，1860—1927）、田村宗立（たむら·そうりゅう，1846—1918）等；南宗为文人画，专门讲授唐以来传入日本的、以水墨丹青为特征的文人画家的山水画，指导教师为谷口蔼山、小田半溪等；北宗讲授日本狩野派、雪舟派绘画，指导教师为铃木百年、幸野楳岭、今尾景年等。

　　明治 16 年（1883）12 月，京都府画学校学生的作品参加了在荷兰阿姆斯特丹举办的万国博览会，获得金牌，这也是日本第一次向世界展示学院派学生的美术作品。1888 年，京都府画学校将东、南、北三宗合并，称为东洋画，与西洋画并列对置，学科也由四宗改为普通画学科、专门画学科、应用画学科，学制由最初的 3 年延长为 5 年。在以后的美术学校教学中，逐步增加了应用型学科，如应用画学科（1888）、工艺图案科（1891）、雕刻科（1894）、漆工科（1895），成为近代日本美术教育史上学科门类较为齐全的美术专门学校。

　　学校创建的最初十年间，为日本画坛培养了一批美术专门人才，很多人后来担任了本校及以后成立的东京艺术大学教师，如竹内栖凤、疋田敬藏、池田遥邨、浅井柳塘等，也有的人参加了日本美术协会、日本画会、白马会、日本自由画坛等美术画家团体，创办了自己的美术私塾，培养了

---

　　①　日本绘画概念之一，平安时代为与"唐画"相区别而命名的绘画风格，主要国宝级文化遗产有《源氏物语绘卷》《圣德太子绘传》《山水屏风》《扇面古写经》等。

一派绘画弟子，如迹见玉枝、入江波光等。

三 大学美术教育的创设与建构

近代大学的美术教育，最为重要的特质就是东京美术学校的建立。以维也纳万国博览会为契机，日本展开了一系列围绕美术的活动与运动——第一回国内劝业博览会、古美术展览、费诺洛萨《美术真说》的演讲、中江兆民《维氏美学》的翻译、"书法不是美术"的论争、坪内逍遥"有形的美术"与"无形的美术"的分野、日本美术复兴等，如何对国民进行美术教育以及进行怎样的美术教育提上了政府的议事日程。

关于国民的美术教育大致可以分为两派三线的格局。两派为"新派"与"旧派"，三线中，鉴画会、东京美术学校的文部省为一线，与日本皇室和宫内厅关系密切的日本美术协会的保护传统美术为一线，新兴美术教育与继承、革新传统进行新画创作为一线。

"旧派"一方的日本美术协会主要依靠宫内厅和农商务省的支持，他们以万国博览会为契机，试图向世界展示"日本美术"（主要是工艺美术）的艺术魅力，以彰显新兴帝国的国力，故而加大力度对于本岛内的重要文化遗产（古代美术和宝物）进行调查编目，鼓励国民"殖产兴业，保护美术"。"新派"一方则得益于明治政府——文部省在政策方面给予的支持，立志创建新兴的美术专门学校。

在新型国立美术学校——东京美术学校的建设方面，主要以费诺洛萨、冈仓天心为中心。费诺洛萨1878年应聘由美国波士顿来到日本，在东京大学任教，主要讲授政治学、哲学、美学等课程。他在教学之余的旅行中发现日本美术的特殊魅力，认为日本古美术——佛像、佛画、雕塑、寺院建筑——是日本的宝贵财富，不应任其毁损。于是，他开始在日本各地广泛搜集日本古美术作品。在搜集古美术作品的同时，拜日本当时著名的美术家狩野芳崖为师，学习日本美术的鉴赏与鉴定。1882年，费诺洛萨加入了日本国粹主义美术团体龙池会，并发表了题为"美术真说"的著名演讲，积极推进日本画的复兴。

明治18年（1885）12月，文部省设立了以欧内斯特·费诺洛萨、冈仓天心、今泉雄作等人为取调委员的"图画取调挂（调查科）"，费诺洛萨在他的学生冈仓天心和有贺长雄的帮助下，开始对日本古美术进行调查，发心为复兴日本美术而努力工作。图画取调挂的成员在文部少辅九鬼隆一的支持下，提议设立官办的国立美术学校。1886年文部省又专门成立了"美术取调委员会"，派费诺洛萨和冈仓天心作为文部省的调取委员前往欧洲进行考察，试图创建一所与欧洲水平同步的、具有现代教育理念与教学水准的美术专门学校，培养日本式的专门的美术专业人才。

1887年10月，图画调取挂与工部大学校内的工部美术部合并，改称为东京美术学校，第一任校长由滨尾新担任。这一时期的东京美术学校主要分为"普通科"和"专修科"两类，普通科学制2年，专修科学制3年，主要培养基础实用技艺和美术学科人才。在教学方面，不仅教授专门的美术艺术与技艺方面的课程，也注重审美理论文化的培养。开设了审美学、西洋美术史、东洋美术史、中国美术史等课程。其中的审美学由费诺洛萨、大塚保治等多人担任。

1889年2月，东京美术学校在台东区上野公园校区正式成立（开校），冈仓天心担任校长，并为学校制订发展规划，他认为继承保护传统绘画和适应时代发展、开拓传统的日本美术的指导思想并行不悖。冈仓天心参与学校的教学行政管理，还担任美术史教师，讲授美学课程。冈仓天心的美术教育思想在学校教育中得到贯彻，主要从以下两个方面体现出来。第一，普及美术知识，提高学生（包括国民）高呼古美术与古迹的意识。第二，开放自由的美术教育思想。冈仓天心在担任日本美术史的教学中，课程主要围绕当时的日本美术馆来进行结构和分析，提出了四种不同的美术史论点——纯粹的西方论者、纯粹的日本论者、东西方病重者（即折中论者）、自然发展论者。秉持"自然发展论"的冈仓天心认为："自然发展论就是基于不论东西美术差异的道路上，有理之处便取之，美好之处便研究，根据过去的沿革随着当前的发展，意大利大家中该参考的就参考，油画手法该利用的就利用，而且还有通过实验发明，探索具有现代性和未来性的方法。"① 冈仓天心的"自由发展论"实际上就是他在东京美术学校教学中坚持的美术教育思想。

初创时的东京美术学科设置的专业有三个学科——日本画、木雕、雕

---

① 岡倉天心 . 1887年鑑画会の例会にて報告講演 . 『大日本新美術報』第502号 . 岡倉覚三 . 「日本美術史」講義於東京美術学校、明治23、24、25年度 .

金（镂金）等三个学科。此时的教师主要有费诺洛萨、黑川真赖、桥本雅邦、小岛宪之等。此外，川端玉章、巨势小石、狩野夏雄、竹内久一、高村光云等人的加盟，极大地加强了学校的教学实力。东京美术学校的教师不仅从事教学，而且积极投身艺术创作。如竹内久一、高村光云受明治政府委托所创作的西乡隆盛像（1898）、楠正成骑马像（1900），这两尊铜像以木雕为原型再现了传统雕塑的复古色彩。1893年东京美术学校第一届学生毕业，毕业生中最为知名的横山大观、下村观山、菱田春草等人日后成长为美术学校的骨干教师。

东京美术学校于明治29年（1896）增设了西洋绘画科和图案科两个专业，1897年增设了雕塑科，加强了西方美术教育。西洋绘画由黑田清辉、九米桂一郎、藤岛武二、和田英作、冈田三郎助担任教师，图案科由福地复一、横山大观、本多天城担任指导老师。雕塑课则由高村光云等担任指导教师。黑田清辉被誉为日本"西洋绘画之父"。他推崇欧洲学院派美术，坚持外光派和写实主义的绘画与教学，不惧保守势力的攻击。在裸体绘画、外光派绘画以及晚期印象派绘画等方面，他与同仁共同努力，使东京美术学校的西洋绘画教学得到了长足的发展。和田英作还在1874—1959年担任校长。西洋绘画学科的建立，为日本及东亚地区西洋绘画的发展培养了很多艺术家与专门人才。黑田清辉的主要绘画创作有《读书》《朝妆图》《清水五重塔》《智、情、感》《湖畔》等。作品现主要藏于黑田清辉美术馆。

但是，在这一时期东京美术学校内部的矛盾也在日益激化。校内的保守派教授对于冈仓天心的专权和只重东洋不重西洋的倾向，提出了激烈的批评。巨变正在酝酿，冲突即将爆发。1898年春，保守派借着冈仓天心酗酒、豪放不羁以及与文部少辅九鬼隆一夫人的恋情被媒体曝光，对其加以中伤，"美校骚动"公开化，冈仓天心不得不辞职离开东京美术学校。同时，日本绘画科主任桥本雅邦等17名教师联袂辞职，横山大观等一批学生集体退学。"美校骚动"成为日本美术教育界轰动一时的事件。离开东京美术学校的冈仓天心与他的同仁一道继续着他们日本绘画和兴隆明治美术的理想。很快他们就在东京谷中的初音町创办了日本美术院，继续担负起培养美术人才、实现美术理想的使命。

冈仓天心离校后，东京美术学校由从美国留学归来、后来被誉为日本"师范学校之父"的高岭秀夫兼任校长。高岭不仅谙熟学校教育，而且与费诺洛萨交往颇多，对于日本传统美术造诣颇深，对于日本浮世绘和古美术的研究、传统艺术的保护尽心尽力。在高岭的主持下，日本创建了帝国博物馆（现东京国立博物馆）。从1898年到1901年的三年间，东京美术学校校长更换频繁，直到正木直彦①担任校长才算是进入一个相对稳定的阶段。正木直彦其实是对东京美术学校学科规划、学科建设和学校发展起到重要作用的中坚人物之一。学校从1899年增设了雕塑专业，到1905年学校的教学初具规模，形成了四科一部的教学格局，即绘画科、雕刻科、漆工科、美术工艺科和金工部。1907年增加了图画师范科，主要培养中小学的绘画师资。这种学科设置基本得以延续直到战后与东京音乐学校合并，组建新的东京艺术大学。在正木的领导与协调之下，东京美术学校学科日益合理规范，教师队伍得到稳定，学生人数逐步增加，并创建了汇集、保存、展示师生作品的美术馆（现东京艺术大学美术馆）。

第二次世界大战后，日本艺术教育吸收了美国主张"以学生为中心"和杜威"教育即生活"的教育理念，开始把文科教育作为出发点，形成一种充满着民主主义教育理念的综合性学习活动。综合性学习融入了新的艺术观念、新的艺术表现形式和实践体验。引导学生根据自己的艺术偏爱和审美追求来选择吸收与开拓发展，把考查学生的自学能力和专业发展状况来作为学习效果的测定原则。

1949年按照新的教育法组建的东京艺术大学是一个综合性的艺术大学，有从本科到博士的各个层次的学历教育。本科教育的学部分美术学部和音乐学部。美术学部的本科教育分为绘画、雕刻、工艺、设计、建筑、尖端艺术表现等专业；美术学部的研究生教育主要包括木工艺、玻璃造型、美术教育、美术解剖学、保存修复学、保存科学、系统保存学。在本科教育中绘画科包括了日本画、油画、版画、壁画、油画材料与技法。工艺科包括了工艺基础、雕金、锻金、铸金、漆艺、陶艺、染织。美术学部在奈良市还附设有古代美术研究的教育实习基地，在上野本部还设有供教学、学生实践以及摄影爱好者进行试验的大型摄影中心。

---

① 正木直彦（まさき なおひこ，1862—1940），号十三松堂。日本明治到昭和初期的东京美术学校校长。文部官僚出身，东京美术学校（现东京艺术大学）的第五代校长，任期从1901年到1932年，并担任工艺美术史教学。

　　日本的美术大学除国立的东京美术学校（东京艺术大学）外，规模较大、历史较长的学校还有武藏野美术大学和多摩美术大学。

　　武藏野美术大学成立于昭和 4 年（1929），最初的校名为"帝国美术学校"，校长叫木下成太郎。最初设置的学科有日本画科、西洋画科、工艺图案科（1935 年改成图案工艺科），次年开设了雕刻科和师范科。1935年由于同盟罢课直接导致了学校的分裂，学校一分为二，分裂出去的部分教师组建了多摩美术学校。20 世纪 30 年代后期（1938 年起），图案工艺科的主要课程设置为纯粹工艺、实用美术、建筑美术、工业美术四个部分。战争时期，帝国美术学校教学受到很大影响，教师、学生人数急遽减少，1945 年复课之后，各学科年级合并教学。1947 年改名为"造型美术学园"开始招生，并增设了日本画学科。1948 年更名为"武藏野美术学校"，学科设置沿袭旧制，只是将工艺图案科改为"造型科"，1952 年又将造型科分为"商业美术科"和"演剧美术科"，并于次年设置了专门的普及美术教育的"图画教员养成所"（1962 年改为美术教员养成科），学制为 2 年。1965 年停止招生。1954 年，"商业美术科"和"演剧美术科"合并为"设计艺术科"。1957 年起，开设短期大学和函授大学，主要培养工业工艺设计与图画教员。1962 年，改为学校法人的武藏野美术大学，其校名延续至今，同年开设了造型学部，并于 1965 年增设建筑学科。为了培养高级美术研究人才，1973 年 4 月起，大学成立研究生院，开始招收造型科研究生（硕士课程），从而形成了造型学部一个学部八个学科的教学机制——日本画、油画、雕刻、视觉传达设计、工艺工业设计、艺能设计（1985 年改为空间演出设计）、建筑、基础设计等。1983 年，武藏野美术大学开始招收外国留学生，走上了国际美术教育之路。为了培养高级美术研究人才，1973 年 4 月起，大学成立研究生院，开始招收造型科研究生（硕士课程），2004 年起招收博士研究生。

　　日本美术学校众多，层次不同。从体制上分为国立、公立、私立；从专业方面可以分为美术与艺术系单科、美术与艺术系学科、教育学部美术科、美术史系大学；从学制方面可以分为大学院（研究生院）、大学、短期大学、专修学校、应考预备学校、函授学校、美术高中、专业高中等。

　　到 20 世纪后期，日本已经建立起多层次、多学科、立体多元的美术教育体系，培养出的各个层次的美术人才活跃于艺术领域，不仅在世界绘画、雕塑、摄影、电影、陶瓷艺术、工业设计领域占据一席之地，而且为在日本普及美术—艺术教育作出了重要贡献，在日本大众中形成了浓厚的艺术氛围和创作热情，增加了日本的艺术创作的参与者，丰富了艺术创作的领域与内涵。

本文得到国家社科基金项目"战后日本美学发展进程研究"（2009bzx067）的资助

优美在西方美学历史上的发展与演变

一 西方美学史源头的优美观念

西方美学的发展源头可以一直追溯到古代希腊、罗马之前。审美范畴的发源也大概就在此时，不过此时的审美范畴是混沌的、朦胧的、弥漫的，远远不如后来那么清晰、明确、豁朗，属于美学及其范畴的准备时期。此时人们对于美的认识还处于笼统的、浑然一体的状态，尚未分门别类地进行阐述。

在西方，古代希腊、罗马之前时期，"优美"主要是指以优美、优雅、隽秀地展现其形态，并出现了赐予人类美、愉悦的三位女神——美惠三女神。"优美"在希腊文中是"χασι"，拉丁语中是"gratia"。"优美"一词在拉丁文中被称作"Graces"——赐予人类美与愉悦的三位女神——"美惠三女神"，她们是宙斯与欧律诺墨的女儿——欧佛洛绪涅（快乐）、塔利亚（花）、阿格莱亚（光辉的），她们陪伴赫尔墨斯、阿弗洛狄特、狄奥尼索斯等神。在希腊神话中，优美主要是指外形的清秀，体式的飘逸，姿态的轻盈、美妙，氛围的清幽、淡雅。此时的"优美"是一种神话语言，它与审美相关，尚不能证明它就是已经发育完善的审美概念、审美范畴。《荷马史诗》中就基本上是这种类似的含义的运用。

古希腊时期（约公元前6世纪，已经有文献记载），哲学与美学开始得到长足的发展，由此发端的宇宙（自然）本体论美学一直延续到公元16世纪。不过这个时期，美学与哲学并未截然分开，也没有从哲学中独立出来，美学研究仍然依附于哲学的研究。此时的哲学思维形态是一种本体论逻辑思维形态，人们往往以概念的方式来把握自身以外的对象及其存在的本原和方式，美学的研究也不例外。这样，古希腊时期思想的主要共同特点是宇宙（自然）本体论的哲学观——认为在人类社会存在之外，存在着一个宇宙，宇宙的存在具有自己的本体，这个本体与人类社会存在对应关系——宇宙的本原在于先在的实体世界，人类世界现存的一切都是由它派生的，都是它的反映、写照或折射。

古希腊早期的毕达哥拉斯学派认为："数的本原就是万物的本原。"数在自然界中是居于第一位的，"其他一切事物，就其整体本性来说，都是以数为范型的"①。在研究数学的基础上，毕达哥拉斯学派发现，音程与数学有密切的关系，他们发现了音调的质的特殊性，音调之间的不同的和谐关系，并将和谐归结为数与数的关系。进而认为：美在于数的和谐，美在于秩序和匀称。毕达哥拉斯深信：给人灌输音乐，是头等重要的。随着音乐而来的是，"人们能观察美的外貌和形式，并听到优美的节奏和旋律"②。同时他们还区分了音乐曲调的不同类型，有表示勇敢尚武气质的粗犷、振奋精神的调式；有表示温文而优雅气质的悦耳柔软的调式。这种区分，可以说是古希腊美学历史上分辨审美概念，区分审美类型——区分美的刚健与优柔的最初萌芽形态。

在毕达哥拉斯派的学说中，"优美"作为审美的对象，第一次进入人们的审美的视野。

二 优美在西方古典美学史的演变

在西方美学的历史发展进程中，"优美"经常是被作为狭义的美进行阐释、论述的。作为审美范畴的优美，很少单独加以讨论、分析。随着时代的发展，对于审美范畴研究日益深入，优美逐渐地从美的概念中分离出来，演化为与崇高相对应的美的范畴。

在"优美"范畴的历史演变的过程中，优美范畴也随着西方美学的发展三个阶段——自然本体论美学、认识论美学、人类本体论美学而不断演变发展。第一阶段为自然本体论美学阶段，从公元前 6 世纪至公元 16

---

① 〔古希腊〕亚里士多德：《形而上学》，转引自蒋孔阳、朱立元主编《西方美学通史》第1卷，上海文艺出版社 1999 年版，第 63 页。

② 〔古希腊〕杨布利克：《毕达哥拉斯传》，转引自蒋孔阳、朱立元主编《西方美学通史》第1卷，上海文艺出版社 1999 年版，第 75 页。

世纪；第二阶段为认识论美学阶段，从公元 17 世纪至 19 世纪；第三阶段
为人类本体论美学阶段，20 世纪，此阶段又以 50 年代为分界点，分为 20
世纪前半期的"精神本体论美学"和 20 世纪后半期的"语言本体论美
学"两大阶段。

（一） 自然本体论美学时期的优美观念

优美在自然本体论美学时期，基本上还是与狭义的"美"等同的概
念。从毕达哥拉斯学派到文艺复兴时期的文论家、艺术家，很多人在分
析、研究、论述"美"的过程中，逐渐认识到了"美"的不同的存在形
式，"美"是可以分为不同分类的，因而在自己美学思想体系内涉及了
"优美"的论述，虽然这种论述是不完整、不系统的，但却为后来开启了
进行美的范畴研究的先河，留下了宝贵的思想与研究资料。

1. 古希腊罗马时期的优美探源

古代希腊、罗马时代对于"优美"的探讨是零散的、非系统的。这
时"美""优美"与"美本质"（"美本身"）基本上是同一的、无差别的
概念。

毕达哥拉斯学派在研究音乐的过程中，发现优美的根本特征是和谐，
他们认为美就是和谐。和谐不仅是优美的特点，也是宇宙的本质特征。他
们把和谐当作追求的终极目的，哲学、美学、艺术都是达到这一终极目标
的手段和途径。和谐在毕达哥拉斯学派主要是指一定的数的比例关系。凡
是合乎这种数的比例的，就是一种和谐的存在，就可以创作出和谐的乐
音，使人产生美感。他们测定了音乐和声的比例关系，发现八度和声是
1：2，五度和声是 2：3，四度和声是 3：4。由此，他们将数的比例关系从
音乐扩展到建筑、雕塑、绘画等各个领域，从而找到了一个带有规律性的
美学理念，即一定数的比例可以产生和谐，而"美就是比例与和谐"。他
们认为："在一切立体图形中最美的是球形，一切平面图形中最美的是圆
形。"① 古希腊时期，几乎所有的建筑和雕塑也都是按一定的比例建造的。
巴特农神庙的外观和谐、匀称，体现了一种数学上的比例与均衡；米洛的
阿芙洛狄特、雅典娜、宙斯、阿波罗以及奥林匹克体育竞技者的雕像，每

---

① 北京大学哲学系美学教研室编：《西方美学家论美和美感》，商务印书馆 1980 年版，第
15 页。

一个细部都符合黄金分割的规律。艺术品的"温雅优美升华为这个时代的主要特色，面部表情空朦如梦，常常是一往情深，体态摇曳多姿，衣饰自然合体"①。

毕达哥拉斯学派注意到了优美对于人的灵魂的净化功能，而净化功能的实现，主要是通过和谐的音乐，这是人类最早注意到的音乐的美育功能。他们认为，灵魂本身也是一种和谐。"一般地说，和谐起于差异的对立，因为'和谐是杂多的统一，不协调因素的协调'。"②（引斐安的话）在他们看来，灵魂与肉体也是对立的，因此灵魂也要寻找和谐。灵魂只有得到净化以后，才能摆脱肉体的束缚，才能超越轮回，到达永恒不朽。而净化灵魂的方法唯有音乐。毕达哥拉斯学派（柏拉图往往沿用他们的学说）区别了音乐的不同表现形式，认为音乐中存在表示勇敢尚武气质的粗犷、振奋精神的调式；也有表示温文尔雅气质的悦耳、柔软的调式，这两种音乐类型的区别，预示着他们区分美的刚健与优柔的萌芽。他们以为："音乐是对立因素的和谐的统一，把杂多导致统一，把不协调导致协调。"③ 在毕达哥拉斯看来，音乐是一种与众不同的艺术，它最能体现和谐。音乐可以与心灵之间达成一种内在的直接的沟通，以音乐的和谐去恢复灵魂的和谐，达到净化灵魂的效果。

毕达哥拉斯学派认为，音乐比其他任何事物都更能促进灵魂的净化。他们关于音乐可以净化人的灵魂的观念，不仅来自对音乐本身的研究，而且还来自当时宗教的影响。因为在当时音乐与诗都是"祭祀典仪"的基本因素，祭祀中，音乐不仅具有一种统率灵魂的力量，而且具有一种净化灵魂的力量。所以，毕达哥拉斯要求他的门徒们在晚上入睡前，"用音乐驱除白天精神上的激动的回响，以净化他们受到搅动的心灵，使他们平静下来，处在做好梦的状态；早晨醒来，又让他们听人唱特殊的歌曲，以清除晚上睡眠的麻木状态"④。

---

① 蒋孔阳、朱立元主编：《西方美学通史》第 1 卷，上海文艺出版社 1999 年版，第 151 页。

② 北京大学哲学系美学教研室编：《西方美学家论美和美感》，商务印书馆 1980 年版，第 14 页。

③ ［古希腊］尼柯玛赫：《数学》第 2 卷第 19 章，朱光潜译，载北京大学哲学系美学教研室编《西方美学家论美和美感》，商务印书馆 1980 年版，第 14 页。

④ 蒋孔阳、朱立元主编：《西方美学通史》第 1 卷，上海文艺出版社 1999 年版，第 75 页。

赫拉克利特发展了毕达哥拉斯"美在和谐"的观点，认为和谐是美的基础。他对于"和谐"有自己的阐释，认为："相互排斥的东西结合在一起，不同的音调造成最美的和谐，一切都是通过斗争所产生的。"① 最美的和谐不是从同类元素中产生的，而是由不同事物的联合造成的，艺术的和谐也是如此。"绘画在画面上混合这白色和黑色，从而造成与原物相似的形相，音乐混合不同音调的高音低音、长音短音，从而造成一个和谐的曲调。书法混合元音和辅音，从而构成整个这种艺术。"② 毕达哥拉斯已经发现不同的音调以不同的数的比例可以产生出和谐，但他并未在对立面斗争的意义上来理解和谐。赫拉克利特更加深刻些。他明确地指出"从对立的东西产生和谐"，一切都是从矛盾因素的斗争中产生的。

赫拉克利特强调和谐的含蓄性。他认为："看不见的和谐比看得见的和谐更好。"③ 也就是说，含蓄的和谐要高于明显的和谐，因为构成和谐的对立面越是隐秘，其审美作用就越强烈。世界的内在和谐（看不见的和谐）比呈现出来的外在事物的和谐更高、更美。赫拉克利特强调审美的理性特质与美的相对性，从辩证的、和谐的角度来看待、理解美与审美，对后来的美学研究极具启发性。

柏拉图是古希腊美学的集大成者之一。柏拉图在关于文艺的对话录中借苏格拉底之口对"优美"进行论述，这些论述虽然简单、零散，但仍然显现出他对于优美特质的分析与理解。他认为优美是一种形式的美，它能使"感官感到满足，引起快感，并不和痛感夹杂在一起"④，是一种单纯的、绝对的美。"诗歌是一位语言柔媚的女神。"⑤

柏拉图认为音乐和舞蹈应该是两种样式：一种是弗里基亚式，模仿人们战时的威武和勇敢；另一种是多利斯式，模仿人们平时的智慧和温和。前者带有崇高的成分，后者则带有优美的因素。

---

① 北京大学哲学系美学教研室编：《西方美学家论美和美感》，商务印书馆1980年版，第15页。

② 同上。

③ 北大哲学系外国哲学史教研室编译：《古希腊罗马哲学》，生活·读书·新知三联书店1957年版，第23页。

④ ［古希腊］柏拉图：《文艺对话集》，人民文学出版社1963年版，第298页。

⑤ ［古希腊］柏拉图：《理想国》卷10，转引自吉尔伯特、库恩《美学史》，上海译文出版社1989年版，第51页。

柏拉图在《理想国》借苏格拉底与格罗康的对话，指出除了保留可以培育勇敢者的音乐之外，还要保留属于"柔缓式"的伊娥尼亚和吕第亚式乐调。这类乐调，模仿的是"一个人处在和平时期，做和平时期的自由事业"①，这种音乐是优美而温和的，节奏和谐，表现的是顺境的声音和人的聪慧，显现的是人在和平环境中自由的审美状态。柏拉图的这个观点，与中国古代的"治世之音"有相似之处。

亚里士多德是古希腊最著名的哲学家、美学家，是欧洲美学思想的奠基者。恩格斯认为，他是古希腊"最博学的人物"②，他第一个以独立的体系阐明美学的概念，这些概念雄霸西方两千余年③。

亚里士多德认为"美的形式"是宇宙万物的目的。他依照自己哲学体系的有机整体观念，意识到优美（美）应该具有"整一性"。"一个美的事物——一个活东西或一个由某些部分组成之物——不但它的各部分应有一定的安排，而且它的体积也应有一定的大小；因为美要依靠体积与安排，一个非常小的东西不能美；因为我们观察处于不可感知的时间内，以至模糊不清；一个非常大的活东西，例如一个一千里长的活东西，也不能美，因为不能一览而尽，看不出它的整一性。"④ 他认为美的事物应该以"整一""一览而尽"的形态展现在欣赏者的眼前，不能过于纤小，也不可以太大。在此，亚里士多德为美的事物的体积大小规定了审美标准，为以后对于优美的外在形态的研究奠定了一种素朴唯物主义的基础。

在亚里士多德的美学思想中，美的主要形式是秩序、匀称和确定性。优美当然也不例外，也要建立在有机整体的基础之上。与优美密切相关的特性主要是和谐。"和谐的概念是建立在有机整体的概念上的：各部分的安排见出大小比例和秩序，形成融贯的整体，才能见出和谐。"⑤ 在他看来，和谐、对称、比例等概念并不仅仅只属于形式方面，而是与内在逻辑等内容因素密切相关的。悲剧与史诗不仅在长短、规模大小方面有差异，

---

① ［古希腊］柏拉图：《文艺对话集》，载《朱光潜全集》第 12 卷，安徽教育出版社 1991 年版，第 52 页。

② 参见 ［德］恩格斯《反杜林论》，《马克思恩格斯选集》第 3 卷，人民出版社 1972 年版，第 59 页。

③ 参见 ［俄］车尔尼雪夫斯基《美学文论选》，人民文学出版社 1957 年版，第 124 页。

④ ［古希腊］亚里士多德：《诗学》，人民文学出版社 1962 年版，第 25—26 页。

⑤ 朱光潜：《西方美学史》，《朱光潜全集》第 6 卷，安徽教育出版社 1990 年版，第 97 页。

而且在格律、奇情、内容丰富等方面也是不同的。音乐的和谐也不能单从曲调、旋律、节奏等形式方面去理解，而应该与它所表现的性格、伦理、品质、境界和心情联系起来理解。因为旋律本身就是对性格的模仿。

亚里士多德以音乐为例，论述了优美的效用。认为音乐具有教育、净化和精神享受三方面相融互补的作用。

其一，音乐具有"内涵甜蜜而怡悦的性质"，能够使人获得"内在愉悦与快乐和人生的幸福的境界"。亚里士多德谈到"音乐教育"的作用时指出："消遣是为着休息，休息当然是愉快的，因为它可以消除劳苦工作所产生的困倦。精神方面的享受是大家公认为不仅含有美的因素，而且含有愉快的因素，幸福正在于这两个因素的结合，人们都承认音乐是一种最愉快的东西，无论是否伴着歌词。缪苏斯说得好，'对凡人来说最快乐的事是歌唱'，人们聚会娱乐时，总是要弄音乐，这是很有道理的，它的确使人心畅神怡。"① 他还进一步指出："一切没有后患的欢乐不仅有补于人生的终极［即幸福］，也可借以为日常的憩息。"可见，亚里士多德认识到：音乐虽不似生活中如空气、水、食物那样不可或缺，但音乐是有益的。他的这个看法与德谟克利特认为音乐产生于奢侈而非必需的观点相比，就显得更为全面、更加深刻。

其二，音乐可以培养不同的心境，从而影响人的性格情操。像吕第亚混合调令人悲抑沉郁，多里斯调令人凝神气和，弗里基亚调令人热情勃发……可以说音乐的节奏和旋律与人息息相通，不同的曲调可以引起人们不同的感受。"音乐的节奏和旋律反映了性格的真相——愤怒与和顺的形象，其他种种性格或情操的形象——这些形象在音乐中表现得最为逼真。凭各自的经验，显知这些形象渗入我们的听觉时，实际激荡着我们的灵魂而使它演变。"②

其三，音乐可以使情感得到净化。净化（katharsis），希腊语的原意是：祛除罪过或祛除渎神的玷污。亚里士多德借用"净化"一词，主要是指人通过音乐可以消除人心中的积郁，使情感得到宣泄。人受到净化之后，就会感到一种舒畅的松弛，得到一种无害的快感，从而净化灵魂，陶冶审美情操。

---

① ［古希腊］亚里士多德：《政治学》，商务印书馆1965年版，第418页。
② 同上书，第420—421页。

可见，在关于音乐效用的分析方面，亚里士多德比柏拉图进了一大步，他在不同层面上对于音乐的效用形象进行了深入的分析，表现了人类在艺术实践的基础上对于音乐审美作用的理解，音乐与心灵自由之间的联系。后世许多美学家对于优美功用的论述或多或少都受到了亚里士多德思想的影响。而正是在这种功能论的角度上，优美的某些本质特征也得到了具体的阐述。

西塞罗是古罗马时期最著名的政治家、哲学家，他对美有自己独立的见解，美的研究在他这里出现一个突破性的进展，他把美分为阳性的和阴性的，威严的和优雅的（《论责任》卷一第一章，第 36 页）。他对于优美情感的关注，显现出区分审美范畴的萌芽。"美有两种，一种主要是娇柔，另一种主要是庄严，我们必须把娇柔看作女性美，把庄严看作男性美。"① 这种区分阴性与阳性、男与女的论述，揭示了客观存在的秀美和威严的区别，可以看作对于优美和崇高理论的早期探讨。这种观点对于18 世纪德国古典美学家席勒产生了一定的影响，他于 1793 年发表的《论秀美与尊严》在某种意义上发展了西塞罗的理论。

普洛提诺是美学史上一个承先启后的美学家，他生活于古罗马与中世纪之交，是古希腊罗马最后一位美学家，也是中世纪的第一位美学家。

普洛提诺认为："美是和谐"，是"太一"的流溢。真善美统一于神，包括优美在内的所有的美都是来源于"太一"的。"因为任何一件美的东西都是后于它的，都是从它派生出来的，就像日光从太阳派生出来一样。"② 美所展示的都是"神的美惠"。美的可爱的故乡是在上帝的彼岸世界。对于普洛提诺来说，所有美的东西，不仅是高尚的思想和观照，而且也是令视觉和听觉愉悦的。各种事物所显示的美的特征，不仅是宇宙的宏伟特征，而且是各种动物形态的精巧的手艺。叶片的优美、精致的花蕾怒放，都是和谐的。普洛提诺认识到了优美的存在，但是由于他的新柏拉图主义观念，这种认识是以颠倒的、异化的形式出现的。

2. 中世纪与文艺复兴时期的优美思想

欧洲中世纪，拉丁文中的"gratia"一词是指"神的美惠"。这个时

---

① ［古罗马］马尔库斯·图利乌斯·西塞罗：《有节制的生活》，陕西师范大学出版社 2003 年版，第 146 页，参见鲍桑葵《美学史》，商务印书馆 1985 年版，第 104 页。

② 北京大学哲学系外国哲学史教研室编译：《西方哲学原著选读》上卷，商务印书馆 1981 年版，第 218 页。

期，上帝代替了"理式"成为最高的美，是一切美的根源。"美"是上帝的一种属性，是形而上的本真存在。

红衣主教本波指出，美总是优美而不是其他的什么东西，除了优美之外不再有其他的美。圣维克多的雨果认为，艺术发展必须经过这样三个固定的阶段——一是最简单的需求的满足，二是确保方便舒适，三是改善事物，赋予它相应的形式。其中最高的阶段是"人努力使事物变得可爱（grata）"，优美可以"悦目"但"无用"，"优美的可以是美丽的鸟、鱼或艺术作品"①。

伊西多尔肯定了建筑装饰的美，如镀金的拱顶、珍奇的大理石镶嵌、彩色的绘画等。他认为："一切事物的装饰均由美与合宜构成"，但是，他又强调"美依附于自身为美的事物"，外在的、可感的"优美"要依附于内在的"美"。

《圣经》强调美的整一、比例、鲜明，更多的是从展示上帝的庄严、崇高、神圣的形象而言的，可是，在《圣经》的字里行间不乏对优美的表述。尽管这种表述是以颂歌式的、曲折的形式来进行的。《雅歌》中有许多以爱情歌曲颂神的优美诗篇，以感性的语言文字表达了对于优美形式的认知与渴望。

你的声音柔和，你的面貌秀美。（《圣经·雅歌》第 2 章第 13—14 节）

女王啊，你的脚在鞋中何其美好。你的大腿圆润好像美玉，是巧匠的手做成的。你的肚脐如圆杯，不缺调和的酒。你的腰如一堆麦子，周围有百合花。你的双乳好像一对小鹿，就是母鹿双生的。（《圣经·雅歌》第 7 章第 1—3 节）

这里一个楚楚动人的美妇形象已经跃然纸上，优美也成为与神相伴的、难以完全弃绝的美。通过感性事物的美，可以感受到上帝绝对的美。中世纪基督教美学的奠基人奥古斯丁认为："美是事物本身使人喜

---

① 转引自［苏］舍斯塔科夫《美学范畴论——系统研究和历史研究尝试》，湖南文艺出版社 1990 年版，第 191 页。

爱，而适宜是此一事物对另一事物的和谐。"① 优美要有悦目色彩和各部分和谐的外在形式。因为"美皆由各部分的适当比例构成，再加上某种令人愉悦的色彩"②。这种悦目、和谐只是一种外在的表现，"整一"才是优美形式的内在形式，是优美的本质。整一是上帝的形式，是一切美的形式。同亚里士多德一样，奥古斯丁强调优美的事物的整一性，不同的是他的"整一"最终归结为上帝的"整一"。这与他的一切美皆来自上帝的神学美学思想是相一致的。因为在他那里，无论自然、社会、艺术，一切可以使人感到愉快的、优美的整一的形式并非对象自身的属性，而是上帝的存在。上帝本身是整一的，他给他所创造的事物打上自己的烙印，反映出他的整一，因此，越是优美和谐的事物，越是近似于上帝的整一。

托马斯·阿奎那是中世纪最重要的经院哲学家，他接受亚里士多德的影响，指出："美属于形式因的范畴"，美必须具备三个要素——"整一、和谐、鲜明"。他在《神学大全》第一卷中直截了当地指出，美有三个条件：第一，完整性或全备性，因为破碎残缺的东西就是丑的；第二，适当的匀称与调和；第三，光辉和色彩。③ 托马斯·阿奎那与他的前辈一样，认为优美的事物应该是完整的、合比例的、光辉的、和谐的。不同的是，他接受了《圣经·创世记》关于上帝最先创造了"光"，以及西塞罗到奥古斯丁所提到的关于美的色彩的论述，提出优美的事物应该是"鲜明"的。他认为，世间的优美事物的鲜明的色彩、生机勃勃的光辉是上帝"饱含生命的光辉"的反映，人可以从此岸世界的有限美中隐约看到彼岸世界上帝那种绝对的美。

文艺复兴时期，人文主义者高扬复兴古代希腊、罗马文化的旗帜，尊崇人性解放、个性自由的理念，提高人的价值和人的尊严。优美就是在这个时期从美的理念、美本质、上帝的光辉的遮蔽下显现出来，成为一个独立的美学范畴的。

费诺齐认为优美是美的特征性标志。"美是某种魅力（gratia），精神性的活的魅力，它像上帝的灿烂光辉一样先是注入天使，然后注入人的心

---

① ［古罗马］奥古斯丁：《忏悔录》，周士良译，商务印书馆1963年版，第64页。

② ［古罗马］奥古斯丁：《上帝之城》卷22第19章，转引自陆扬《西方美学通史·中世纪文艺复兴美学》，蒋孔阳、朱立元主编《西方美学通史》第2卷，上海文艺出版社1999年版，第39页。

③ 参见伍蠡甫主编《西方文论选》上卷，上海译文出版社1984年版，第149页。

灵，注入物体的外形和声音，它借助理智、视觉和听觉推动着和愉悦着我们的心灵，边愉悦，边吸引，边吸引，边燃起炽烈的爱之火。"① 费诺齐的思想并未完全摆脱中世纪的影响，但他肯定优美是由外部灌注的美，形式的美也是有意义的。

阿尼奥洛·费伦佐拉的《论女性美》对于优美进行了非常透彻的分析，认为美、和谐、优美，主要指的是人。他说："我们常常看到，尽管一张脸上的各个部分没有美的寻常尺度，这张脸也能焕发出我们所说的那种优美（grazia）的光彩……用 grazia 一词来形容，是因为它能把焕发这种光彩的、透出这潜在比例的女性变得使我们感到可爱（grata），也就是可贵。"②

勃尼戴托·瓦尔奇（libro della beita e grazia）在他的著作里，将美与优美区分开来。他认为，严格意义上的美具有心灵的价值，而优美则是"无所谓"的。勃尼戴托·瓦尔奇以后，斐利比恩也写到了优美，指出：优美可以这样来规定："这种东西产生着愉快，而且无需通过心灵即可赢得人心。"③ 他们区分出美与优美是两种不同的审美对象，美因规则产生着愉快，优美是无须规则就可以产生愉快，使我们看到优美的自由和超功利性，以及优美作为范畴的特性益愈明晰。

阿尔伯蒂认为，优美是由事物自身体现出来的一种和谐属性，"美是各个部分各在其位的一种和谐与协调，它们要符合和谐，即大自然的绝对要素和根本要素所要求的严格的数量、规定和布局"④。而美感在他看来，是人对美的事物的感受，是人的一种天性。"一个人，无论多么不幸和保守，多么野蛮和粗俗，他也不会不赞美美的东西，不会不喜欢最漂亮的东西，不会不讨厌丑陋，不会不拒绝一切未经修饰的和有缺陷的东西……"⑤ 而人们主要通过眼睛来寻找优美的东西，而且眼睛对于美的事物具有强烈的渴望，"眼睛渴望看到美与和谐，在寻求美与和谐中，它们是特别执著和特别顽强的"⑥。

---

① 转引自［苏］舍斯塔科夫《美学范畴论——系统研究和历史研究尝试》，湖南文艺出版社 1990 年版，第 192 页。

② 同上。

③ ［波］符·塔达基维奇：《西方美学概念史》，学苑出版社 1990 年版，第 228 页。

④ ［俄］奥夫相尼科夫：《美学思想史》，陕西人民出版社 1986 年版，第 77 页。

⑤ 同上书，第 76—77 页。

⑥ 同上书，第 76 页。

米开朗琪罗注意到绘画与音乐的关系，他认为："优美的绘画就是音乐，就是一首曲调。"① 他的观点使人想到苏轼谈论王维的诗歌："味摩诘诗，诗中有画；观摩诘之画，画中有诗。"这样就使得优美通用于各种艺术作品之中。

达·芬奇强调艺术直接模仿自然，再现自然。他强调"美是适度的比例"，这一观点显然是受到了亚里士多德的影响，他认为：绘画的优美感来源于绘画所处理的事物之间的比例关系。"美感完全建立在各部分之间神圣的比例关系上，各特征必须同时作用，才能产生使观者往往如痴如醉的和谐比例。"② 这种说法从绘画艺术及其美感的角度进一步论证了优美的和谐性特征。

培根被马克思称为"英国唯物主义和整个现代实验科学的真正始祖"。他注意到优美的整体性和适合度之间的关系，认为："在美方面，相貌的美高于色泽的美，而秀雅合式的动作的美又高于相貌的美。这是美的精华"，"美不在部分而在整体"③。在培根看来，优美是人的最美好的展示，是一种具有整体性的动态的美。他从伦理学的角度对优美进行了揭示和论说。

因此，文艺复兴是优美范畴独立的开端，这个时期的研究从艺术、自然、人类社会等不同的角度充分肯定了"优美"的意义。这些研究为以后的研究做了准备，创造了条件。

（二）优美范畴与近代西方美学

在近代西方美学史上，美学转向了认识论的维度，因此人类认识的两大主要因素——理性和感性就成为美学家研究优美的主要尺度，从而产生了大陆理性主义和英国经验主义两大对立的美学思潮。理性主义美学家高扬理性，理性成为衡量一切的唯一尺度，是"思维着的悟性"④；经验主义美学家强调感觉经验的重要性，对象的感性特征及其在人身上引起的快感就成为研究优美的主要途径。在这种情况下，优美作为美学范畴的研究得到了长足的发展，众多美学家都在自己的美学著作、美学思想与美学观

---

① 汪流等编：《艺术特征论》，文化艺术出版社1986年版，第285页。

② ［意大利］达·芬奇：《芬奇论绘画》，人民美术出版社1979年版，第28页。

③ 同上。

④ 参见 ［德］恩格斯《反杜林论》，《马克思恩格斯选集》第3卷，人民出版社1972年版，第56页。

点中，论述了优美产生的原因，阐述了文学艺术大量存在的优美现象、优美形式。优美成为美学家关注的主要范畴之一。

洛克从美育着眼，认识到优美对于培养人的重要性，认为优美是人的情感与行为中外在美与内在美的和谐统一，是必然与自由的统一，是渗透于人的一切行为过程的，故而，"优美来自完善的行为和这样一种心情之间的吻合……是从亲切的、善良的心灵和良好的天然禀赋中自然流露出来的"①。

荷迦兹在《美的分析》中论述了艺术形式中"美"与"雅"，把构成美的原则分为六个方面："我们的这些规则是：适宜、多样、统一、单纯、复杂和尺寸；——所有这一切都参加美的创造，互相补充，有时互相制约。"②

荷迦兹认为，由波浪线或蛇行线组成的物体是优美的，其中，尤以蛇行线为最美。曲折的小路、弯曲的河流、卷曲的头发、飘逸的衣袂等，都是优美的。他把线条分为直线、曲线、波伏线、蛇形线等类别，运用形式分析的方法，对蛇形线进行了深入的探讨。他认为："蛇形线灵活生动，同时朝着不同的方向旋转，能使眼睛得到满足，引导眼睛追逐其无限的多样性……由于这些线条具有如此多的不同转折，可以说（尽管它是一条线），它包含着各种不同的内容。"③ 蛇行线"不仅使想象得以自由，从而使眼看着舒服，而且说明着其中所包括的空间的容量和多样"④。

在荷迦兹看来，蛇形线之所以是最美的，是因为它具备了几个条件：一是因为蛇行线本身可以朝着不同方向弯曲旋转；二是蛇行线具有变化的多样性，使人得到视觉的满足；三是蛇形线变化多端，蕴含着丰富的可能性，可以使人的想象力得到发挥的自由。荷迦兹联系建筑、雕塑、绘画和人体来进一步分析为什么蛇形线是最美的。在他看来，人体的骨骼、肌肉、皮肤都是由蛇形线构成的。在这方面女性的人体曲线美要比男性的更具吸引力，因为"女性的皮肤具有一定程度的诱人的丰满性，正如在指关节一样，它在所有其他关节处形成富有魅力的旋涡，从而使之不同于其

---

① 转引自［苏］舍斯塔科夫《美学范畴论——系统研究和历史研究尝试》，湖南文艺出版社 1990 年版，第 194 页。

② ［英］荷迦兹：《美的分析·导言》，广西师范大学出版社 2002 年版，第 44 页。

③ ［英］荷迦兹：《美的分析》，人民美术出版社 1984 年版，第 45 页。

④ 同上书，第 56 页。

至长得很标致的男子。这种丰满性在的皮下肌肉的柔软形体作用下，把人体每一部分的多样性充分展现在眼前，这些部分相互之间结合得更加柔软，更为流畅，因而也具有一种优美的单纯，它使以维纳斯为代表的女性轮廓总是高于以阿波罗为代表的男性轮廓"①。正因为人体具有蛇形线，人体美才高于自然界中的物体美：人体较之于自然创造出来的任何形体具有更多的由蛇形线构成的部分，这就是它比所有其他形体更美的证据，也是它的美产生于这些线条的根据。②

博克（或译伯克）是西方美学史上第一个将优美与崇高结合起来探讨的美学家。博克认为"优美这个观念和美没有多大的区别，它包含在差不多相同的东西里"③。他继承经验主义的美学传统，以感性经验为基础，着重考察了主体在欣赏优美对象时的心理特征。他认为优美作为纯粹可感知的"美"，其特征主要包括以下方面：第一，美的对象就体积或量而言比较小。因为大多数语言都用"小"来指称爱的对象。"因此就量而言，美的物体是比较小的。"④ 第二，美的对象都是光滑的。光滑是"一种对美来说是基本的特性"，似乎没有什么东西不是光滑的。"在树与花上，光滑的叶子是美的，花园中光滑的斜坡，山水中平滑的溪流，动物中美的鸟兽的光滑的皮毛，漂亮女人的光滑皮肤，若干装饰家具中光滑抛光的表面。美的很大一部分的效果应归结于这种性质，实际上最大部分应归功于这种性质。因为，任意取一种美的物体，使其有间断、粗糙的表面，无论它在其他方面形态有多好，也不再令人愉快。反之，假设它缺乏许多其他的美的构成成分，如果它不缺乏光滑，它将变得比所有缺乏光滑的物体更使人愉悦。这在我看来似乎是显然的。"⑤ 第三，美的对象各个部分的方位要有渐变。"毫无缺陷的美的躯体不是由带棱角的部分组成的，因此各部分不会在同一直线上延伸得很长。它们每时每刻都在改变方向，在眼睛注视下连续不断地有所偏离，但是你会发现很难确定哪一点作为起点或终点。"⑥ 第四，美的对象没有角状的部分，各部分互相融为一体。第

① ［英］荷迦兹：《美的分析·导言》，广西师范大学出版社 2002 年版，第 134 页。

② 参见 ［英］荷迦兹《美的分析》，人民美术出版社 1984 年版，第 59 页。

③ 马奇主编：《西方美学史资料选编》，上海人民出版社 1987 年版，第 560 页。

④ ［英］伯克：《崇高与美——伯克美学论文选》，上海三联书店 1990 年版，第 129 页。

⑤ 同上书，第 130—131 页。

⑥ 同上书，第 131—132 页。

五，美的对象的形体是娇柔纤细的，没有与众不同的有力的外观。在他看来，美的植物都是显得娇弱的品种，如桃金娘、橘树、扁桃、葡萄树等，女人的美很大程度上归功于她们的孱弱或娇弱，那种类似娇弱的心理品质，羞怯使她们显得更美。① 第六，美的对象颜色纯净、鲜明。首先，美的颜色一定是明净惬意的；其次，美的颜色一定是各种比较柔和的颜色；最后，如果颜色浓烈鲜艳总是变化多端，绝不会只有一种浓烈的颜色；此外，形体之美和颜色之美的关系是十分密切的。② 因为优美是以快感为基础的，所以它"是一种不依赖某些确实的性质而极感人的东西"③。博克通过主体在欣赏优美对象时所产生的生理机制的反应，来论述优美感，认为主体欣赏优美的对象时，心理是放松的，而爱的情感正是由心理的松弛而产生的。"美通过松弛全身的实体起作用。人们都会有这种松弛的外貌，我认为略低于自然状态的松弛似乎是一切确定的快乐形成原因。"④ "呈现在感官美的物体通过引起肉体的松弛在心灵中产生爱的情感。"⑤ 这种无所依赖、高度松弛、感受快乐的心理，实质上展示的是人在欣赏优美对象时超越了实用、功利目的的自由心态，与康德所说的"无目的的合目的性"有异曲同工的意味。

博克第一次把优美与崇高作为独立的美学范畴来探讨，并从人的心理角度对优美感产生的心理机制提出自己的独特见解，对后来美学范畴的研究贡献了经验主义的很好范例。然而，大陆理性主义美学又是运用着另一种与此不同的尺度和方法来研究优美的。

大陆理性主义的奠基人笛卡尔就把美与人的"天赋观念"联系起来。笛卡尔注意到优美的含蓄性，认为优美是一种恰到好处的协调和适中，而文学作品中的优美是在愈为人所感觉的时候，愈达到最高的圆满。

德国美学家温克尔曼在研究古代希腊艺术的发展过程中研究了优美。他把希腊艺术分为远古风格、崇高风格和典雅风格三个阶段，其中最具魅力的是第一个阶段，其特征是力量和魄力；最成熟的是第三个阶段，其特征是优美。他把优美概括为希腊艺术最完美时代的表现，认为："这种风

---

① 参见［英］伯克《崇高与美——伯克美学论文选》，上海三联书店 1990 年版，第 133—134 页。
② 同上书，第 135 页。
③ 同上书，第 128 页。
④ 同上书，第 177 页。
⑤ 同上书，第 178 页。

格区别于崇高风格的主要特征是典雅"①,他接受了柏拉图的观点,在《希腊人的艺术》中指出,远古希腊人认为的优雅,也和维纳斯一样具有两种类型:第一种是从和谐中产生的,是理性的、永恒不变的;第二种是从世俗中产生的,是感性的、富于变化的。② 此外,对于优美这个范畴,他的解释相对比较宽泛,他说:"优美是合理地令人愉快。……优美是苍天的恩赐……它存在于心灵的质朴和静穆之中,在激情迸发时会因情绪热烈而黯然失色。它能给人的一切动作和行为增添愉快,以不可抗拒的魅力主宰着美的形体。"③ 虽然优美是上天的恩赐,可是感受优美的能力必须在后天通过良好的教育和熏陶才能获得。"心灵的柔和与感受的敏锐是这种才能的标志。"④ 因此,温克尔曼认为:优美在是单纯、宁静与和谐中形成的,获得优美的途径在于艺术教育与观察自然,通过人的本性在他身上培养优美,可以使人获得智慧,使他的一切行动和行为显得优雅自如。这种看法把理性主义方法与历史主义观点结合起来了。

德国启蒙主义美学家莱辛在谈到诗歌与绘画的区别时,指出文学作品中的优美要想超越视觉艺术,一种可靠的方法就是将对象化为柔媚、动态的美。"诗想在描绘物体美时与艺术争胜,还可用另外一种方法,那就是化美为媚。媚就是在动态中的美,因此媚由诗人去写,要比画家去写较为适宜。画家只能按时动态……在诗里,媚却保持住它的本色,它是一种一纵即逝而却令人百看不厌的美。它是飘来忽去的。因为我们要回忆一种动态,比起回忆一种单纯的形状或颜色,一般要容易得多,也生动得多,所以在这一点上,媚比起美来,所产生的效果更强烈。"⑤ 他的这种研究扩大了优美的范畴内涵和具体类别。

康德是德国古典美学的奠基者,是西方美学史上划时代的伟大美学家。他写于 1763 年的《对优美感与崇高感的观察》也是西方美学范畴史上的重要著作。康德继承了西方美学史特别是博克关于优美与崇高的术

---

①　[德] 温克尔曼:《希腊人的艺术》,广西师范大学出版社 2001 年版,第 185 页。

②　同上书,第 189 页。

③　转引自 [苏] 舍斯塔科夫《美学范畴论——系统研究和历史研究尝试》,湖南文艺出版社 1990 年版,第 198 页。

④　[德] 温克尔曼:《希腊人的艺术》,广西师范大学出版社 2001 年版,第 85 页。

⑤　北京大学哲学系美学教研室编:《西方美学家论美和美感》,商务印书馆 1981 年版,第 149 页。

语，又赋予它新的意义而形成自己的体系。康德认为，审美快感的根源在于人的感受力。在这篇文章中，康德着重考察的是崇高感和优美感——人对于优美和崇高的感受。

康德与博克一样把优美和崇高放在一起进行讨论，他认为："崇高总是高大的，美可能是小巧的。崇高必须朴素单纯，美则可以漂亮装饰。"①康德通过优美与崇高的不同对象、人的优美和崇高的不同特性、男性与女性在优美和崇高上的区别、不同民族中优美感和崇高感的差异来考察情感。在康德看来，优美感是令人愉悦、陶醉的情感，它可以唤起热情和欢乐的情绪。属于优美对象的表现形式有：光辉的白昼，鲜花盛开的草地，溪水奔流、牛羊遍野的山谷，天堂的风光，或者荷马对维纳斯的腰带上的图饰的描绘，娇小的外形，亲切的话语，恭谦有礼的举止，文雅和气的姿态，善良质朴的情怀、机智、怜悯、友谊的情感……康德从具体实践出发，认为美感属于审美感受领域中特别挑选出来的一个方面，其根源在于主体的素质——人理解美、感受美的能力。因为优美是具有多样性的，故优美的情感"并不过分依赖变幻不定的外在情势"②，"自然中几乎一切脱离物质质料而能自行构成属性的东西，在人类眼中都是美的"③。在《判断力批判》中，他发展"前批判"时期的观点，认为优美属于"鉴赏判断"，它不会给人带来任何限制，因为优美"一直带有一种促进生命的情感，因而可以和魅力及其某种游戏性的想象力结合起来"④。因此，康德也在努力综合大陆理性主义和英国经验主义两大美学思潮。

康德对优美的情感分析可以充分说明：人类的审美实践是自由的快感，是脱离了物质束缚的纯形式判断，是对应于情感领域的审美判断。席勒继承了康德的美学思想，将审美自由的理想贯穿于自己全部的美学著作中。在《秀美与尊严》（1793）一文中，席勒总结了前人关于优美、崇高的研究的理论、思想和观点并将其理论化、系统化，建立了自己比较完备、精致的美学范畴体系。关于优美范畴的理论在席勒这里完成，成为18—19世纪西方美学史上的重要成就。同时，席勒与康德一样，已经开始从脱离

---

① ［德］康德：《对优美感与崇高感的观察》，《康德美学文集》，曹俊峰译，北京师范大学出版社 2003 年版，第 14 页。

② 同上书，第 26 页。

③ 曹俊峰：《康德美学引论》，天津教育出版社 1999 年版，第 401 页。

④ ［德］康德：《判断力批判》，邓晓芒译，杨祖陶校，人民出版社 2002 年版，第 83 页。

认识领域的"实践理性"以及从自然到自由的过渡因素来论述优美。

在《秀美与尊严》中，席勒具体论述了美，把美分为结构美、美丽、优美、秀美等层级。众所周知，希腊神话中美神阿芙罗狄忒（维纳斯）有条腰带，这条腰带能够使佩戴它的人分享到秀美和得到爱情。席勒由美神的腰带切入，分析了秀美的内涵，认为：第一，秀美是一种不定的美，即能够偶然地出现在它的主体身上，也同样能偶然地消逝。第二，腰带的佩戴者不仅变得可爱，而且实际上变成可爱，秀美就变成人的一种属性。第三，妩媚诱人的腰带不仅仅表现毫不改变主体的自然本性而可同主体分开的客观属性，那么它可能仅仅只标记着运动的美；而且只有偶然的运动才具有这种属性。第四，只是在人身上表现出来的、表现道德感的随意运动才属于秀美；偶然性运动才能具有秀美。第五，对于古希腊人来说，秀美也只是随意运动中精神之美的表现。总结以上几个方面的分析，席勒得出的结论是："秀美是一种不由自然赋予却由主体本身创造出来的美。"①

席勒运用比较分析的方法，区别并说明了结构美与秀美二者之间的层次关系。他认为：人的结构美主要是由自然规定的，是理性概念的感性表现；而秀美是根据自己的必然性规定的，是他本身在他的自由中规定的，是感性与理性的统一。从结构美到秀美的发展，是人从自然的人走向道德的人的进程中的重要步骤。在这一进程中，人越来越拥有自由，主体性越来越显现出来。结构美可以引起喜悦，而秀美则令人神往。比较了秀美与尊严的不同特性，席勒指出："秀美存在于随意运动的自由中……容许自然保留意志自由的外观"②；"真正的美，真正的秀美，无论何时都不应该引起欲望"；"秀美的最高程度是迷人……在入迷时我们似乎要丧失我们自身，并转流到对方那边去"③。

针对美学中美丽、秀美、优美经常混同使用的现象，席勒认为三者所标示的美学意义是不相同的。他进而分析道："有活泼的优美和沉静的优美。第一种优美近似于感性魅力，而且也近似于满意，如果不借助尊严抑制满意，那么满意就很容易堕落为渴望。这种优美可以称为美丽。"④ 松

---

① ［德］席勒：《秀美与尊严》，张玉能译，文化艺术出版社 1996 年版，第 108—110 页。

② 同上书，第 145 页。

③ 同上书，第 152—153 页。

④ 同上书，第 152 页。

弛的人能够与美丽的人格沟通，美丽可以使他的想象力的静止海洋波动起来。"沉静的优美近似于尊严，因为它通过节制不平稳的运动表现出来。紧张的人倾向于它，剧烈的精神狂飙就消散在他心胸平和的呼吸之中。这种优美可以称为秀美。"① 由此，我们可以看出，席勒所构想的美学体系内的范畴都是结构性、层次性的，秀美就包含着以优美为中介点的美丽和秀美，大致可以这样标示：

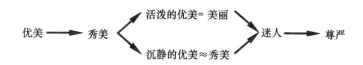

席勒对于优美范畴的研究，既是继承、吸收了西方美学史上各派，特别是启蒙运动以来的美学家的研究成果并使之体系化的结果，也是他人本主义、人类学美学范畴体系的创造性构想的结晶。在席勒看来，"美本身必须永远是一种自由的自然效果"②。席勒的优美是个性的整体性和人的本性的和谐性的象征，他所提出的从自然的人—道德的人—审美的人统一的理念，是优美范畴在逻辑上完成的标志。这也标志着席勒的优美范畴已经成为一种人类本体论的概念，它可以使人从自然人经过审美人达到自由人，它是这个转化过程中的一个重要环节。

席勒以后，优美研究渐渐式微，论述不再系统。与席勒同时代的谢林把优美规定为"至高无上的优雅与各种力量的调和"③。19 世纪英国美学家斯宾塞发现了优美与运动的紧密关系，他认为"优美"起源于筋肉运动时筋力的节省，是运动的生物所表现出来的一种特质。生物的运动愈显出轻巧不费力的样子，愈使人觉得优美。他说："在要换一个姿势或是要做一个动作时，费的力量愈少，就愈显得秀美。换句话说，动作以节省筋力者为秀美，动物形状以便于得到筋力节省者为秀美，姿态以无须费力维持者为秀美，至于非生物的秀美因其和这种形态有类似的地方。"④ 里普斯把优美看作无意识且无意志的美，这是不带刚性、尖锐性和粗犷性的。

① ［德］席勒：《秀美与尊严》，张玉能译，文化艺术出版社 1996 年版，第 108—110 页。

② 同上书，第 113 页。

③ 参见［波］符·塔达基维奇《西方美学概念史》，学苑出版社 1990 年版，第 229 页。

④ 朱光潜：《朱光潜美学文集》第 1 卷，上海文艺出版社 1982 年版，第 239 页。

它"显示的是生活中自由的自我发展的美","可以在永恒持续中无停止无阻碍地流出来"①。里普斯认为，真正的优美并不排斥崇高，而具有伟大、景慕和深沉等特点。车尔尼雪夫斯基认为：优美感作为一种美的形态，其特征是一种"赏心悦目的快乐"。

近代西方美学发展史上，"优美"范畴从凸显到体系化，特别是在德国古典美学中得到了广泛的发展，为我们留下了宝贵的财富，即使在今天，我们研究美、审美范畴、美育等，优美的研究仍然对我们有启发意义。

三　优美与现代西方美学的思考

现代西方美学对于范畴的研究远不如古代和近代那样的重视了，大多美学家舍弃了"自上而下"的思辨方法，而采取"自下而上"的，或人本主义的，或科学主义的方法进行研究。美学研究的多元化倾向日益明显。对于优美范畴的研究，也由理性思辨、逻辑建构的探讨转换为人类社会的感觉经验、"审美态度"、语词意味的分析。

德国美学家叔本华是唯意志论者，他立足于精神本体论的意志本体论来研究美学，从主观（意志和表象）来研究美感，提出了"观审说"，认为美感包括对自然的美感和对艺术的美感，而美感的区分"恰好只是这主观方面所规定的一种特殊状态"②。他把美分为优美、壮美，审美的愉悦也是从这两种成分中产生的。他认为：优美是指在观审中，认识的对象由于其形态和容易成为理念的代表，使主体不知不觉就挣脱了意志和为意志服务的对于关系的认识，从而进入纯粹直观状态，也就是说，优美感是一种认识从意志的奴役下得到解放后，超乎时间、功利的主观的审美喜悦。叔本华着重根据人对于自然、艺术的审美感受分析优美，开启后继研究者用心理学的方法分析美与美感的先声。他也是精神本体论美学的开创者，他开创了意志本体论美学及其范畴研究。

宣告"上帝死了"的尼采也是一个意志本体论的德国美学家。虽然他并未专门研究优美的范畴，但是他的"日神精神"中蕴含了优美的因

① ［日］竹内敏雄：《美学百科辞典》，黑龙江人民出版社1986年版，第178页。
② ［德］叔本华：《作为意志和表象的世界》，商务印书馆1982年版，第291页。

子。尼采认为：世界的本原是权力意志，这种权力意志包含着两种对立的精神——日神精神和酒神精神。日神是造型艺术的象征，具备如温克尔曼所指称的"静穆的伟大，高贵的单纯"的特征。在尼采理念中，日神表现为愉快的性格，它是预言之神、力量之神，具有适度的克制和静穆，朴素和规则的特性。日神代表了更高的真理，具有与日常生活相对立的完美性，"日神本身理应被看作个体化原理的壮丽的神圣形象，他的表情和目光向我们表明了'外观'的全部喜悦、智慧及其美丽"①。尼采将美与日神相关联。他认为日神的适度是和美的审美必要性平行的，这一点在希腊美学中有很多表述（诸如"美在和谐""美在适度"等）；我们可以认为日神是接近于优美的表现形式。② 因此，尼采的日神和日神精神就从权力意志的精神本体论中间接地论述了优美范畴。

德国存在主义哲学家、本体论阐释学的主要代表海德格尔在与日本学者手塚富雄的谈话中谈到关于"粹"的核心意义时，关注东方美学关于优美的思考，并试图将其引向对于"优美"的阐释。在他的引导下，手塚富雄将"粹"解释为"优美"。手塚富雄说："'粹'是优美，是照亮着的喜悦的寂静之吹拂"，而海德格尔进一步分析认为："一切在场或许就在优美中有其渊源——此处所谓优美是在那种召唤着的寂静之纯粹喜悦意义上的。"③ 他通过引证席勒的"优美"与"崇高"，先把"粹"从美学领域、从主客体关系中分离出来（因为九鬼周造的"粹"更多的只指生活之道中那种"宁折不弯的自由精神"），然后在解释日语的"幽玄"时运用席勒的"优美与崇高"强调"优美"与"幽玄"相通的实质性。

海德格尔是在研究东亚思想的时候，以接受、聆听的途径来分析西方的"优美"与日本语言单词之间的联系的，他的这种探讨是片段的、散点的，但却从中可以看出他对语言分析的重视，对东亚式的"优美"——"粹""幽玄"的好奇与向往。这里也反映出西方优美范畴的研究转向了语言学本体论的探讨。"言叶"（kotoba）一词是指"语言"，而"叶"本义是树的叶片，并无花瓣的含义，所以海德格尔这里对东方式"优美"探询也存在许多"美丽的误读"。

---

① ［德］尼采：《悲剧的诞生》，生活·读书·新知三联书店 1986 年版，第 5 页。
② 参见周宪《美学是什么》，北京大学出版社 2002 年版，第 62—63 页。
③ ［德］海德格尔：《在通向语言途中》，商务印书馆 1997 年版，第 115 页。

柔美在东方美学历史上的发展与演变

一　中国传统美学的"柔美"的理论渊源

在中国，美的范畴的分化大约从西周时期就已逐渐开始了。当时的文化艺术的发展为这次分化创造了前提条件。我们目前见到的最早论述美的思想来自《周易》，可以说《周易》是记载中国古人关于美学范畴的主要文献之一。但《周易》不是美学著作，《周易》中"阴阳"的参合互动，不仅仅预示了天地范围、人事卦象，而且也揭示了现实生活中人生与精神生活的各种情态样貌。"阴"与"阳"的分野是早期人类对于客观世界存在方式的一种本质的认识，是人们在长期观察反思人自身，观测天象、时序变化的基础上萌发的。"阴阳"本应为"陰陽"。最初有两层含义，一层是指男女的性别差异，一层是指自然界中的现象差别；后一层又有两个意思：一是指代日月的向背，向日的一面为阳，背日的一面为阴。《说文解字》中指出的："阴，闇也；水之南，山之北也。""阳，高也；明也"，就是此义。另外一个意思是指天气的阴晴，日出为阳，日被云覆盖为阴。据说，在远古的黄帝时代，我们的祖先就开始"以治日月之行律，治阴阳之气，节四时之度，正历律之数，别男女，异雌雄，明上下，等贵贱"①。

"阴阳"范畴的出现，反映了中国古代思维"以己度物"、以自我为中心的感性特点。大约出现在母权制度式微、父权制度初步确立以后，不过直到西周才正式成为哲学范畴。"阴阳"学说把世界看成矛盾对立的统一，反映了对于自然和社会各种矛盾对立现象的概括认识，在思维形式方

---

① 　（汉）刘安：《淮南子·览冥训》，高诱注，上海书店出版社1986年版，第94页。

面启发后人以对立的划分和统一的眼光来评析事物的发展变化。以"阴阳"来解释审美现象，最早出现于《周易》，而真正包含比较丰富的美学思想的是《易传》的《系辞》。《系辞上》说："一阴一阳之谓道"；阳者刚，阴者柔；刚者动，柔者静。"刚柔相推，变在其中矣。"《系辞下》说："阴阳合德而刚柔有体。"认为"刚柔者，立本者也"。（《周易·系辞下》）阴阳刚柔既有侧重，也有和谐。北宋张载在《横渠易说》中这样解释："一阴一阳不可以形器拘，故谓之道。"中国古代艺术大多强调含刚蓄柔，寓刚于柔是为妙品。阴阳是贯穿于《周易》的主要哲学思想，以此朴素辩证法来审视艺术，就要既有阴柔阳刚的美的侧重，还要有两者的和谐，所以传统艺术唯有含刚蕴柔，寓刚于柔，方算妙品。世界上一切事物及其变化均可纳入阴阳两种因素的对立统一之中。"一阴一阳之谓道"的命题，"不仅体现了阴阳中和的美学精神，而且为《易传》的阳刚、阴柔、刚柔相济之美学精神的启蒙，铺展了哲学思辨之路"。[①] 从此以后，中国美学在审美的本质论、范畴论、历史与逻辑的统一、内容与形式的统一等方面，形成了自己独特的理论。

二 "柔美"在中国美学史上的发展演进

中国美学中的"柔美"思想，是在"天人合一"的传统思维模式中孕育诞生发展起来的。"天人合一"既包括人与自然的合一，也包括人与道、人与神的合一。真正从审美角度提出"柔"的美学思想的是老子，在此之前，"柔美"只是朦胧地出现在关于"天人合一"的思想探讨中，没有被单独提出加以重视。中国古典美学博大而精深，"柔美"理论也经历了一个孕育、萌芽、形成、发展、成熟的时期。以下我们按照时间的顺序梳理柔美这一范畴在中国美学历史上的发展与演变。

（一）先秦时期的阴柔美学观念

中国古典哲学认为，"气"是构成物质世界最小的物质单位，"气"分为阴阳，阴气与阳气因交互作用而千变万化，于是就产生了宇宙万物。对于阴阳、刚柔的二分，缘起于古人对于宇宙的真理——"道"的认识

---

① 王振复：《中国美学的文脉历程》，四川人民出版社2002年版，第265页。

和理解。道家始祖老子首倡阴阳学说，认为阴阳相参是世界的图式。《老子》第四十二章说："道生一，一生二，二生三，三生万物。万物负阴而抱阳，冲气以为和"；也就是说，"阴"与"阳"既相互对立又相互依存，但"阴"与"阳"相较，"阴"胜于"阳"。在人与自然的关系方面，老子总是强调"法自然"，强调顺乎自然规律的阴柔的一面；在审美形式方面，老子虽然反对沉浸于声色感官的享乐，认为"五色令人目盲，五音令人耳聋"，但他并未完全否定审美与艺术活动，而是强调人不应为"美"所累，使之成为支配人的东西，应该超然物外，通过"见素抱朴，少思寡欲"去寻找"自然天成""巧夺天工"的无声、无形的美。这在某种意义上展示了老子的哲学基础与美学思想——贵柔、守雌，反对刚强、进取。老子认为："专气至柔，能如婴儿乎？"① "归根曰静。"② 人之生也柔弱，其死也坚强，万物草木之生也柔脆，其死也枯槁。故坚强者死其徒，柔弱者生其徒……柔弱处上。"天下莫柔弱于水，而攻坚强者莫之能胜……弱之胜强，柔之胜刚，天下莫不知，莫能行。"③ "天下之至柔，驰骋天下之至坚。"④ 以上可见，老子是将生命的内核归结于"柔"，也将美的外观与形式归结于"柔"。"柔"既是生命的初始状态，也是战胜强劲对手的法宝；是审美的对象，也是审美的至高境界。老子的贵柔美学理论与观念，直接启发了庄子以及魏晋南北朝以后的哲学与美学思想。

中国传统哲学一直非常注重研究乾与坤、刚与柔的关系。从《周易》开始，强调"天"与"地"、"乾"与"坤"、"阴"与"阳"、"刚"与"柔"的对立统一的传统就在中国古典哲学、美学中不断深入。但《易经》并未把阴阳作为某种具体事物的两种对立性质，而是把它作为一切具体事物共同的、最基本的两种对立性质提出来，并用"—"和"——"两个抽象符号表示。"刚柔者，立本者也"，"一阴一阳之谓道"。故《周易》认为："整个世界是以'一阴一阳'为始基的相反相成的有机统一体。"⑤ 从中国美学史来看，对于"阳刚阴柔"的认识始于先秦。春秋

---

① 王振复：《中国美学的文脉历程》，四川人民出版社 2002 年版，第 92 页。

② 同上书，第 121 页。

③ 同上书，第 337 页。

④ 同上书，第 232 页。

⑤ 李泽厚、刘纲纪：《中国美学史》第 1 卷，中国社会科学出版社 1984 年版，第 294 页。

战国时期的《易传》就是从"阴阳"出发来探讨美的，"地道之美贵在阴与柔，天道之美贵在阳与刚"。由此，形成了中国古典美学关于审美艺术的"阴柔之美"与"阳刚之美"的两大基本类型。"阴柔"和"阳刚"既是基本的美学范畴，也是常用概念，它们往往对称出现。中国美学的"阴柔"学说也是从这个时候开始生发、成长、交融、演变的。

"坤"卦集中表述了《周易》的"柔美"的观念。《周易·系辞》说："夫坤，天下之至柔也。"《周易·坤卦·象传》说："至哉坤元，万物资生，乃顺承天。坤厚载物，德合无疆。含弘广大，品物咸亨，牝马地类，行地无疆，柔顺利贞。"① 认为："坤"的形象是"柔顺利贞"，"德合无疆"，犹如"牝马行地"，广博无疆。其审美特质在于至柔驯顺，"含章可贞"，是含蓄、柔顺、安静、和悦的美；由于"坤"类地，所以具有"母性"，"厚德载物"，含藏万物而化育广大，因而也具有博大、宽厚的美。《周易·离卦·象传》说："柔丽乎中正，故'亨'。"是说离卦是日月附丽于天，百谷树草附丽于地，日月双重灌木附丽于正确，就化育为天下万物，柔附着于（上卦）的中正，所以"通顺"。但"坤"也并非一味地柔顺，《周易·贲卦·象传》："柔来而文刚，故亨。"《文言》说："'坤'至柔而动也刚，至静而德也方。"也就是说，"坤"的至柔至顺是依一定条件转化的，它包含着"刚"与"动"的内容，"柔"可以顺从、文饰"刚"，也可以在一定程度上改变"刚"。

《周易》"象"辞就对"咸"卦进行了这样的解释：咸，感也。柔上而刚下，二气感应以相与……天地感而万物化生，圣人感而天下和平。这里所说的"柔"上也就是"阴"上，"刚"下也就是"阳"下，在某种意义上展示了先秦美学思想中贵"柔"的倾向，阴阳相交构化天地万物，圣人与百姓的精神世界沟通而相互作用，可以由于圣人的教化而达到"天下和平"。

尽管《周易》对于"柔美"的论述不尽完善，尚未完全阐释"刚美"与"柔美"的本质区别，但其所意识到"柔美"的特质，是"柔美"思想的直接始源。

先秦时期，各家在叙述自己的柔美的思想与学说中，除注重"柔"

---

① 周振甫：《周易注释》，中华书局 1991 年版，第 13 页。

与"刚"的对立统一，认为"柔"可胜"刚"之外，更多地体现为主
"和"的思想。"和"既包括主体感受的"和"，也包括客体对象的
"和"，主体与客体展现的是"和"的不同侧面。前者与美感相关，后
者与审美对象相关，而在具体论述过程中，二者又经常相互联系，不可
分割。

主要观点有这样几个特点：

其一，强调声、色之美的和谐而无刺激。声音要悦耳动听——"乐
从和"，物体要大小适中、合度。《国语·周语》和《左传》昭公二十一
年都记载了周景王要铸造大钟而遭到单穆公、泠州鸠等人反对的事。单穆
公认为："且夫钟不过以动声，若无射有林，耳弗及也。夫钟声以为耳
也，耳所不及，非钟声也。……是故先王制钟也，大不出均，重不过石。
律度衡量于是乎生，大小器用于是乎出。"（《国语·周语》下）泠州鸠认
为："夫音，乐之舆也；而钟，音之器也。天子省风译作乐，器以钟之，
舆以行之，小者不窕，大者不摦，则和于物，物和则嘉成。故和声于，耳
而藏于心，心亿则乐。窕则不咸，摦则不容，心是以感，感则生疾。"①
他们所说的是，钟的大小、形体要合适，声音的大小要和谐悦耳，否则，
不仅不能给人以美感，而且会影响人的健康，致人生病。他们的思想，在
某种程度上，暗合了亚里士多德的观点，物体要有整一性、和谐感。亚里
士多德曾经指出："一个非常小的东西不能美，因为我们的观察处于不可
感知的时间内，以至模糊不清；一个非常大的活东西，例如一个一千里长
的活东西，也不能美，因为不能一览而尽，看不出它的整一性。"② 单穆
公、泠州鸠所提出了"和"的美感及作用，其实也包含"柔美"的成分
与美感在内——整一、清晰、适当、和谐。

其二，强调美与内在感觉的心理和谐。在审美活动中，对于外在的
声、色之美的感受，必须与感官的心理要求相适应，否则会影响到人的心
理和精神状态。单穆公认为："夫乐不过以听耳，而美不过以观目，若听
乐而震，观目而眩，患莫盛焉。"③ （《国语·周语》） 如果音乐震耳欲聋，

---

① 杨伯峻：《春秋左传注》，中华书局1981年版。

② 北京大学哲学系美学教研室编：《西方美学家论美和美感》，商务印书馆1980年版，第
39页。

③ "夫乐不过以听耳，而美不过以观目。若听乐而震，观美而眩，患莫甚焉。"《国语·周
语》下。台湾中国哲学电子书，http：//ctext.org/guo-yu/zhou-yu-xia/zh。

美色炫目刺眼，非但不能令人享受美感，而且给人带来的祸患是非常大的。泠州鸠则把各种声音的谐和扩大到宇宙之和，指出："夫政象乐，乐从和。声以和乐，律以平声。金石以动之，丝竹以行之，诗以道之，歌以咏之，匏以宣之，瓦以赞之，革木以节之。物得其常曰乐极，极之所极曰声，声应相保曰和，细大不逾曰平。如是，而铸之以金，磨之石，系之丝木，越之匏竹，节之鼓而行，以遂八风。于是乎气无滞阴，亦无散阳，阴阳序次，风雨时至，嘉生繁祉，人民和利，物备而乐成，上下不罢，故曰乐正。……夫有平和之声，则有蕃殖之财。于是乎道之以中德，咏之以中音，德音不愆，以合神人，神是以宁，民是以听。"（《国语·周语》）在此，泠州鸠夸大地展示了乐的神奇作用，"物得其常曰极乐，极之所极曰声，声应相保曰和，细大不逾曰平"。强调在"乐"的实践过程中必须遵循事物发展的规律，才能达到适合万物的"和"与"平"，才能获得和谐、自由的美的享受。最高意义上的美就在于人类按其本性实践的自由的和谐。犹如《尚书·虞典》中所谓的"八音克谐，无相夺伦，神人以和"。从美学形式的角度来看，他的这种思想，是对于人在认识自然与艺术的实践自由的肯定。

先秦时期的思想家大多在不同程度上认同或者说承接了老子与《周易》对于"柔美"的解释，从不同侧面论述了"柔美"的某些特点。

以孔子、孟子、荀子为代表的先秦儒家，在美学方面，强调个人与社会、感性与理性的统一，重视"美"与"大"、"美"与"善"的关系，他们从人格的意义上来理解美，更倾向于蕴含"阳刚"与"崇高"意味的"大"。相对来说，"柔美"在儒家美学思想中居于依从的地位。

孔子的美学思想朴素而不系统。在他的美学思想中，更多地强调个人与社会、感性与理性的和谐统一，强调"中庸"——"和"。即阴阳之和、刚柔之和、人之和、乐之和。所谓"礼之用，和为贵"（《论语·学而》），"乐而不淫，哀而不伤"（《论语·八佾》），"文质彬彬，然后君子"（《论语·雍也》）。"和"是到达"礼"与"仁"至佳的途径。孔子在论及绘画与服饰色彩的美感时说："巧笑倩兮，美目盼兮，素以为绚兮。""绘事后素。"（《论语·八佾》）"缁衣，羔裘；素衣，霓裘；黄衣，狐裘。"（《论语·乡党》）孔子在论及诗歌与音乐的美感时认为：关雎，乐而不淫，哀而不伤。""乐其可知也：始作，翕如也；从之，纯如也；
翕如也；抑如也，以成。"①（《论语·八佾》）孔子虽然并没有就"柔美"
的特点单独加以阐释与界说，但他的美学思想中所涉及的关于音乐、绘
画、文学等方面的审美尺度，其最大特点就是中和之美——声调音色圆润
和谐，色泽搭配素雅柔和，仪态服饰儒雅大方合乎礼仪规范，在"和"
的层面上，孔子充分肯定柔美所带给人的感性形式的快乐，以及与感性形
式有关的经过文饰的彤车白马、黄收纯衣、雕琢镂刻的优美的风采，也表
现了他对于"文"之美的赞赏。

孟子高扬个体人格的美，把人的精神、道德的善与美的愉悦联系起
来，追求一种自我的心境与相对独立的人格，揭示了人的真诚性。由于孟
子认为人存在的价值与意义，就在于实行仁义道德，人在任何时候、任何
情况下，都不应放弃自己的社会责任。实现个体的善要"由仁义行"
（《离娄下》），要靠自觉的努力，要"善养吾浩然之气"（《公孙丑上》）。
孟子认为："浩然之气"体现了个体人格美的特征。在分析人物的美时，
孟子注意到"美"与"大"的关系，他指出："充实之谓美（柔性美），
充实而有光辉之谓大（刚性美）。"② 这里"充实"的美，不单单是指人
充实的精神蕴蓄浩然之气，同时也是指人的容颜饱满，无所残缺；举止优
雅，令人欣喜。由于孟子没有沿着美的分类和范畴继续进行叙述，而是扩
展到"圣"的"大而化之"，圣人用道德人格化育天下，我们也就无从进
一步了解孟子对于"美"（柔美）意义的阐释。但是，孟子关于"充实之
谓美"的伦理意义和"美""大"的阴阳之别以及美的中和之义，还是一
目了然的。

荀子在《乐论》中探讨音乐的审美作用、音乐与社会生活的关系，
音乐作为审美对象对于人的情感的影响时，也在一定程度上涉及关于
"柔美"的内容。

荀子说："故听雅颂之声，而志意得广焉；执其干戚，习其俯仰屈
伸，而容貌得庄焉；行其缀兆，要其节奏，而行列得正焉，进退得齐焉。

---

① 孔子：《论语》，载《武英殿十三经注疏》本《论语注疏》。中国哲学书电子化计划，ht-
tp：//ctext. org/analects/ba-yi/zh。

② 孟子：《孟子·尽心下》，东京大学东洋文化研究所藏汉籍善本全文影像资料库所藏
《孟子》，http：//shanben. ioc. u-tokyo. ac. jp/main ＿ p. php？ nu ＝ A390500&order ＝ rn ＿ no&no ＝
00067&im ＝ 0050057&pg ＝ 295。参见《武英殿十三经注疏》本《孟子注疏》。

故乐者，出所以征诛也，入所以揖让也；征诛揖让，其义一也。"仔细辨析，这里面有多方面的意思，但主要是在分析音乐的作用，从音乐中可以习得心智、意志、容貌、内力。在音乐的道力之中，"征诛"若为刚美，那么"揖让"则显柔美。"征诛揖让"，进退对应，刚柔相济，音乐的教化与影响也就在其中生成了。荀子除了用"志意""俯仰""屈伸""进退""征诛揖让"解释音乐的力道之外，还以天地日月星辰万物喻指乐器。"故鼓似天，钟似地，磬似水，竽笙箫和筦籥，似星辰日月，韬柷、拊鞷、椌楬似万物"，充分展现了他"乐者，天下之大齐"的"礼乐相济"思想，其社会效应，则可以滋润群体内心的和谐与安宁。荀子的音乐教化思想与柏拉图在《理想国》的音乐教育理念有一定的相似之处，在某种意义上显现出他们殊途同归的教化意识。

荀子认为，"夫声乐之入人也深，其化人也速，故先王谨为之文"。音乐的主要功能在于教化，也就是影响人的情感，唤起人的向善情怀："致乐以治心……乐则安，安则久，久则天，天则神。"① 舒展、谐和、平缓、明快的音乐，可以唤起健康快乐的情感；圆润、流丽、和顺、宽畅的音乐，可以唤起慈祥温和的情感；音乐就具有调和社会各个等级的作用，使人安于现状，相亲相爱。这些都是结合着艺术和审美的实践来论述美学范畴的具体表现，与美学研究的伦理学倾向一起成为中国传统美学的主要特点。

稍晚于《荀子》的《礼记·乐记》完全继承了荀子的美学观念，联系音乐与人的心理之间的关系，详细区分了音乐的不同形式所产生的不同的美感："乐者，音之所由生也，其本在人心之感于物也。是故其哀心感者，其声噍以杀；其乐感于心者，其声啴以缓；其喜感于心者，其声发以散；其怒感于心者，其声粗以厉；其敬感于心者，其声直以廉；其爱感于心者，其声和以柔。"② 《乐记》认为，人的心境与音乐的审美创造有内在的关联，不同的心境和感觉可以产生不同的乐音；不同的乐音同样表露出人的不同心情与感情，喜怒哀乐好恶都会对音乐的感受产生影响。乐记对于音乐曲调的区分是有刚硬粗粝与舒缓柔和的差异的：属于

---

① 《礼记·乐记》，《武英殿十三经注疏》本《礼记正义》。

② 《武英殿十三经注疏》本《礼记正义》。东京大学东洋文化研究所藏汉籍善本全文影像资料库所藏《礼记注疏》。

优美柔和的是因"乐感于心""爱感于心"而创造、感受出来的，乐的声音节奏舒缓、圆润、平和、明快可以唤起人仁爱、快乐、健康的情感。

《乐记》所谈到的"声""音""乐"三者的关系，是看到音乐作品的形式媒介与主体情感的关系，个性与音乐作品之间的关系，指出："宽而静，柔而正者宜歌颂。"它的这些论述大体上也比较充分地显示了先秦儒家美学思想的伦理化和艺术化的倾向与特点。

庄子被认为是道家美学的集大成者。庄子从"道"的自由、无限，推出人的自由与无限，而获得自由与无限的途径，就是去追寻"道"与"美"，以期得到无为自然的"道"。得到了"道"同时就得到了"至美至乐"，就可以"游夫遥荡恣睢转徙之涂"，心游天地，无拘无束，逍遥自在。与孟子相同的是，庄子也在他的哲学著作中阐述了关于"美"与"大"、"刚"与"柔"、"清"与"浊"、"动"与"静"等相对的审美现象。与孟子不同的是，庄子论述"美"与"大"的关系时，更多的是从作为审美对象的自然的感受方面来进行论述的。庄子认为，美是相对的，是多因素的结合，而非某个单一侧面的张扬，创造的自由是与人的审美的心胸与境界联系在一起的。庄子在《天运》中谈到"咸池"音乐时说："一盛一衰，文武伦经；一清一浊，阴阳调和，流光其声"；"吾又奏之以阴阳之和，烛之以日月之明；其声能柔能刚，变化齐一，不主故常"[1]。这里，庄子认为灵动悠扬的天乐——自然之声是"清"与"浊"、"刚"与"柔"的完美整合。音乐既可以展现文武之经，又可以表现日月光华，具有强烈的艺术感染力。接受者在欣赏音乐的过程中，能够为音乐所融化，获得身心的松弛，达到与天地齐一的境界。"知天乐者，其生也天行，其死也物化；静而与阴同德，动而与阳同波。"[2]（《天道》）"天乐"是一种超越了功利目的所达到的"天地与我并生，万物与我齐一"（《齐物论》）的逍遥之境。在庄子那里，"知天乐者"——懂得欣赏和谐的音乐的人——与"圣人"具有相同的德行，"圣人之生也天行，其死也物

---

[1]　庄子：《庄子·外篇·天运》，东京大学东洋文化研究所藏汉籍善本全文影像资料库所藏《庄子章义》。

[2]　庄子：《庄子·外篇·天道》，东京大学东洋文化研究所藏汉籍善本全文影像资料库所藏《庄子章义》。

化；静而与阴同德，动而与阳同波。"①（《刻意》）

　　庄子所追求的是"大美"、壮美、无限的美，所以，他认为"天地有大美而不言"。（《庄子·知北游》）"美（有限、小的美）则善矣，而未大（壮美）也。"②（《天道》）但庄子的"大美"中却蕴含了"柔美"的优雅与飘逸的因素。例如，庄子理想中的"美"，是居于"藐姑射之山"的神人，他的特征是"肌肤若冰霜，绰约若处子"（《逍遥游》），相貌姣好，肌肤洁白，虚静柔顺，和而不喧。可惜，庄子没有更进一步分析阐述这种优柔的美，恐与当时社会历史条件以及自身的哲学思想、审美态度有关。春秋战国时期本来就具备了赞颂、崇尚"大美"的时代精神与审美氛围，而庄子既把这种扶摇万里、"磅礴万物"、"挥斥八极"的审美精神推向极致，同时也将对后世产生重要的影响。但是，庄子的美论充满着"道法自然"的阴阳相生、刚柔相济的朴素辩证法思想，是中国传统思想"天人合一"的"合于天（自然）"的一方面，恰恰与儒家的"天人合一"中"合于人（社会）"的一方面形成互补之势，共同完成了中国传统思想的"天人合一"，也具体体现了柔美范畴的中和、和谐、阴柔、静观的基本特点。

　　墨子美学以其否定、批判的视角——"非乐"，从反面展现了生活和艺术中"柔美"的存在与表现。他对于音乐艺术的审美效用的否定，对于文才美饰的否定，都是由于把审美与艺术活动——钟鼓、管弦、丝竹的优雅的演奏，看作一种单纯的娱乐，"乐以为乐也"。墨子出于维护下层劳动人民的利益的需要，批判统治者骄奢淫逸、靡费挥霍的恶习。他高扬批判的武器，认为"钟鼓管弦""刻镂文采""锦绣绮纻""盛容修饰"以及"铸金以为金句，珠玉以为佩"等讲究形式外观、典雅美丽的修饰都毫无实用价值。墨子否定"优美"的审美与艺术活动的观点从对立的方面证明了它的存在价值。

　　韩非认为，美不能给人带来直接的功利欲望的满足，从根本上漠视和否定美与艺术的价值。他认为：美妙的音乐可以使君主"穷身"（《十

---

　　①　庄子：《庄子·外篇·刻意》，东京大学东洋文化研究所藏汉籍善本全文影像资料库所藏《庄子章义》。

　　②　庄子：《庄子·外篇·天道》，东京大学东洋文化研究所藏汉籍善本全文影像资料库所藏《庄子章义》。

过》）；优美的文学能够祸乱法度（《五蠹》）；美好的装饰会使人只注意外观形式而忽视内容，遗弃珍宝（《外储说左上》）；主张"取情而去貌"，"好质而恶饰"。韩非的观点从根本上否定了优美的感性外观形式的审美价值，狭隘地理解了形式的优美在审美活动中的作用。我们可以从韩非极力排斥、否定美的"文饰"在社会生活中的作用中看出，优美的外形、姣好的容颜、优雅的举止、动听的音乐在人类审美活动中，具有强大的力量，那种由外物到心灵的审美感应过程，对于改变人的审美心理有积极的作用。

从上述所论，我们可以看出：先秦时期是中国"刚美"与"柔美"理论的孕育和萌芽时期。这一时期的"柔美"观念走过了这样的发展轨迹：从对于"道"的追寻，从"天人合一"、刚柔相交思想中认识到"阴柔"与"阳刚"的差异，从而把"刚"与"柔"的观念引入美学领域，在对色彩与音乐的审美感受、审美创造的探讨中发现"柔美"的本质特性，并将其与人格的、心理的审美感应联系起来。从此，对于存在、艺术中"阴柔""阳刚"之美的研究，成为以后各个时期美学探讨的重要问题，而且充分显示出艺术化和伦理化的倾向与特点。

（二）汉魏六朝时期的柔美思潮

汉魏六朝时期是中国美学发展的重要历史阶段。虽然两汉没有先秦美学那么丰富、恢宏，但汉代美学发展了先秦时期的美学思想，进一步奠定了中国美学的基础。魏晋南北朝是中国美学、文学自觉的重要时期，此时，对于审美与艺术的高度重视，出现了丰富多彩的美学、艺术作品，关于"柔美"的分析也进一步清晰、明确。

《淮南子》是汉代美学思想的奠基之作，保存了比较丰富的美学史资料。其中，对于天地间自然万物诞生形成所进行的描绘，具体、生动地再现了生命的优美与活力："天气始下，地气始上，阴阳错合，相与优游，竞畅于宇宙之间，被德含和，缤纷茏苁，欲与物接而未成兆朕。……万物掺落，根茎枝叶，青葱苓茏，萑蔰炫煌，蠉飞蝡动，蚑行噲息，可切循耀把握而有数量。……储以灊冶，浩浩瀚瀚，不可隐仪揆度而通光耀者。"①

另外，《淮南子》以适宜为美，强调美的相对性。但这里的适宜有不

---

① 《淮南鸿烈·俶真训》，《四部丛刊初编》本《淮南鸿烈解》。

同于古希腊美学的"和谐",而是强调美与艺术随时代而变化,显现的是柔美合规律的一面。由于《淮南子》是继承发挥了儒道两家崇尚阳刚之美的思想,对于"柔美"的记述可谓浅尝辄止,未及深入,其中关于审美创造的"文"与"质"、"形"与"神"、"内"与"外"的关系的论述,不可简单地与"刚美"与"柔美"混同。

刘向关于欣赏自然山水之美的论述,进一步发展了孔子"仁者乐山,智者乐水"的思想。在阐释仁者何以乐水时,突出了"水"的柔顺润泽的审美特性。刘向在辑校《礼记·乐记》时,即以"阴阳刚柔"来阐释音乐的美,指出:"地气上齐,天气下降,阴阳相摩,天地相荡,鼓使以雷霆,奋之以风雨,动之以四时,暖之以日月,而百化兴焉。如此,则乐者,天地之和也。"[①](《乐礼》)"合生气之和,道无常之行,使之阳而不散,阴而不密,刚气不怒,柔气不慑,四畅交于中而发于外,皆安其位而不相夺也。"(《乐言》)刘向关于阴阳和谐而美在其中各不相夺的理念,展示了汉代音乐美学研究的成就。这也是继承了中国传统美学和结合艺术实践的艺术化倾向和特点的具体表现。

刘向认为音乐有七种功能:明道德、感鬼神、美风俗、妙心察、制音调、流文雅、善传授,把音乐的审美作用和教化作用分门别类地进行阐述。此外他的"目悦、耳悦、心悦"之说也是对优柔的审美形式的肯定。这同时又表现了中国传统美学的伦理化倾向和特点。

扬雄受到《周易》的启发,把"美"与自然运动的规律变化相联系,在《太玄经》里提出:"阴敛其质,阳散其文,文质班班,万物粲然。"就是说,"质"这种内在的品格是要由"文"来表现的,要达到文与质的统一,就需要达到阴与阳、个人与社会的和谐统一。针对汉赋色彩缤纷、炫华巨丽的美妙语辞,扬雄分之为"诗人之赋"与"辞人之赋",前者表现为"丽以则",后者表现为"丽以淫"。批评宋玉、司马相如等人的赋如女色般温软柔媚,诉诸人的感官,令人感到美的愉悦。但相对于柔美来说,扬雄更偏重对于宏大、深邃、巨丽之美的推崇。同时认为刚柔结合、文质统一是最完美的。"阴敛其质,阳散其文,文质斑斑,万物粲然。"(《太玄经·文》)

---

① 《武英殿十三经注疏》本《礼记正义》。东京大学东洋文化研究所藏汉籍善本全文影像资料库所藏《礼记注疏》。

赋是汉代最优美绮丽的艺术形式，司马相如说它"合綦组以成文，列锦绣以为质"，强调对偶、排比、音韵和谐的美。几乎所有的文学大家都有赋作传世。宋玉、枚乘、班固、扬雄、桓谭、司马相如等，他们用语言描绘出风光、景色、城市、宫殿、美人，典雅精美，美轮美奂，栩栩如生，具有极高的艺术技巧，是柔美风格在中国古代文学历史上的集中展示。

班昭在《女诫》中规范女性的行为举止，阐释了柔弱与美的关系，她强调："阴以柔为用，女以弱为美。"优雅柔弱成为一个时期女性的审美标志，也成为时代审美的局限所在。

魏晋时期是文学艺术自觉的时期，这一时期，解脱了汉代儒教统治下严格的礼教束缚，人们在生活上、人格上崇尚自然主义和个性主义，超脱礼法观念，直接欣赏人的人格与个性之美。当时的文论、画论、书论，对于艺术的审美特征和状貌进行了详尽的分析和辨识，刚美与柔美愈发凸显出各自不同的个性特质。曹丕的《典论·论文》、陆机的《文赋》、刘勰的《文心雕龙》等，都对于柔美的性质与特征做过探讨。在审美人格方面，这个时期崇尚三种理想的人格类型——"尚柔""无为"的本体人格，"越名教任自然的"精神人格和"自足逍遥"的个性人格。王弼认为人格美的最高理想是帝王（圣人）的"以柔居中，而得其位；处内履中，居益以冲。益自外来，不招自至，不先不为"（王弼《周易·益卦》注）。所以，至虚、至柔、无为、"至美无偏"、和谐平衡既是王者之道，也是审美的理想人格之特征。这些都充分显现出中国传统美学的艺术化和伦理化的倾向与特点。

曹丕在《典论·论文》中指出："文以气为主，气之清浊有体，不可力强而致。"① 所谓气之"清浊"，实指"阳刚"与"阴柔"。阳气上升为清，浊气下沉为阴。清气超迈俊朗是为刚，浊气沉郁凝重是为柔。曹丕认为：应玚之诗"和而不壮"，刘桢之诗"壮而不密"，这种"和"与"密"的诗歌，具有阴柔之美。曹丕在这里"实开后世以阳刚、阴柔之美论与文学之先河"。② 但因曹丕评论文学作品主张刚柔相济，且更欣赏、推崇"清激""悲怀慷慨"的阳刚壮健之美，所以未能进一步深入阐述

---

① 曹丕：《典论·论文》，中州古籍出版社 1992 年版。

② 张少康、刘三富：《中国文学理论批评发展史》，北京大学出版社 1995 年版，第 171 页。

"柔美"的个性特色。

阮籍对于柔美的论述主要集中于《清思赋》，他夜不能寐，随着音乐登昆仑而临西海，目睹了河女的超凡绝伦的美丽："敷斯来之在室兮，乃飘忽之所晞。馨香发而外扬兮，媚颜灼以显姿。清言窃其如兰兮，辞婉婉而靡违。托精灵之运会兮，浮日月之余晖。"① 河女"窈窕而淑清"，"冰心玉质"，展现的是一种幽雅宁静的美，是一种独特的心理体验。这种超越声色形式的超功利的审美观，突出了审美的个体性，也显示了魏晋玄学美学超世俗、超功利的理想人格的追求。这对陆机产生了重要影响。

陆机总结了前代作家的创作经验，通过文学作品体裁的分类，揭示作品的审美特征。他认为："诗缘情而绮靡，赋体物而浏亮，碑披文以相质，诔缠绵而凄怆，铭博约而温润，箴顿挫而清壮，颂优游以彬蔚，论精微而朗畅，奏平彻以闲雅，说炜晔而谲狂。"② 在《文赋》中，他虽然没有明确地指出柔美包括哪些特征，但在进行问题分类而归纳的各类艺术风格中，包含了对于柔美的阐述。那种具有"温润""彬蔚""闲雅"美感的铭、颂、奏所展示的就是柔美的质感。

陆机详细辨识了体裁特征后，分析了"言"与"义"，"内容与形式"之间的关系。他认为：诗是主情的艺术，"情"既包括创作主体对人生一切情感的体验，也包括对于自然之美的情感欣赏，是一种审美情感、艺术情感。诗歌与音韵相关，他认为：暨音声之迭代，若五色之相宜。也就是说，文学创作要文采华美而繁盛，音韵变化要像"五色屏风"的色彩配置那样鲜明和谐。"或藻思绮合，清丽芊眠。炳若缛绣，悽若繁弦。"③（《全晋文》卷97）这里是说有时候，创作中辞藻与文思如美丽的织锦那样经纬绵密结合，清奇灿烂；文采如刺绣般美艳，音韵繁会凄恻。在此刻就要防止与前人的作品暗合。陆机最早将音韵声律同文学创作联系起来，展示了对音乐美的高度重视。

陆机重视文学的审美特性，不满"清虚而婉约"的文学风格，主张文章作品要繁复艳丽，要求做到"雅"而"艳"，富丽绮靡。这一点与魏

---

① 阮籍：《阮籍集校注》，郭光校注，中州古籍出版社1991年版，第24页。

② 陆机：《文赋》，张怀瑾译注，北京出版社1984年版，第29页。

③ 同上书，第34页。

晋时期的嵇康、阮籍有所不同。如何达到繁复艳丽的审美境界？他指出："丰约之裁，俯仰之形，因宜适变，曲有微情"——掌握艺术创作规律的审美特点，"赴曲之音，洪细入韵；蹈节之足，俯仰依依"。（《全晋文》卷99）

从以上的简略分析可以看出，陆机全面分析文学文体创作风格的特征时，虽然并未明确表示自己对于文体的刚柔之美的倾向性，但他本人提倡艳丽繁复的美，倾向于富丽堂皇、精雅细腻的柔性之美。陆机的思想对于沈约等人产生了很大影响，他的"感物之悲"对于日本文学的"物の哀れ"极具启发意义。

刘勰继承和发展了陆机《文赋》以及以往的美学思想，在《文心雕龙》中建构了自己的审美理论。在《原道》《宗经》《神思》《风骨》《体性》等篇章中，论述了自己的柔美理论。

在刘勰看来，"气有刚柔"，是因为"性情所在，陶染所凝"，不会轻易改变，因此，作者的性格刚柔决定作品的刚柔，"风趣刚柔，宁或改其气？"属于柔美风格文章应该从这样几个方面表现出来：

第一，自然之美。刘勰肯定自然美——"文"是一种"道"，"夫玄黄色杂，方圆体分，日月叠璧，以垂丽天之象；山川焕绮，以铺理地之形，此盖道之文也"。自然与创作主体的关系，也是"文"与"道"的关系。他认为："人禀七情，应无斯感，感物吟志，莫非自然。"人也是一种自然的美，当创作主体感受自然之美，与自然妙会，自然中的"涧曲湍洄"、草木英华就会反映在文学创作中，自然是美的本源，也是柔美的本源。

第二，文学作品的感性形式是其本质特征。优美的文章应雅丽辞巧、衔华配实。因为"文"是"明道""传经"的工具，是不可或缺的，要准确地传达"道"与"经"，需要文辞精美，经过必要的锤炼与修饰。"圣文之雅丽，固衔华而配实者也。"优美的文学作品要做到形式与情感、文与采、语言与音韵的和谐。他说："立文之道，其理有三：一曰形文，五色是也；二曰声文，五音是也；三曰情文，五性是也。"他要求以文采修饰语言，以增强美感。"心定而后结音，理正而后摛藻；使文不灭质，博不溺心；正采耀乎朱蓝，间色屏于红紫，乃可谓雕琢其章。彬彬君子矣。"（《文心雕龙·丽辞》）

第三，作品风格方面。刘勰在《文心雕龙》中将文章按照刚、柔进行分类，他把风格分为八体，即典雅、远奥、精约、显附、繁缛、壮丽、新奇、清靡。从刘勰的解释来看，其中属于柔美风格的是"远奥""精约""新奇"和"清靡"几类。而决定作品风格的，是作家的个性、才情与偏好——才、情、学、习。所谓"才有庸隽，气有刚柔，学有深浅，习有雅郑"。"刚"与"柔"乃创作主体性情的外在显现，是"习染所凝"的。同时，刘勰揭示了诗的古典意义，并以它为线索描述了中国诗歌的发展史。对于诗歌体裁，他总结道："四言正体，则雅润为本；五言流调，则清丽居宗；化实异用，惟才所安。"《文心雕龙·明诗》也就是说四言诗是诗之正体，要讲究典雅温润，五言诗与之相比，偏重于委婉清丽。至于诗歌的风格是华丽雅致还是朴实纯净，是由作家的才性决定的。

刘勰同曹丕一样，重视"气"在文学中的作用，在《文心雕龙》中他并未像曹丕那样，将气分为清与浊，而是前接秦汉时期的观点，把"气"区分为"阴"与"阳"。徐复观认为："彦和以刚柔言气，比之曹丕以清浊言气，更能说明气的差别性，为后来古文家以阴阳刚柔论文之所本。"[1] 由于主体的气有刚有柔，若"柔气从内心发动，表现于外在的形相，就是'文风'生成"[2]。虽然刘勰没有更多地强调对于"柔美"的欣赏，但字里行间流露出对于"柔美"的重视，视"柔美"为文学基础、正体之意味。

魏晋时期，文人在创作中，追求恬淡，向往田园的自然、清新、柔美之风比较盛行。陶渊明被钟嵘在《诗品》中尊为"古今隐逸诗人之宗"，从这位著名田园派诗人歌颂田园美的诗文中，也透露出当时士人对建筑风格追求的转变。"方宅十余亩，草屋八九间，榆柳荫后檐，桃李罗堂前"，（《归田园居》）"倚南窗以寄傲，审容膝之易安。园日涉以成趣，门虽设而常关。"（《归去来辞》）如此小巧拙朴的建筑坏境，悠闲自在的居住气氛，集中表现出恬静、清丽、含而不露的阴柔之美。

晋代的书法艺术华美而婉丽，细腻而清朗，注重"书"与"情"的联系与作用。索靖、王珉、刘彦祖都明确用"绮靡"来形容书法的美，

---

① 徐复观：《中国文学中的"气"的问题——〈文心雕龙·风骨篇〉疏补》，载《中国文学论集》，台北学生书局 1984 年版，第 304 页。

② 童庆炳：《〈文心雕龙〉"风清骨峻"说》，《文艺研究》1999 年第 6 期。

强调"言所不尽"的情味。

索靖《草书状》指出："纷扰扰以绮，靡中迟疑而犹豫。……骋辞放手，雨行冰散，高间翰厉，溢越流漫。忽班班而成章，信奇妙之焕烂，体磊落而壮丽，姿光润以粲粲。"杨泉在《草书赋》中认为，"字要妙而有好，势奇绮而分驰。……其布好施媚，如明珠之陆离。发翰摅藻如春华之杨枝。其提墨纵体，如美女之长眉"。书法在形式中所蕴含的妙笔生花、刚柔合度、文质彬彬的"中和"柔美之艺术理念为后世所发扬光大。

曹植在《洛神赋》中极尽想象，淋漓尽致地描绘了"美人"——洛神美丽、幽雅的形貌："秾纤得中，修短合度；肩若削成，腰如约素；延颈秀项，皓质呈露；芳泽无加，铅华弗御；云髻峨峨，修眉联娟；丹唇外朗，皓齿内鲜；明眸善睐，靥辅承权；瓌姿艳逸，仪静体闲；柔情绰态，媚于语言；奇服旷世，骨像应图。"

曹植之后，顾恺之从他的文章中获得启发，强调绘画要"传神写照"，谢赫要求作画要"气韵生动"。顾在画《洛神赋图》《女史箴图》《烈女传图》等作品时，注意"一点一画皆相与成其艳姿"，表现其"艳美"，所谓"美丽之形，尺寸之制，阴阳之数，纤妙流迹，世所并贵"。

文学艺术创作中最崇尚柔美的是齐梁时期，在音乐进一步发展以后，许多作者都通晓音律，诗的音韵之美得到自觉的重视，"永明体"的清丽与"宫体"绮艳相互促进消长，推动了这一时期文学艺术柔美风尚的形成。在诗歌艺术形式上，"永明体"讲究声韵、辞藻，追求工巧、缜密、细腻、明净的诗歌形式；而"宫体"诗则强调辞藻绚丽、浮华美艳，追求声色体验，注重感官愉悦，极尽柔媚的语言风格，展现了一个时代文学艺术的柔美特征。

（三）唐宋的柔美形态

中国古代美学是以古典的"和谐"为总体特征的，唐五代以前，南北长期对峙、割据，不同的地理环境、生活习俗导致了不同的审美风尚：南方重阴柔之美，北方崇阳刚之美，因而形成了隋唐五代前期主要以壮美为主要审美特征、后期主要以阴柔为审美特征的时代风尚。特别是"安史之乱"以后，统治阶级内部矛盾的加剧、经济的衰落、统治者对享乐的日益追逐，导致了艺术创作和艺术欣赏过多偏重于"柔媚、宁静、含蓄、神韵……在审美的自由愉悦中，则多是一种单纯的愉悦和静观的享受"①。

唐宋时期的"柔美"探讨主要集中于皎然的《诗式》，司空图的《二十四诗品》，严羽的《沧浪诗话》以及张怀瓘、张远彦、宗炳等人的部分画论。

皎然主张诗歌应有"味"，要有"意境"，要"虚静""邈远"。而要达到这种境界就需要"以情为地，以兴为经，然后清音韵其声律，丽句增其文采。如杨林积翠之下，翘楚幽花，时时开发，乃知斯文，其味深焉"。（《诗议》）

司空图论"诗品"将"壮美"与"优美"列为两个美学范畴。在《二十四诗品》中司空图将诗歌的风格、境界、写作技法概括为二十四种，见解卓越精辟，描绘形象，诗意盎然。其中的纤秾、典雅、绮丽、缜密、清奇、委曲、形容、飘逸、流动等，其实皆具有柔美的某些属性。

司空图通过"摹神取象"的描绘，建构意境，如为使人领略柔美、"纤秾"的诗境，他进行了具体生动的描写："采采流水，蓬蓬远春。窈窕深谷，时见美人。碧桃满树，风日水滨，柳阴路曲，流莺比邻。乘之愈往，识之愈真。如将不尽，以古为新。"纤秀秾丽的诗境由远及近，使人如入其中，兴意盎然。那种如"娇女步春"艳美鲜丽跃然纸上。对于其他诗歌境界的描绘，司空图都采用了同样的方法。

司空图推崇自然之优美，讲究"妙造自然"，不留痕迹。为此，他作了许多比喻来描绘诗中自然景象的美好。犹如"采采流水，蓬蓬远春"；它又高古典雅，好似"落花无言，人淡如菊"；又是清奇秀婉，恰如"月明华屋，画桥碧阴"；它是多种因素的对立统一，在总体上体现和谐，"天地与主，神化攸同"。

诗歌和谐是多因素的统一，自然是和谐的外在表现形态，是柔美本质的外射。司空图继承了道家的传统观念，希望在诗中创造一个超越现实的、优雅恬淡的境界来寄托自己的精神。所以，他所追求的那种"近而不浮，远而不尽"、具有"醇美"之味诗的美感，是一种拥有"韵外之致""味外之旨"的"象外之象""景外之景"。它犹如"蓝田日暖，良玉生烟，可望而不可置于眉睫之前"。乍看起来好似飘忽不定，难以捕

---

① 李大钊：《李大钊诗文选集》，人民文学出版社 1981 年版，第 114—116 页。

捉，实质上它所揭示的是艺术创作与接受中的想象自由，是主体把握了艺术审美规律而获得的审美自由。

晚唐五代诗、词、音乐、舞蹈、绘画都呈现柔婉之风，于是柔美成为这一时期的主导审美风格。对于柔美的探索也随之更为深入和细致。另外，哲学思潮的转变也是这一时期审美风格由壮美转向优美的一个重要因素。因为隋唐五代时期是儒、道、释三家合流的时期。随着政权的更迭，经济上由盛到衰，作为社会意识形态中的主要形式，儒、道、释三家的地位发生了很大变化。前期儒家思想占主导地位；后期尽管有"古文运动"和"新乐府运动"极力巩固儒家的地位，但却无法从根本上阻止道、释成为当时社会意识形态中的主导理论形式。在社会生活的变迁和社会思潮的改变的影响下，审美风格由刚美转向柔美就成为必然的趋势。表现在音乐、歌舞方面由慷慨激越变为柔媚飘逸，书法、诗词则婉约而柔顺。

《花间词》寄情于闺阁，迷醉于温乡，侧重视觉彩绘、腻脂香粉的描写，华美绰约，丽不伤雅，是晚唐柔媚文风的标本。宋初词大有花间遗风，藻丽婉美，较多体现出阴柔的美感。晏殊、晏几道、秦观、柳永的词，都是柔美之词的集萃。王国维认为："词之为体，要眇宜修。"隽永委婉的柔美是词的特色。（《人间词话删稿》）

书法方面，张怀瓘在其《书断》中，按照审美标准将书法分为神品、妙品、能品三类，其中各品都有着刚柔之分，他认为褚遂良的书法是甚得右军"媚趣"，如"瑶台青锁，窅映春林；美人婵娟，不任罗绮"。在谈到谢朓的草书时，他说其作品有如"草殊流美，薄暮川上，余霞照人；春晚林中，飞花满目。《诗》：'有美一人，青扬婉兮，邂逅相遇，适我愿兮'"。所有这些辨析和探究，都是柔美存在艺术中的表现。

周敦颐的《爱莲说》借莲花"出淤泥而不染，濯清涟而不妖"来张扬君子的人格美，这种美是借莲花的四德——"香、净、柔软、可爱"来比喻君子不为红尘所污染，具有柔美高洁的情操和品行。《爱莲说》问世之后，它所描绘的君子人格就成为文人士子追慕的境界。

朱熹重道轻文，认为："道者文之根本，文者道之枝叶"，"文从道出"，文都是从道中流出来的。圣人"以言明道"。对于文学艺术，朱熹重"雄健"，重"骨力"，但他也强调作文要温柔敦厚，文质彬彬，不可"散了和气"。朱熹指出："刚柔之交，是自然之象"（《周易传义音训》

卷三），"凡阴必柔，柔必暗，暗则难测"①。他遂从人格上进行分析，认为阳为君子、阴为小人。这样的分析难免武断，但是也表明了对于阴柔之美的某些分析，尤其凸显了中国美学传统的伦理化倾向和特点。

严羽《沧浪诗话》直接《二十四诗品》。他提出要从"体制""格力""气象""兴趣""音节"五个方面评价诗歌，在分析诗之法、诗之品后，认为，诗歌的基本美学风貌大概不外乎两种，一是"沉着痛快"，一是"优游不迫"②。"沉着痛快"展示的是阳刚之美，"优游不迫"显现的是阴柔之美。他肯定唐人诗歌中那种"镜花水月"空灵含蓄的优美，认为那种诗歌境界是："故其妙处透彻玲珑，不可凑泊，如空中之音，相中之色，水中之月，镜中之相，言有尽而意无穷。"但相对于具有禅韵的柔美，严羽更青睐的是"气象雄浑"的壮美之诗。

唐宋时期的柔美研究，从诗、词、书、画的形式、技艺入手，分析文学艺术呈现的幽雅、柔媚、委婉、飘逸等审美因素，提出了很多新的观点和理念，如"全美""意境""妙悟"等，表现出多元发展与熔炼臻美的态势，研究的深度、广度都为前代所不及，为以后的研究贡献了丰富的理论资源与方法。

（四）明清时期的柔美发展

明清时期是中国古典美学的总结时期，而明代则是这一时期的准备阶段。在这一时期，诗歌美学、绘画美学、戏剧美学、园林美学得到了长足的发展，美学理论中关于审美范畴的研究进一步拓展，更加体现化、理论化。从李贽到刘熙载，美学大家卓然而立，成为中国古典美学壮丽的风景。

明代以后，园林艺术迅速发展，出现了专门研究园林审美艺术的学者，他们借园林的营构布局展现了柔婉、优雅，以小见大、天人合一的审美理念，拓宽了柔美的研究思路。因为园林讲究以人为主的婉曲、含蓄、高雅、飘逸、诗情画意——"诗中有画，画中有诗"——的美感，所以"随曲合方""得体合宜"就成为园林的审美要求。这种含刚于柔、寓刚

---

① 北京大学哲学系美学教研室编：《中国美学史资料选编》，中华书局1981年版，第67页。

② 严羽：《沧浪诗话》，载北京大学哲学系美学教研室编《中国美学史资料选编》，中华书局1981年版，第77页。

于柔的建筑，与西方的哥特式建筑不同，是空间艺术中柔美风格的标志之一。明代的计成、张岱、袁宏道都有关于园林艺术优柔美感的论述。王夫之美学是中国传统美学的高峰。他在谈到诗的"意境"与诗歌审美的差异性时，部分涉及了关于柔美风格的探讨。

魏禧在论述阳刚与阴柔的美感时有过比较深入的论述，他在《魏叔子文集》卷十《文灡叙》中有这样的论述："水生于天而流于地，风发于地而行于天。生于天而流于地者，阳下济而阴受之也。发于地而行于天者，阴上升而阳蓄之也。阴阳互乘有交错之义。故其遭也而文生焉。故曰：风水相遭而成文。然其势有强弱，故其遭有轻重，而文有大小。洪波巨浪，山立而汹涌者，遭之重者也。沦涟漪澂，皴蹙而密理者，遭之轻者也。重者人惊而快之，发豪士之气，有鞭笞四海之心。轻者人乐而玩之，有遗世自得之慕，要为阴阳自然之动，天地之至文，不可偏废也。"魏禧注意到了不同类型的美所引发的不同的审美视觉与心理感觉的差异，认为美有"洪波巨浪，山立而汹涌"的刚健之美，可以使人"惊而快之，发豪士之气"；美也有"沦涟漪澂，皴蹙而密理"的优柔之美，可以使人"乐而玩之，有遗世自得之慕"。他在进一步描述、分析柔美的心理感受时指出："当其解维鼓枻，清风扬波，细澂微澜，如抽如织，乐而玩之，几忘其有身。"就是说人们欣赏柔美的心理状态是一种"乐而玩之，几忘其有身"的状态，也就是在审美活动中，审美主体与审美客体之间达到了高度统一，到达"物我两忘"、物我同一的和谐状态。他关于柔美的心理分析是有价值的，远远早于博克对于优美感与崇高感心理区别的研究。这些论述就是将中国传统美学关于阴阳刚柔的哲学和美学思想运用于文学风格的分析之中，对于姚鼐的美论思想是有影响的。

历来认为，桐城派的散文理论家姚鼐对于"阳刚美"与"阴柔美"的研究是最深入的。其实，姚鼐与魏禧一样，是运用中国传统的哲学观念，来解释美的不同形态。他继承了《易传》以来阴阳刚柔研究的传统与成果，运用对比的方法、形象的语言描绘美的不同形态，但并未对两种美的类型做理论上的规定，也缺乏超过他人的理论建树。因此，姚鼐关于刚柔美的研究的贡献应该说是有限的，他的影响之所以高过他人，恐是"桐城派"与其后学推崇的原因。

姚鼐说："鼐闻天地之道，阴阳刚柔而已。文者，天地之精英，而阴阳刚柔之发也。……自诸子以降，其为文无弗有偏者。其得于阳与刚之美者，则其文如霆，如电，如长风之出谷，如崇山峻崖，如决大川，如奔骐骥；其光也，如杲日，如火，如金镠铁；其于人也，如凭高视远，如君而朝万众，如鼓万勇士而战之。其得于阴与柔之美者，则其文如升初日，如清风，如云，如霞，如烟，如幽林曲涧，如沦，如漾，如珠玉之辉，如鸿鹄之鸣而入寥廓；其于人也，漻乎其如叹，邈乎其如有思，暖乎其如喜，愀乎其如悲。观其文，讽其音，则为文者之性情形状举以殊焉。且夫阴阳刚柔，其本二端，造物者糅而气有多寡，进绌，则品次亿万，以至于不可穷，万物生焉。故曰：一阴一阳之为道。夫文之多变，亦若是已。糅而偏胜可也，偏胜之极，一有一绝无，与夫刚不足为刚，柔不足为柔者，皆不可以言文。今夫野人孺子，闻乐以为声歌弦管之会尔；苟善乐者闻之，则五音十二律，必有一当，接于耳而分矣。夫论文者，岂异于是乎。"（《惜抱轩文集》卷六《复鲁絜非书》）

姚鼐将散文的风格归纳为"阳刚"与"阴柔"两类，他发挥自己的想象，运用譬喻的方法，说明具有阴柔之美的文章"如升初日，如清风，如云，如霞，如烟，如幽林曲涧，如沦，如漾，如珠玉之辉，如鸿鹄之鸣而入寥廓……"他用平淡、雅洁、精微的文字描述了阴柔的审美特征。但同时他也认为，艺术的刚、柔与作者的性格、气质密切相关，气质与个性是决定文章风格的重要因素。阳刚、阴柔可以"偏胜"，但不可偏废，更不应趋向极端，所以他要求文章"阴阳刚柔并行而不容偏废"，刚柔并重的中和之美才是理想的艺术风格。

桐城派接续姚鼐的观点，以文风要素分析审美要素，共有 20 种，张裕钊进而分配阴阳，认为："神气势骨肌理意识咏声，阳也；味韵格态情法词度景色，阴也。"

曾国藩极力推崇姚鼐，自称是桐城的后学。世人也有以其为桐城派的后继中兴者，他对阴柔之美进行过仔细的论述，他在自己的笔记、日记中多次谈到刚柔之美的区别，以及文体所对应的刚柔的不同。他说："吾尝取姚姬传先生之说，文章之道，分阳刚之美，阴柔之美。大抵阳刚者，气势浩瀚，阴柔者，韵味深美。浩瀚者，喷薄而出之，深美者，吞吐而出之。就吾所分之十一类言之。论类、词赋类宜喷薄，序跋类宜吞吐，奏议类、哀祭类宜喷薄，诏令类、书版类宜吞吐，传志类、叙记类宜喷薄，典志类、杂记类宜吞吐。其一类中微有区别者，如哀祭类虽宜喷薄，而祭郊社祖宗则宜吞吐。诏令类虽宜吞吐，而檄文则宜喷薄。书版类虽吞吐，而论著类则宜喷薄。此外各类，皆可以此意推之。"①

曾国藩在辛酉（1866）正月的日记中说，一夜读书，深有所得，于是写出八种文境。这一段日记写道："尝慕古文境之美者，约有八言。阳刚之美，曰雄、直、怪、丽，阴柔之美，曰茹、远、洁、适。蓄之数年，而余未能发之文章，略得八美之一，以付斯志。是夜此八字言者，各做十六字以赞之，至次日辰刻作毕。附录如左：雄。划然轩昂，尽弃故常。跌宕顿挫，扪之有芒。直。黄河千曲，其体仍直。山势如龙，转换迹。怪。奇趣横生，人骇鬼眩。易玄山经，张韩互见。丽。青春大泽，万卉初葩。诗骚之韵，班扬之华。茹。众义辏辏，吞多吐少。幽独茹含，不求共晓。远。九天俯视，下界聚蚊。寤寐周孔，落落寡群。洁。冗意陈言，类字尽芟。慎尔褒贬，神人共鉴。适。心境两间，无营无待。柳记欧跋，得大自在。"

在曾氏看来，淡、远、茹、雅属阴柔之美，其文章的风格应特立独行、含蓄幽雅、吞吐自如、淡远飘逸。可是曾国藩的阐释，仍然局限于传统的审美观念，在理论上并不出姚鼐其右。应该说，姚鼐以及桐城派诸位综合了中国传统美学自《周易》以来运用阴阳刚柔来把握分析美的形态的朴素辩证方法，并且以中国传统美学所特有的诗性描述和直观体验，进行了一种比较形象的总结。

（五）近现代柔美研究与论述

近代鸦片战争以后，随着西方资本主义的坚船利炮进入中国的，也有西方的美学理论。近代初期，美学对于阳刚阴柔之美的研究仍然延续中国古典美学的传统。自王国维始，遂采用西方美学的范畴学说与中国传统美学的理论观念相对应，首开以西方美学概念解释中国美学之先河。

刘熙载从《易传》的思想出发，强调阳刚之美与阴柔之美应该相互渗透，统一于同一件艺术作品之中。无论是书法、绘画、词曲，都应该是壮美与优美、刚美与柔美的和合，雄奇峭拔与隽永优柔的统一。关于刚柔相互渗透统一于同一作品中，刘熙载的论述应该是最为充分的。他指出：

---

① 曾国藩：《曾文正公全集·求阙斋日记类钞》卷下（传忠书局版），中国书店 2011 年版，第 6—7 页。

"立天之道曰阴与阳，立地之道曰柔与刚。文，经纬天地者也，其道惟阴阳刚柔可以该也。"（《艺概·经义概》）"书要兼备阴阳二气。大凡沉着屈郁，阴也；奇拔豪达，阳也。"（《书概》）"孙过庭草书，在唐为善宗晋法。其所书《书谱》，用笔破而愈完，纷而愈治，飘逸愈沉著，婀娜愈刚健。"（《书概》）"文之快者每不沉，沉者每不快，《国策》乃沉而快。文之隽者每不雄，雄者每不隽，《国策》乃雄而隽。"（《文概》）"词，淡语要有味，壮语要有韵，秀语要有骨。"（《词曲概》）

在强调刚柔相济的同时，刘熙载着重强调柔美在艺术中的运用，刘熙载认为："大凡沉着屈郁，阴也。"阴柔之美显现在艺术上，其主要特点是内柔外秀，婉曲清丽。其情感温和、悠远、含蓄、内敛。常如余音袅袅，不绝如缕。所以，阴柔之美是一种典型的和谐之美。

西方美学进入中国以后，中国现代美学理论的早期建设者就把西方美学中"优美"与"崇高"的范畴分类，与传统中国美学中"阳刚之美"和"阴柔之美"相比附，希图在概念上建立与之相对应的关系。王国维是中国美学引进西方理论的第一人，他把西方美学与中国美学"相互参证"，进行了一系列有益的尝试，留下了宝贵的经验和值得记取的教训。王国维深受康德、叔本华美学思想的影响，但又不同于他们，他的美学思想受到了中国哲学、美学的浸润，具有显著的中国特色。王国维认为："一切之美皆形式之美也。就美之自身言之，则一切优美皆存于形式之对称、变化及调和。至宏壮之对象，汗德（按：即康德）虽谓之无形式，然以此种无形式之形式能唤起宏壮之情，故谓之形式之一种无不可也。"[1]王国维依据康德的理论并加以发挥，认为："美学上之区别美也，大率分为二种，曰优美，曰宏壮。自巴克（按：即博克）及汗德之书出，学者殆视此为精密之分矣类。"[2] "美之为物有二种：一曰优美，一曰壮美。"王国维也注意到了优美作为审美对象的非功利性特征，在谈到审美过程中的心理与情感的变化时，他分析了优美的特性，指出："苟一物焉，与吾人无利害之关系，而吾人之观之也，不观其关系，而但观其物；或吾人之心中，无丝毫生活之欲存，而其观物也，不视为与我有关之物，而但视为

---

① 王国维：《古雅之在美学上之位置》，载《中国美学史资料选编》下册，中华书局1981年版，第433页。

② 同上书，第435页。

外物，则今之所观者，非昔之所观者也。此时，吾心之宁静之状态，名之曰优美之情，而谓此物曰优美。"① 王国维的观点主要有这样几个方面：第一，优美是一种与人无利害冲突的美；第二，在以优美作为审美对象时，主体处于与对象合一的直观状态——"无我之境"，不会引发任何的欲望；第三，优美属于一种审美的静观状态；第四，优美要通过审美关系体现出来。王国维的阐述，建设了中国美学的优美理论，对后人进一步研究优美很有启发。

蔡元培提倡"以美育代宗教"，他的思想来源于康德，认为美具有普遍性，"绝无人我差别之见能参入其中"。纯粹的美感可以破人我之见，去利害之心，陶冶人的性灵，使人进入高尚的境界。他也把美分为两类，认为："美学之中，其大别为都丽之美，崇闳之美（日本人译言优美、壮美）。而附丽于崇闳之悲剧、附丽于都丽之滑稽皆足以破人我之见，去利害得失之计较，则其所以陶养性灵，使之日进于高尚者，固已足矣。"②

李大钊在《美与高》中指出："所谓美者，即系美丽之谓"；"假如描写新月之光，题诗以形容景致，如日月如何之明，云如何之清，风又如何之静。夫如是始能传出真精神而有无穷乐趣，并不知此外之尚有可忧可惧之事，此即美之作用。""美非一类，有秀丽之美，有壮伟之美。前者即所谓美，后者即所谓高。"③ 这里的美，指的是优柔之美。

朱光潜先生在 1941 年出版的《文艺心理学》中就专门分析了"刚性美和柔性美"，朱先生不仅从心理学的角度描绘了人对于"刚美"与"柔美"的不同审美感受，描述了感受"雄伟"与"秀美"时的不同心境，并以此为依据，从一般美学范畴的角度规范了"刚性美"与"柔性美"的内涵、特征。他认为"柔性美是静的……静如梦"。柔性的文学作品在唐诗是"韦孟"，在宋词是"温李"，在书法方面是"褚赵"，在绘画方

① 王国维：《静庵文集·红楼梦评论》，载《中国美学史资料选编》下册，中华书局 1981 年版，第 433 页。

② 蔡元培：《以美育代宗教说》，《蔡元培全集》第 3 卷，第 33—34 页，参见《中国美学史资料选编》下册，中华书局 1981 年版，第 460—462 页。

③ 李大钊：《李大钊诗文选集》，人民文学出版社 1981 年版，第 114、116 页。

面是南派画家①……在论及柔美对于审美主体所产生的影响时，朱光潜先生指出："'秀美'所生的情感始终是愉快的。""感觉'秀美'使心境是单纯的，始终一致的。"② 分析"柔美"的研究现状时，朱先生尖锐地指出："历来学者多偏重'雄伟'，很少把'秀美'单提出来讨论的，因为'秀美'的问题没有'雄伟'那么复杂。"③ 朱光潜先生意识到了对于柔性的"秀美"研究的不足，但由于受到某种限制，他并未就"柔性美"的研究深入下去。蔡仪在《新美学》中也提出了"雄伟的美感和秀婉的美感"这一对美学范畴。

　　总体说来，与西方美学相比，对柔美的研究，是中国美学的一贯传统。从老子、《周易》直到 20 世纪，中国美学都相对比较注重对于柔美的研究，这与中国美学和文化的崇尚阳刚而依恋阴柔的传统是分不开的。而且，中国美学，从先秦时代一直到近现代，都是在以阴阳刚柔的辩证方法和诗性体验来描述、把握、分析美的范畴，因此，直到西方美学传入中国以后，中国许多美学家仍然在以阴阳刚柔来比照西方美学的"优美"和"崇高"。正因为如此，我们认为，"柔美"范畴是一个具有中国特色的美学范畴，它可以比较合理地以中国传统美学固有的范畴来对应、涵盖西方美学中的"优美"（狭义的美）范畴。与此同时，西方美学关于优美范畴的研究，从古希腊直到 20 世纪，从古典主义美学经过德国古典美学到现代主义美学和后现代主义美学，也表现出自己的某些特点，主要就是实践观点的确立和自由范畴的运用。这样就使得我们倾向于把优美（柔美）作为显现人类已经实现了的实践自由的形象的肯定价值。

---

① 朱光潜：《朱光潜全集》第 1 卷，安徽教育出版社 1987 年版，第 421 页。
② 同上书，第 425、429 页。
③ 同上书，第 431 页。

实践美学视野中"柔美"特性与形态

柔美是人类最早认识的美学范畴之一。我们这里所说的柔美，指的就是狭义的美，或曰西方传统美学中的优美。它与作为审美对象的美，广义的"美"，并不是同一概念、范畴，而是两个拥有不同内涵的概念、范畴，二者是不可以相互取代或相互混淆的。我们这里所说的柔美，是与刚美相对的一种美的表现形态，是同刚美、丑、悲剧、喜剧、幽默、滑稽相关的美的范畴，有其自身的特质。

一　柔美的本质特点

（一）和谐性

和谐性指的是对象的各组成部分之间所形成的完整和协调的性质与状态，是柔美这一审美形态的系统结构特点。一方面，和谐性是柔美展示的对象的那种既协调一致又多样统一的特性。它不仅是内容要素、形式要素之间的统一，也是内容与形式各要素之间的统一。在审美关系中，柔美体现为对象对主体的温馨亲切、顺情适性、怡情悦性的美感，它所体现的是事物合规律与合目的的统一，也即形式的合规律外观与真、善、美的合目的内容的相互协调所体现的完整的、协调的美。在审美的高峰体验中，主体可以达到物我交融、心旷神怡的境界，正如朗吉弩斯所言："人体需要靠四肢五官的配合才显得美，整体中任何一部分如果割裂开来孤立看待是没有什么引人注意的；但是所有各部分综合在一起，就形成一个完美的整体。"① 朗吉弩斯的分析是非常有道理的，它让我们看到了构成对象的柔

---

① 北京大学哲学系美学教研室编：《西方美学家论美和美感》，商务印书馆1980年版，第48页。

美的因素不应该是分裂的、对立的、单一的，而是完整的、协调的、全面的。另一方面，从柔美与审美主体的关系来看，它是一个双向对象化的过程，最显著地体现了主体与客体的对立统一和协调一致，显现出美的合目的性的特征。因为只有客体适合顺应了主体，才可能使主体在其审美活动中产生与客体的同一性、协调性，从而实现主客体的统一。这就是谢灵运、王维的山水诗，贝多芬、舒伯特的《小夜曲》，能给人舒缓、愉悦的享受的原因。和谐性，不仅体现在人们的艺术创造与欣赏领悟过程中，还体现在人与自然的协调以及人与人关系的和谐等之中。

（二）静柔性

博克认为：美的东西是娇小的、细致的、光滑的，其质地柔和，形状整饬，美的全部魔力，就包含在"姿态和动作"的"悠闲自若、圆满和娇柔"之中。这就是说，柔美就其本质来说，是一种纯真、娴雅、圆满、和顺的美，是非动态的美。可以说，悠然、缠绵、温柔的状态，经常是呈现出柔美的特质。这是由于，柔美是一种和中之美、平和之美，往往侧重展示主体在审美实践进程中所实现的自由、和谐的状态。因为从内容来看，柔美展示的是有形式的自由本质，是建立于人与对象世界的最终和谐共存的关系中所呈现的相对稳定平和，所以，柔美的事物从外表看，既可以是"蝉噪林欲静，鸟鸣山更幽"的动中之静，也可以是"竹喧归浣女，莲动下渔舟"的静中之动，但无论是相对运动还是相对静止，就其本质而言，都是趋向平和的。从形式来看，柔美是符合形式美的规律的，讲究完美生动、严整有序、节奏明快、均衡对称、多样统一。柔美所呈现的美的合规律与合目的的自由性质，是浑然天成的和谐统一，是"乐而不淫，哀而不伤"的和平，是温柔敦厚、安详恬静的氛围。由于柔美是处于矛盾对立的各方在超越了激烈对抗，解决纷争和冲突之后，所达到的平衡、和谐和统一，因而它必然充满安闲、典雅、平和，以清缓、优雅的神采、气韵和氛围，获得人们的爱慕、眷恋。

（三）均衡性

柔美的事物与随意、怪诞、杂乱、奇异无缘，它大多是简单、对称、规则、合比例、有韵律的。柔美的均衡性就是构成对象的各种因素和各个部分之间大致适当、和谐，不会对人的生理、心理产生强烈的刺激，主体与客体协调统一，显现出静穆、平和、自由的特性。古代希腊的毕达哥拉斯学派提出的"黄金分割率"，较长的一段与较短的一段的比率为1.618：1，近似于 5：3 或者 8：5，这是常见的美的比例关系。因为事物的大小要与观察的时间成比例，要"依靠体积与安排"，符合一定形式与比例的事物才是优美的。虽然这种优美的特性往往是以被加工改造过的自然或艺术作品的形式展现出来，但它确实给人身心舒畅、欢愉适意的感受，特殊者更能使人心驰神往、宠辱皆忘。那种接近人体比例的图形在人看来是最匀称、最美的，建筑中所采用的和谐比例是从人体的对称和比例借用而得来的，是人体比例的合适发展与扩大。法国音乐家雷哈认为："匀称和优美的比例乃是某种实实在在的东西，没有它，建筑就只能是一堆石头。只有当音乐开始遵循匀称规律的时候，音乐才成为实实在在的艺术……匀称乃是思想的创造，而不是偶然的巧合。"[1] 均衡性所体现的柔美，展示了"阳而不散，阴而不密"的生气之合，是一种以简驭繁的"圆而神"的智慧，是柔美的集中体现，也是人类智慧的集合。

二 柔美的形式表现

（一）优美——柔美的自然形态

优美主要是以自然事物和现象的形象，来体现人在处理与自然关系的实践—创造中所实现的自由。当作为自然的现象和事物为人所把握，人可以运用其中的规律为自己服务，并在此进程中超越了直接的、实用的、功利的、道德的目的，成为体现人类自己审美目的的对象时，它就成为柔美的一种表现形式。自然中的事物和形象中的那种展示和谐、宁静、淡雅、清幽、匀称、温润质地的存在对象，在进入人的审美视野时，往往被认为是优美的。如鲜丽的朝日、和煦的春风、金黄的秋天、飘忽的烟霞、悠然的山村、蜿蜒的小溪、倒影的孤舟、娇嫩的杨柳、婉啼的鸣鸟、稚嫩的孩童、柔弱的少女……一切细小的、光滑的、柔软的、明亮的东西，都属于优美的。当人们将其作为审美的对象，并在审美体验中主体与客体、内容与形式的对立冲突完全消解，获得和合统一，形成"同构"，感受到那种心身轻快松弛、心境欢悦恬适、心旷神怡、宠辱皆忘、无拘无束的自由情

---

[1] 汪流等编：《艺术特征论》，文化艺术出版社 1984 年版，第 235 页。

态时，所获得的就是对于优美的享受，所体验到的就是自由的境界。而当自然的优美进入艺术的表现形态时，往往主要是以形式的美来展现其特点的。以线条为例，优美的线条必须是避开直线，缓慢地偏离直线，形成弧线、蛇行线或波浪线，因为波浪线比任何上述线条都更能创造美。如古代希腊的"爱奥尼亚"柱式，洛可可风格的建筑，中国书法艺术中的圆、曲、藏、缓、润、流转如裕等。在声音方面，优美的声音应该是悦耳动听、婉转欢快的，如贝多芬的《田园交响乐》、芭蕾舞《天鹅湖》的音乐；在色彩方面，优美的色彩往往是色泽鲜明而不刺眼；在自然风光方面，武夷山风景的清碧邈远、夏日暴雨过后的七彩云霞、敦煌的月牙泉等是优美的；人体匀称的比例，如达·芬奇的《蒙娜丽莎》、傣族少女泼水的姿态，也是优美的。正如博克所说，"美的事物比较小；美的东西必须是平滑柔软的……美的东西不是朦胧的……必须是明快娇柔的"，"优美以快感为基础"，而且优美可以产生愉快，"无须通过心灵即可赢得人的身心"[1]，使欣赏者、接受者获得一种"温柔的喜悦"。

（二）优雅——柔美的社会形态

优雅主要以社会现象和事物或者象征性地以自然现象和事物的形象来显现人类在处理与社会（他人）的关系的实践—创造中所实现的自由。优雅与优美不同，是由于优雅并非直接的自然现象或景致所能表现出来的，而是经过了人的思想情感改造与审美选择、审美积淀，并为一个时期的某一群体认同的自然的、社会的、艺术的审美对象所表现出来。它虽然具有现实性，但不完全是具有现实事物客观属性的那个现实，而是融入了人的思想情感色彩的现实，是经过人的思想情感修饰了的、寄托着人们心目中追思的对象形象的现实。司空图在《二十四诗品·清奇》中对优雅进行了具体的描绘："娟娟群松，下有漪流，晴雪满汀，隔溪渔舟。可人如玉，步履踟寻幽。载瞻载止，空碧悠悠。神出古异，淡不可收，如月之曙，如气之秋。"中国文人山水画中的梅、兰、竹、菊，在进入绘画艺术之后，其自然形态就成为具有社会性的审美对象，在自然的梅、兰、竹、菊的清幽、素洁、高贵、挺拔的姿态里，隐含的是士大夫的社会心理和审美心理，象征文人士大夫不为五斗米折腰、不畏权贵、不与社会的恶浊污

---

[1] ［波］符·塔达基维奇：《西方美学概念史》，学苑出版社1990年版，第228页。

秽同流合污、亭亭玉立、傲霜斗雪、兰心蕙质的高洁品行。优雅除体现艺术内容的美之外，更多地体现在与人的社会行为相关的审美性质或审美价值，如服饰美、环境美、情操美、语言美、行为美等方面。这些与人的生活情趣、时代风尚、行为方式相关的内容，当其作为审美对象时所展示的优雅态势，便不再与外在的功利目的直接相关联，而成为审美的对象，展现其审美的价值。如巴黎时装发布会上女模特所展示的华美、飘柔的衣饰；日本武者小路千家茶院的斗笠门、露地、"又隐"、伊和花瓶、寒菖蒲等所构筑的茶道环境。别林斯基指出："普希金的任何情感中永远有一些特别高贵的、温和的、柔情的、馥郁的、优雅的东西，在教育青年人、培育青年人的感情方面，没有一个俄国诗人能够比得过普希金。"① 显然，普希金的诗歌与人格对于青年人的心灵、语言、行为的感染作用，取决于他的高尚、旷达、自由的情操。一个人举止文明，语言优美，常常为他人着想，他的行动又可以感染周围的人，使人互助互爱、彬彬有礼，并在语言与行为美的基础上建造良好的人文环境与氛围，在遇到冲突的时候，往往可以化干戈为玉帛……可见，在人的生命旅程中，在社会文明的进程中，优雅的心理功用是巨大的，优雅总是可以使人趋向完美、纯洁，提高人的品格，陶冶人的心灵，对于一个民族的精神提升与成长具有特别的意义。

（三）秀美——柔美的艺术形态

"秀美主要是以人的运动形态或象征性地运用自然事物和现象的运动形态之形象显现人在处理人与自身或部分他人的关系的实践—创造中所实现的自由。也就是说，当一个人或象征着人的某种自然物，被人把握运用它的运动规律来实现人自己的某种群体（社会）的共同审美目的时，它就是一个秀美的对象，它具有秀美的审美属性。"② 在古希腊的神话传说中，美神有一条可以使人秀美的腰带，这条腰带可以使佩戴它的人分享到秀美，变得可爱。也就是说，秀美是属于人身上的属性，是属于人类种族界限之内的属性，"仅仅是人类结构的特权"，"秀美具有感性的外观，它不是内蕴的，而是外露的"，是"一种不由自然赋予却从主体本身中迸发

① ［俄］别林斯基：《别林斯基论文学》，新文艺出版社 1958 年版，第 59 页。
② 张玉能：《实践的自由与美的范畴》，《华中师范大学学报》2003 年第 1 期。

出来的美","是受自由影响的形体的美,是人格所规定的那些现象的美"①。由于秀美是一种运动的、不定的美,因此,在艺术中,秀美往往是以人的运动来作为其载体的,集中在音乐、舞蹈、绘画、雕塑、文学、电影、电视、戏剧、戏曲等艺术门类,表现为轻巧、舒缓、柔韧、典雅。如颔首施礼的少女,花样滑冰的潇洒,柴可夫斯基的芭蕾舞剧,永乐宫壁画中仙女优雅的姿态,顾恺之的绘画,梅兰芳的《贵妃醉酒》《天女散花》,张艺谋《英雄》中残剑与无名在水面上如鸟和蜻蜓一样翻飞飘忽的格斗……女性,从作为审美对象来说,许多艺术作品所集中展示的是其秀美的风姿,文学作品中对于女性秀美的描绘更是不胜枚举。《诗经》中的"巧笑倩兮,美目盼兮",李白的"美人卷珠帘,深坐颦蛾眉",文同的"美人却扇坐,羞落庭下花"……秀美所展示的清新柔媚、典雅合度、悠扬飘逸,可以引起欣赏者内心的舒畅松弛、赏心悦目,达致一种精神归依愉悦、心灵自由和谐的情感满足。

由以上的分析,我们可以认为:优美是以自然美为主体,融合社会美与艺术美;优雅是以社会美为主体,融合自然美与艺术美;秀美是以艺术美为主体,融合自然美与社会美;三者既相互区分又相互融合、渗透,在本质上体现人类实践——创造中已经实现的自由。我们区别优美、优雅与秀美,是为了更好地辨识审美现象的丰富性、复杂性、多变性,在更广阔和多元的意义理解美与审美,理解实践与创造的自由。

原载《湖北大学学报》(哲学社会科学版)2006年第2期

---

① [德]席勒:《秀美与尊严》,张玉能译,文化艺术出版社1996年版,第108、110、118、149页。

"创造美学"面向未来的开放体系

——蒋孔阳先生美学思想特色初探

所谓"创造美学",简言之,就是指蒋孔阳先生在他的一系列著述中所倡导并建构的,以马克思主义实践本体论为哲学基础,以人类社会实践的创造(包括物质的、精神的创造)活动为逻辑起点,以艺术作为主要(或中心)对象,研究人对现实的审美关系以及在这一关系中所产生和形成的审美意识的美学理论体系。

"创造美学"这一界定,是张玉能先生 1991 年在"蒋孔阳美学思想研讨会"上提交的论文《创造美学的建构和发展——蒋孔阳美学理论体系综览》[①] 中首次提出并加以阐释的。与此同时,朱立元先生将蒋孔阳美学体系概括为"以实践论为基础、以创造论为核心的审美关系说"[②]。稍后,童庆炳先生在《中国当代美学研究的总结形态》一文中也不约而同地表达了与朱立元相同的见解。[③] 诸位学者对于蒋孔阳美学思想体系的概括、表述虽不尽相同,但他们的内核却具有相当的一致性,那就是:蒋孔阳先生的美学体系之所以卓然自成一家,就在于它的对于美、美学、美的规律、美感、审美范畴,以及美与实践、美与创造、美与艺术、人与现实的审美关系的独到的阐述和极具建树的创造性的论述与概括。

"创造美学"强调实践的本体论意义,把美学建立在以实践为核心

---

① 张玉能:《创造美学的建构和发展——蒋孔阳美学理论体系综览》,复旦大学出版社 1992 年版,第 19 页。

② 朱立元:《中国当代美学"第五派"》,复旦大学出版社 1992 年版,第 2 页。

③ 童庆炳:《中国当代美学研究的总结形态》,《文艺报》1994 年第 3 期。

的唯物史观基础之上。在蒋孔阳先生的美学思想中，"实践"范畴具有美的本质和现象的双重含义：在美的本质的层面上，实践统一了人的主观目的和客观规律，创造中突出了美与真的关系；在美的现象层面上，实践的现实性使美与社会生活的具体性联系在一起，使必然性、规律性的东西包蕴于偶然性和个别性之中。"创造美学"强调美在创造中，认为：美并不是一个凝固的实体，而是一个在不断的创造过程中的复合体，是多种因素的积累。在空间上，它可以无限地排列组合；在时间上，它则生生不已、永不停息地在创造，在更新。审美主体和审美客体犹如坐标中的两条垂直相交的直线，它们在哪里相交、契合，进行审美的实践活动，美就突然被创造并得以诞生。"创造美学"强调艺术是美学研究的中心对象或主要对象，因为艺术不仅集中地反映了人对现实的审美关系，而且艺术集中地反映了现实的人的审美意向，艺术的超越性凸显了美的超越性。通过对于艺术的美学特征的研究，不仅可以掌握人与艺术的审美关系，而且可以掌握人对自然、社会的全部审美关系。①蒋孔阳创造性地把"实践美学"推进、发展、延伸到"创造美学"，拓展、丰富了"创造"概念在美学中的内涵，是对于中国当代美学研究的历史进程、研究现状、未来展望的思考性总结，也是对于"实践美学"的卓越贡献。

蒋孔阳的"创造美学"思想萌芽于20世纪50年代的美学论争，经过六七十年代的默默孕育，沉沉潜伏，在80年代美学热潮中发展成熟，奇峰突立，成为中国当代美学中当之无愧的第五派。"创造美学"形成的标志是蒋孔阳一系列美学论著的发表，如《人对现实的审美关系》《美在创造中》《美和美的创造》《对于美的本质问题的一些探讨》《审美欣赏的心理特征》等，集大成者是他著于80年代、出版于1993年的《美学新论》。蒋孔阳在他的美学论著中，充分、全面、深刻地展示了"创造美学"的思想体系，将美论、美感论、审美范畴论全部包含于人的实践创造与现实的审美关系中，显示了"创造美学"包蕴性、创造性、开放性的特点。

---

① 参见蒋孔阳《美学新论》，人民文学出版社1993年版，第7—8页。

一　包蕴性：兼收并蓄，博采众长

从接触美学，感受美学，到热爱美学，研究美学，在漫长的治学征途上，在长期的美学研究和审美实践中，蒋孔阳先生一直以马克思所说的"是真理占有我，而不是我占有真理"来警策和激励自己。他从不希图建宗树派，自立山门，在他看来："学问以追求真理为目标，而不是以成派为目标。"① 因为在学术研究领域，在美学学科内部，各学派之间不可能有整齐划一的、绝对的界限，总是有许多地方互相渗透、互相浸润、互相包含，各学派本身也随着时间的推移而发展、流变、演化。在美学研究进程中，蒋孔阳总是以哲人与思者的博大胸襟和宽容精神，以多元的意识、多维的视角、发展的眼光来看取每一个美学家、美学流派。在他的美学著作里，看不到对于其他美学家、美学派别的抵斥、贬抑，对于各家各派的美学思想、理论、学说，他总是既看到他们合理的一面，占有真理的部分，也指出他们的片面性。在《建国以来我国关于美学问题的讨论》一文中，蒋孔阳站在历史的高度，依次探讨了新中国成立以来我国美学的各个流派——以吕荧、高尔泰为代表的主观派，以蔡仪为代表的客观派，以朱光潜为代表的主客统一派，以李泽厚为代表的实践派（或曰美是客观性与社会性的统一）——关于美的本质的论争，在评介每一派美学观点，认真地分析各派所拥有的真理性及其特色的同时，中肯地指出其局限之所在。用蒋孔阳自己的话来说，就是"因为我并不认为自己占有真理，所以我总感到自己的不足。我总是张开双臂去听取和接受旁人的意见。……对各家的学说，也从来不抑此扬彼，而是采取兼收并蓄、各取所长的态度。我觉得我从每一派那里，都学到了很多东西"② 。他在《蒋孔阳美学艺术论集·后记》中又谈道："有人说：不归杨，则归墨；或者不归柏拉图，就归亚里士多德。我认为不应当以人为线，而应当以真理为线。"表现了一位追求真理、虚怀若谷、有容乃大的学者的治学精神和气魄。

英国学者李斯托威尔说："我们在每一种对抗的理论中都发现有一点真理。"在美学的广阔天地，有各种各样的派别和看法存在，与其抹杀其

① 蒋孔阳：《美学新论》，人民文学出版社 1993 年版，第 485 页。
② 蒋孔阳：《蒋孔阳美学艺术论集》，江西人民出版社 1988 年版，第 653—654 页。

他派别的 "真理"，否定它们存在的合理性和意义，不如撷取它们各自的 "真理"，弥补它们的缺失和不足，从而得出对于美、美感、美学比较全面、合理的结论。在创造美学的建构过程中，蒋孔阳一直在探讨真理，发现真理，服从真理。蒋孔阳正是吸收了狄德罗 "美在关系" 的合理内核，立足于人与现实的审美关系，以人类的创造实践为逻辑起点，从运动发展变化中来探讨美，把美看作复杂多样的、由多层次的特质构成的一个有机整体，在研究、总结和发展我国各派美学的思想、学说的基础上吸取各家的长处来创建 "创造美学"。

蒋孔阳认为："美是一种客观存在的社会现象，它是人类通过创造性的劳动实践，把具有真和善的品质的本质力量，在对象中实现出来，从而使对象成为一种能够引起爱慕和喜悦的观赏形象。"① 就是说，（1）美不是抽象的概念，而是具体的形象；（2）美是事物的客观属性中有某种能够引起我们爱慕和喜悦的情感的东西；（3）美是一种客观存在的社会现象，是对人而存在的，对人而说的；（4）美是人的本质力量对象化，美的形象应当反映出作为人的本质力量。因而 "人对现实的审美关系，是美学研究的出发点"②。"审美关系本身，是人按照美的规律所进行的自由创造。"③ 美感是适应人类社会实践的需要，在工具的制造和使用中诞生出来的，是人的本质力量 "得到对象化或者自由显现之后，我们对它的感受、体验、关照、欣赏和评价，以及由此而在内心生活中所引起的满足感、愉快感和幸福感，外物的形式符合了内心的结构之后所得到的和谐感，暂时摆脱了物质的束缚后精神上所得到的自由感"④。所以他把美学定义为：

> 以艺术为主要对象，通过艺术来研究人对现实的审美关系，通过艺术来研究人类的审美意识和美感经验，通过艺术来研究各种形态和各种范畴的美。

蒋孔阳先生关于美学的定义，把美与艺术综合起来，把审美关系与美

---

① 蒋孔阳：《美和美的创造》，江苏人民出版 1981 年版，第 48 页。
② 蒋孔阳：《美学新论》，人民文学出版社 1993 年版，第 3 页。
③ 同上书，第 37 页。
④ 同上书，第 251 页。

感经验综合起来，集纳了美学研究中各派之长，凸显了创造美学的包蕴性特征，奠定了创造美学的基础。

二 创造性：美是多层累的突创

美究竟是如何诞生的？又是怎样创造出来的？从柏拉图、亚里士多德到后分析美学；从孔孟、老庄到后实践美学；千百年来众说纷纭，可谓仁者见仁，智者见智。仅 1949 年以后的几十年里，中国美学界对于美的性质也有多种不同的观点。吕荧认为"美是人的一种观念"[1]，"美是人的社会意识"[2]；蔡仪认为："美是典型"，美的本质就是事物的典型性，就是事物的个别性显著地表现着它的一般性"[3]；有的认为："美是主观与客观的统一"[4]；李泽厚认为："美是客观性与社会性的统一"[5]；杨春时认为："美是人的最高生存方式……"[6] 蒋孔阳与其他美学家迥异之处在于，把"创造"引入美的本质的定义，用"创造"阐释美的现象。他认为："美是一种多层累的突创。"美的孕育过程是空间上的积累和时间上的绵延，是渐变的；美的诞生和出现则是突然的，是由量变到质变的飞跃。注重创造，强调发展变化，最集中地体现了蒋孔阳美学思想的创造性。早在 20世纪 50 年代的美学大讨论中，蒋孔阳在《简论美》一文中就分析了美、美的属性、审美对象、美感，着重探讨了自然美与艺术美的关系，指出：美是具有一定社会内容的感性形象。研究美的问题，必须以文学艺术为主要对象，艺术美是自然美的反映，它以自然美为基础，又远远超越了自然美，是经过艰苦的劳动创造出来的。创造美学可以说就是于此时萌芽的，尽管当时它还处于早孕期，不是很明朗，但却是创造美学思想胚胎的最初孕育。为清晰地展示创造美学的形成历程，我们觉得有必要对于运用于美学中的"创造"概念稍做梳理，以进一步探寻"创造美学"的创造性发展，更加有利于我们学习、研究、继承蒋孔阳先生的美学思想，为建设有

---

① 吕荧：《美学问题》，《文艺报》1953 年第 16 期。

② 吕荧：《美学问题讨论》，作家出版社 1957 年版，第 3 页。

③ 蔡仪：《新美学》，群益出版社 1950 年版，第 28 页。

④ 朱光潜：《美学批判论文集》，中华书局 2013 年版第，48 页。

⑤ 李泽厚：《美学问题讨论集》，作家出版社 1957 年版，第 239 页。

⑥ 杨春时：《超越实践美学建立超越美学》，《社会科学战线》1994 年第 1 期。

中国特色的当代美学而努力。

朱光潜先生早期认为：美（审美对象）是心灵的创造，是"移情"的结果，自然美和艺术美都是情景的契合，都离不开人的创造。强调物的形象包含有关照者的创造性。张志扬认为：美是创造生活的生活，是在生活中不断自我完善的生命力的自由表现。① 王朝闻主编的《美学概论》这样阐释：美是人们创造生活、改造生活的能动活动及其在现实世界中的实现或对象化。② 杨辛、甘霖在《美学原理》中认为：是内容和形式的统一，是对象的形式特征表现的人的自由创造活动内容的感性形象。③ 高尔泰把"创造"作为人类自由以及审美活动和艺术活动的主要形式。④ 几乎所有的美学家都注意到了美与创造的不可分离，但这些命题的内涵笼统而模糊，既没有被理清，也没有从一般的概念中突出显现。在蒋孔阳早、中期的美学研究中，这种情况也同样显而易见。1986 年，蒋孔阳发表了《美在创造中》，明确指出：美的创造，是一种多层累的突创（cumulative emergence）美的特点，就是恒新恒异的创造。⑤ 在此，他分析了美的形成的多层次性和突发性，认为：美的形成是多种因素多种层次的相互作用，相互积累；是一种突然的创造。自然物质层，决定了美的客观性质和感性形式；知觉表象层，决定了美的整体形象和感情色彩；社会历史层，决定了美的生活内容和文化深度；心理意识层，决定了美的主观性质和丰富复杂的心理特征。所以美既有内容，又有形式；既是客观的，又是主观的；既是物质的，又是精神的；既是感性的，又是理性的。美是一个在不断的创造过程中的复合体。蒋孔阳具体、深入地阐述了"创造"在美的形成、发展中无比丰富、复杂的内涵，开始明确标举创造在美的形成过程中的巨大作用。

"我们说美是社会的，那意思就是说，美是人们在社会生活实践过程中创造出来的。"⑥ "美不仅为人类社会所有，而且也为人类社会所创造。"⑦ 在这里，创造不仅是物质生产劳动的创造实践活动，而且也包括

---

① 参见张志扬《〈经济学—哲学手稿〉中的美学思想》，《美学》1980 年第 2 期。
② 参见王朝闻《美学概论》，人民出版社 1983 年版，第 29 页。
③ 参见杨辛、甘霖《美学原理》，北京大学出版社 1983 年版，第 64 页。
④ 参见高尔泰《美是自由的象征》，人民文学出版社 1986 年版，第 47 页。
⑤ 蒋孔阳：《蒋孔阳美学艺术论集》，江西人民出版社 1988 年版，第 136 页。
⑥ 同上书，第 79 页。
⑦ 同上书，第 85 页。

艺术在内的人的文化——精神的创造实践活动。因为美是人的本质力量的对象化，而"人的本质力量不是单一的，而是一个多元的、多层次的复合结构。在这个复合结构中，不仅有物质属性，又有精神属性；而且在物质与精神的交互影响之下，形成了千千万万既是精神又是物质、既非精神又非物质的种种因素。而这些因素，随着社会历史的实践活动，随着人类生活的不断开展，又非铁板一块，万古不变，而是永远在进行新的排列组合，进行新的创造，从而永远呈现新的性质和面貌。因此，人的本质力量，并不是固定不变的，而是万古长新、永远在创造之中的"①。"人类的审美实践是作为审美主体的人在客观实践中的自由创造"②。蒋孔阳"打破了传统美学的观念，不再把美学看成僵死的、凝固的实体，而是看成活跃的、变化的创造，或者说美在创造中"③。"蒋孔阳美学思想的创造性——创造美学体系，在于其能够从美、美感、审美意识的历史的变迁和现实的发展中，把握其真理性和发展规律，超越以往美学流派的门户之局限的同时，也不断地超越自己、'修正自己'、完善自己。"④ 把着眼点始终放在人类时新时异的创造实践中，以卓越的博学、睿智与胆识，打破中西美学的壁垒，使自己的美学研究、美学创造在中西——世界美学的交汇点上不断延伸。美是多层累的突创，这一创造性的发现，就使蒋孔阳美学思想体系处于生生不已、不断自新的开放状态，产生出无限的生命力量。

三　开放性:真理是发展过程

　　蒋孔阳先生指出："真理是过程，而不是结论。我们要在发展中，要在客观现实的相互关系中，去历史地具体地分析问题。这样真理就不是封闭的，而是一个开放的体系。"⑤ 因为"审美关系本身，是人按照美的规律所进行的自由创造"⑥。而创造是人在物质的基础上，通过各种因素相

----

① 蒋孔阳:《美学新论》，人民文学出版社 1993 年版，第 170 页。

② 同上书，第 36 页。

③ 童庆炳:《中国当代美学研究的总结形态》，《文艺报》1994 年第 3 期。

④ 张玉能:《蒋孔阳是实践美学的创新者——对章辉博士评论的反批评》，《汕头大学学报》2007 年第 3 期。

⑤ 蒋孔阳:《蒋孔阳美学艺术论集》，江西人民出版社 1988 年版，第 654 页。

⑥ 蒋孔阳:《美学新论》，人民文学出版社 1993 年版，第 37 页。

互联系，相互矛盾，相互冲突，然后从量变发展到质变，所产生出来的质的变化。美的创造也是遵循这一马克思主义的普遍规律的。美的创造，是一种"多层累的突创"。蒋孔阳对于美的性质的规定，使其美学思想体系立足于创造和开放。蒋孔阳认为："我们应当把美看成是一个开放性的系统，不仅由多方面的原因与契机所形成，而且在主体与客体交相作用的过程中，处于永恒的变化和创造过程中。""创造美学"的内质，是发展的、永远面向未来开放的，它对于实践美学，在超越的同时又要追复、发展。因此，创造美学又是相对性的、形成性的、自新性的、发展中的美学，是其创造者、研究者动态、立体的创造性建构，也是后继的研究者不断地探索、拓展、更新的结果。因为，在人类未来的发展进程中，在未来的审美实践和审美创造中，美的产生和美的创造永远不可能停滞，也永远不会停止，总是充满活力的，总是处于变化之中，因而总是恒新恒异的。

　　创造美学作为研究人与现实的审美关系以及在这一关系中所产生和形成的审美意识的美学体系，是开放而无止境的，因为审美关系事实上是以客观感性为中介，丰富地展开人的本质力量，从而在审美对象与审美主体之间建立起来的一种关系，只要审美主体存在，审美对象存在，就会有审美实践，就会有美的创造，就会有审美关系的产生。因为人类的"实践是一个生生不息、充满活力的动态过程，它不是永恒不变的实体，而是一个包含着人与自然、人与社会、人与意识的一切关系的动态开放过程"①。实践指的是人类的一切实践，一切主体作用于客体，从而引起客体发生相应改变的活动。实践是人的主体意识经由主体的物质活动作用于客观对象的过程，是精神劳动而非物质劳动构成人类劳动的共性。实践作为现代哲学的根基超越了以往一切哲学中存在的主体与客体、感性与理性、个体与群体的二元对立，通过实践达到物质与精神、主观与客观、感性与理性的契合。创造美学以实践本体论作为哲学基础，以人类的社会实践活动为逻辑起点，以艺术为主要对象，紧紧地把握住人对现实的审美关系，将对于美、美感、美学的探讨置于动态、开放的局势中，从探讨人与自然、人与世界的关系出发，探讨美、感与美学的研究，包括已知和未知、局部和整体、现在和未来。因为审美主体与审美客体在哪里相交互作用——契合，进行审美的实践活动，美就在哪里被创造出来。审美创造既具有现实性，

---

① 张玉能：《从实践话语的生成看它的生命力》，《益阳师专学报》2002 年第 1 期。

又是超现实的。审美实践、审美创造、审美感悟，既属于现实世界，又属于自由世界，更属未来世界，它是相互融通、变化无穷的。因为创造美学有坚实的基础，正确的出发点和道路，明确的研究对象，先进的方法和手段，更有立体、开放的建构和执着的学者群体，所以，创造美学是处于人类整个社会实践的过程中的，因而它的生命力是无尽的。

"一切科学都不是无本之木、无源之水，它们都有过去、现在和未来。无论从知识性、规律性或发展前途来说，我们都应当把科学当成一个历史洪流，来全面加以把握。"① 蒋孔阳先生认为：如果说所有的美学学派和美学体系都拥有历史、现实和未来，创造美学不仅拥有自己历史、现实和未来，而且更拥有超越自己历史、现实和无限广阔的未来，因为它是包蕴的、创造的、开放的。我们学习蒋孔阳先生的美学思想，就要像他那样，以博大的胸怀、创造的精神、开放的视野，超越对于美的形而上学的观点，超越门户之见，从运动、变化和发展中，从多层次的结构中，探讨美、美感、美学以及审美范畴的各种问题，为建设有中国特色的、面向未来的美学而不懈努力！

---

① 高凯征：《蒋孔阳》，载穆纪光主编《中国当代美学家》，河北教育出版社1989年版，第747页。

诗之悠游

当下湖北诗歌的审美态势

新时期以来湖北诗歌的态势，流变昭然，脉络清晰。从 1978 年始至 20 世纪 80 年代前期，湖北诗歌（包括在外地工作的湖北籍诗人）出现了白桦、叶文福、熊召政、高伐林为代表的现实主义诗歌，创作了如《阳光，谁也不能垄断》《请举起森林般的手，制止！》《将军，不能那样做》《圆明园沉思》等名震遐迩、脍炙人口的诗歌。诗人以赤子的火热激情与哲人的高度敏锐反思历史、现实，以诗的方式近距离地透视社会问题、政治问题，关注国家的前途与命运，关注人民的疾苦与悲欢。忧患意识与炽烈的情感并重，襟怀坦荡与情感的冲突共在。神圣的使命感与责任感在诗歌中以自由奔放的形式迸发出来，显示出新的审美风范。新时期现实主义在诗歌创作中，主张说真话、抒真情，强化抒情的主体性，诗歌成为政治改革、开放的开路先锋。但不得不承认，由于长期以来的政治意识形态话语的渗透，现实主义诗歌创作的本来应具有的哲理性、多元性与想象力并没有在诗歌艺术形式的层面展开，诗人审美意识的着眼点主要在于祖国、人民、大地、母亲……讴歌爱国主义，同情人民苦难，抨击官吏腐败成为政治抒情诗的主潮，传统诗歌的"载道"理念，使得诗歌的工具理性明显高于价值理性。虽然诗歌在技术方面不存在问题，语言凝重，意向新颖，表达简洁，但在诗歌艺术、诗歌形式的探索方面却没有太多建树，诗歌的使命感高于艺术追求，个我的本质化、社会化倾向比较明显，诗歌叙事宏大，反思真切，但审美与艺术旨向却相对比较平面、单一。

与此同时，湖北乡土诗歌得到了长足的发展。易山的组诗《我忆念的山村》抒写特定时代的农村生活，反思农村的现状，承接屈原"长太息以掩涕兮，哀民生之多艰"的诗歌传统，展示了特殊时段农村现实、农民生活的实景："夕阳中晃来一个身影/山岩般的脸膛/刻满岩缝般的皱纹/纹沟里盛满淳朴的笑/抓起我的行李/领我走进茅棚/这就是我的房东。"他把质朴的房东、忧郁的工作队员、落崖早逝的姑娘、农村的派饭都写进了诗歌，语言沉郁，场景简单，具有震慑心魄的力度，与现实主义诗歌一脉相承。饶庆年的《多雨的江南》《幺妹子》《山雀子噪醒的江南》等，植根于乡土的沃野汲取营养，诗人柔情的目光始终关注着乡村、家园，用浪漫、多情的语言讴歌乡村、乡情，吟唱着乡思、乡愁，正如诗人自己所说："故乡的野葛藤细细长长，芬芬芳芳，像是风筝的线，当我飞得越高时，就越感到这线牵扯得紧。"在他的诗歌里，山里人悠长的日子是"素色的恬淡，微苦的清芬"。（《幺妹子》）在"山雀子噪醒的江南，一抹雨烟……山雀子噪醒的江南，一抹雨烟"（《山雀子噪醒的江南》）这样不断回环复沓式句里，饶庆年的诗，"每一行都浸润在江南乳燕的呢喃和布谷的啼叫中，每一句都飘荡在梅子黄熟时温馨的雨烟中，每一节诗都渗透了他浓浓的乡村之情。他的诗是江南竹叶染绿的，是江南的月色镀亮的，他的诗属于他的家园，属于他的乡愁和乡情"。饶庆年的诗歌清幽、缠绵、柔美，他咏叹淳厚、勤朴、善良的乡亲，咏叹失血的、孕育着生机的欣喜的土地，传承着独具特色的乡土诗歌审美理想，但过于单纯的优美，使得他的诗歌缺少思考的力度。20 世纪 80 年代，"先锋诗歌"烽烟四起，派别林立，"他们""非非""莽汉""撒娇派"，不一而足。特别是 1986 年 10 月《深圳青年报》和《诗歌报》联合举办的"中国诗坛现代诗群体大展"，展现了先锋诗坛的全景性景观。而湖北诗歌在此时此刻并没有张扬诗歌的先锋性，依然在现实诗歌与乡土诗歌的道路上平缓地滑行，整体上呈现出滞后于诗歌潮流的态势。当然这并不是说湖北没有先锋诗人或先锋诗歌，只是此时的先锋诗人并未与先锋诗潮同时冒头，而是在默默地进行自己的诗歌孕育探索。王家新 1984 年创作的组诗《中国画》《长江组诗》就包含着一种深刻自我追问的精神，一年后，王家新离开湖北漂泊京都，在大学时就有诗歌发表的诗人逐渐走出了故乡的遮蔽，渐行渐远。英伦三岛的漫游，俄罗斯精神的启示，身体与灵魂的漂泊，使王家新诗歌摒弃了早期朦胧诗中常见的"代言人"冲动，取而代之的是对"个人"的内心声音的挖掘。他在关注时代的同时，通过自身的写作，向处于转型期的中国诗坛提出"贫乏的时代诗人何为"的问题。90 年代初，王家新的《帕斯捷尔纳克》《瓦雷金诺叙事曲》等相继发表，他把帕斯捷尔纳克所代表的俄罗斯精神引入中国诗歌，提升了当代诗歌的审美品位。通过俄罗斯精神中对苦难的坚忍承受，对精神生活的关注，对灵魂净化的向往以及俄罗斯文学特有的那种高贵而忧郁的品格，展示的是诗人诗歌独有的内在的精神特征。与王家新的漂泊相对的是南野的"自我幽闭"式的蛰伏。从80年代到今天，南野一直居住在远离"文化"中心的边缘城市——宜昌。他从80年代开始诗歌写作，虽然穿越着诗歌存在的时空，感受诗歌浪潮的涌动，但他自觉地躲避着诗歌潮流的喧嚣，默默走着自己的路，以某种持之以恒的信念，更执着、更深入地回到内心深处，把诗歌的写作探向对语词的"艰苦的沉思"。他一直认为"完整的孤立（融于天性的孤独状态）也许恰恰是艺术的一项资源"。在南野看来，"本文不是一种文学写作实践的总结，它更不能是某种写作理想的表述"，他"相信艺术的原则是坚固的。任何时代的艺术，都接近着它自己的当代，但它的性格，永远具有一种本体论意义的怀疑与否定的精神，不满于现状，倾向于未来与更高的空间"。① 他关注人与社会、他人距离的形而上意义，在距离中发现美与艺术的真谛。《时代幻想》诗云："所有这些想法来自森林的黄昏幻象——阳光在树梢上爬动，那清晰的温暖动静/逐渐消失，像金黄的蝴蝶翅膀振飞/在天空收敛。树林发出踏动落叶的声响//如金属薄片的颤动，这些内心隐秘的自述/随着阳光的暂且死亡而浮出，最终被夜幕困束/然后是好巨大茧内的安静。"这首诗透露了南野注重营造纯粹与宁静的诗境，充满想象的优雅和精致，对于唯美和完整形式的建构。

当下的湖北诗歌，实质上是一个多元并存、交叉上升的立体结构。从创作的方法看，现实主义诗歌、乡土抒情诗、现代先锋诗歌和网络诗歌共在同一时空出现，从不同的侧面，立足不同的角度，用不同的声音，弹奏湖北诗歌的交响乐章，向诗的远方行进。具有现实主义精神的诗歌依然在敏锐而执着地关注时代的变迁，关注人类的生存与命运，关注正在恶化中的生态环境，关注普通人的日常生活……追求崇高的诗歌风格，展示诗人的博大胸襟、意志豪情以及诗人的悲天悯人、泣血哀歌。主要作品有曾卓的《没有我不肯坐的火车》，谢克强的《生命之舞》，余笑忠的《启蒙教育》《非法饲养的黑母鸡》，黄梵的《沙尘暴》，袁毅的《城市和人：与洪水抗衡》，柳宗宣的《挽歌为母亲而唱》，李建春的《公路》，黄沙子的

---

① 南野：《在时间的前方》，人民文学出版社2000年版，第247页。

《我见过最美丽的苍蝇》，湖北青蛙的《长江上的农民》，等等。乡土抒情诗作为湖北诗歌的咏叹调，依然在清丽地歌唱，咏歌对家园故园的无限眷恋，淳朴中透出乡野风光与生命之美。主要作品有刘益善的《江南的湖》，田禾的《竹林中的家园》《二十四个节气》，韩少君的《九月九归家》《诗篇：走动的新贺集》。先锋诗歌以独特的文化视角切入当下语境，在创作中采取文体混用、多声部争辩、散点透视、互文等方法，专注于诗歌本体论的发掘、形式的创造与语言的生命力，在某种意义上强调语感、语流在诗歌内部的环绕和纠结，强调叙述的创造性和叙述语式的转换与多样性。宇龙的《机场》《最后的访问》，南野的《狩猎者》《犀牛走动》，王家新的《语词》，张执浩的《美声》《大于一》，刘继明的《挽歌》，小引的《芝麻，开门吧》，哨兵的《湖边分行》，李建春的《日记》，亦来的《一只鸟的日常生活》等是其中的代表作。活跃于网络坚持口语写作的主要是七八十年代的诗人，他们用几乎未经提纯的口语直接入诗，也写得清新而灵动，展现着更新的一代作者的诗歌审美取向，如黄海的《谁最先知道的秘密》《朋友们》，邓兴的《张潜浅的乳房》《玩具火车》，等等。

从写作向度来看，当下的湖北诗歌呈现出了如下特点：

其一，以智性思维观照大千世界，思者之诗与诗者之思共在。在中国现当代诗歌发展进程中，智性诗歌写作的传统大多为学院派，或者说由学院背景的诗人所继承，诗人在激情的诗性写作的同时，始终注重智性的思索——关注生命的深度存在，人性的自由与张扬，历史发展的时空演进，等等。诗人将自己置身于对象世界之内，意志与生命、世界交融。诗歌的多重寓意为解读留下了广阔的空间。南野执着于诗人对于生命的责任，他的守护和沉默蕴蓄着诗意的栖居与永恒，《水为源》祈望穿越水而抵达彼岸世界的探求，在未来世界打上当下的铭文；《空巢》调动敏锐的知觉，在自视的战栗中家园与远方为自己建造幻境的居所；《乌岩村》借助古老的寓言，展示诗人内心的隐秘与隐痛，河水、大海、母亲、岩石、古钟、乡村的仪式，无一例外地思考着延续还是割断古老的根脉，遵循还是反叛既定规则，永久地沉默还是刻意地出声，出走异乡还是返归家园……南野注视着生命深层的存在，作为冥思中的醒悟者，他保持着痛苦的姿态。张执浩的《大于一》（组诗）和《美声》《乡村皮影戏》等作品，脱离了虚幻的高蹈，直接面向人生的基本经验的表达，指向父爱、母爱；指向日常生活现场，游子对家乡的重新认同；思考生存与死亡、亲人消失的恐惧；重新提起我们的爱与怕，责任与义务，怜悯与仁慈，等等，用他的诗来说就是"在通往奈何桥的途中，他快马加鞭又伺机谋反"。他希望参与到所爱的亲人的一切，包括她的梦境之中，彰显了现存的实在对于人的支持。他这样写道："有天半夜，天上传来阵阵惊雷，/我蹑手蹑脚地来到女儿的梦里，我看见/她正在学习飞行，一会儿/是天鹅，一会儿是鸽子，最后是风的呼啸声/我使劲地摇动她的身体，扯拔她的羽毛/我宁愿她疼，也不肯让她消失。"（《我每天都在生儿育女》）余笑忠的《遥寄小弟》，为一个夭折的弟弟所作："……在梦中，你温热的舌头轻抚我的伤口/流了这么多的血，你说/我从来没有流过这么多的血//无数次梦中你露出笑容只是短暂的一瞬/我看到你露出笑容又散为枯骨/茂盛的青草带来刺骨的寒意//弟弟，多少创痛中我还能生还这却不是出于热爱，而是高傲/不屑于死——除非/像你那样：最纯洁地死亡……"现实与梦境、茂盛的青草与刺骨的枯寒、笑意与哀伤、创痛与平和在一首短诗中共存，对纯洁的向往和对磨难的藐视隐含在诗歌的意向中，令人为之动容。

其二，诗性与理性共同建构当下诗歌的话语存在。在传统诗歌批评文字中，人们大多注重诗歌的意境、意象、语言的分析，注重诗歌与时代、生活的关系，"诗以载道"一直绵延在诗歌批评的文本之间。当新的批评方法引进之后，很多人又比较注意诗歌的细读，选择比较艰深晦涩的诗歌进行解读，在所谓的能指与所指之间"滑动"技巧。对湖北当下诗歌的批评用某一种方法是难以解决的。湖北多数诗人的诗歌创作，交织着诗性与理性共同建构的话语特征。湖北诗人中，宇龙英年早逝，那个寒冷的冬夜，他带着憧憬和希望倒在了异乡的土地上。他留下的诗歌弥漫着的是挥之不去的死亡气息。他的《机场》《最后的访问》等诗中所展现的黑夜、疾病、丧钟、被覆盖的天空、最后的梦境等意象极具悲剧色彩。他写道："而后是雨水落下/在一个被人遗忘的地方/人以尸首的方式/在抵抗一只蚂蚁/而蚂蚁以生活的方式/在阅读一扇墙壁。而后是一幅画/和一本书中的/苍蝇的心跳：'你老想着的那个地方现在已成为你的归宿……'"黄梵现在定居南京，作为远离家乡的湖北人，他早期诗歌具有浓厚的思辨色彩和唯美倾向。进入新世纪以来，黄梵以诗意的视角注视着家乡和家乡以外的世界，将其他文体的写作方法移植于诗歌创作，使他的诗歌呈现出一种异质之美。他的《坠落》《沙尘暴》《灰色》《落日》等诗篇中，都显现出诗理共存的审美倾向。诗性与理性共建的诗歌话语还可以举出李建春的《阳光下的雪》、鲜例的《黑暗中的等待》、韩少君的《两张诗报遗失在飞机上》、宋小贤的《排着队》、小引的《芝麻开门吧》、黄沙子的《我所有的妈妈》、湖北青蛙的《重复使用》、哨兵的《外面》等。

其三，苍凉、柔韧与平民悲剧组接的审美追求。湖北诗人大多来自生活的底层，童年的单调、少年的刻苦、青年的遭遇在记忆深处凿刻出难以磨灭的印记，虽然诗人以自己不同的方式从事诗歌写作，但那种关注平民日常生活，表现生存悲剧的苍凉之感却随处可见。宋小贤诗歌中采撷司空见惯的片段，传达对自己的悲悯与对农人的悲悯，显示生活的苍白、单调和狭窄。且看《一生的事业》："一个农民/一生只有一件事//结婚就是他/最大的事业/生儿育女次之//然后就是劳动/糊口、吃饱睡好、熬日子//产床、婚床、墓床/前村住腻迁后庄。"冷色的诗中，读者其实处处可触摸到诗人对于命运的不可抗拒的凄惋，以及作者冷静的咏叹。与《一生的事业》风格类似的有余笑忠的《清明节忆祖父》、张执浩的《乡村皮影戏》、黄海的《冥想及抒情》，等等。当下，鲁西西、李建春虽然逐渐地转向神性诗歌写作，创作出一批作品，但他们的神性依然与日常的生活密切相关，依然折射出苍凉的因子。如鲁西西的《喜悦》，李建春的《主日》《平安夜》，诗歌意向明朗清洁，诗人置身于宗教的喜悦、沉溺、迷醉，任凭情感与意志陷落其中，细腻地感受着，深情地回味着，主动地迎合着，诗意的澄明与生活的奔跑、追寻、孤独、焦虑鲜明对照，令人慨叹。宗教成为精神的家园后，喜悦就是平生的理想，喜悦就是梦寐以求的彼岸，可是在抵达彼岸之前，人是置身于河流的，存在于现实世界的人无可回避。犹如科林伍德指出："这个世界的意义就是构成自我的情感经验，亦即情感经验通过世界或者语言表达出来。这也是自身的形成和自己世界的形成，是心灵被重塑为意识之后的自我，是按语言形状重构的粗朴的感觉世界，或者是转变成形象并注入情感意味的感受。"①

此外，当诗人以寓言的想象观照世界，他的诗歌语言往往就包含双重寓意。从写作技艺的层面看，诗人在进行的是某种修辞和结构的体验。从诗歌的内涵看，诗歌描述的事件在日常情态下又充满了内在的紧张感。南野的《狩猎者》就是这样一首诗。他这样写道："我是个失望的狩猎者/

① ［英］科林伍德：《艺术原理》，中国社会科学出版社 1985 年版，第 55 页。

我在树梢上一个空间挖掘陷阱/在树根的位置布下精巧的丝网/我把猎枪遗忘在一本书里/我错误地充满着幻想'我唯一熟知的捕猎方法是守株待兔//……//我的两手依然空着，空手而归，犹如去时/……这证实我的徒劳，我的空洞无物'/和题目的虚幻不实。"以诗人的生存状态与写作为叙述喻指，表层在写狩猎，叙述的暗指却是以世俗法则为主的他人话语，直接指涉写作的目的，真实与虚构的关系。夹叙夹议的表述方式，直接指向写作本身。"我在树梢上一个空间挖掘陷阱"，"我的两手依然空着，空手而归，犹如去时"，迷醉于与众不同的探求，抛弃自己熟知的方法，其结果只能是两手空空。但诗歌的创作需要的正是不断地探索，不断地从已知走向未知，这是写作的伦理。正如唐晓渡所说：它"不是一个关于农夫或猎人的寓言，而是一个诗人的寓言。它同样是一场假定的想象游戏"。①

由于网络的介入，湖北诗歌也出现了大量的网络诗歌作者和诗歌论坛，以《或者》《向度》等为阵地的网络论坛聚集了一大批年轻的诗歌作者。由于不受刊物发表的限制，诗歌写作任性而为，率真、坦诚，口语诗或者说善于运用口语写作的诗歌呈上升趋势。多数诗人在写作中还注意将口语提纯后进入诗歌，如许剑的《个体医生》，邓兴的《魏小丽》《玩具火车》等。但网络论坛上有不少诗歌语言粗鄙、浅陋而低俗，诗歌流于最平常的"说话"、吵架、谩骂，缺少审美感悟。

当然不仅仅是网络诗歌，当下的湖北诗歌写作由于受到传统思维方式、审美理念的影响，存在部分诗人难以摆脱过去的创作模式、缺少建立"一个自己的世界"的意识、创作手法陈旧、诗歌意向老化、抒情旨向单一、语言平面等问题。其实不是读者远离了诗歌，而是诗歌远离了读者。我以为，从某种意义上来说，诗歌的创作就是形式的创造，是在既有的话语方式以外，寻找到新的话语方式。从这个意义上来说，湖北诗歌犹如克鲁亚克曾经说过的那样，应该说"永远在路上"。

原载《湖北大学学报》（哲学社会科学版）2003 年第 6 期

---

① 唐晓渡：《雪地里的狩猎或巢——南野和他的诗》，引自南野《纯粹与宁静》，长江文艺出版社 1992 年版，第 9 页。

诗之狂飙，打开春天的心脏

——"甲申风暴·21世纪中国诗歌大展"片面观

·

阳春三月，莺飞草长，由《星星》诗刊、《南方都市报》、新浪网共同策划的"甲申风暴·21世纪中国诗歌大展"，终于掀开了她的盖头，展露真容。这是对信息时代诗歌艺术强大阵容的检阅，是一届精心组织的诗歌审美艺术的盛大博览会，说它是"乱花渐欲迷人眼"一点都不夸张。一刊、一报、一网的互动合作模式与当年徐敬亚等人策划的《深圳青年报》与《诗歌报》联手的"中国诗坛1986现代诗群体展览"相比较，增添了一个更为宽广的展示平台——网络。借助网络媒体的迅速、便捷来传递诗歌的写作与创新，虽不是此次大展的发现和发明，但大展借助网络这一平台，通过报、刊、网不同的传播渠道，为诗歌接受者接受和阅读大展传递的信息，可以起到某种互动互补的作用。

诗歌大展使更多诗人、诗歌流派、诗歌论坛、民间诗刊得以浮出水面，可以借助公开发行的报刊说话、亮相，而不是停留于私下交流"地下印刷"的民刊；也使更多的普通的、热爱和关心诗歌的读者可以通过报纸、杂志、网络了解中国大陆地区诗歌写作现在的行进状态，了解诗人个体的艺术创造的活力，了解诗歌梦想在市场化、商业化的进程中呈现怎样的飞翔姿态。正如梁平所言，"我们之所以把这次大展定位于'呈现'，就是毋庸置疑地把它当作1986年'展示'的一次接力"。"如果说，1986年的'展示'体现了中国诗歌的春天先声夺人的勃勃生机，那么，我们这一次，就是希望把已经日渐成熟的中国诗人和中国新诗更为整体的'呈现'出来。"

《星星》诗刊、《南方都市报》、新浪网三家虽然同时展示诗歌，但仍然出现了某些形式上的不同。以我有限的阅读和不完全的统计看，《星星》采用上下半月合刊的形式，展示了48位诗人、22个论坛与网站、20种民刊的作品；《南方都市报》则以20个版面展示了37位诗人、3个流派、8个论坛、6种民刊的作品；新浪则采用诗人自荐和网络编辑相结合的方式对诗歌作品进行集中展示。以平均每个流派、论坛、民刊展示4位诗人计，此次大展共汇萃了300余位诗人的千余首诗歌作品。与"86大展"介绍的"100多名后崛起诗人分别组成的60余家自称'诗派'"，诗人阵容大大扩张，包括了20世纪80年代以来的各个时期具有代表性的诗歌写作者，他们虽然年龄、风格差异很大，人生遭际、态度各不相同，但有一点是共同的——他们都站在诗歌艺术创造的前沿！诗人阵容的扩展反衬了诗歌流派相对缩减，此次展示的诗歌流派大大少于1986年的60家，诗人不再以群体的力量集合，是诗人的独立和诗歌的进步。诗歌论坛、民间诗刊在大展中显山露水，风头正健。

谢有顺说过："这次诗歌大展，我们会特别留意诗歌中新的面孔，异质的精神，以及创造性的话语。在语言面前，每个人都是平等的；在语言面前，你是贫穷还是富有，只取决于你的智慧和创造力。"可我所看到的是较少陌生者，更少新面孔。报、刊、网不约而同地选展的诗人很多，他们或者作为个案诗人得以展示，或者作为论坛、民刊的主持人、编辑者上场。是选辑者的英雄所见略同，还是选择本身就有可能带来遮蔽？是受既有诗歌思维定式的拘囿，还是诗歌若成为观念的注脚必然给诗歌带来损害？是所谓闹得山鸣水响，乌央乌央的"诗人活动家"远远多于诗歌创作者，还是诗歌本来就属于小众的而非大众的？

如果我把报、刊、网共同展示的诗人名单开列出来，必然是长长的一大串。例如，北岛、严力、孙文波、王小妮、翟永明、林莽、陈超、韩东、西川、于坚、臧棣、小海、刘立杆、张曙光、周伦佑、李亚伟、南野、伊沙、徐江、桑克、尹丽川、沈浩波、杨健、余怒、张执浩、余笑忠、鲁西西、树才、杨黎、黄灿然、赵霞、李海洲、李元胜……他们的诗作，上接"白洋淀诗群"、"朦胧诗"、"文化大革命"时期的手抄本"地下诗歌"、《今天》，继之以"新生代"诗歌、"海上诗群"、"非非"、"莽汉"、"云帆"诗社、《他们》、"断裂"问卷、"盘锋大战"，开启当下诗歌写作多元共在、综合创造、繁荣复杂的审美态势。而这次的诗歌大展所展示的，正是撤去了当下诗歌"众声杂语喧哗"浮浪，袒露诗歌创作真实的——以冷静甚至是淡朴的创作态度，深切关注时代的历史变迁，执着于个我隐秘的生命体验，不露圭角地完整呈现想象的自由飞翔——"海底世界"。

我愿意就"甲申风暴"所抵达我的阅读和审美感受，略说一二。

诗人热切的眼睛，依然关注、审视着时代与历史。人作为时间境遇的生物，过去、当下、未来建构了时间的维度。人的生命在时间的维度里衰败，人的精神也在时间的维度里蜕化，旧的理念、旧的伦理丧失了活力，世界并没有因为新的变革带来和平，新的问题又滚滚而来。面对生存世界，诗人在关切、审视、批判。这种关切、审视、批判与以往的宏大叙事不同在于，诗人从身体与生活细部进入，在小型的吟述中不是指向道德的评判，而是抵达灵魂深处的疼痛。"一切都是动的，一切都有限期。"（祥子）于坚的《便条·295》，杨健的《病中草》《清明》，翟永明的《老家》，王小妮的《11月里的割稻人》，墓草的《夜》，凌越的《乡间公路》，陈亚平的《为生存所思》……在这些作品中，"非典"、死亡、孤儿、国家、权利、自由、乡村公路、城市建设都进入诗歌写作的视野，诗歌与现实之间不再是一种简单的依存关系，不再是对象与镜子的关系，而是一种对等的关系、对话的关系。在对话中，诗歌承担了呈现现实与提升现实的责任。"三月的天空出现飞行器，/尖锐的声音在大地上刻下痕迹。/这些你看不见。看不见也没关系。/听见就可以——事物隐秘，/说明了它非正义。那些街上/喊口号的人他们的努力多么绝望，/只是把混乱的世界搞得更加混乱：/表面的兴奋——我们只了解表面问题。/真正的问题从来都穿着隐身衣。/谁死了，谁活着，谁不死也不算活，/说上一千也仍不是事实。我们听。/我们在听时心收紧——天空中的飞行器/并不理我们。它云里穿，与上帝比速度，/制造的火焰是反火焰，/它使文明不文明，道德不道德。/我们只能庆幸它没有飞到我们自己头顶。"卡西尔说："人被宣称为应当是不断探索他自身的存在物——一个在他生存的每时每刻都必须查问和审视他的存在状况的存在物。人类生活的真正价值，恰恰就存在于这种审视中，存在于这种对人类生活的批判态度中。"

"个人心灵史"与"个人生活史"的倾心描述，使个人体验更加张扬。在以往的谱系学词典里，很难找到对当下诗歌创作的具体指认，诗歌成为从诗人个人心源里流淌的清溪，汩汩涌动。在我看来，人的生命、世界有多广阔，诗歌就有多广阔。当诗歌从"人类的主体意识（大写的'人'）的觉醒到个体性（小写的'人'）的确立"（唐晓渡《中国当代实验诗选·序》），不是永恒的获得，而是澄明的征兆。诗歌的苍凉与固守不在于外在的标签，而在于内在的隐秘经验如何用语言来传达，它依赖诗人的经验与超验的双重想象力。如何使诗歌"像西北穆斯林的'花儿'一样简单，像蒙古族的长调一样蜿蜒，像藏族的民歌一样抒情，像我的母语——每一粒汉字那样凝结"，达到无所不入的境界，恐怕每一位诗人都是走在路上的行者。西川那种诗歌语体的"散文式"写作，对曾经的存在、过往的历史记忆进行精心的捕捞，客体的体察取代了主体的幻化。让对象说话，让细节纤毫毕现，保留存在的荒诞、悖论与思绪的动感。为我们提供了一种"陌生化"的审美愉悦。杨健诗歌里挥之不去的死亡阴影与感伤的格调，舒朗氤氲也悲凉痛楚。《清明节》可以成为一个标本。"清明前/雨下了三天三夜。/追思者趁着雨水停顿的间歇，/在长河边烧纸，/刚刚烧着，/雨又落下了，/人们只好在院子里烧，/在凉廊里烧，/最后，只好在家里烧。/当年，祖父成分不好，/没有地方埋，/只好埋在我们心里，/但是我们的心/还有怀疑，/还有惊惧，/还不干净，/就不能作为墓地。/那些年，/祖父/不是沙沙的细雨，/就是狂暴的大雨点，/迎着窗户，/迎着河面，/落下来。/有时窗外的泥泞会站起来吓人，/恰似祖父的冤魂。"与杨健不同，臧棣的诗歌常常迷醉于从独特的个人经验的感受趋向于人类共同经验的完成，他时常使用平铺、周旋、反讽的方法，写出浸润于个人生活的时代因子。在他那里"诗应该探索道德的不道德"。"诗的强硬，只能依赖艺术。"

那么诗歌艺术梦想的种子又如何播撒在充满隔膜、疑虑的大地上？诗歌怎样开始它探险式的创造与分享式的继承？怎样在钟鼓齐鸣的同时轻歌曼舞？果真已有的"明心见性"的历史创造没有丝毫价值，必须决绝地"pass 一切"，果断地实施断裂并从零开始？果真当代的实力诗人是天降斯人，没有任何"谱系承传"？"诗到语言为止"的诗人们曾发誓要"拧断语法的脖子"，刚开学习作的诗人不时号称老子"中国第一"……那么，21 世纪的诗歌艺术需要怎样的合法阐释？商品时代诗人需要怎样精神历练？于坚的《便条·282》展示了他的见解："竞争时代/电力统治黑夜/月亮王/已经名落孙山/在夜晚发光的诸侯中/它是最黯淡的一个/只有诗歌依据传统。"而与此同时余怒在他 2003 年 7 月 20 日写下的诗歌《孤独时》中道出了截然相反的意见：

> 孤独时我不喜欢使用语言。
> 一头熊和一只鹦鹉坐在
> 跷跷板的两头
> 跷跷板朝一头翘起。很多东西
> 没办法称量，我是熊你们是鹦鹉。
> 我是这头熊我不使用
> 你们的语言。

在我看来，诗人的种种相反的见解，正是诗歌语言场应有的态势。说到底，诗歌是一个人的战争。因为诗歌不再是同一种声音与语言，隔膜、陌生、拒绝的存在是诗歌创作、诗歌语言成熟的表征。在许多诗人的作品中我看到了语言修辞基础个人化的进程。的确，诗人或许曾经为某种认知理念或写作范式所束缚、拘禁过，他在心灵最深处——诗歌语言、形式、个性——终于爬出了自己，值得庆幸啊！

诗歌写作走向自我的多样性写作与综合创造的同时，出现了"听"的诗歌与"看"的差异。这种差异表现在写作上，我感觉是把诗歌生存引向了另一种状态，是一种诗文混编的乐章。像列奥波尔得·桑格尔的诗歌那样，弥漫着意识的流动、色彩的气息与混沌的神情，历史的阴影与隐喻繁复交叠在一起。如南野的《我要像一个春天那样死亡》《我曾经害怕得要命》，西川的《思想练习》《蚊子志》，翟永明的《一个游戏》，张执浩的《内心的工地》……这里诗歌从不强行给予，而是需要去揭示。诗歌尽管触及的是我们生命和生存中最为敏感的部分，但它不是简单地排列组合语词，而是通过语词展示存在的刹那间的工时性，将陌生、新鲜的语言城堡建筑在你的眼前，让你宿命般地不知如何应答，将回声凝结在坚硬的纸张上。

报刊网合作的"甲申风暴·21 世纪中国诗歌大展"已经完成它的演出谢幕了，我喜欢利用多元的方式阅读诗歌，但遗憾的是所选诗歌并不能完全展示一个诗人的创作现状，既定的范式注定带有某种画地为牢、视阈局限的不足。而所有这一切，编者、读者都心知肚明；所有这一切都将成为诗歌的过去式，真切地期待诗歌有美好的未来，有越来越多的好诗被阅读，被传诵，用诗歌的狂飙，打开春的心灵。

中间代:一个策划的诗歌伪命名

文学发展进程中,诗歌的命名和流派、团体一直很多,且不说"湖畔""七月""九叶"……仅仅新时期以来,冒出的诗歌思潮或流派就多如雨后春笋——"朦胧诗""他们""非非""莽汉""整体主义""汉诗""海上诗群""大学生诗派"以及稍后集合在《南方诗志》和《倾向》周围的一些诗……这些群体和派别为新时期以来中国诗歌的发展贡献了优秀的诗人、诗作;贡献了新的诗学理念和诗歌审美取向。

眼下吵嚷得很"红火"、各个期刊也在争相推出的"中间代"这个诗群或者"派别"的称号,在我看来,是一个策划出来的伪命名或者说伪命题。

命名者振臂疾呼:"中间代"是时候了——"希望本书(《诗歌与人——中国大陆中间代诗人诗选》)的编选与出版为沉潜在两代人阴影下的这一代人作证。"因为"谁都无法否认这一代人即是近十年来中国大陆地区诗坛最为优秀的中坚力量,他们介于第三代和70后之间,承上启下,兼具两代人的诗写优势和实验意志,在文本上和行动上为推动汉语诗歌的发展作出了不懈的努力并取得了实质性的成果"。既然命名者如此推崇,我就不妨从"中间代"命名的角度来提问题。如果"'中间代'是时候了",那指的是什么时候,出场的时候、集群的时候、诗学观念形成的时候,还是诗歌审美风格接近统一的时候?"中间代"作为一个诗歌思潮或群体的概念,究竟是年龄的划分、诗歌风格的划分、诗学审美意向的划分,还是……

任何一个文学群体和派别的命名至少有某种本质性的因素和实质性的内涵在其中,比如说,"朦胧诗"命名,虽然是外在因素强加于诗人的,它至少从接受美学的视角展示了阅读者对于诗歌创作现象的阅读感受;比如说"先锋小说"指的是一种创作的内在精神和创作姿态，以及对于既往语言的颠覆和探索……那么"中间代"诗歌是指什么呢？其命名者指出："中间代诗人大都出生于60年代，诗歌起步于80年代，诗写成熟于90年代，他们中的相当部分与第三代诗人几乎是并肩而行的。"命名者进而解释为何使用"中间"一词说："一、积淀在两代人中间；二、是当下中国诗坛最可倚重的中坚力量。它所暗含的第三种意义是：诗歌，作为呈现或披露或征服生活的一种样式，有赖于诗人们从中间团结起来，摒弃狭隘、腐朽、自杀性的围追堵截，实现诗人与诗人的天下大同。"作为"中间代"诗人集体亮相的《诗歌与人——中国大陆中间代诗人诗选》所选诗人，只要是出生于1960年到1969年这一时间段，不分诗歌的创作理念、审美取向、艺术形式和语言风格，来了个大杂烩。就像一把伞想遮蔽所有的行人躲雨而无奈，必然有很多人被拥进或被挤出一样，"中间代"的命名因缺少诗学本质的含义，而显得漏洞百出，毫无意义与价值。

本来一个诗歌流派或者群体，如果仅仅从年龄上划分，即非常不确切。特别像"中间代"这样的划分方法，因为每一个10年都可以成为其他两个年代的"中间代"，50年代可以成为40年代和60年代的中间代，60年代可以成为50年代和70年代的中间代，70年代可以成为60年代和80年代的中间代……以此类推，以至无穷。任何一个10年，就既是其他年代的"中间代"，又是其他年代的一个"边缘地"。所谓以10年为界的、科学的、真正严格意义的"中间代"是不存在的。虽然提出者以为，"中间代"现在提出了，以后的任何一个10年就不可能再提出，也不可能成为"中间代"了，"中间代"不是无穷的，而是唯一的。在外看来，这种辩驳是孱弱而无力的。事实的存在比语言更有力地说明以年代划分的不合理和茫然。

为了分析的方便，我对入选诗人的出生时间进行统计后发现，从1960年的莫非开始到1969年的朱朱等结尾，60年代每一年出生的诗人，《诗歌与人——中国大陆中间代诗人诗选》都有入选者，王韵明、西渡、臧棣、树才、伊沙、侯马、周瓒、马永波、非亚、森子、蓝蓝、赵丽华、安琪……退一步来说，即使"中间代"的命名勉强可以说得过去，能够与"第三代""70后"鼎足而立。那么，当我把"中间代"和"第三代""70后"比喻为一个等边三角形，就发现属于"中间代"的这条边明显地与其他两边不相等。因为60年代出生、80年代开始写诗，创作成熟于

90年代，而且与"中间代"毫无瓜葛，属于"第三代""他们""莽汉""非非"而无法纳入其中的诗人有很多——如吕德安（1960年），韩东（1961年），庞培、张枣（1962年），西川、刘继明、李亚伟、李元胜（1963年），海子（1964年），张执浩（1965年），吴晨骏（1966年），朱文、沉河（1967年），宇龙（1968年），小引（1969年）……他们中有"第三代"诗歌的中坚力量、诗歌思潮或运动的代表人物、新诗学观念的倡导者、独领风骚的优秀诗人、具有独特审美追求的民间刊物的主办者……如果纳入他们，"中间代"的命名是杂糅而混乱的。如果不纳入他们，"中间代"（少数诗人例外）恰恰是他们共存于同一时段、同一地域、同一文化背景下的无名者、忽略者、弱者。如果推理不幸成立，那么，所谓的"中间代"岂不成为一个当下诗歌弱势群体的大联盟？那就成了进入"中间代"的必须是60年代出生、80年代开始写诗、90年代尚未成名的诗人？这倒让我想起了唐、宋诗词研究中的一个现象：李白、杜甫、李贺、苏轼、黄庭坚都刨到犄角旮旯了，二流诗人研究过了，三流诗人也梳理完了，怎么办？去寻找不入流的诗人去挖掘，为他们做年谱。大浪淘沙，当年都没有痕迹的诗人，今天的研究价值何在？同理，把一些本来就被当时的诗歌思潮淘汰出局的诗人，重新汇聚成一个"中间代"，没有审美的创新，没有诗学的创造，没有艺术形式的新探索，这样的命名在我看来是没有审美价值与诗学意义的。

从《诗歌与人——中国大陆中间代诗人诗选》入选作品来看，几乎囊括了当下不同的诗学理念、不同诗歌艺术形式、不同审美追求的诗歌作者——"知识分子"写作的西渡、臧棣、桑克，口语诗歌的伊沙、徐江，曾经是"他们"诗歌成员的朱朱，受到西方诗歌影响极大的树才、马永波，民间诗歌刊物的主编森子、老刀……"第三代"之所以被称为诗歌运动，是因为他们提出了"诗到语言为止""拒绝隐喻"以及"诗歌最重要的是语感"等极富创见的诗歌观念。如果说"中间代"是一个自觉形成的诗歌运动群体，他们的主要诗歌观念是什么？"个人写作"显然不是"中间代"的专利。"记忆的诗歌叙事学"仅仅属于"知识分子"写作的西渡、臧棣，以反讽的口语写出时代关切的"口语诗歌"的只能是伊沙个人，徜徉于西方诗学中的东方心路只为树才诗歌所独有，用"诗歌污染城市"是世宾的行为艺术，遵循简约主义的形式是黄梵的创作理念，谭延桐以悲天悯人的诗歌精神承接苦难，史幼波用无限重生的群像返照万物……举了如此之多的例子，而每一种诗歌写作都属于极少数人或者诗人个体，每一种都有自己独特的价值标准和审美走向。任何一两种诗歌的写作理念、方法、形式，都无法使"中间代"的诗人共同遵守、操持，"知识分子"＋"口语诗歌"，或者宗教意韵＋形式主义，都无法涵盖"中间代"全部的诗歌创作。雨果在《〈克伦威尔〉序言》（1827）中统领了法国浪漫主义文学，新时期韩少功的《文学的根》阐述了寻根文学的立场，但一篇《中间代：是时候了!》并没有阐明"中间代"的文学观点、诗歌主张、美学原则。或者有人会说，"中间代"强调的就是多元化、实验性、探索性，可是别忘记，一个诗歌的群体，诗歌的运动，没有了诗歌本质的界定，抽离了对于诗歌的诗学考索和审美价值的追求，就犹如一个人给抽去了脊椎骨，像一摊萎地的肉泥一样，如果"中间代"诗歌没有了支撑的骨骼，那它又如何去连接它自以为的两头——第三代和"70后"？如果连一个连接的作用都起不到，那它存在的意义何在？当中间代的绳圈大张旗鼓而不是悄悄拉起的时候，我不同意敬文东将"'忍受'夸大为所谓'中间代'诗人的第一个诗学核心"的说法。中间代并不想也无法化零为整，它尊重每一个体，它只是用一个概念把大家的诗歌观念重新"发表"了一遍。"应该可以看到入选中间代选本的诗人完全称得上优秀，他们谁都能够代表中间代，谁都可以领军中间代。"可安琪忽略了一个基本的常识：个体诗人的优秀并不标志"中间代"整体就一定优秀。任何人都可以代表的事物，恰恰证明所有人什么都不代表，他只代表他自己。他只是以个体的意义存在着。既然都是个体的，缺乏代表性的，那么刻意地划分出一个"中间代"又有什么必要？许多被罗列到"中间代"的诗人，曾经直言不讳地声明，"我和他们不一样"，"我不代表中间代"。既然如此，一盘散沙的"中间代"，又如何让人信服它是代表了一个时间段里诗歌整体的文学、艺术成就？也许有人会说，"中间代"就是这样，我们是实事求是地描写历史。可是我却以为：有时候，历史是在实事求是的幌子下被篡改的。正如郭沫若所说："知者不便谈，谈者不必知。待年代既久，不便谈的知者死完，便只剩下不必知的谈者，懂得了这个道理，便可以知道古来的历史或英雄是怎样地被创造出来。"我们接受这样"创造"的历史的教训还少吗？

新世纪刚刚拉开帷幕的时候，我们尤其应该警惕那些急功近利的、"人造"文学史、诗歌史的书写与重现，因为它掩盖的恰好就是文学或者诗歌的历史发展、演变的真实内核与本质存在面目。我所以说"中间代"是一个"策划的""人造的"诗歌伪命名，就是因为在"中间代"这个命名下所遗漏的、所掩饰的、所曲解的，不仅仅大量优秀诗人、诗歌作品的现时写作、历时存在，更是对于当下存在的诗歌创作的个人化、诗歌审美观念的多元化、诗学理论探索的审美化，以及诗歌语言的深层艺术化存在曲解。不了解这一点，就不可能认识到诗歌伪命名对于诗歌本身的损害，对于诗学理论的歪曲，也就不可能对 90 年代诗歌作出恰如其分的评价。"中间代"这样的诗歌伪命名，充其量是某些个人的功利主义的活剧，简单看看还是可以蒙一下，一旦深入进去就很容易发现其真伪。既然是个伪命名，在我看来，没有它也罢。

原载《文艺争鸣》2002 年第 6 期

从诗歌到散文的行旅

——舒婷三十年概观

一

　　舒婷最近在一篇文章中对于自己被定格于诗歌产生抱怨，她说："十来年写了不少散文随笔，总量已经远远超过了诗歌，可是大多数读者只记得我写诗，常常把我的名字等同于《致橡树》。"① 可见人类记忆与思维的最初印迹是多么的不易擦除，即使是有些错位的记忆，也会保持久远。"评论家习惯说东道西，木棉兀自嫣红。"舒婷无论如何希望成为文学写作的多面手，也难挣脱羁绊她的那棵参天橡树。就是说，舒婷的散文与其诗歌相比，无论艺术造诣、审美价值达到怎样的高度，恐也难企及她所期望的与诗歌相同的知名度。

　　1977 年 3 月，舒婷受日本电影《狐狸的故事》的启发，写出了她没有任何"朦胧"色彩的第一首诗《橡树》："我如果爱你——/绝不像攀援的凌霄花，借你的高枝炫耀自己；//我如果爱你——/绝不学痴情的鸟儿，/为绿荫重复单调的歌曲；//……每一阵风过，/我们都互相致意，/但没有人/听懂我们的言语。//你有你的铜枝铁干，/像刀，像剑，/也像戟，/我有我的红硕花朵，/像沉重的叹息，/又像英勇的火炬，//我们分担寒潮、风雷、霹雳；/我们共享雾霭流岚、虹霓，/仿佛永远分离，/却又终身相依，//这才是伟大的爱情，/坚贞就在这里：/不仅爱你伟岸的身躯，/也爱你坚持的位置，脚下的土地。"

　　这是木棉对橡树的致意，这是少女对爱人的幻想和期冀。在高昂铿锵

---

　　① 舒婷：《都是木棉惹的祸》，《天涯》2008 年第 4 期。

的颂歌进行曲时代，舒婷的诗歌温润柔婉，独抒性灵，坦诚而炽烈地歌唱女性的理想人格与爱情，那比肩独立，又终身相依，那共御寒潮，又共享霓虹的橡树和木棉，可谓新时期爱情诗歌崭新的象征形象。诗歌以一个时代所难以回避的语词，写出了使人回味爱的真谛。

这首诗经过蔡其矫的转递到达北岛手中。1979 年 4 月，经过北岛修改的《致橡树》发表于当时的民间诗刊《今天》，后为当时全国最具权威性的刊物《诗刊》转载，诗中所显现的女性特有的柔韧与坚贞，独立与共担的乃是意向，犹如崇高心灵的回声，拨动着众多的青年人的心弦，也赢得了接受者的青睐与研究者瞩目。在《星星》诗刊与《拉萨时报》组织的"青年最喜爱的诗人"投票中，舒婷皆名列榜首。与此同时，在新时期诗坛崭露头角的舒婷，也得到了家乡文学界的高度重视。从 1980 年第 2 期开始，《福建文艺》就开辟了"关于新诗创作问题的讨论"专栏，主要围绕舒婷的诗歌进行了长达一年之久的讨论。当争论在《福建文艺》上相持不下时，孙少振的《恢复新诗根本的艺术传统——舒婷的创作给我们的启示》对于舒婷诗歌进入全国的视野起到了推波助澜的作用。孙绍振认为：舒婷的诗的重大意义在于"恢复了新诗中断了将近四十年的、根本的艺术传统"。[①] 此后，批评者逐步将舒婷诗歌创作与当时引人注视的"朦胧诗"进行连接，且有意识地把不那么朦胧的她推至朦胧诗潮的核心位置。随着论争的不断深入，舒婷在文学界的地位也在逐渐提升，影响也在进一步扩大。舒婷的诗《会唱歌的鸢尾花》《思念》《神女峰》《惠安女子》《还乡》《北京深秋的晚上》《向北方》《献给我的同代人》《海滨晨曲》等迅速流传，她那首现在看来声音忧郁、色彩简单、抒情直白、主题宏大的《祖国啊，我亲爱的祖国》获得"1979—1980 年中青年诗人优秀诗歌奖"，1982 年，她的第一部诗集《双桅船》甫一出版就获得"中国作家协会第一届（1979—1982）全国优秀新诗集"的二等奖，她的诗也被译成多种文字介绍到海外——日本、德国、法国、意大利、荷兰、美国等国家，她本人也曾被邀请到美、法等国举行个人作品朗诵会。据不完全统计，到 2008 年初，与舒婷相关的评论、学术论文达 3000 余篇。舒婷的影响可谓影响深远。

---

①　孙少振：《恢复新诗根本的艺术传统——舒婷的创作给我们的启示》，《福建文艺》1980年第 4 期。

二

对于舒婷的早期诗歌，谢冕的概述颇为精到，他认为：舒婷是"新诗潮最早的一位诗人，也是传统诗潮最后的一位诗人。她是沟，她更是桥，她体现了诗的时代分野。把诗从外部世界的随意泛滥凝聚到人的情感风暴的核心，舒婷可能是一个开始。舒婷的诗体现了浪漫情调的极致。她把当代中国人理想失落之后的感伤心境表现得非常充分。因为企望与追求而不能如愿，舒婷创造了美丽的忧伤。她的声音代表了黑夜刚刚过去，曙光悄悄来临的蜕变期中国人复杂的心理和情绪"①。这个时期我以为可以这样去解读舒婷的诗歌：一是对于"历史责任"的主动担当与甘愿负轭艰行的同一，二是温润纯净的感怀伤世与期待佑护的心理纠结，三是浪漫超验的诗意幻想与高贵典雅的审美情趣。

尽管竭力挣脱历史与传统的羁绊，但由于"前文化大革命"和"文化大革命"时期熔铸的特定生活与生命经验，以及中国文人士大夫那种"志士仁人""匹夫有责"的集体无意识，那种"承担无悔"的使命感依然在舒婷的诗歌中显现着，揳入字里行间，难以拔除。这里的诗歌主体依然是群体而非个体，是"一代人"而"非一个人"。

"请你把没走完的路，指给我/让我从你的终点出发/请你把刚写完的歌，交给我/我要一路播种火花。"（《悼——纪念一位被迫害致死的老诗人》）因为自觉到自己与一代人的使命，一代人的责任，舒婷就这样向着苍天大地发出了一代人坚毅的誓言——愿意以一己的牺牲，为理性而奉献。

> 为开拓心灵的处女地
> 走入禁区，也许——
> 就在那里牺牲
> 留下歪歪斜斜的脚印
> 给后来者
> 签署通行证
>
> ——《献给我的同代人》

---

① 谢冕：《舒婷》，《南方文坛》1988 年第 6 期。

此时的舒婷不仅心甘情愿地将自己作为一份祭礼，果决地奉献出去，她以自己柔弱的声音发出突破历史与现实存在之禁区的呼吁，渴望为祖国、民族、父亲、孩子去要求真理，去探究历史真相。

"为了孩子们的父亲/为了父亲们的孩子/为了各地纪念碑下/那无声的责问不再使人战栗/为了一度露宿街头的画面/不再使我们的眼睛无处躲避/为了百年后天真的孩子/不用对我们留下的历史猜谜/为了祖国的这份空白/为了民族的这段崎岖/为了天空的纯洁/和道路的正直/我要求真理!"（《一代人的呼声》）

因此，舒婷遵循自己的法则，不惧"死去千百次"，让"沉默化为石头"，以弱小的身躯抵御风雨的侵袭，既自觉自愿地为"那个理想"承受煎熬，承受痛苦，也以"勇敢的真诚""活着，并且开口"。她时时把自己的诗歌与民族的存在记录联结在一起，以生命去完成诗的冲刺。因为："我的名字和我的信念/已同时进入跑道/代表民族的某个单项纪录/我没有权利休息/生命的冲刺/没有终点，只有速度。"（《会唱歌的鸢尾花》）

诺瓦里斯认为，"诗人是没有感官的"，"对诗歌的感受就是对特殊、个性、陌生、秘密、可启示的、必然而又偶然的感受。它表现不可表现的东西，它看到看不见的东西，它感觉到不可感觉的东西等"。所以对诗人来说，"在最特定的意义上，他既是主体又是客体——情绪和世界。因此一首好诗才是无限的，才是永恒的。对诗的感觉近乎对预言、对宗教、对一般先知的感受"。[1]

舒婷在自己选定的崎岖小路上背负潜行时，女性的敏感、细腻与特殊体悟时时浮出。她坚守人的个体的人生价值与生命的独立，在习以为常的现象、存在与审美趣味中，揭示出"漠视人的尊严的心理因素"[2]。那"天生不爱倾诉苦难"，已经在封面和插图中，"成为风景，成为传奇"的惠安女子的忧伤；那向往北方，却可能沉没于大海的初夏的蔷薇的漂泊；那"错过了无数清江明月"，在悬崖上展览千年巫山神女的怨尤……都是舒婷内心渴望"要有坚实的肩膀/能靠上疲惫的头"的真实内心世界的显

---

① ［德］诺瓦里斯：《断片集》，载《欧美古典作家论现实主义和浪漫主义》（二），中国社会科学出版社1981年版，第396页。

② 洪子诚：《中国当代文学史》，北京大学出版社1999年版，第298页。

现，浓缩为一个时代的女性的精神现象学。

在诗歌写作进程中，处于朦胧诗的潮头浪尖，"宁立于群峰之中，不愿高于莽草之上"，维持清洁、高雅的诗歌审美精神的诗人，不得不面对历史的审视，接受者的批评与后起诗人的挑战。舒婷的诗歌意向和艺术理念也由原初的爱、梦想、小雏菊、绿色的旋律、春天的彩虹、凄迷忧伤的黄昏转向背影、焦灼、暗夜、休眠、枯萎……当她看到：

> 一棵木棉
> 无论旋转多远
> 都不能使她的红唇
> 触到橡树的肩膀
> 这是梦想的
> 最后一根羽毛
> 你可以攀着它飞翔片刻
> 却不能结庐终身

当她意识到诗歌不可能成为她的安居之所，只能让她"飞翔片刻"，她必须"重聚自身光芒"才有可能"返照人生"时，她选择了"长嘘一声/胸中沟壑尽去/遂/还原为平地"。她选择了散文，希望重新上路，慢慢前行。"这个礼拜天开始上路/我在慢慢接近/虽然能见度很低//此事与任何人无关。"在写《圆寂》的时候，她的散文创作早已开始，在写《最后的挽歌》时，散文写作已经成绩斐然。

三

新时期以来的中国大陆地区诗人，大多经历了由诗歌走向散文、小说的旅程。北岛、舒婷、顾城、高伐林、王小妮、方方、林白、徐晓、韩东……舒婷自述写散文一直与诗歌并行，已经有近40年时间，由诗歌转向散文，舒婷并没有高调张扬，言说自己左手写散文，右手写诗歌。而是在沉默中坚持。她说："对于我自己来说，一个人的生活有了重大变化与转折，他的感情和经验也进入新的领域，用以表现感情和经验的艺术作品面临岔口，沉默既是积蓄力量、沉淀思想，在抛物线之后还有个选择新方位的问题。"虽然舒婷希望在散文中彻底超越诗歌"字字珠玑""语不惊人死不休"的拘囿，塑造一个新的自己——从高贵、优雅的巅峰走下来，采用平民化的文化视角，撷取日常生活的盎然情趣，尽其可能挖掘更深层的寓意，但她的散文始终流动着诗的元素，闪现着诗的因子。

我最早读到的舒婷散文是她写于 1985 年的《在那颗星子下》，写中学时代的校园生活。一如她的诗歌，从梦开始。"母校的门口是一条笔直的柏油马路，两旁凤凰木夹荫。夏天，海风捋下许多花瓣，让人不忍一步步踩下。我的中学时代就是笼在这一片花雨红殷殷的梦中。"然后点出"有一件小事，像一只小铃，轻轻然而分外清晰地在记忆中摇响"。一个调皮的中学女生，在一个星期天的晚上撞见了年轻的英语老师和男朋友一起看电影，散场时故意吹着口哨想让老师歉疚，或给老师一点难堪。次日的课堂测试中虽然成绩很好，但被老师点名，单独上黑板重新检测，结果可想而知。课后，学习中取巧的"我"在老师的诱导下，校正"强记"的潜在耗散，懂得知识存储的必需。散文结尾时写道："还是那条林荫道，老师纤细的手沉甸甸地搁在我瘦小的肩上。她送我到公园那个拐弯处，我不禁回头深深望了她一眼。星子正从她的身后川流成为夜空，最后她自己也成为一颗最亮的星星，在记忆的银河中，我的老师。"在这篇散文中，舒婷的语言依然有形有象，但首尾呼应的结构方式，却显得这般陈旧。

舒婷说："我写散文，仍然出自我对优美汉语的无怨无悔的热爱，纯属呼应内心的感召，对岁月的服从，以及对生命状态的认可。"一路读下来，进入舒婷的散文世界，也就进入了舒婷的自叙传的世界。那些在生命中难以磨灭的记忆和温度，舒婷写下来了，以散文这种自由的文体，以深思熟虑的语言，将生命的体验、生活的细节、生存的困厄，无拘无束地坦陈于世界。当舒婷将诗歌和散文两个方面的创造结合起来，她的"灵魂就以理想化和现实性的二重组合构成了丰富的完整性，她的智能结构就显示了更为强大的功能"[1]。

舒婷散文内容主要有：历史记忆，生活写真，心灵独抒，夫妻情真，

---

[1] 孙绍振：《在历史机遇的中心和边缘——舒婷的诗和散文在当代文学史上的地位》，《当代作家评论》1998 年第 3 期。

文友偶聚，旅踪游迹。艰难时世一家人片刻团聚的温馨与长久离析的酸辛（《孩提纪事》）；为了一部恐怕永远没有读者的小说而神情落寞，眼隐凄惶的惠安男子（《惠安男子》）；无私彻底地奉献自己，义无反顾地付出时间精力，明白爱应有所节制的母亲（《母亲手记》）；为一句话而沉默，为"不背叛而沉默"不惜牺牲全部的勇气的自己（《以忧伤的明亮透彻沉默》）；遮蔽伤痛，睥睨死神，为其保存了母亲的"全部美丽并没有凋谢"而慨叹……舒婷在低声倾诉着她的生活、世界，依恋美好，向往温情，追逐仁爱。

与北岛散文的流浪和漂泊相比较，舒婷的散文是定住与固守。无论是乡村的岁月，还是家居的时日，都是在留守、固守、坚守中走过。《梅在那山》的金泉和他带着身孕嫁过来的媳妇；《信物》里徒劳地在花盆里，栽培一丛叫鼠壳菜的信物的"我"；《大风筝》中每天固守书桌，吃饭睡觉都需要三催四请，"铲不走，撬不动"的丈夫……写过诗的舒婷是极其善于在散文中通过某种固守来折射人的感情，从中发现历史的轨迹与生命的哲理的。她善于利用反差和对比来揭示自己对历史与人生的思考："人都知道的是，历史走到今天这个开阔地，并非唱着进行曲沿着大道笔直地走来的。那挥舞着花束挤在两旁如痴如醉的人群，和披着花雨走在中间的人，都有自己痛苦的经验和久经锻炼的目光，他们能理解，沉默有时是一种有效的发言。"（《以忧伤的明亮透彻沉默》）朋友是一个人生命进程中的参照，没有朋友的人是可怜的，珍惜友情也成为人类生命的蕴含所在。"要把肉身供在岁月的砧板上锻打多少次，人心才能坚冷如钢？我不知道。失去挚友，无论是因为距离，因为分歧，甚至反目，我永远做不到无动于衷，只是到了落寞的中年，友情这棵树上已不见众鸟啁啾，我才学会了随缘。"（《春蚕未死丝已尽》）

虽然有众多的论者认为舒婷的散文是以幽默见长的，但在我看来，舒婷的幽默是一种含泪的微笑。因为在她的散文中，揭示痛苦却少有声嘶力竭的控诉，解析悖论却意在平静延展的和谐。犹如沈从文小说里写水手和妓女的生活，揭示人性的美好一般，舒婷在写乡村农民由于贫困而导致的非正常的婚姻和扭曲的男女关系，也是充满了对于情感真挚、婚姻美好、家庭和睦的珍重与渴求。写对因为爱情抛弃学业，早早婚育而又历尽磨难的母亲的美丽与脱俗，她以"黑暗中的花朵"为喻，时光流逝，母亲最后的时刻却刻骨铭心。"妈妈离去时与现在的我同年。无数次梦中时光倒流，我仍在医院里陪着妈妈等待明天的手术。妈妈无言坐在病床上，脸上仍然光洁，微微蹙眉，死神最后的睇视是那么温柔，妈妈在瞬间隐入黑暗，保存的全部美丽并没有凋谢。"如果说"舒婷的诗集《会唱歌的鸢尾花》是他们最后也是最好的后浪漫主义作品"[①] 的话，舒婷的《神启》《梅在那山》《黑暗中的花朵》也是她散文的佳作。

　　舒婷以她三十年的努力，在诗歌、散文两块园地里精耕细耘，执着地将平凡的生活理想化，将日常的生活审美化，悉心结撰，绝不苟且。为展现有如飞天飘掠天际的繁复仙境，她借用诗歌大跨度联想的表现手法，让早已流逝了的时间凝聚于心灵空间急疾地做大幅度的跳荡回旋，去创造一个宏深幽远的艺术世界。为让庸常生活在字里行间春风扑面，满眼芬芳，她倾心于语言艺术，采撷格调、节奏、色彩、意味，消解创作活动中的主客二分、主客对立的状态，以知、情、意统一的"完整的人"与美展开对话与交流，将想象、情感、悟性整合，以不变应万变，更加本能地、真挚地、素朴地、日常化地参与到文学创作之中。

　　未来的舒婷会走向何方？我们只有等待！

原载《诗歌月刊》（下半月）2008 年第 9 期

---

　　① 陈超：《生命诗学论稿》，河北教育出版社 1994 年版，第 253 页。

在场的诗者

——阿毛新世纪创作批评

从 20 世纪 80 年代后期进入写作以来，阿毛居住字文字里，从事文学创作已经二十年了，二十年在时间的长河中只是短暂的瞬间，但作为个人、作为作者应该说是一个相当长的时间段。如果说一个人的"写龄"——写作年龄最长不过六七十年的话，阿毛的"写龄"已经走过了个人写作时间的三分之一。过去二十年中，阿毛以她杜鹃泣血般的文字，用她心、灵、骨、肉写下了一首首诗，一篇篇小说和散文。可以说她是"在三棵树上唱歌"。为了写作——这个美丽的事情，她一直"坐在暗处，睁着一双发光的眼睛"打量着喧嚣嘈杂、光怪陆离、变幻莫测、咄咄逼人的世界，希望给自己的身体和灵魂找一个合适的位置。

说到底，人类的现实，在某种意义上，也是一个语言——话语的现实。世界因话语而存在，话语实践在人类三大实践（物质实践、精神实践）活动中，越来越占有重要的份额。作家创作的话语世界——文学世界——是一个间于感性和知性之间，可以承载历史、解读现实、塑造形象的虚拟空间。在虚拟（virtus）的世界里，作家对现实所进行的追问，实际上就是现实存在的各种可能性——当下的可能，在场的可能，审美的可能，以及艺术的可能……将 N 种可能性用语词复现，使潜在的、想象的、隐含的现实显现化、明朗化，成为人的审美对象。

阿毛用她的诗文，建构了一个世界，一个诗的世界，一个审美的世界。细读阿毛新世纪以来的创作，就可以发现，阿毛的创作世界是一个分有和共在的多元整合。一方面她是在以旋转的舞姿在三面镜子前复现自己，让自己的写作尝试分有、对应文学文体的多个领域，她自己也说："我恨不得用身体和灵魂来爱无数种艺术……可是我只有一个身体和一个灵魂"；另一方面她又希图以诗意与灵魂的共在将三者统合，表达自己对于生命、爱欲、存在、死亡的独特理解。对阿毛的创作，我以为，可以从下述几个方面解析。

倾诉：一个人的歌吟

其实，一个人的人生经验本来就是具有戏剧性的，是充满了坎坷和矛盾的。故此，人生经验就是个体希求从纷繁复杂的矛盾对立中走向和谐统一的辩证过程。人生所有的经验最终都以个体的形式表现出来——对现实的关怀、对理想的追求、对苦难的直面、对历史的承担……所以，诗是个体生命朝向生存的瞬间展开。"诗歌是估量生命之思无限可能性的尝试。"[1] "诗歌是诗人生命熔炉的瞬间显形，并达到人类整体生存的高度。"[2]

阿毛就是以她那一个人的倾诉、歌吟，在作品中建立一个属于自己的世界，这个世界是女性的，也是人的。这个女性的人是一个审视存在、反抗存在、抵御存在的人。因为现实世界的存在是那样的令人不安、令人质疑、令人焦虑、令人恐惧。为了抵御恐惧感的侵袭，为了克服时时袭来的焦虑，为了让不宁的心静下来，阿毛在做着各种各样的努力，希望用习惯的定式与前在相逢，所以她说："就让时光把记忆变成迷宫吧，/尽管树枝已不是树枝，/花朵也不再是花朵，/流水和岩石也不再是它们自己，/我已经习惯把这些放进句子里，/让他们和你住在一起。"因为她坚信："……尽管一切已不可说，不能说，/但总有不变的。/就像阳光之中还是阳光，/阴影之下还是阴影。"（《总有不变的》）在阿毛的诗学理念中，静止和伫立是人对于现实和存在对抗的最佳方式。也就是说，一个人希望用一种姿态来表达自己对于现实与存在的抵抗时，所能选择和依靠的方式就是静止中的伫立。因为静止是最好的倾听，静止是最佳的修行。身体静止时精神在前行，姿态静止时思想在前行。也可以等待希望，等待惊奇。因此"当更多的人用傲慢表达自己/在诗坛中的地位，我滞留在/不让人看见的某处，用静默反抗/一切喧嚣。就这样相信/躯体的伫立往往能让/一个人

---

① 陈超：《打开诗的漂流瓶》，河北教育出版社 2003 年版，第 164 页。

② 同上书，第 29 页。

的精神前进许多。/诗歌就像我们的前世/站在不能看见的来处"。(《天才，一个预言》)阿毛就是这样伫立着，让想象前行，让词语奔跑，让心绪波涛汹涌，使之更接近诗歌，接近生命，接近爱情，接近宽容与智性……

米哈伊尔·巴赫金在《马克思主义与语言哲学》中曾精辟地指出："心理经验是有机体和外部环境之间接触的符号表达……是意义使一个词成为另一个词；使一个经验成其为一个经验的还是词的意义。"[1]阿毛在一个人的倾诉中，揭示了她独特的心理经验的符号表达。她在《我不抱怨偏头疼》《印象诗》《我和我们》《当哥哥有了外遇》《今年看〈去年在马伦巴〉》《2月14日情人节中国之怪状》等作品中，不断地审视外在的存在，审视当下的社会现实，审视个人从身体的心灵的细微感受——寂寞、寒冷、不安、晕眩、疼痛、失眠、绯闻、外遇、遗忘、离散、战栗、死亡……将心理经验和语词意义相整合，写出了一些与众不同的被批评家称为"不像诗的诗"，也在诗歌界引发了较大的争议。我一直以为，关于阿毛诗歌的争议，集中于诗者少，集中于人者多；集中于诗歌形式者少，集中于诗歌内容者多；集中于内在批评者少，集中于外在批评者多；集中于诗学、意义判断者少，集中于道德、价值判断者多。这里的少与多，也在某种程度上表现为诗歌传统批评的痼疾，也呈现出当下诗歌批评的顽症。这里对于阿毛诗歌所谓的"像"与"不像"的批评，实质上是诗歌界一种既有标准的考量，所谓的"像"，就是是否符合近百年来新诗创作存在的既有"范式"；所谓的"不像"，就是与已有的成规、"范式"相悖、相冲撞、相抗衡。"像"与"不像"的争论，其实对于阿毛来说，我倒以为更多的是她作为一个诗者在倾诉，她的诗歌创作突破了以往诗歌创作的既有"范式"，使接受者看到诗歌也可以"这样"写。也正是这些"不像"诗的诗歌，成为阿毛为新世纪为中国诗歌创作带来的新诗作、新相貌、新景观。

在场：身体的感觉

如果说阿毛新世纪的创作是一种在场的写作的话，这种在场更多的是

---

① ［俄］米哈伊尔·巴赫金：《马克思主义与语言哲学》，《巴赫金全集》第2卷，河北教育出版社1998年版。

一种身体的在场出现。当身体孤独地伫立于存在世界，环顾周遭，个体的人就成为一个独立的存在，生命也成为一个独立的存在。个体的人的生命，作为一种有限的存在，是随着时间的流逝而流逝的。人从诞生至死亡，个体生命成为时间长河的短暂者，而其存在的标志是身体的在场。身体存在则个人存在，身体弃世则个人消亡。个体是短暂的，时间是永远的；身体是速朽的，时间是永恒的。

阿毛有个自述曾经写到，她的写作是以生命的终结——死亡为起点的。死亡的刻骨铭心让她震惊、伤痛、低迷、沉郁，唯有写作可以舒缓并宣泄死亡带来的惊惧和缠绕，是写作让她走出生命的低谷，感受到世界的温煦、世界的安详。此后，阿毛将自己的生命体验作为基本的写作材料和动力，渴望以文字让逝去的生命存活。在人的生命体验中，最重要、最显在的体验是身体的感觉、身体的体验。身体的寒冷、温暖、战栗、痛楚、睡眠、苏醒、呼吸、哽咽、吞噬……所有有关身体的种种感知，都被阿毛写入了她的诗歌、小说、随笔。在阿毛的创作中，身体作为一个整体成为外在感觉信息的敏锐接受者和内在世界的真诚敞开者，以身体的接受和敞开作为中介的种种交往、互动，成为写作不可或缺的内容，通过"身体"可以看到世界的风花雪月、斗转星移，通过"身体"可以透视内心、窥见灵魂。阿毛关于身体在场的创作大致可以这样区分。

其一，身体感知。按照西美尔的说法，女性"更倾向于献身日常要求，更关注纯粹个人的生活"。关注身体细致入微的感觉，关注日常生活的细节，可以说是自朦胧诗以来，诗歌着重关注重大主题的反动，并由此打破了诗歌原有的宏大叙事，也打破了诗歌内部某种特有的修辞系统，以一种敞开的姿态，接纳日常生活，使身体内部发生的事件和身体遭遇的事件结合，构成一种个人的、公开的历史，与之相对的当然是心灵内部发生的事件和心灵遭遇的事件构成的隐秘的历史，心灵是身体的成因，身体是心灵的昭示。阿毛创作中的身体感知，是身体的感觉——视听觉、味觉、嗅觉、触觉，身体的动作——举首、投足、奔跑、跳跃，身体的行为——欢笑、哭泣、爱抚、温存、缠绵，而这有关身体的多种行为、多个样态、多重变化，使我们看到阿毛写作的敏感、丰富、拣选和思辨。在《偏头疼》《转过身来》《女人词典》《印象诗·如此不忍》《两个嘴唇》《肋骨》《红尘三拍》等诗作里，阿毛为身体在瞬间作出的独一无二的敏锐反应所震惊，将稍纵即逝的顷刻捕捉于作品，从而写出了属于自己的独树一帜的作品。

其二，身体与性。20 世纪 90 年代以来，文学创作性禁忌的防线早已被突破，性描写可谓有增无减。无论作家的性别，文学写作与身体、与性相关已经不再令人惊奇。问题在于身体与性的描写，是否与作品水乳交融，是否可以增强作品的文化意味，是否可以提升作品的审美品位。一直以来，在中华传统文化中，精神与身体、爱与性的二元对立根深蒂固，即使是张扬自己叛逆开放的作家（特别是女作家），作品中很少有纯情、至爱的性描写，不是导向肉欲，就是导向耻感与罪感。阿毛创作中，身体与性的描写可以分为两个层面——小说的与诗歌的。如果说阿毛小说中的身体与性是开放的、张扬的，那么诗歌中的身体与性则是一个隐秘的、优美的、芬芳的存在，因为"我们身体的每一个部位都喜欢隐秘的词和芬芳"，身体只有在窗帘之后才能打开，窗帘后的身体，是温润的、新鲜的、美的，身体可以发出"阵雨般的蝉鸣"（《转过身来》），而爱的"浓郁香醇的酒是两个热烈的身体酝酿的"（《不言而喻的气息》）。阿毛在《女儿身》《取暖》《夜半》《隐秘的抒情》《身体的艺术》《和词的亲密关系》等诗文中，展示了自己对于身体与性的理解，性"通常是一些人安慰孤独与痛苦灵魂的有效过程与手段"，性虽然可以和爱一样永恒，但它只不过是一个短暂的避难所，而绝对不可能成为灵魂的永久依恋。所以她希望用自己的文字，留住身体这件可遇而不可求的艺术品，留住鲜花般美丽的躯体。

其三，身体与爱。身体与爱密切相关，爱是身体的表达，身体是爱的传递，爱与身体互为交糅，不可分离。爱可以为所爱者牺牲身体而修成正果（《一只虾的爱情》）；爱是为了完整，为了回到从前，为了重生——"生一个自己，生一个你"（《其实，是为了完整》）。可是，爱也是有层次的，身体之爱与肉体之爱不完全等同，身体之爱有时表现为肉体之爱，更多情况下表现为超越肉体之爱的灵魂至爱。在阿毛那里，"肉体的享乐很少能安慰孤独的灵魂。肉体的抚摸之后，往往是最深切的哀恸"（《女人的芬芳令人沮丧》）；血液的循环犹如奔腾的河流，在时间的催促下黯然神伤，因为"血在皮肤下面奔流／就像不能阻止花开花落／不能阻止眼泪掉进时间的长河"（《在皮肤下面》）。在阿毛的创作世界里，因为"身体不过是物"，犹如乘车一般，火车到站时，"剩余的爱已经没有力气向前了"。爱不仅仅因为精神的阻滞而停止，很多时候是因为身体——这个

"物"的无力而衰竭。因为隔开身体与爱的因素太多，房间、夜晚、橱窗、服饰、语词，任何身体之外的异物都可能造成爱的中断与阻隔。人群中，个人的身体无法安置，个人爱意难以传达，"人来人往的，最后都像被砍的树——/一部分成为栋梁；/一部分成为棍棒；/一部分变成纸或灰；/还有一小部分，侥幸成了身体的棺木"。这样，阿毛就理性地区分了肉体之爱与身体之爱，在创作中，以不同的姿态，强调在场的重要。

寻找：灵魂之爱

埃莱娜·西苏指出："写作乃是一个生命与拯救的问题。写作像影子一样追随着生命，延伸着生命，倾听着生命，铭记着生命。写作是一个终人之一生一刻也不放弃对生命的观照的问题。"① 阿毛的写作中，对于生命与灵魂的关怀始终如一。这种终极的关怀是阿毛沉浸在存在世界，目睹芸芸众生喜怒哀乐，并为之歌哭吟唱。我曾经说过，湖北的两位女诗人，鲁西西对灵魂的观照使她走向宗教，而期待拯救；阿毛对生命的寻找与观照使她走向灵魂，景仰超越。因此，阿毛由诗到思，不懈地追问，不懈地求索，以作品表达对世界的认知、不解、拒斥与抗争。以一种"不抱怨"的姿态，以一种同行者的心境，与现世警惕地保持着距离，竭尽全力希望能为心灵的澄澈安置了一个狭小而逼仄的空间，自我体悟、自我安慰，在自恋与想象中，安享生命的孤独、寂寞。

> 是谁说，"你一个人冷。"
> 是的，我，一个人，冷。
> 我想，我还是抱住自己，
> 就当双肩上放着的是你的手臂。
> 就当你的手臂在旋转我的身体：
> 就这样闭着双目——
> 头发旋转起来，
> 裙子旋转起来；

① ［法］埃莱娜·西苏：《从潜意识场景到历史场景》，载张京媛主编《当代女性主义文学批评》，北京大学出版社 1992 年版。

血和泪，幸福和温暖旋转起来。
"你还冷吗？"
我似乎不冷了。
让我的双手爱着我的双肩，
就像你爱我。

——《取暖》

这首《取暖》以温婉的爱怜，讲述一个孤独的女性对爱的渴求，现实的冰冷而严酷，导致人只能退回内心，退回到诉诸灵魂。幸福、温暖与爱只能在想象中得以实现，这不仅是女性的悲哀，也是人间的悲哀、世界的悲哀。

在阿毛的诗学词典里，现实世界的爱是既令人惊心动魄，神魂颠倒；也令人忧惧纷繁，陷落不安。现实中的爱是噬咬，是缠绕，是分裂，是震惊，真正的爱只有从枯萎的身体中挣脱出来，行走于灵魂之中，才有可能还原，可能长存。

阿毛的创作意向中，很多作品使用黑色、午夜、潮湿、凋零、灵魂、奉献之类的词语，白昼的生命由面具来遮蔽，而午夜是疼痛的灵魂展开的时间，午夜是奉献爱的时间。飘零、伤残的爱与美，在午夜与灵魂重逢，灵魂成为生命存在的象征，成为爱与美的载体。无论是诗歌还是小说，阿毛都用"灵魂"去提升生命的爱与美。无法直面时，就转过身去，转过身去朝向想象的现实、朝向艺术的现实、朝向灵魂的现实。

在阿毛新世纪的作品中，据我的不完全统计，有三分之二以上的诗歌使用过夜晚、沉默、安睡、忧伤、眼泪、灵魂、相爱等词语。在这些诗歌中，抒情的主人公希望沉溺于爱的黑夜，行走于爱的灵魂，永不苏醒；但在渴望灵魂永恒的同时，又担心灵魂犹如阵风，飘然而逝。这些见于诗歌中的矛盾现象，也昭示了阿毛在寻找灵魂至爱的过程中，对于爱的短暂、爱的流逝和爱的痛苦的困惑和焦虑。当"大音希声，大象无形，大爱无言"成为无可拒绝的真理之后，爱究竟如何言说？这不仅是阿毛的困扰，也是文学言说的困扰。或许，也可以像阿毛现在这样。

春天走了
转过身来

爱，爱夏天，爱它的红颜，
和身体里阵雨般的蝉鸣。
转过身来
爱，爱世间的每一颗露珠，
在静止的荷叶上面；
白天走了。转过身来
爱，爱黑夜，爱它的衣衫，
和身体里丝绸般的寂静。
转过身来
爱，爱天空的每一颗星星，
在行走的灵魂里面。

——《转过身来》

此外，我发现，与其他女诗人的诗作相比，阿毛很喜欢用"丝绸"来进行比喻。"丝绸"作为一种具有天然蛋白的织物，提取于桑蚕结茧准备羽化的时刻，是一种具有三棱镜般结构的生态纤维，犹如旋转的镜面一般，可以将自然光纤折射、散发出去。在阿毛的诗歌中，丝绸往往与旋转的镜面形成一种互文性的折叠与对照，出现在橱窗、静寂、午夜、缅怀时刻，成为一种灵魂伤痛、爱而伤逝的隐喻。《隐秘的抒情》《蝴蝶梦》《橱窗里的蓝色丝绒旗袍》……无不浓缩着生命主体的爱之寻觅。

阿毛的创作，特别是诗歌中，没有艾略特所说的"暴力联结"在文本中造成的奇特印象，更多的像低婉的轻音乐，山川河流，草木鲜花，一山一水，一草一木，衣着服饰，心绪情思，都可以进入写作之中，她经常仿佛呢喃着一种居高临下的孤独，在回环、复沓中使诗的形式出现多视角的叙述、多角度的观察，展示了一个文学者的艺术修养与学识积淀。但不得不指出的是，阿毛的创作，目前仍然有相当的局限，思想大于诗歌本身导致的思超过诗、游离于诗、理念遮蔽内在诗意的倾向，在作品中时而可见。小说创作中理性的阐释大于故事的叙说，而导致的叙事"介入式""自语化"倾向，在她的一系列作品中不乏例证，即使在她 2005 年出版的小说《谁带我回家》中，也是过多地杂糅了西方文学艺术家的常识与故事，而损害了小说本身的魅力。

"人鱼的刀刃之路，被理想主义者走下来，成为一种独欢。/泡沫对她的姊妹说，'我不在的时候，照看好我们水中的城堡。'……//尘世爱双生。早春就怀了一对双胞胎：一个是天使，一个是天使一样好看的魔鬼。"

在文学创作中，诗与思的关系，是每一个作家都必须面对的、不易把握和处理的关系。要想在写作中使存在的真理脱颖而出，作为虚构着的保存，创建于作品，任何一侧的偏重都有可能导致作品的分裂与脱节。天使与魔鬼本来就是孪生的姐妹，犹如文学中的诗与思。一个作者，注定一生与思想和语词交际，语词展示思想，思想灌注语词，让语词垒砌思想的长城的同时，要特别注意不使语词固定于思想的桎梏之中，成为无法言说、显现自己意义的木偶。在接受存在诱惑的同时，驱遣语词的同时，要注意保持自己内心的"定力"，使诗在思中自由地呼吸与游戏。

原载《南方文坛》2008 年第 2 期

诗歌:我正转身走向你

——杜马兰诗歌批评

我认为
只有鬼魂的身影能穿行在真理的深处
它们优雅朴素
你看到想起　记得却不知道

——杜马兰《真理》

不断暗自思忖，我是否与南京有某种缘分。20 世纪 80 年代初沿京沪线漫游，曾到过南京。对六朝故都记忆犹新：秦淮河、夫子庙既失却了往昔桨声灯影、画舫笙歌的繁盛，也不似今日粉瓦红墙、人声鼎沸的喧嚣；鸡鸣寺、豁蒙楼没有了六朝宝刹的庄严、浮屠耸空的辉煌，也不似当下青砖碧瓦、铜佛闪耀的空浮。十年后去南京访学，恰巧正遇上艺术类高校招生的专业课考试，南京几乎所有大学的宾馆、招待所都人满为患，找了许多地方都无法入住，无奈只好电话到诸葛忆兵先生那里，诸葛先生不在家，诸葛夫人张玉华博士说马上到南师大门口接我，以后就住他家。几天后，我随诸葛老师到鼓楼附近的一个小区去拜访南大的张伯伟教授，向他请教有关天台宗的禅道与汉地其他佛教宗派的差异等问题，在他那狭小但书香氤氲的房间谈古论今，我那时最羡慕的是他的那套正版的《大正大藏经》。再后来，不仅多次在南京—苏州间游走，而且读到更多南大学者的著述，读到更多二十多年来南大培育的作家丰硕的文学艺术创作：叶兆言的《夜泊秦淮系列》、小海的《心灵的尺度》以及"海安"系列诗歌、李冯的《今夜无人入睡》、楚尘的《迪迪之死》、刘立杆的《片断》、杜马兰《合唱团》、鲁羊的《在北京奔跑》、张生的《全家福》、海力洪的

《药片的精神》、贺亦的《火焰的形状》、程青的《织网的蜘蛛》……曾为鲜活的人物幽思难忘，精美的诗歌唇齿留香，独特的话语记忆犹新，高超的技艺合掌击节……

在我知道杜马兰之前，他早已声名远播，2002 年的"民间诗坛封神榜"① 说他是英侯，喻他为王维转世；张生的笔下，他绝对是才华横溢、经纶满腹的江南才子。当然，在杜马兰诗歌的阅读过程中，我尽可能地剔除他人的解说对我的影响、牵扯或者说干扰，直接通过诗歌文本的阅读来寻觅诗人的诗踪词痕，羁旅萍印。

据我所知，《合唱团》是杜马兰的第一部诗歌结集，也是他二十年诗歌写作的结晶。说实话，《合唱团》第一遍我是按顺序慢慢读下来的。有些凝聚了诗人心血的诗作就已经在大脑的沟回存储。《合唱团》《物质的莲花》《仇敌》《存在之舞》《中国往事：王贵与李香香》《真理》《猛犸》《永垂不朽》《夜读春秋》《鬼女生》《当我平安死去》《飞了》《妹妹》《以水为妻》以及那些片段的长短句，我似乎看到杜马兰从一个激情飞扬、敏锐先锋的诗人逐渐分裂开来，终于挣脱了外在束缚的茧壳，回向时间的纵深、文学的本真、汉语诗歌的起源。内心的刹那感觉与诗歌语言高度结合，睿智深沉的思想理性与淳厚缠绵的人类情感交织，构筑了杜马兰诗歌艺术的典型特征。再读一遍，我几乎是不由自主地倒着、从后往前读过来。这种感觉就犹如当下识得一个新朋友，朋友正坐在对面，平静地与你述说他的曾经，回溯他从现在到过往所经历的人、事、情、理；他的愉快、欣悦、烦忧、哀伤；他对诗歌的感悟、思考、探索、尝试。他把自己从开始写诗到新世纪的二十多年直截了当地袒露在我的眼前，使我从诗歌里熟悉了诗人杜马兰。

杜马兰的诗歌理念中，"未来的诗歌，必是自由的诗歌"。"世上本无诗，有诗本无句；有句本无体，有体本无意。……有诗无类。"② 如兰色姆所说诗歌"艺术是从原始的意向中自动组成的，并出现于早期的天真

---

① http：//www.xiangpi.net/wk/wk2/fsb.htm.

② http：//www.tamen.net/subject/002.

时期……在这第二次爱情中，我们回到了我们故意疏远的某种事情上来"①。杜马兰的诗歌创作路径，实质上就是往回走的过程，就是对民族文化的自觉回归，对汉语诗歌传统的自觉靠拢。他在继承汉语诗歌传统的基础上，汲取了象征主义、意向主义、超现实主义诗歌的精髓，经过自己的体悟、创造和整合，形成了个人独特的审美风格。

杜马兰的话语世界里，新奇清冽的瞬间经验往往与深沉厚重的人类历史意识融为一体；形而上的探幽寻玄与生存的此在之境相互接引；诗歌创作的纯粹与介入当下生活的使命彼此激活。在《物质的莲花》中他写道：

> 我喜欢这些物质的莲花　街道
>
> 一片繁华的灯火　照亮深夜
>
> 站在窗前　众生优美而孤独
>
> 我的路上寂静无声
>
> 仿佛午后寺庙的庄严
>
> 我低下头　采撷生的感受
>
> 时间碧波荡漾　因万物而不朽

在诗中，他把个体的孤独体验与对众生的悲悯用夜晚的繁华街灯连接，莲花不再是法相庄严的菩萨宝座，不再是引渡众生进入天堂的舟船，而是给俗世带来光明的灯火。不朽不再是修行的终结，它就存在于与你我相伴的日常万物之中。这首诗在宿命与存在、醒悟与迷惘、孤怜与温爱中构成张力，将瞬间的"所知"与人生甘苦的经验传递出来。因为"我的路上寂静无声／仿佛午后寺庙的庄严"。

杜马兰的诗中，我以为《高山》《流水》是境美格高的诗。他表达了作者对大自然深挚的爱恋和感恩之情。18 世纪末以降，"回归自然"的呼唤就不断在世界诗坛震响，浪漫主义的怀旧几度重临。然而，许多诗歌作品不过是古代田园牧歌的低能仿制，自然始终与人相割裂，成为外在于人的观照对象，山水、田园不过是诗人附庸风雅的陪衬。杜马兰在《高山》

---

① ［美］兰色姆：《诗歌本体论札记》，载赵毅衡编选《新批评文集》，百花文艺出版社2001 年版，第 57 页。

《流水》中，秉持了心物合一的追求，人与自然同心律动，相合共融，达到了人与自然审美的双相对象化。大山里的野羊、麋鹿、杜鹃、黄杨、常春藤和山榉，流水中的游鱼、珍宝、碧波、白浪与诗人的心灵共舞，把生命与情感的搏动纳入世界万物彼此应和的运动之中，共同焕发出本原生命的辉煌。诗歌灵动舒缓，语言复沓，刚美与柔美和谐自然地统一于明快的节奏。因为"高山是力量的根本／它给人强壮，却又未曾束缚任何人／／因此我才向高山走去，向高山走去／因为我的身体渴望飞去"。（《高山》）"当我需要水　我就用目光追随着妹妹／追随她的说话和祈祷／／我的人生如此简单　我追随妹妹／我得到了水。"古语说"智者乐水，仁者乐山"。我想：山水齐乐的杜马兰一定希望到达仁智双胜的境界，走出那古老的蕈树的阴影，在诗歌的"仙界"自由飞翔。

杜马兰的诗歌写作，既有超越现实的澄明，又不乏深刻的现实感。具体与抽象，犀利与温润，神秘与淳朴，民间诗歌的奔放与知性思索的徐迂忻合无间地合流，《真理》《永垂不朽》《舞蹈》《穷人》《事故》《思想的境界》《高林生》展现了作者对于当下"此在"的关注和焦灼。《高林生》是一首短叙事诗，诗中写道："高林生，住在岷县的纸房村／他有一亩地，要养活一家人／／一亩地，一亩瘦弱的地／五分种小麦，五分种马铃薯／／高林生一脸风霜，今年三十多了／没有功名，只有尘与土／／三间土房，是他幸福的家／一辆架子车，和一床旧棉被／／……马铃薯够全家人吃两个月／小麦够全家人吃一个月／／所以种完田，必须拉车挣钱／他的收入，每年三百元／／他娇小的妻子，叫明霞／能吃饱的几个月，她真是个美人／／没有镜子，明霞在水中看自己／高林生看着她，一阵心疼／／麦子扬花了，高原灿烂近黄昏／全家倚着门，等着高林生。"诗歌语言平和淡然，没有夸张的语词，没有华彩的修饰，没有突兀的乖戾，但视觉效果极为强烈。目睹太阳下的赤贫百姓，诗人满含眼泪，忧郁地歌唱着。诗歌的象征意味，现存的严峻酷烈在诗歌中得到真实的展示。高林生一家赖以生存的物质的极度匮乏，就是现实中特困人民生活的缩影。三间土房、一辆架子车和一床旧棉被就是他们的全部家当，赖以活命的粮食极度短缺，只有一年 300 元的收入勉强接济。诗歌成为现实存在中贫困者的标本。家庭的困境、妻儿倚门等待的情景与高原麦子扬花的灿烂黄昏组接为一个对比蒙太奇，使读者在阅读瞬间获得诗与思的双重震悚。

一般说来，诗歌话语与实用语言的区别在于，诗是一个独立的话语世界。在多数情况下，诗歌语言与其所指涉的实体是不对等的，或者说是相疏离的。有经验的诗人在诗歌中处理"情境"材料的时候，喜欢用"隐喻"或者"心象"的方式，以期扩大文本的暗示能量，创造出主体所体验到的"心象"真实。我注意到杜马兰诗歌中反复出现的意向有"流水""大地""时间""狮子""妹妹""婴儿""疼痛"等。他在《雄狮》中这样写：

> 雄狮在水中隐现
> 它是个多么惊恐的人
> 奔跑的雄狮
> 死亡并为你流泪
> 这是多么惊恐的时间
> 它的变化的容颜
> 将布满青色的青苔
> 使你安静
> 使你安静
> 使你遗忘并老去
> 大地上的房间
> 在一把琴的旁边
> 雄狮的手指　已落满灰尘

杜马兰引领我们进入他的诗歌隧道，体味生命高原的探险。高贵而孤独的雄狮，在时间的淘洗中变得苍老，原始的伟力不复存在，临水照影，惊恐万状。眷恋生命、流连时光是诗人的天性，诗人体验的是雄狮与人的双重孤独、衰老。琴声不再悠扬悦耳，皆因"雄狮的手指已落满灰尘"。虽然诗歌是粗线条的勾勒，但意蕴深刻，真力弥漫。他既深入时间的深处，又突入生命体验的本真，探询其象征体内部的矛盾纠结，凝铸了崇高、恐惧、苍凉的生命思考。

杜马兰的很多诗歌是截取生活的片段来进行写作的。如《猛犸》《一个教师的一天》《仇敌》《卖冰棒的小女孩》《金枝》《击鼓传花》《深夜跳舞》等。这些诗情趣丰盈，人物从形貌到精神都呼之欲出。教授发现化石的饥饿、喜悦与面对死亡的幽怨、不甘（《猛犸》）；课堂上孩子们对于真假的论辩所引起的混乱与欢笑（《一个教师的一天》）；一个前来军训的连长痛苦地向我述说自己见识金枝的过程（《金枝》）；我与世界在深夜的相互倾听、相互愉悦、相互交流（《深夜跳舞》）；以及我与朋友们早某处相聚的片段文字……杜马兰的这一部分诗歌注重挖掘人秘而不宣的精神无意识，使诡异的隐喻语象成为诗的童年记忆、少年幻想、现实经验的曲折投射。诗歌打破了文体的界限，将日记、传奇、幻想、事件、意念嵌入诗歌，视阈开阔，平缓而深刻。"深夜这么安静/只有两个孩子在跳舞/就是我和世界//相互愉悦的二个小人/在光的里面越变越小/越小越孤独/流下完美的泪//只有最洁白的人/才能摸到世界的脸/摸到深奥的心灵//一次转动　两次转动/没有眼睛也要相爱没有耳朵也要呻吟/跳舞的孩子就这样//伤心的世界/已经安静下来/我把白天/一点一点盖在它身上。"（《深夜跳舞》）

杜马兰曾说，"如果可能我愿意有一双翅膀/飞翔这才是脱离凡尘的优美动作。"他又说："天下有大美叫我忘言/我在西天上温柔的周旋//心如打开的大地寒冷又辽阔/我的逍遥就是有点累。"由此简单的诗句，可以见出，诗人的孤寂与分裂。他的愉快，就是同时游走于诗路的两边，同时写着不同的诗。这种愉快的分裂，似乎才是诗歌的自然和圆满。当然这种分裂也导致了杜马兰诗歌风格的杂糅：渴望生命的极端体验与逍遥自由的浪漫抒情并重；热爱大地的炽烈与超脱凡尘的欲望共存。人性的复杂与人生的多元，对于生存意志的赞美在诗中得以泄露，诗人的生命于此得到淬浸、砥砺。写到此，我又想起了杜马兰的那句话："有诗无类。"在大雨中赶路的司机，关心的是路而不是雨。不管雨如何大小，只要有路，最终可以回家。杜马兰的诗就是走在回家——回归汉语诗歌之家的路上。且看他的《存在之舞》：

> 在失眠中　我的情感仍然有效
> 就像风雨在哭号　而我安然在床
> 黑暗中我谛听着那些光亮
> 反复试探着　在空中舞动这些手指
> 可是那一切仍然有效
> 我知道无数人在夜里喧哗

那些有罪的事业都还存在
他们不属于我　不属于任何知觉
不属于轻佻的意识形态

陈超诗歌《风车》的文本解读

冥界的冠冕。行走但无踪迹。
血液被狂风吹起，
留下十字架的创伤。
在冬夜，谁疼痛的把你仰望，
谁的泪水，像云阵中依稀的星光？
我看见逝者正找回还乡的草径，
诗篇过处，万籁都是悲响。
乌托邦最后的留守者，
灰烬中旋转的毛瑟枪，
走在天空的傻瓜方阵，噢风车
谁的灵魂被你的叶片刨得雪亮？
这疲倦的童子军在坚持巷战，
禁欲的天空又纯洁又凄凉！
瞧，一茎高标在引路……
离心啊，眩晕啊，这摔出体外的心脏！
站在污染的海岸谁向你致敬？
波涛中沉没着家乡的谷仓。
暮色阴郁，风推乌云，来路苍茫，
谁，还在坚持听从你的呼唤：
在广阔的伤痛中拼命高蹈
在贫穷中感受狂飙的方向？

——陈超《风车》

这是一首具有浓厚哲理意味的诗。语言方面，从表面看来并不太晦涩，但其中丰富的意向、隐喻和象征还是颇费思量的。现代诗歌所做应有的语言的先锋性，词的自足性与多义性，以及诗意的自然开放，一直是陈超诗歌的追求，在多年的教学与研究中，他熟稔东西方的诗歌创作与理论，在自己的诗歌创作与实验中，渗透了对于"诗""语言""思"的哲学思考。《风车》意向繁复而连贯，语境开阔，但话语又有高蹈与伤痛中磨砺出来的清朗、透明。

题解："风车"具有双重寓意，从表层来看，它是孤独地矗立在空旷而开阔的大地之上、向上直入蓝天的大型动力型机械。风车是动力与效率的表征。另外，风车也暗喻转向与循环，因为风车如要保持足够的动力和旋转，就需要随着风向的变化而调整自己的迎风装置与速度，以保持机头始终迎风和风轮转速大致不变，同时风车的行走也是无目的、不确定的循环往复，目标在哪里，终点在哪里，都需要探究。

"风车"在词性方面可以有两种解释，一是名词，指风力发动机，由带有风篷的风轮、支架及传动装置组成，是一种将风能转变为机械能的动力机。一是联合结构的合成词，由"风"与"车"两个名词相加而成。"风"是气象上特指空气在水平方向流动，通常用风向和风速表示。风具有两面性。风可以吹散乌云，带来温暖、降水，利于植物生长；风也可以席卷大地，带来寒冷、暴雨，破坏现有的设施，造成灾难。"车"可以泛指用轮子转动的机器与器具。"风"作为动力推动"车"的运行。

风力也是人类最早认识并学会使用的动力之一。"风车"是人对于风力认识之后，利用风为动力，进行灌溉和漂洗、锯木作业而制造的器具。在这一点上，欧洲、中国、伊斯兰地区是并驾齐驱的。有记载说，在12世纪，欧洲人利用东方传入的风车，提高了当时的农业和手工业的效率，使人力解放出来，也使得奴隶不再是经济上的必要。"风车"带给人类的主要是劳动力的解放与效益的提高。欧洲最早使用风车的是修道院，其着眼点不在于经济效益，而是为了自给自足，以保持与邪恶外界的隔绝。所以修道院的风车又成为纯洁、隔绝与宗教精神的象征。由"风车"这一特定的意向，我们可以联想到西方的许多名画和塞万提斯的名著《堂吉诃德》——那个耽于幻想、秉持着脆弱的理想主义去与现实存在不懈战斗的浪漫骑士。

《风车》结构上分为四节。写现代思者以思之心灵找寻还乡路径的感伤与失落。四节之间内部气韵贯通，意向勾连，为解说方便，我们还是分节来进行说明。我以为，第一节的主词是"你"，但这个主词并非单纯的人称指代，而是用拟人化的手法来指代风车——一个外在于"我"的主体世界的、矗立于宽广开阔的海边的高大的标志性设施，这里有一个暗含的、并未凸现的"我"。风车是"我"这个来者可以远远望见的、令"我"仰望的目标与形象。正由于"你"的高耸，所以"你"可以远距离地映入来者——"我"的视线之中，使"我"仰视才可得见。"你"是居高临下的，俯视来来往往的人流，同时也俯视着"你"的仰视者。在这俯仰之间，拉开了仰望者与仰望对象的空间距离，构成了俯与仰、高与低的对峙、交流、沟通。这是"你"与"我"的对峙，来访者与他的景仰者的交流，一个孤独者与另一个孤独者——一个人与异于他的实在——的沟通。海德格尔说："此仰望穿越向上直抵天空，但是它仍然在下居于大地之上。此仰望跨于天空与大地之间。"但这仰望也满含眼泪、痛楚和伤感，展示了理想主义者内心的忧伤与情感的旋涡：冥界是逝者、远行者的居住之所，也是在者、来者归宿之居。"冥界"只是存在于尘世的另一种方式，"冠冕"本是帽子、头冠，原为首位、第一的意思，在此转喻高高矗立的风车，风车作为"冥界的冠冕"——另一个世界的旌旗，它在风的推动之下，无目的地、无声地、毫不停歇地运动着、行进着，因为它总是在天空行走，所以它似乎没有在存在世界留下任何可以查寻的踪迹，"千山鸟飞绝，万径人踪灭"，"天空没有翅膀的痕迹，而我已飞过"。但就在这无声无息的时刻，"血液被狂风吹起"，推动风车的风力，冥界的风暴，成为血液奔涌的动力。"风"与"血液"，不同经验领域中性质完全不同的两个事物，被作者用"强力"扭结在一起而成为一种"暴力结构"，读这句诗，由词语之间的巧妙连接而形成的审美力量，特别耐人寻味。血液被风吹动，显现了"人—我"为外在所感动而引发的心理波动。人在感受风力对于身体侵扰的同时，也感受到此时此刻风暴对于心的洗礼。理想者热血奔涌，生生不息。这既是一种生理性、经验性的感受，也是心理性、情感性的感受。自从人类可以悉心体会自己细微的感觉，并将自己的感觉经验传达出来后，人类的交流就构成了。人类可以在交流中彼此聆听对方的心声，在交流中"学会了许多东西，唤出一个又一个神灵"。

高耸的风车叶片外形犹如十字架，直抵苍穹，在冬夜里孤独地挺立着。而"十字架"是希腊文"chi"（X）和"rho"（P）交织合成的花押符号。作为基督教的主要标志，十字架象征耶稣基督被钉在十字架上受难而死以救赎世人。钉"十字架"是当时人所能想象的最为严酷的惩处罪犯的方法。《新约·路迦福音》详细记载了耶稣受审并在各各他被钉在十字架上的事件，"人子必须被交在罪人手里，钉在十字架上，第三日复活"。从耶稣被钉上十字架的一刻起，十字架就成为拯救的象征，由刑具而转化为盼望和转变。十字架像一棵从地上长到天上的树，整个宇宙都在围绕它而旋转。十字架是具有宇宙维度的，它对于宇宙存在具有重要作用。伪希波利特说过："这棵树对我来说是永恒的拯救之树。我就是靠它滋养的。……这棵硕大的树从地上直长到天上，它支撑起一切事物，支撑着整个宇宙，是整个世界的基础。"由此，风车与十字架形成暗合的意味。风车在旋转、在转向，十字架也象征转变。风车像十字架一样，以其触及上天高处的顶端，以其支起大地的深厚根基，以其在空中的巨大臂膀，拥揽着天地万物。诗中所说的"十字架的创伤"，可以分解为理想的创伤与存在的创伤，过往的已经平复的创伤和现在的正在经历的创伤。在现实中，人失去了家园感，"诗"的理想也在失落，诗意地栖居于天空大地不啻为一种不切实际的奢望，理想主义者不免黯然神伤，他们满含泪水的双眸，犹如在云层遮蔽的间隙流露出的依稀可见的微弱星光，闪烁而凄凉。在严寒的冬夜，在寂静的海边，理想的痛苦是思者的内心回音。

这一节里，风车的动与大地的静，人的动与冥界的静，仰望者的动与冬夜的静，一动一静，泪眼蒙眬，星光云阵整合为感伤而苍凉的立体的画面。景物与行动者、观察者之间构成了一种张力，永恒的理想的象征、精神的升华与深入大地，在俯仰动静之间诞生的是"思者"的疑问。何谓故乡之标志？谁还在尊崇信仰？谁还在追求理想？"谁的泪水，像云阵中依稀的星光"在冬天的黑夜闪亮？第二节的主词由"你"转向"我"，诗歌逐渐由外部世界进入内在世界，叙述主体逐渐介入——见证者与体验者——具有双重身份的人。这里充满"我"的视阈、"我"的观察、"我"的见证。展现的是略带具象世界的画面。"我看见逝者正找回还乡的草径"，就与第一节的"冥界"在暗中衔接起来。"我"看到远离这个世界的逝者在焦灼地寻找回归的道路。"看见"是视线所及的，"找回"预示着原来的、曾经的、过往经验的，而"草径"则意味着回乡之路不是通衢大道，不是高速公路，而是被遮蔽、被覆盖的幽深小径，是被掩藏的曾经的存在。"草径"虽然与大地——风车扎根的土地——亲密依偎，但毕竟是一条已经被遮蔽、掩藏了的残旧的小路。被过去、被现实遗忘的理想之路究竟在哪里？无法显现越显出"找回"的迷惘与艰难。如此，回乡的路充满艰辛，无目标、无方向的困惑的不幸，困扰着渴望还乡的回归者。故乡何在？家园何在？理想之境何在？一切都成为疑问、疑虑、疑惧。这不是一般的返回故乡，回归故里，而是一种依据这个地方的要求而必须完成的运动，在这个运动的时间链条中，行动——寻找就成为唯一可行的行为。陈寅恪有七律曰"归写香山西乐府"（陈寅恪《来英治目疾无效将返国写刻近撰元白诗》），他的归是目的之归、意愿之归。荷尔德林说："人类自我忘怀并忘记上帝，人类像背叛者那样返回，虽然以神圣的方式。"虽是逆向的回归，但也是意志之归。可"逝者"没有，他还需要漫长地寻找。

"诗篇过处，万籁都是悲响。"因为我"看到"或"目睹"了找寻的痛苦与艰难，因而我也听到了诗掠过人间的悲鸣。"诗篇"本是静态的、物性的、对象性名词，由于诗歌对于读者来说是处于静止的状态，它是无法行动的，只有携带诗篇的人在行走。这里是以物代人，形成诗歌的过往、现在与向未来的发展。"过"这个字，在这里深有韵味。它指示着时间有一定的长度，行动也有一定的速度。由远及近再走向远方，而这走过、行过的，是诗人与诗歌。杜甫曾有诗云："身轻一鸟过。"（《送蔡希鲁都尉还陇右寄高三十五书记蔡子勇成癖》）李商隐《对雪二首》："旋扑珠帘过粉墙，轻于柳絮重于霜。"当诗人携带他的诗歌，寻找诗意栖居之所，凡是走过的地方，诗已经不是现实生活中人的生活、生命之所必需。诗意成为乌托邦的梦想之所。所以，夜深人静之时，诗人听到的是万籁悲鸣，其实就是"诗"所发出的悲鸣。它所伴随的是现代人对于当下生存的认识和深深的自省，也是对于诗之理想的叹惋。"籁"本来是古代的一种三孔乐器，类似于我们现在常说的箫，可以吹奏出凄婉哀伤的乐调。《庄子·齐物论》说："女闻地籁而未闻天籁也。""地籁则众窍是也。"独特的与从众的，都是思者所考量的。"万籁悲响"这种噬心的痛感，预示理想的陷落和为众声淹没。

在西方文学意向中，主宰"视""听"感官的都是希腊太阳神的女儿之一，前者与音乐密切相关，而后者象征飞鹰犀利的眼睛。这两句将视觉形象与听觉形象糅合在一起，在质感上更贴近自人人自我的感觉经验。

"乌托邦最后的留守者，灰烬中旋转的毛瑟枪"都是在暗喻理想主义的情感某些偏执和空泛。既象征古老文明的失落，也象征断裂的一代人对于传统和理想的遗忘与弃绝。"乌托邦"本来就指完全不存在的美妙城邦。处于希腊文的 ou（无）和 topos（地方），在拉丁语中读为"Utopia"，也就是"乌有之乡"的意思。托马斯·莫尔在《乌托邦》一书中，为人类勾勒了一个美好诱人的社会。乌托邦的魅力就在于它的虚构性与幻想性。思想者、清醒者往往只是赞叹人类超凡的想象而警觉乌托邦在人内心深处狡黠的诱惑。由于大地上根本就不可能出现乌托邦，那永恒的诱惑与清醒的嘲讽才具有"互否"的意味。

20 世纪以来，人类历史上曾经有过一个乌托邦的强制性试验，这种试验成为某种强权政治、绝对主义者和历史决定论者推行他们所谓"理想"的代名词。在他们的理念中，乌托邦是一个亟待呈现的具体的存在，是绝对真理、永恒本质的象征。乌托邦表面的天堂色彩与实质的地狱本质只有在揭破其理想主义的面纱后，才能显现真实的一角。在诗歌中也是如此，最后留守乌托邦的人，往往会以一己所坚守的所谓"理想"的尺度衡量一切，对不同于自己的极力压抑，大加挞伐，成为令人怅惘的例证。

"灰烬中旋转的毛瑟枪"。毛瑟枪是对德国毛瑟（Mauser）地区的工厂制造的各种枪的总称，一般指的是步枪。与堂·吉诃德式的冷兵器长矛相比，毛瑟枪无疑是一种质的进步与飞跃，可与现代科学技术的发展相比较，毛瑟枪又成为落伍与保守的象征，而在"灰烬中旋转"，是燃烧过后的、废墟里的活动，是一种无方向、无目的的自为的运动。此刻"我"只能深深沉浸在冥想之中。"走在天空中的傻瓜方阵"，高蹈而又迷惘，脱离了大地的根基与支撑，虚浮而无力。傻瓜也早已不再是鲁迅笔下那个企图在墙壁上凿开窗户、透进光辉的傻子，理想也不再是引领上升的动力，而是现实中虚悬与浮躁的表征。不过，从另一个角度看，现实只是瞬间的存在，它一边凝聚着过去沉重的历史，一边通向莫测渺远的未来，如何把握现在？在转瞬即逝的存在中找到个我，找到精神的家园，找到灵魂的故乡，这是人类永恒的困惑。灵魂被风车的叶片刨得雪亮的，最终只能是诗人——理想主义的诗人。可他们可能，而且只可能成为被风车叶片刨亮灵魂的无根的漂泊者。

第三节与第二节可以贯穿起来，因为其内在的思绪紧密相关，依然呈现视觉的感受。"这疲倦的童子军在坚持巷战",史料背景这样记载,最早的"童子军"可以说起源于十字军东征。12 世纪后期,随着东征的屡屡失败,使基督徒们怀疑是否上帝觉得他们罪孽太深而无法承担这神圣的使命。恰在此时,一个 12 岁的牧师自称耶稣附身显灵,号召各国儿童组成十字军东征。一些老年修士也从旁竭力鼓动,说什么唯有天真的儿童才有能力收复圣地,解救难者。在狂热的煽动下,激动的孩子们不顾父母强烈反对,同其他年龄相仿的少男少女一道报名入伍。然而童子军的出征并未换来战争的胜利,却使大量(5 万—6 万名)稚嫩的生命病死、饿死、累死在山道上或者跌落到茫茫大海,也有许多儿童被拐卖为奴,受尽磨难。后来的"童子军"是儿童接受军事化训练的一种组织,由英国军官贝登堡于 1908 年创设,流行于世界许多国家。中国的童子军建立于 1912 年,训练内容有纪律、礼节、操法、结绳、旗语、侦察、救护、炊事、露营等。"疲惫的童子军"比喻理想主义者力不胜任的承担与精神取向的过于单纯。他们在狂热者的煽情鼓动之下,往往忽略行为需要思想理性的内涵与必要,而不惜一切代价乃至付出生命。"疲惫"是一种过度劳累的状态,既有身体的疲惫,也有心灵的疲惫。"巷战"一般是退守的战斗。其常常依据城镇的街巷为壁垒,做最后的搏击。疲劳不堪的"童子军"还在围困中坚守狭窄的街巷阵地,在他们为规范、桎梏所束缚的世界里,在他们无力承担又勉为其难的担当中,让人感到那么单纯而又凄凉。他们与加缪笔下的西西弗斯明知不可为而为之的清醒、担当相比,显然是多了几分盲从与无力。诗人以高超的双关技巧,使得语词的质地自然地合成画面——孩童为战争洗礼的身心在面庞上表露出烟火的颜色与困窘的表情。那么对于存在、生命与艺术的真谛的探究相对于他们来说,毕竟是难以担当的重负,可是在理想激情的催动中,愿望的力量超越了自身的力度,他们的行动才显得那么执着而又悲壮。"禁欲的天空又纯洁又凄凉","禁欲"也是一个与理想有关的词,在此具有复义性,一方面是理想主义者对专制制度拘囿、桎梏人的身体与心灵的批判意识;另一方面,过度的、超越现实的理想主义有可能桎梏、拘囿人的身体与心灵,从而带来"禁欲"的恶果,那凄凉的纯洁除去至爱它的人赋予其种种称号之外,还会留下什么?只能是无垠的空寂与怆然。那么,是什么摄住了"他们"的魂灵,这难道是"宿命悄悄选定的事业?"抬眼望去"一茎高标在引路……""一茎高标"就是那正在旋转的、不知目的的风车。风车在旋转中所产生的离心力，它所引起的仰望者的眩晕，可以曲喻诗歌本质的多元与非中心性，以及诗歌创作现象与态势的纷繁与错综杂糅。迷离复杂的存在现象界不是用某一个词语可以概括或者某一个短语可以归结的，诗心不再附体，游离于框架之外。诗有其自在的空间，它可以离开拘禁，自己行动。虽然语言是存在的家园，但词语有自己的生命。它犹如风车般在天空旋转，脱颖而出。但过度的理想主义只能关"诗"于单薄的身体里，使之变得益愈纤弱，失去了应有的鲜活和生机。

当渴望找回还乡草茎的逝者，历尽坎坷，终于来到惨遭"污染的海岸"边时，"家乡的谷仓"已经在"波涛中沉没"。"大海"与"家乡"本来就是理想者心中的天堂，他们重视、渴望重新找回原初的希望。但现实的存在是严酷而无情的：大海被污染！家乡被淹没！身体的故乡与心灵的家园同时遭到毁弃。没有了赖以支撑身体与精神食粮的回归者，刹那间遭遇到多重困境与重创。"站在"本是两个词。"站"是动词，奔波劳碌的人停下了脚步，处于停顿的状态，"在"是介词，站立的处所——海岸边。站在海岸边是诗中主人公的当下情态，他再也感受不到家园的温馨，映入眼帘的已然是破碎了的家乡之梦、理想之梦。他会停下来吗？他会停止自己的探究吗？诗人将眼中景象和心灵之象在刹那间重构为情感与理智的巨大的复合冲力，不禁慨叹。眼下，狂风推动乌云遮蔽了夜的世界，显得那么晦暗渺茫，"风"在这里成为遮蔽道路的动力，与推动风车带来效益的"风"形成反讽。暮色阴郁，"来路苍茫"，敢问路在何方？生命与存在的问题朝向未来打开，不会完成或终结。"谁，还在坚持听从你的呼唤：/在广阔的伤痛中拼命高蹈/在贫穷中感受狂飙的方向？""你"是风车，是大海，也是理想的比拟，"呼唤"也来自外在于主体的"你"，经由风的传送通过听觉在心中回荡，掀起情感的波澜。"听从"是依照别人的意思行动，"从"指顺从、跟随，体现行为的主体缺少自己独立的理性和意志的追随。"广阔"一般用来比喻田野、草原、沙漠、大海等，以广阔形容"伤痛"是一种联想，暗示以往的陈述的巨大内涵，"在广阔的伤痛中拼命高蹈"为取悦"理想"而伤痕累累的景象，占据了诗人的心灵，是啊，"精神家园除去我们自身地火般的挣扎过程，能到哪里寻找呢？"对当下理想主义济济众相的深怀怜悯，使诗的隐喻纤维获得延伸，当高蹈者在伤痛中寻找、追随"狂飙的方向"时，那种紧张绝望的激情，被扩展了的"失乐园"式的内驱力，使我们看到乌托邦理想者疼痛卓立的单足者形象。对牺牲者的悲悯，对夭亡者的悲悼，对绝望者的警醒，对"污染"和"贫穷"终极的焦虑，使陈超的诗歌触到了生命与存在的根柢。因为"诗歌作为一种精神的呼吸，天然地和个体生命的话语有着直接的联系"。就如诺瓦利斯所指出的那样："我们渴望在宇宙中遨游。宇宙难道不在我们身心中吗？我们并不了解我们精神的深度。神秘的道路通往内部。永恒同它的世界，过去和未来在我们身心中。"

海德格尔在《林中路》中指出："思就是诗。尽管并不就是诗歌意义的一种诗。存在之思是诗的原初方式。"在陈超看来：现代诗是个体生命朝向生存的瞬间展开。"诗歌是诗人生命熔炉的瞬间显形，并达到人类整体生存的高度。""诗歌是估量生命之思无限可能性的尝试。"《风车》这首诗，四节中的三节都以疑问句结尾，其中追问、否定式的语言，将内心的旋涡在回环中叠加，风车缓缓转动的柔慢与诗人心灵波涛激荡的剧烈，通过移情与通感等手法使内在旋律得到积聚性强调，把铭心刻骨的个人感受与噬心的时代体验整合，凸显了存在与理想、焦灼与悠游、绝望与希望的矛盾。一切又都仅仅围绕在风车这一具有鲜明质感的物象上，赴困的勇气与担当的无力加深了盘结的果断，使之成为洞彻灵魂审美意向、令人感受到那种"变血为墨迹的阵痛"。由《风车》而展开的其实是一个心象的空间，这个空间只存在于诗人的个体生命之内，虽然它聚集辐辏是狭小的，可是它的张力反而阔大。诗人独异的创造，使象征的意象在诗中强化，逐渐成为心理的能量，传达了丰富的审美内涵。

"诗歌起源于对差异的敏感"（臧棣），《风车》的内部时间是冬天的夜晚，这里不仅仅是季节和时间局限，而且也是在朦胧迷离中变暗眼神里一种特定的——凄婉而伤感——心理氛围的喻指。在画面上，《风车》似一幅德拉克洛瓦的油画，全部秘密在于对调子关系的精细处理与对细微差异的特殊敏感，如"血液被狂风吹起"所呈现的战栗与不安，如"走在天空的傻瓜方阵"所透露的内心焦灼，都展示了诗人对于自我经验与想象力的把握和驾驭语言的能力。《风车》多以"ang"音做韵，在音乐中，"ang"这个音常常被用来表现那种低回感伤的场景，"ang"韵令整个诗的声音哀婉苍凉，物理的声音在此通过"调质"形成的特殊暗示，揭示着现实的裂隙，使诗歌的语境唤起读者对于噬心的轮回的情绪体验，以感受诗的特殊魅力。

"永恒之女性在引领我们上升。"（歌德）诗歌的审美特质，使得它时时"跨越日常语言的框框之外去活动"。《风车》中的风车在诗中成为多重象征：理想的，澄明的，心灵的……有"一茎高标在引路……"可是"暮色阴郁，风推乌云，来路苍茫"，当心灵体验和身体状态的真实性天然地契合，生活和事物的纹理就会自然澄明。作为想象力自由飞翔的诗歌，《风车》属于陈超，《风车》也超出了诗歌意象的界限，达致与我——读者的契合。

生命、自由 VS 拯救期待

——鲁西西诗歌批评

20世纪90年代中国大陆地区存现的众多诗人中，鲁西西算得上是比较出色的一位。在与我的朋友、诗歌评论家陈超谈起鲁西西诗歌时，他曾告诉我他的感觉："鲁西西的诗歌朴实无华，但有一种内在的先锋感。"在《诗歌月刊》最近的排行榜上，鲁西西的《喜悦》因"干净、唯美、理想的情怀和精湛的技艺"而榜上有名。可以说，鲁西西是位在本体论意义上找到了诗歌的人，或者说在精神的向度上希望有所确立的人。她的诗歌效果不是来自审美形式的创造，而是来自生命的喜悦、灵魂的温良、宽厚的爱情。这使她的诗作情感细腻、丰沛，话语洁净、质朴，并因带有思辨的色彩而直指人心。

鲁西西的诗歌写作属于期待的写作。阅读鲁西西的诗作，使我陷入两难的境地：要么彻底背弃作者的原始意图，而秉持与作者不同甚至相反的态度；要么，不由自主地陷入作者原始意图的圈套，成为作者意图的传播者。可这两者又都是我所不赞同的批评态度。因此，我不得不用心排除作者附着在文本浅表的话语存在带给文本可读空间的干扰，去发现另一个深层话语天地。我想，我只能秉持自己内心的审美批判性而别无选择。

回归家园 寻找生命的自由

近几年，诗歌界可谓"江湖混战"，"南北对峙"，"板砖"横飞，硝烟四起，而鲁西西却在此时归隐西窗，过起了相夫、教子、读书、写诗的日子。这或是她回护生命、心力交瘁后的蛰伏？或是她沉寂思索、一飞冲天前的缓释？或是她渴望自由、期待拯救的流露？答案恐怕都要到作品中去，才能觅得。

鲁西西诗歌创作有十多年的历史，在十几年的诗歌写作生涯中，鲁西西走过了由诗歌创作的学步、诗歌意义探索与诗歌结构技巧的追寻到诗歌生命复归的路。与其他"60年代""70年代"大陆诗人相较，鲁西西没有"知识精英"的虚悬高蹈指天画地，也没有"passXX"摇旗呐喊的"诗歌主张"，没有刻意张扬柔媚哀婉的性别指征，也没有因为永远的追问在路上就冥冥不化。因为她深知"诗歌得到推崇，并不经常。因为诗歌创作同处于物质重压下的社会活动的脱节显然在日益加深"（参见圣·琼·佩斯在1960年获诺贝尔文学奖时的演说）。这是诗歌的宿命，也是诗人的宿命。

我觉得：鲁西西诗歌中生命与自由是比肩而行的，比肩而行的两者中，没有北岛们易感诗人"我不相信"式的质疑，没有臧棣们对诗歌的历史境遇的关注执着，没有实验诗人晦涩失语的神秘气息，没有先锋诗人天地同参的精神大势。有的是回归家园的自如与惬意，旁听静观的从容与优游，个人内心的隐痛与忧伤，宽宏大量的敞开与包容。鲁西西的诗歌很难弃置当下的现实存在的优裕和困扰，环境影响的淫浸和润泽，保持自己独立承担的精魄。且看她的《喜悦》：

> 喜悦漫过我的双肩，我的双肩就动了一下。//喜悦漫过我的颈项，我的腰，它们像两姐妹将/相向的目标变为舞步。//喜悦漫过我的手臂，它们动得如此轻盈。//喜悦漫过我的腿，我的膝，我这里有伤，但/是现在被医治。//喜悦漫过我的脚尖，脚背，脚后跟，它们克制着，不蹦，也不跳，只是微微亲近了一下左边，/又亲近了一下右边。//这时，喜悦又回过头来，从头到脚，//喜悦像霓虹灯，把我变成蓝色，紫色，朱红色。

诗歌意向明朗、清洁，温柔的美感自上而下地抚遍全身，进入心灵。置身于色彩变幻的喜悦中，迷醉、沉溺，任凭思想、智慧和意志陷落其中，绵密、细腻地享受着、回味着、迎合着，不再逃逸，不再反观，不再追寻，不再与虚无的绝境对抗，孤独、焦虑早已成为明日黄花。喜悦就是思想的澄明，喜悦就是精神家园，喜悦就是平生的理想，喜悦就是梦寐以求的彼岸。当鲁西西怀着圣洁的感情自由地喜悦歌唱时，生命与思想的原动力就不由自主地凝滞、沉睡、闭抑了。美国诗人哈特·克兰说："你的自由暗中把你留住。"对于"喜悦"的极度的迷恋，使鲁西西逐渐丧失了内在的先锋感而了无多悟。她已从过去在诗歌写作的"思与诗的对话"中，表达个体存在的根本性困境以及对它的深刻反省里超脱出来了。不再是写作《想象的人》《幻灭》《失眠症》《现在的情形》《在期待之中》时的那个思者，焦灼于隔膜、孤独、失眠，悲怨着饥荒、寒冷、腐朽，在诗歌中展示对世界的果敢怀疑，对生命处境的深切回应，使诗歌的内在生命得以开掘和提升。而是通过对拯救降临的期待，透过生命喜悦、自由喜悦的释放，表达对拯救者深挚的感恩，表现诗歌审美情感通过一种对象化的应答得到的缓解与抚慰。鲁西西的《奇妙》《一个女孩的祈望》《我做的事情》《牧羊人》《我把信系在风的脖颈》《母亲》《阿西阿书》等，都展示了期待拯救的表达或是获得救助的感激，使我感受到一种心灵的开阔和敏锐的同时，也感受到一种拯救的博大和宽厚，感受到一种危机不再的安然与松弛，感受到一种思识放逐的缓慢与凝滞。

走下高处　远离诗的隐喻

于坚曾在《拒绝隐喻》中宣称："在今天，诗是对隐喻的拒绝。"这是一个不谈隐喻的世界，隐喻的时代一去不返。回到隐喻时代不过是某种意想的一厢情愿，一种乌托邦式的白日梦。对隐喻的拒绝意味着诗歌重新命名的功能，而不是命名。在许多秉持民间立场、独立精神、口语写作的诗人——包括鲁西西——看来，当下的诗歌（口语诗）创作意味着拒绝警句，拒绝意向，拒绝隐喻，拒绝象征。恢复日常的知识，以当下的、具体的、直白的、可感的口语进入诗歌的神殿，寻找新的意义、命名和肯定，在词与物、现实与欲望、生活与思想中建立新型关系。于是，就有了于坚的《尚义街6号》，韩东的《大雁塔》《你见过大海》，伊沙的《抵达矿区》，翟永明的《死亡的图案》，臧棣的《新建议》，侯马的《凝望着雪的傅琼》，就有了丁当、杨克、徐江、中岛等的大量诗歌作品的出现。这以后，鲁西西创作了大量的诗歌：《原型》《蒲公英》《隅》《空荡的夜晚》《这些看得见的》《我在这里》《夜帮助我静下来》《无意义的诗歌》。鲁西西说："我说诗要独立于世，成为它自己的一个永远。/诗要首先从山顶庙宇的铁锁更新。/诗要将激情的世界变为真情的世界，将纯洁变为圣洁。"从诗歌创作的变化，可以知觉诗人创作理念、写作意识的转变——"从高处下来"——回到诗歌的生命，回到诗歌本身，回到现实生活，回到语言本身。这样的回归无疑是有价值、有意义的。但是，若仅仅是为了拒绝而拒绝，为了回归而回归，在二元对立的思维模式的操纵下，停留在非此即彼、不进则退的悬崖，出现的可能就是诗歌的单一和枯竭。因为诗歌的森林、草原中，各种树木、花草是互相授粉、传精的。树种单一，难敌病害。诗歌的交响乐需要小调，也需要旋律，需要变奏，也不可缺少协和。我以为：最好的诗歌尝试不应是顽强地因循一己欲望，而是摆脱，甚至扬弃，创造诗歌的辉煌。如果挣脱了"高处"的临空蹈虚、无依无靠后，一味地在口语中寻觅诗歌的真谛，表现上稍失稳健就可能落入平铺直叙、一泻无余的谬误。我们可以从目下许多诗人的写作里，看到存在的问题。如果诗人没有了落叶飘零的叹息，没有了"感物兴叹"的哀愁，没有了"诗之抽象"或曰"诗之音乐"，没有了"空白地带"——"意象"与"意象"之间的断裂，没有了阅读与想象的空间，没有了结构、语词、速度、形式方面的高度敏感和准确把握，总是在诗歌写作中翻腾一些像小说叙事一样的具象的、日常生活的东西，就可能变为一个拙劣的诗人。当然，我并非是说日常生活不可以进入诗歌，而是怎样进入。说白了，诗歌的语言无论如何都是书面语言，即使是进入诗歌的口语，也是经过了诗人的选择和提炼的。不是口语的直接进入，而是把口语作为原生地，从中汲取营养。口语诗仍然是外部的一种描述，一种比较书面化的语言。许多优秀的诗人，如臧棣、西川、韩东、朱文、张曙光、王小妮、翟永明、海男、徐江、侯马、李冯等，在他们的诗歌中都不同程度地体现了这一特点。尽管不愿承认，鲁西西的诗歌其实也体现了这一点。她在《这些看得见的》一诗中写道：

> 这些看得见的，不能承受那看不见的。/房屋，树，城池，虽然经过了千年，又换了新样式，/却是终有一天要朽坏。/现在我吃的食物，我喝的液汁，/连同我这身体，它又吃又喝，/这些都属于看得见的，所以终有一天要朽坏。

可以看出，诗歌所表现的依然是人格力量的外化，口语写作的遮盖下的，依然是存在与永恒、短暂与长久、"在"与"在者"之间的紧张、对立和矛盾。通过诗歌想象力的帮助获得审视世界的另一种眼光，这同时也是对人和世界的双重发现。这里同时道出了诗歌的另一个重大秘密：诗就是对人和世界的寻找与发现。因此，这既是一首关于人的存在的诗，同时也是一首关于诗歌的诗。优秀的诗歌往往应该具有这种双重属性，它既是关于人的存在的一个隐喻，又是关于诗歌本身的一个隐喻。诗歌完全拒绝隐喻，可以说实在是一个心造的幻影。所以，从外部入手，进行汉语的"实现"，进行话语方式的改造，并不意味着张扬了诗歌接触现实的有效性和力量。语言对于存在的间接性和可能的"不及物性"，某种程度上会耗散诗歌与现实存在之间的差距。

面对新的时空、新的地域、新的环境形态，部分农村和边地出身的诗人进入城市后"迷路"了，旧有的经验失灵了。乡村的、自然的经验在这里派不上用场，过去的阅读积累与新的知识环境相去甚远，而新的——属于都市的、理性的感觉尚未来得及建筑，外来的、他者的文学艺术更显生疏和隔膜。如何打通这阻隔，去除障碍，占领制高点，成为面临的实际问题。在连接的焦灼中，原先那个梦想中的神秘岛，成了眼前面目狰狞的吞噬者。不满于物质生活的困窘，又无力抵御都市文明代表的现代社会最优秀的物质文化的诱惑；不愿意洁身自好、自我封闭而导致的内心世界的封闭，又渴望利用文化消费时代来传播自己的声音；不想放弃诗歌，又不愿意经历炼狱般的脱胎换骨获得新生。怎么抵抗这种命运，怎样和这种命运周旋，需要付出很大的努力和智慧。"我轻轻地挥手，不带走天边的云彩。"两难之中，犹犹豫豫，拒绝就成为再也不可多得的，也是无可奈何的姿态。

袒露孤寂　　期待拯救

我总以为，一个真正的诗人，就其灵魂而言，他（她）应该深知诗歌是一种永远无法抵达的追逐，穿行于这种无法抵达过程中的，是诗歌的灵魂，是来自生命的危机，而更深刻的危机恐怕是来自诗人本身，来自诗人的精神、品质、修养、眼光、经验、技艺等一系列综合因素。来自内部的压力，是诗歌苦恼无助的最根本的原因。尼采在《查拉斯图特拉如是说》中说："你有勇气吗，我的兄弟？……不是那众目睽睽之下的勇气，而是隐士与鹰隼的勇气，这是甚至连上帝也见证不到的？那种知道恐惧且征服恐惧的人是有魅力的人；他瞥见深渊，然后却带着高傲的情怀。那以鹰隼之眼打量深渊的人，——那以鹰隼的利爪把握深渊的人，才是有勇气的人。"尼采的话语使我想到了里尔克、艾略特、曼德尔斯塔姆、帕斯、叶芝，他们置身虚无，但他们的意志和智慧却不陷于这一片虚无，他们是虚无的穿行者，他们从未放弃刺穿这虚无的努力，从未用矫饰掩盖黑暗的降临，他们"把个人的剧痛变为某种丰富而陌生、普遍而非个人化的东西"（艾略特），使接近他们的人获得光明。

鲁西西近期的诗歌不是更接近那光明，而是以她的柔软、明亮、清新与那光的海洋渐行渐远。正如她在诗歌中所写的"离开了此时，还能谈什么彼时，/因为此时存在于彼时的暗处"（《母亲树》）。消退了穿越寒冷、暗夜的意志，驻足于温暖、明丽的家园，被遮蔽的或许正是未来生命与自由的因子。期待来自外来的拯救，得到的有可能是被平庸而拘囿、掩蔽的无言。

我注意到：组成鲁西西诗歌文本的众多词汇，夜的本有特征异常明显。在我所收集到的80年代末至今的300多首诗中，夜的使用多达40余处。独行之夜、期待之夜、狂欢之夜、徘徊之夜、梦游之夜、失眠之夜……一般来说，夜晚的东西是属于私人性的，它是对白天公共生活的逃逸。夜似乎不存在高度，它具有弥散性、裹挟性、幽闭性，一旦进入，就难以逃离。黑夜的底部掩盖着的是被泪水浸泡的灵魂，是不绝如缕的忧伤；黑夜掩盖了主体与客体、个人与群体相对立，切断了主客对话、个人和公众互动的神经与脉络，膨胀的是一个无边"我"，使人陷入二元对立的思维桎梏。"除了夜，一切都没有重量/那没法表述的就以为它根本不存在。"（《花朵的美是一种渺小的品质》）"时间的白纸上我抽出自己的国籍与性别，/像赤裸的婴儿，在饥饿寒冷的雪地。/可你一眼就认出了旋转、弯曲、挤压的脸。/同一个缺食的子宫里我们生下来，/从傍晚到深夜，孤独者并没有走出很远。/我们用黑夜做起点，在黑夜里行走，并活着。/我最初的路线是脊背，最初的条件是夜晚。"（《最初的路线》）在与夜的僵持、搏斗中，鲁西西无可奈何地把疑虑交还给了上帝，因为是他在原初时分开了明与暗，日与夜，光与晦，朝与夕，她祈祷着："我不够强大。神啊，让我先寻见你。/让我先寻见你，靠着你，然后走向他们。"希望远在天上的神明可把她从暗夜里提升出来，"像太阳那样活着"。鲁西西诗歌中的对"神"的寄托与依靠，不是一种简单的宗教情感的理解与皈依，它显示着诗人内在经验的演变，当存在把理想破碎后，黑暗做成的硬壳严酷将坚固如城，生命与自由的内驱力，没有足够的力量突破坚硬的现实。表达诗歌的意向的代码，成为透露诗人心理的符号。可以说，鲁西西在向宗教借力，借宗教历史文化积淀而形成的语境，完成诗歌的蜕变。

简单向度　节制经验言语

米哈伊尔·巴赫金在《马克思主义与语言哲学》中指出："心理经验是有机体和外部环境之间接触的符号表达……是意义使一个词成为另一个词；使一个经验成其为一个经验的还是词的意义。"搜索鲁西西诗歌词典，我们可以轻易发现两组相反相成的语词，其中的一组是：光（芒）、灯、美（人）、爱（情）、高处、太阳、天堂；另一组是：墙、夜、饥渴、冷漠、黑暗、孤独、虚谎。前面一组在音势上逐渐升级的语词，展现的多是光明肯定性部分，它是对美、善、真理、幸福、欢乐，是对轻柔、明丽、温暖、爱护等美好事物与人性的认同，也是对与之相反的后面那组坚硬部分的拒斥。可是，诗歌作为语言世界的精髓，从广袤的大地中提炼出它固有的光芒，将把握自己与认识生活一致起来，就需要训练自己，培养敏锐的洞察力，追寻、潜入、感悟，从纷繁复杂的事物中找到普遍的联系。鲁西西似乎不相信语言的重要作用，她的疑虑在于："一朵花开放时身体的重量是否增加？/当苦难的心灵隐语向文字转换，/精神的极光是否莅临，在你我之间？/反过来，当一株小草的颜色由深转浅；/当早晨背叛了夜里的欲望；/当镜子背叛了我们的脸；/我们的文字能否透过深度的记忆/来表述我们的世界？"（《一朵花开放时》）鲁西西对文字的疑虑，是因为她的文字功力仍存在欠缺而难以更上一层楼。她希望让语言回到生活的大地，又难以突破工具论的语言观念的束缚，在诗歌中构成"语言—存在"一体化的丰富世界。例如《柳树的五种形式》中，语词的声音、色度和内在的向度存在一种错综感，它外在的舒缓与内在的紧张表现在语词与文字的使用上，可以找到一种不和谐。这里的遮蔽与裸露、飘零与扎根、苏醒与沉睡、遗忘与铭记，在诗的内部呈现着断裂。

在我看来，作家应该成为文字的母亲，熟悉文字如同熟悉自己的儿女，每个字的特长和技能、功用都了如指掌。当她枯坐书桌、寂寞孤单的时候，只要她有所呼唤，孩子们就会从世界各地蜂拥而来，听候差遣。诗歌世界的发声方式，存在于文字与词汇的选择、连接以及章节建制之中。

优秀诗人就是借助自己对于文字的熟稔，创作出富有创造性、探索性和艺术性的作品，通过文字与词语的裂缝发现深渊，感受对峙其中的力量的潜流。娴熟地运用语言、文字的多重功能，如声音、暗示、比喻、延伸、同声、双关、歧义、反讽等，去发现诗意，使诗之意识从黑暗中醒来，从蒙昧的状态进入明朗的状态。如臧棣的《建议》：

> 这样的夜晚并不复杂，/它也许会兜售它的颜料，/甚至会免费分给你一点，/如果你确实需要，并且/是在继续无人能代替的事情。
>
> 我还没有卷入那样的事情。/而在你看来，我也是/无人能够顶替。我想养狗，/而我的妻子想养猫，但这/算什么评价，这是命运的腐败。
>
> 大词并不如你想的那样大气：/它们只是想模仿大气，/层层环绕并渗透我们的生活。/这样的生活中不缺少一排树/把一群乌鸦当成活动的艺术品展示在星光下。你为夜宵/找好看点的瓷盘时，发现/宇宙其实是在和我们共同使用/一间油腻的厨房，而它本身/仍如一张尚未被织完的网。
>
> 正是从这些看似无足/轻重的秘密中，诞生了/那些纯粹的快乐，就好像我们的游戏有时不得不/模拟我们的战争，你厌弃那些星星像闪光的诱饵。/你向美学辞职，而现在刚好/是全国放假；我因挂的是虚街，不便在新战术上署大名，只能惊愕于你把星星当水雷用。

在这首赋予诗歌一种流转的口语节奏创作中，臧棣的语言与文字交相辉映，把他发现语词、文字的非凡功力恭谦、有序、自然地传递给读者。

鲁西西目前难以达到这样的高度，她深知自己难以对文字呼风唤雨，因而不得不选择节制和收敛，她希图用简单的词语，达到最大的张力。借助"微观技艺"而获得形式的美感。但由于对文字语词的体温、色泽、音调、旋律难以完全把握，有些诗就在文本的书写格局和诗行的触觉与质地上明显存在矛盾与杂糅。如《无根之物》《在期待之中》等。诗歌语词与诗歌的关系就犹如盐水中的盐之于水，融为一体，不可分离。它属于诗歌的，并始终在灵魂与语言的相互倾听、观照中保持着能动而聪敏的警觉，成为文本形成最重要的内驱力之一。不能做到这一步，就难以到达诗的真正的高度。

　　艾略特在评论叶芝时曾说，一个作家到了中年只有三种选择：完全停止写作，或者由于精湛技巧的增长而重复自身，或者通过思考修正自身使之适应于中年并从中找到一种完全不同的写作方法。诗歌创作要求诗人有良好的感受能力、语言能力、丰富的知识智慧，鲁西西还没有到中年，渐进中年的鲁西西，能否找到属于自己的诗歌道路，恐怕还要作出艰苦的努力与抉择。

原载《长江文艺》2011 年第 11 期

文之探幽

世纪末散文审美意识的嬗变

    这里的"世纪末"主要是指20世纪80年代末到2000年散文创作的态势（根据中国二十一世纪委员会在今年2月的公布，中国的21世纪将与世界多数国家相同，选择2001年为起点），散文在世纪末急剧转型的宏观语境中作为一个系统而存在。散文作为创作者审美体验的凝定形态，建构了富有生命且又为作家、艺术家所独创的审美世界。散文以审美的方式提供了一个一个审美的园地、认知世界的窗口。散文作为审美的载体、艺术的探索、人格的昭示、情感的抒发——一个由多项元素组合而成，且又相互交织、相互作用、相互联系、相当稳定而又不断变化的系统——独立于世界。世纪末散文既与"五四"散文、"十七年"散文、"新时期"散文有着千丝万缕的、无法斩割的血脉联系，又是产生于世纪末喧哗与骚动、闲散与紧迫、稳固与变革、宽容与苛责共生的世界独立存在的文学样式。在世纪末，散文是依存的，也是独立的。散文不可能脱离人的世界而独立，也不可能完全割舍与历史的系结。散文与人的世界的同构，使阅读者可以从自己的视角，从不同的维度去领悟它的真谛，寻求其美的内涵而获得艺术的享受。

    世纪末特别是90年代，信息飞速传播。报刊、电视、广播、因特网的超强负载，对于文化、文学、艺术的冲击与往昔不可同日而语。散文也受到了文化市场、阅读期待、审美意趣等无形之手的操纵。对于人类群体的深切关注和对于个体心灵的终极关怀是散文一体共生的两面。通过个体心灵的释放抵达公众的审美境域，经由群体理性的观照而回归个性的自由，在日益珍视自我灵魂价值的同时益愈对社会文化态势、文学艺术走向予以密切关注，对人类历史发展进程中的经验教训进行深切反思，对文明的未来的真诚呼唤，是社会文化生活进入相对宽松、作者进入较高审美境界的表征，也是散文的精神旨归。世纪末，散文的独语意识、参与意识、发展意识、世俗意识，标志着散文审美意识的嬗变，使散文从多侧面、多角度、全方位、立体化地展示着自然、社会、人生，在前所未有的深度和广度上肯定"人"的地位，更深层次地进入对于人的、人类的、人性的前途、命运的思考，对于人的、人类的、人性的历史、现实、未来的求索。世纪末，散文不再是单一地反映时代精神，应和政治需求，阐释权利话语，或者只是表现自我，倾诉心底波澜，而是呈现着多元整合的审美态势。这是散文发展的必然，也透露出散文在新世纪到来之时审美意识嬗变的信息。

世纪末散文审美意识的嬗变主要在以下几个方面得以展示。

独语意识：深层生命意志的彰显

中国散文发展到世纪末，"自性"色彩更加鲜明地凸显并盘踞于散文作品中，散文创作中的一切实践都成为个体的和终极的。散文作为艺术生产创造的作品，是以情感为尺度来选择自己的审美对象的。从80年代起，散文就逐渐地然而也是艰难地抛却了那种"大合唱"模式的同声共音，回归五四精神，张扬个性，寻找个体的独特视域。凭着探索的勇气和坚韧的毅力独自向前，抵御着功利主义、权利意志、轰动效应的侵袭、眩惑和压迫，坚持张扬人的心灵自由和精神自由，发掘人的内省意识，表现人的独立存在。以"我"为立足点，在深层意义上探究人的生存境遇、生存价值，以散文与阅读者进行灵魂的沟通和对话。

散文的独语意识是染着鲜明的"个人"色彩之创作。散文的"散"，"一定是深层生命意志的语言显形"。散文其实"是坚卓的、可验证性的、有背景的生命过程的缓缓展开。生存—个体生命—文化—语言在这里通过分裂、互否，达到新的把握和组合。散文失去了诗歌那种令人神往的自由，就意味着它必须独立承担自己的困境。这就是散文的意义，它不能蛊惑，不能回避，一切都赤裸裸地接受精神的审判！在这个意义上说，散文应该是最冷酷无情的、维护人们精神性的东西。它通过直接的穿透，一无依恃的犀利，进入生命的核心"。① 散文中展示的是暗夜里号啕泣血的灵魂，阳光下生机勃发的生命，是弥漫在精神世界的美，是剥落了浓妆艳抹的真，是于困境中相濡以沫的爱，是表里山河间孕育的真挚的情……它虽然独属于"我"，却没有脱离"人"，是生命进程中流溢的独立人格，是个体的人对于真实生命的感知，散文中生命与语言的双重洞开，传递着强烈的人格意蕴和人性升华。

史铁生的《我与地坛》和《墙下短记》等散文以直接的生命体验昭示着个体独有的生命历程。当病痛、残疾猝不及防地降临，命运残酷地捉弄，人的身体、心理、精神均陷入无尽的痛苦和无助、无奈——面对着人本的困境时，他在思考孤独、痛苦、恐惧带给人的生命过程的困境和欢欣。"譬如人的欲望和人实现欲望的能力之间永恒的差距。譬如宇宙终归要毁灭，那么人的挣扎奋斗意义何在？"② 当史铁生以一己对于世界的独有的感觉、体悟、认知为奠基，对于生命存在进行本真的思索和审美的关照时，"我"以外的世界就成为我的世界——独语的世界，"发现者的态度，弥漫着发现者坎坷曲回的心路，充溢着发现者迷茫但固执的期盼，从而那里面有了从苦难到赞美的心灵历史"。史铁生的散文创作超越了现实的遮蔽和枷锁，上升为冥思和创造。我仿佛看到：夕阳泼洒着它的胭红，把大栾树的影子斑斑驳驳地破碎于长满青苔衰草的地坛。史铁生摇着轮椅从夕阳中走来，残疾桎梏了他的足迹，禁锢他于墙与墙之间，"不尽的路在不尽的墙间延伸"，过往不复的生命在静寂中流逝。他不得不"接受限制。接受残缺。接受苦难。接受墙的存在"。在接受中求索，在接受中超越。史铁生的散文，没有拘囿于自伤身世的狭窄格局，而是以残缺作为叩问自我与人类灵魂的契机，去洞悉生命存在，他悟到："失去差别的世界将是一条死水……就命运而言，休论公道。"一个人的生命是上帝交给他的事实，"上帝在交给我们这件事实的时候，已经顺便保证了它的结果，所以……死是一个必然会降临的节日"。"生命的意义就在于你所创造的过程的美好与精彩，生命的价值在于你能够镇静而又感动地欣赏这过程的美丽与悲壮。"理解了"我是我印象的一部分而我的全部印象才是我"，

---

① 陈超：《散文之路——兼与诗歌本体依据比较》，《生命诗学论稿》，河北教育出版社1994年版，第122页。

② 史铁生：《自言自语》，《好运设计》，春风文艺出版社1995年版。

就理解了史铁生的独语是极为罕见地将理性认知转化为感性经验，与命运共存。当车辚辚碾过光阴，文泠泠浸润心魂，表现出生命的大气和宗教般的超然时，史铁生的独语意蕴，含泪的微笑，就获得美之独特。

陈染的《半个自己》在清醒而睿智地剖析着"似乎一切都是依据事物本质之外的表象来衡量"的现存世界对人的异化，在"道心惟微"的世纪末，在强大的物质存在压迫下，本真的人被异化了，"人作为与客体相分离的主体被动地、接受地体验世界和他自身"。只剩下了半条命。"你若是想要保存整个生命的完整，你便会无路可行，你就会失去全部生命。"人要想活下去，就只配有半条命，"人只能拥有半个自己"。这种对现存世界的清醒审视，是对生存悖论的感悟，更是对存在的反诘，这种清醒的审视，时常提醒着作者怎样才能成为完整的人，怎样才能找到真正的自己?!

韩美林的《换个活法》、朱苏进的《天圆地方》、雷达的《蔓丝藕实》、先燕云的《黑白人生》、陆文夫的《寒山一得》、李劼的《安魂之境》……由棋局到人生境界，美与丑，崇高与卑下，生命的内在的真实存在与世界外在浮悬于表面的繁华的冲撞，而散文语码所要传达的，属于"我"的体悟，是属于"这一个"独特。

独语意识作为世纪末散文对于人性的探询，以一种个性的创造形式而存在的审美创造，是散文突破精神桎梏蝉蜕而出，将创作主体对于生命的审视、对于存在的体验、审美的理想率真地浸印于散文文本的大胆而独特的显现。

参与意识:历史文化使命的承载传扬

从某种意义上来说，中国作家的参与意识历来都是极为强烈的。中国传统文化的伦理要求和"向内求善"美学思想对文学的浸润，导致了"文以载道"成为中国传统文学的核心价值观，"诗言志"、"文章合为时而著，歌诗合为事而做"的文学意识根深蒂固。受集体无意识的支配，中国知识分子的忧患意识和参与意识几乎与生俱来。正所谓"正声何微茫，哀怨起骚人"。正是由于对人世间吉凶祸福的忧虑，关注存在中人的喜怒哀乐与人自身行动之间的关系，以及参与到社会发展、变革的运动中的使命感，探求真理的求真求实的精神，使作家、散文家"高度注视人类实际的发展进程，并经常促进这种进程"①。可以说，中国散文的历史就是一部参与的历史。散文发展到 20 世纪末，其参与意识已经迥异于代圣立言的"载道"，也不同于"为社会""为人生"式的政治性参与，把散文作为"社会的画稿"式的投入，而是以人文关怀的博大襟抱，以作家的人格修养和学识修养，敏锐地审美感应和艺术洞悉，看取世界，关注人生，表达自己内心深处对于现实社会的强烈关注和难于卸却的使命感、责任感，以自己健全的人格和社会行为，投入思想的交锋和搏斗，推崇理想与信仰，倾慕激情和努力，在解剖自己的同时解剖社会，在探察以往的过程中审视历史，反思历史。"感自己之感，言自己之言"（王国维：《静庵文集续编·文学小言》），以生命拥抱生活，阐释人生观、价值观、审美观，呼唤善良、纯真与人的心灵同在，美与真理同时显现，使"人诗意地栖居在此大地上"。因为"艺术家们与其说仍在阐释世界，毋宁说更关注对世界的阐释"。

散文的参与意识，表现为社会文化传统的深深浸染、熏陶中，散文家自觉不自觉地承接了文化精神的负载而转化为其传播者，他们把对于历史、社会、生活的知性、理性、悟性，纠结于内心的否定、怀疑、绝望，参透的人性、至情、美蕴，以散文的形式来表现，传达着作家艺术家对于外部世界的关怀，发散他对于社会、人生的慈悲和关照。张承志以《绿风土》《清洁的精神》等勾勒了他所安身立命的三块大陆——内蒙古草原、新疆文化枢纽、伊斯兰黄土高原苍凉、悲壮的人生，笔述心说之中树起了抵抗堕落、拒否庸俗、呼唤尊严的高贵精神，他悲凉的沧桑之感、热烈的英雄情结和偏执的理想之情，都体现了作家的忧患意识和执着精神。张承志散文中高贵的精神往往出自古代的侠客、义士和当今的平民，因为"平民的尊严，是可能潜伏底层的高贵"。"对我来说，惟底层如蚁的小民，惟他们的自尊与否，才有巨大的意义。"寻求"在活下去的同时，怎样做才能保住生的尊严；微渺的流水日子，怎样过才算有过生的高贵"。他在思考，探寻底层意识和生命的崇高美，高贵与责任，生存与表演，化妆的苦难，时髦的学术……也许"作为基本气质的高贵精神，在中国已然变成了幽灵"，在崇尚实利主义和人生快乐原则，物欲横流、人心浮躁、众语喧哗的世纪末，张承志式的理想化的呼唤，不啻对人这个精神

---

① ［德］费希特：《论学者的使命》，商务印书馆 1984 年版。

流浪的"类"的存在的布道，当精神显示自身时，人认识到："理想，恰在行的过程中不可能是一句真话，行而没有止境才是一句真话，永远行便永远能进入彼岸且不舍此岸。"①

王充闾的《千古兴亡　百年悲笑　一时登览》，面对古都名城、残垣断壁、文明历史的烟云，感叹"那朝代兴亡、人事变异的大规模过程在时空流转中的流痕；人格的悲喜剧在时间长河中显示的超出个体生命的意义；存在与虚无、永恒与有限、成功与幻灭的探寻；以及在终极毁灭中所获得的怆然之情和宇宙永恒感，都在与古人的沟通中展现，给了我们远远超出生命长度的感慨"。李存葆在《大河遗梦》《祖槐》《鲸殇》等长篇散文中，目睹自然环境的恶化——黄河断流、白鹳辞乡、鲸鱼自杀；思索历史的变迁——访贤禅让、天下为公、仙风道骨到强权政治、滥杀无辜、强制移民，农业文明时期人与自然和谐共处的皇天后土已经被破坏到了极限，现代文明带给人类的除去物质的丰富，还有干涸的土地、灭绝的物种、恶化的生态环境，"地球已无人类迁徙的空间"，人类要想获取"类生存"的美好前途和命运，"惟一的途径是更换思维方式，进行一场思想迁徙，抑或是向大自然回归才能找到一条人类通向未来的生命的通道……"

散文家以自己的创作，参与社会文化建设的进程，体现了创作主体的忧患意识和执着情怀。韩少功的《灵魂的声音》、周涛的《谁在轻视肉体》、蒋子龙的《名人的丑效应》、柯灵的《希望在人间》、王小妮的《放逐深圳》、马瑞芳的《我之忧曹忧红心》、刘烨园的《失传的异想》……从各自不同的视角、不同的方位思考和剖析社会生活、文化、精神现象，呼唤民主意识、自由意识、历史意识、生命意识，理念和话语中镌刻着思想的印迹，魂牵梦绕着崇高和理想。散文在遗弃—失传、自然—物欲、美—丑、拒绝—同化的多重矛盾的扭结里沉思、惶惑、徘徊。目睹权力的争夺和释放，慨叹生命的易逝和沧桑，在繁华的都市体悟深深的孤独和被放逐的无奈，探讨悲剧产生的原因，寻求人间的希望成为参与意识的凸显。正如苏珊·朗格所指出的："艺术家表现的决不是他自己的真实情感，而是他认识到的人类情感。"艺术如此，散文依然。散文的参与意识是人类情感的凝聚，是高贵的人文情怀的外射，是民族心智果实的

① 史铁生：《无答之问或无果之行》，《好运设计》，春风文艺出版社 1995 年版。

长期积累。参与意识使散文超越"小摆设"而进入了"大境界"。

创新意识：突破"完形"的异质整合

中国当代散文行进到世纪末，使学界愈来愈深地意识到，散文创作虽然宇宙之大，苍蝇之微均可以进入，一枝一叶总关乎情，但散文悠久的历史、深厚的积淀，使散文的"完形"得以产生。1949 年以后，政治的、历史的、时代的以及人为的因素导致了散文"范式化"的创作格局。"形散神不散"的局促凝聚，卒章显志的定型手法，"文眼"的设置，诗化的语言，都在某种程度上禁锢了散文的创造。新时期以来，散文虽然也有发展、变化，但与诗歌、小说、戏剧比较，其变化是缓慢的、渐进的。"不图新的人必然受到新的处罚，因为时间是最伟大的创新者。"（弗兰西斯·培根语）当朦胧诗、荒诞派戏剧、先锋小说席卷文坛，散文却裹足不前，眷恋小桥流水，沉浸于唐宋古趣、晚明的情韵而难以自拔。散文创作实践中存在着极度的平衡、僵化的模式和庸俗的美感，使追求散文审美价值、探索散文形式的终极关怀者深感不安，他们渴望以自己的创作复苏散文的生命，开拓散文创作的新领域。散文创作主体审美、创新意识的自觉，为散文创作注入力量活力，也带来了散文创作的更新。

20 世纪 80 年代后期到 90 年代初的散文大讨论，巴金反复阐释其"说真话"的散文观，是一位历尽劫难、饱经沧桑的世纪老人于孤寂中发出的心声，也是对于未来散文的希冀。理论方面，林非的《散文创作的昨日和明日》①《关于当前散文研究的理论建设问题》②，范培松的《解放散文》③，佘树森的《当代散文之艺术嬗变》④，溪清、渝嘉的《当代散文创作纵横谈》⑤ 等文章，从散文的本体论、散文的主体性到散文创作的历史、现实存在，经验教训等诸多方面进行论述，强调散文文体的审美特性和审美理想，在散文创新意识方面阐释自己的真知灼见，推动了散文创作

---

① 林非：《散文创作的昨日和明日》，《文学评论》1987 年第 6 期。

② 林非：《关于当前散文研究的理论建设问题》，《河北学刊》1990 年第 4 期。

③ 范培松：《解放散文》，《文学评论》1986 年第 4 期。

④ 佘树森：《当代散文之艺术嬗变》，《北京大学学报》1989 年第 5 期。

⑤ 溪清、渝嘉：《当代散文创作纵横谈》，《北京师范大学学报》1990 年第 4 期。

的更新和发展。王蒙、贾平凹、周国平、史铁生、周涛、曹明华、张承志、张志扬、南帆、钟鸣、刘小枫、李锐、苇岸、卞毓方、刘亚洲等人的散文，在某种程度上有意识地借鉴西方现代主义文学，借鉴小说、电影文学的创作技巧与表现手法，在散文创作中运用象征、梦幻、意识流、黑色幽默来表现情感，描摹自然，开阔了散文的创作视野，在更大的文化背景上昭示了散文精神和生命力度，新的基因的注入改变了散文的血统和遗传秩序。

世纪末散文的创造和革新，既脱颖于 80 年代，又比 80 年代散文有更新的追求。因为这是一次"散文革命"，"或许是新时期文学的最后一次会"。① 散文创作要与日益纷繁复杂的心灵、现实相应和，展现人们日益复杂的内心世界和情感，就创作主体来说，话语必然要不断丰富、敏锐、深刻，体悟要细腻、独到、微妙，唯其如此，才可能多维度反映世纪末人的精神世界。张承志希望"明天的我有新的、再生般的姿态和形式"（《荒芜英雄路·后记》），着意于散文创新的作家并没有"城头树起大王旗"般招摇，而是专注于散文叙述方式、话语转换、形式创造，展示人的生命体验、人格高度、精神境界、审美情趣、风物关怀——"内宇宙"的质的多层面、多角度的演变，表现主体对心灵世界的重构的默默开掘。苇岸的《大地上的事情》以心灵的承载、博爱的情怀，将散文与生命重新系结，当他发现世界所呈现的物质与精神的悖谬，物质文明、现代进程是"一个剥夺了精神的时代，一个不需要品德、良心和理想的时代，一个人变得更聪明而不是美好的时代"，因此，他执着地把寻找生命"彼岸"的感悟，上升为理性的文化思考。

刘亚洲的《王仁先》叙述在 80 年代初的那场战争（那时称"对越自卫反击战"）中，"英俊高大"的副连长王仁先因和驻地的一个叫阿岩的女人有了性爱关系，受到纪律处分，最后死在了战场上。那个爱他的"麻粟坡最美的女人"阿岩，在任何情况下都没有回避过她对王仁先的感情。战后，为军队、纪律所轻轻藐视、冷冷回避的阿岩得知了王仁先死去的消息，她知道王仁先爱抽烟，在部队为王仁先立碑时，墓地就出现了这样的情景：王仁先的坟头上密密麻麻插满了香烟，全是过滤嘴的。一片白，仿佛戴孝。后来他们才知道，阿岩卖了家中唯一的一头耕牛，买了十

---

① 周涛：《散文和散文理论》，《散文选刊》1993 年第 7 期。

几条王仁先爱抽的那种上等香烟，在坟前全部撒开，一颗颗点燃。她垂泪道："让你抽个够。"散文把自由的心灵、人道主义的思索与文体的创造熔铸于一个特殊的环境，语言方面采用冷处理，简单、素净，蕴含异常丰富，超出了传统散文意境的界限，达致与读者的契合。散文积聚的辐辏虽然狭小，但是它的张力反而因语言的多义扩大了。爱之美融入生命的意蕴，显现出自身的神圣。

张抗抗的《墙》、周佩红的《漂浮岛》，都打破了时间与空间的界限，变有序为无序，使无序中又贯穿心灵轨迹的有序。冰心的《我的家在哪里?》、余秋雨的《乡关何处》，展示了无家可归的身心漂泊之感；凝注于笔端的是生命的焦灼与痛苦，对现实的失望与无奈；对"家"的牵挂与呼唤；骆爽的《父亲的目光》、老愚的《怀念青草》用扑朔迷离的游离笔致，写了亲情的融合；王俊义的《一个世纪儿的雕塑》，用不间隔的句式描写人生的感觉，"你伸手抓一下又抓一下什么也抓不到你沉默地摇摇头说这叫往事美好的令人捉不住的往事"，以感觉的碎片连缀散文语言，凸显自身的存在。大仙《随笔十三章》以广告式的即兴语调机敏地调侃时下的大众文化，把流行歌曲的唱词，把麻将桌上的熟语轻松地写了出来，是北京市民文化的缩影。王开林的《庄子在南方》、张浩的《过不去的夏天》、洪磊的《老楼》都把魔幻和荒诞手法引入散文，把意识形态中难以化解的东西以无意识的形态表现出来，从思想、行为到逻辑顺序都产生间离，把诸多因素巧妙地结合在一起——魔幻与生命形态的混沌，荒诞与怪异的心理感觉，理解与误导——表达了作家对形而上的人生境界的渴念。在"世异则事异"的世纪末，这种求新求变融入了诗歌、小说、电影、音乐、绘画等多种艺术的散文创作，代表着散文的发展，也预示着散文新的整合机遇的到来。

世俗意识：迎合大众的边缘欲求

作为一种与生活、与心灵血肉相连的文学样式，世纪末散文不再仅仅是"象牙塔"里的精雅品位，而是走向了大众，更加贴近了普通人的世俗生活。普通人写的反映普通人日常生活的散文博得了普通人的共鸣和欣赏，散文出现的"再现式"写作，使阅读者在散文中发现了与自己近似的某种生活，因而产生了一种亲切感，走向世俗已成为世纪末散文无可回避的事实。正是这种"俗"，才使散文走进了千家万户，走进了千千万万读者的生活中、心灵中、回忆中。这种"俗"貌似降低了以往散文"雅"的品位，但却在事实上扩大了散文的内涵，提高了散文的价值。

世纪末散文在世俗关怀下的张扬，不仅仅是女作家"小女人"的"个人化"写作，她创作数量众多"饮食散文""爱情散文""生育散文""童趣散文""宠物散文""怀旧散文"……以一己的经历与体验向读者昭示私人的、人生的秘密，热衷于凡人、琐事、服饰、打牌、宠物，把"有趣的个性无遮无拦地洒落"（刘绪源《清水无虾》序）变为"深夜的宁静中飘来的那一缕清香"（南妮《随缘不变心》）。写散文当作只是"为着自己做人做的高兴"。（张梅语）铁凝的《草戒指》，张抗抗的《稀粥南北味》，叶梦的《今夜，我是你的新娘》《创造系列》，郑云云的《我和我的丈夫》，陈祖芬的《女人不能生病》，黄爱东西的《杨妹妹》，黄茵的《白日梦》，素素的《心安即是家》……以女人所独有的生活与生命状态，极尽裸露个我的隐秘，"私人化"特征非常明显，使人感到散文中充斥的是身体、感性的到位，而非精神、理性的在场和历险。在世俗意识的熏陶下，许多钢筋铁骨充满阳刚之气的男性作家，也随着这股"热风"写下了一连串的充满世俗温情的散文。郭风的《稀饭与地瓜》、陈建功的《涮庐闲话》、高洪波的《醉界》、肖克凡的《人子课程》、公木的《我的童年》、汪曾祺的《我的家》、于济川的《夸妻》、何立伟的《儿子》、陈忠实的《旦旦记趣》、冯苓植的《孙子》、高晓声的《群鱼闹草塘》、张守仁的《角落》……把世俗生活中的吃喝玩乐、茶余饭后的闲话聊天、饮食男女的至爱亲情、人情人性的苦乐悲凉……在散文中适意描摹，提供了闲暇时的休憩和放松。散文的世俗意识，表明当下的世纪末散文契合世人的需求，指涉新的人生价值，揭示生活的本真情状，在日常生活层面拓展散文的社会和公共空间，构成对于亲情、家庭、爱情、婚姻、隐秘内心的真实体验和游刃有余的挥洒。中国是一个饮食的大国，世纪末的"饮食文化"陶醉了诸多男男女女，"美食家"层出不穷，因为"吾道不孤"，所以作家们写了许多谈吃的散文，汇聚在一起，可以结构一幅幅神奇、丰富的中华宴饮图。汪曾祺、王蒙、陈建功、朱苏进、莫言、张抗抗、王安忆等是其中贡献之大者。陈建功的《涮庐闲话》把一味涮羊肉和与之有关的火锅、作料、刀功、季候、排场一一道来，风趣、幽默、自在。为了给自己这个老饕寻宗觅祖，落得个名也正、言也顺，就以个我的

"猜想"，去符合历史的遗存。认为苏东坡先生那句"宁可食无肉，不可居无竹"，"其实也并不是真的那么绝对，而是'两个文明一起抓'的，所以才有'东坡肘子''东坡肉'与'大江东去'一道风流千古"。南来顺的舍名、紫铜的火锅、王麻子的切刀、自调的作料，勾勒出活脱脱一个"肉食者"形象。陈建功的散文率真、坦荡，浑然天成。用他的话说是在"撒了欢儿地写"——写生活，世俗的人的生活，充满了禅机，也自有境界。

"在轻飏的散文里一再表达着对亲情的思念，对故土的眷念，对往事的体味，对苦难的痛哭，对生命的迷惘，对生存与世界的无奈。"（梅洁《精神的月光》）在世纪末的社会转型期，在物质生活日益丰富的今天，在几乎一切都要靠金钱这个杠杆转动的社会，人的精神世界也在扩大、丰富中发生降解，即由生机勃勃到无可奈何，由赞美生命到赞美死亡，由关注现实到躲入自我，由崇尚理想到青睐世俗，在获得世俗和自由的权力之后，把无所安适的心灵投入散文的河川，渴望获得一份宁静。散文的世俗意识就是在与这种社会情势遇合中发展起来并益愈热络的。正是因为世俗人性不可抗拒的巨大吸引力，才使散文投注其中，自我救赎，以期获得新的生长点。

被雷达指称为"缩略时代"的世纪末，散文的世俗意识是文化生活"快餐化"的结果，透视着为生存而奔波忙碌、为物欲所挤压困扰的公众，对文学功利主义的需要——操将过来悦目慰心，立时三刻解决饥渴。散文面向俗世，不仅满足了读者"闲暇"时的阅读需求，也在某种程度上导致散文的庸俗化、平面化，解构了散文的想象力。散文作为艺术载体，在世纪末，理所当然地应该承受其命运的不可预测和生活的翻脸无情。

德国诗人诺瓦利斯说："心灵的宝座是建立在内心世界与外面世界的相通之处。它在这两个世界重叠的每一点。"世纪末散文是一道行走的风景，是在开放、多元的发展变化中行进的文学存在。当一个新世纪来临时，散文作为一种特殊关怀的文体，在拥有此刻的同时，也必定会拥有未来。

原载《山花》2001 年第 3 期

优游性：散文的闲暇美

散文是与时代精神变迁、文化主潮、背景联系最为紧密的一种文学样式，散文所包容着的是立体的世界、繁复的生活、纵横的人生、变幻的命运的显现。散文的哲思、表情、议事、绘世都难以完全摆脱其置身于其中的时代、社会、政治、文化的背景。回溯世纪之交散文的来路和其所展示的艺术风格，可以看出：先秦诸子散文只能是春秋战国时期的历史遗存，百家争鸣，激情贲张；魏晋六朝散文自然是文体自觉时代人格觉醒的昭示和文体独立的明证，"师心"、"使气"、任其自然而又缤纷洋溢；唐宋散文张扬"文道合一"，将"文章合为时而著，歌诗合为事而作"奉为圭臬；明清散文直祧唐宋，诸派纷呈，为散文发展书写了新的篇章……到20世纪末，没有了战争的硝烟，远离了枪炮的搏杀，抛却了文字冤狱，虽然仍有许多难尽如人意之处，但文化氛围相对宽松。在相对安定祥和的世纪之交，"国家闲暇，及是时，明其政刑，虽大国必畏之"。[①] 孟子所谓"闲暇"，指的是安定和平。当国家在世界民族之林可以站稳脚跟、政治相对稳定、国民比较安泰、文化氛围相对宽厚时，人格文化的健全、业余时间的增加、欣赏愉悦的多样化，都成为散文勃兴的最好机遇。散文这一后备性、边缘性的文体由边缘逐渐向文学的中心汇聚，各种风格的散文并存，不同风格的散文作家济济一堂，显现出一种闲暇之美——精神自由，人格独立，主体凸显，智慧悟识，创作风格多样，成为散文的现在进行时。

闲暇作为一种美学范畴，最早是由亚里士多德提出的，是他美学沉思的积淀。与孟子规定的政治安定的"闲暇"有所不同，亚里士多德的

---

① 孟子：《公孙丑·上》，中华书局1961年版，第75页。

"闲暇"，是指人们在劳作之余有充分的自由支配时间，是关于时间与人生的、审美的思考。在亚里士多德看来，"哲学的智慧适用于闲暇时期"①。闲暇是艺术创造的必要条件，也是艺术产生的社会根源之一。有闲暇，才会有真正的艺术。"人的本性谋求的不仅是能够胜任劳作，而且是能够安然享有闲暇……闲暇是全部人生的唯一本原。"② 可以说，"闲暇是一种包容着智慧、中庸、愉悦诸文化因素的高尚的精神生活，是把特定历史时间的真善美融为一体的自由境界"③，世纪之交与亚里士多德提出闲暇之美虽相去已两千余年，却从许多方面彰显出闲暇美的特征。人们对于真善美的追崇，逐渐成为一种有目的的、自觉自愿的行为选择，人们通过审美的陶冶，受到灵魂的洗礼，使自己仿佛有新的生命在主体的灵魂中诞生，使人不断以新的姿态、新的视角审视世界与现实、自我与他人，主动地投入当下的生活。这种审美的更新显现着生命的进步，也是对美的追求的必然结果。

"人类生存的根本方式，就是广义的精神生活。不管你承认不承认，精神生活都是一种客观存在。每个人的生活环境决定了每个人的精神状态，而每个人的精神状态又是现实环境的必然反映。"④ 散文艺术作为联结人类心灵的文学样式，必然反映了作者的精神世界，表达着作者内心深处的美学追求。就世纪之交的散文而言，闲暇之美集中地体现于作者可以自由地撷取世界、现实、人生的一景，在认识对象的同时也认识自己。不仅可以从自己身上看到对象，而且也在对象中间找到自己，达到无目的的合目的性。能够在散文中写实相、求真理、说真话、抒己情。不同的美学追求：哲思的、素朴的、绮艳的、粗犷的、细腻的；多样的艺术手法：写实的、虚幻的、传统的、先锋的、意识流的、蒙太奇的……不同主义思想的学者——钱理群、葛兆光、陈平原、王晓明、南帆、陈超、谢泳、林非、林贤治……不同创作主张的作家：贾平凹、余秋雨、汪曾祺、周涛、史铁生、张承志、李存葆、张锐锋、刘亮程……同时在世纪之交的散文艺术语境中迢遥而来，"恍如邀友同享欢宴"（荷马诗句）一般，共聚于同

① ［古希腊］亚里士多德：《政治学》，吴寿彭译，商务印书馆 2011 年版，第 262 页。
② 同上书，第 274 页。
③ 邹贤敏：《"闲暇"与"觉识"——亚里士多德美学思想拾遗》，《湖北大学学报》1981年第 2 期。
④ ［日］岩井宽：《境界线的美学》，倪洪泉译，王小平校，湖北人民出版社 1988 年版。

一时空，组成了世纪之交散文色彩斑斓的风景线。

世纪之交的散文，不再像五六十年代的散文那样，仅从社会政治的层面去"反映"生活，而是多侧面地、交叉立体地展示、表现着生活。因而"它更富有生活实在性和思想深刻性，更强调一种普遍的永恒的情感和精神"（秦晋语）。浸透于散文中的往往是智慧的结晶、人生的意趣、理性的追求和心身的愉悦。我们可以通过解读散文的作品看出其端倪。

金马的《心态三弹》共有三个小节：分别是"万人如海一身藏"、"怨而不怒，哀而不伤"、"心态之争与中和之美"。人如何摆脱盯注别人，也为他人所盯注窥探的烦恼？首先，"自己看重自己"。然后，"消失于众人之中，如水珠包孕于海水之内，如细小的野花隐藏在草丛里，不求为'勿忘我'，不求'赛牡丹'，安闲舒适，得其所哉"（杨绛语）。这种超然和淡泊，不是人人都可以领略得了的。至于那"怨而不怒，哀而不伤"求得"中和之美"的"智慧交往的最佳姿态"，则是人人希翼获取又不断追索的一种和谐，是审美心理之中久久积淀着的传统文化和现代观念，良知与宽容的人生境界，是人类应该归属于其中的至美之境。世事沧桑，人一己的遭遇不可能脱离喜怒哀乐、生老病死；人生千姿，周围的人总会是父母妻子儿女朋友。散文所表现的，从某种意义上说是人的作为类的存在物的一些共相。但对于一个个体生命来说，则是"一树一菩提"，每个人都可以有他自己"成道"的方式。共相可以让你有惺惺相惜的愉悦，而殊相的独特又有给予自己的一份仅属于个人的欣喜。当你获得那闲暇的心境，不就拥有一份美吗？

汪曾祺曾直言："我大概受儒家思想影响比较大……'温柔敦厚，诗之教也'。我就是这样的诗教里长大的。"[1] 因此，"此我更有意识地吸收民族传统的……我追求的是和谐"[2]。汪曾祺的散文有些平淡，有些家常，可他也像沈从文一样，是以"含情的微笑"来看这个世界的。他的散文不仅弥漫着浓郁的书卷气息，也展示着学养深厚的大家风范。他的《随遇而安》，把逆境中的遭遇用平常心写来，出入于情世间又不失生命感性的体验，深得道家的谦冲之道，与杨绛的散文风格颇有近似之处。如写他

---

① 汪曾祺：《认识到的和没认识到的自己》，《北京文学》1989年第1期。

② 汪曾祺：《晚饭花集·自序》，人民文学出版社1985年版。

摘掉"右派"帽子，在农科所协助工作时有这样一景：

> 我的"工作"主要是画画。……我的"巨著"是画了一套《中国马铃薯图谱》。
>
> 我在马铃薯研究站画《图谱》，真是神仙过的日子。没有领导，不用开会，就我一个人，自己管自己。这时，正是马铃薯开花，我每天踅着露水，到试验田里摘几丛花，插在玻璃杯里，对着花描画。我曾给北京的朋友写过一首长诗，叙述我的生活。全诗已忘，只记得两句：
>
> 坐对一丛花，眸子炯如虎。
>
> 下午，画马铃薯的叶子。天渐渐凉了，马铃薯陆续成熟，就开始画薯块。画一个整薯，还要切开来画一个剖面，一块马铃薯画完了，薯块就再无用处，我于是随手埋进牛粪火里，烤烤，吃掉。我敢说，像我这样吃过那么多品种的马铃薯的，全国盖无二人。

这种"随遇而安"的心态，虽不那么积极，却也不失无奈中求生存的一种方式，看似波澜不惊，实则大智若愚，不动声色中蕴藏了深意。他的《多年父子成兄弟》把亲情中本来最不易相悦的父子之情写得亲切、自然，父子＝兄弟，扳了辈分，若在"天、地、君、亲、师"笔管条直、规严范厉的古代，岂不是乱了纲常，简直大逆不道。而自觉受儒家影响颇深的汪先生，"伦常"观念却非常淡薄，伦理情感着重于现在的人、亲情，消泯了两代人之间的鸿沟。两代父子，一如兄弟。处处洋溢着人情人性。着意"将这天性的爱更加扩大张，更加醇化"①。这诗意的存在，把汪曾祺的审美尺度、文化品格尽显无遗。

滕云《季节海边那株年轻的黄栌》写在九寨沟的秋色中，与"一株亭亭而年轻的"，"在无边的彩色世界里显示着自己的生命个性"的黄栌交臂而过，在对"美确实可遇不可求"的喟叹里，感受美的刹那和美的不易捕捉、不可重复。与浮士德一生追求美，永远不得发出"请你停一停"的呼唤，否则，当他微笑着满足的时候，应得把生命交给糜非斯特

---

① 鲁迅：《我们怎样做父亲》，1919 年 11 月刊《新青年》第 6 卷第 6 号。《鲁迅全集》，第 1 卷，人民文学出版社 1981 年版。

非利司这个魔鬼相对，当黄栌已回归无边的彩色世界，"仍为彩色生命的一个原点"时，瞬间永恒的生命之美就融入自然的诗意。心灵世界长存，美就能与心同住。因为"美就在于显现于自身中的神圣"（伽达默尔《文化与词》）。其实，美从来就是形神合一的，如若去其神而求其形，就像那个买椟还珠的人一样，舍本而逐末，到头来得到的只是"银样镴枪头"，而与闲暇相去远矣。

"临邛道士宏都客，能以精诚动魂魄。"散文是生命之情精镂细琢的美文，它所震撼人的灵魂的，不仅是情感的力量、人格的力量，而且是一种智慧和意志的力量。韩小蕙的《悠悠心会》把素昧平生的书信友谊重新解释，写得超凡脱俗，执着地追求一种相互塑造，也自我塑造的纯美的审美之情，莜敏在《舞者》中寻找一个"有羽翼同时有缺损的灵魂"，在追寻自由的过程中，在生命力勃发的舞姿中，完成了生命之美的雕塑。但他付出了极大的代价，"通向生命的路迹被永恒地寻求着，这永恒的寻求者总是孑然一身"，"总是无所依傍地暴露着她永恒的缺损"。在生命的悖论中，孤独永远是追求者的侣伴。

当然，能够展现"闲暇"的审美特质的，除以上分析之外，还有许多作品，如陈超的《懵懂岁月》、北岛的《马丁国王》、残雪的《天堂里的对话》、陈思和的《无月的遥想》、贾平凹的《佛事》、李汉荣的《与天地精神往来》、张承志的《大理孔雀》、高建群的《阿拉干的胡杨》、吴冠中的《比翼连理》、施康强的《迷途不知返》、王祥夫的《乐器的性格》、西渡的《关于看》、艾煊的《茶性》、张守仁的《角落》、叶广芩的《景福阁的月》、邵燕祥的《怎一个"闲"字了得?》、张贤亮的《一年好景》、刘亮程的《通驴性的人》、胡发云的《哈里和它的后代们》、周晓枫的《焰火》等。另外，一些年轻的散文作者如黑陶、玄武、谢宗玉、黄海、陈川等，都在某种意义上显现出"闲暇"的审美旨趣……散文从多个侧面展示了自由的灵魂对情、理、爱、欲的体认和思索，它不依凭于外物，而是一切由己，极力释放自己的心灵，既有鸿鹄大志去"论道经邦"，又从心灵深处细密思虑，求自由、平等、博爱于人间，觅真情、智慧、宽厚在笔下，表达出深刻的人类内在意识和精神旨向。这种浸透着"闲暇"的审美态势，只能出现在当下的时代。

与国家相对安定、和平的"闲暇"相随而生的美学中的"闲暇"，是在"缩短每个人的劳动时间，使一切人有足够的空闲时间来参加跟整个社会有关的理论和实际工作"① 的社会形态下才得以充分实现的。艺术创作欣赏这样的"自由党的活动恰恰就是人类的特性"②。世纪之交，人们有了较为充裕的业余时间，在自由的精神状态进行文学、艺术的创作欣赏活动，虽有浮躁，但没有了政治压抑的惶恐；虽嫌迷惑，却较少衣食之虞。人的价值、国民的素质也在逐步提高，而所有的这一切都是闲暇之美所必备的。那种真正的自由王国的实现，"事实就在需要和外在目的所指定的劳动终止的地方开始的"③，它"以发展自身为目的"④，是人类向往的共产主义社会，只有到那时，才能使每个人获得享受全部艺术之美，完全享受散文之美的可能。

原载《宿州教育学院学报》2002 年第 4 期

---

① 《马克思恩格斯论艺术》第 2 卷，曹葆华译，人民文学出版社 1960 年版，第 38 页。

② ［德］马克思：《1844 年经济学—哲学手稿》，人民出版社 1979 年版。

③ ［德］马克思：《资本论》第 3 卷，《马克思恩格斯论艺术》，曹葆华译，人民文学出版社 1960 年版，第 375 页。

④ 同上。

一衣带水风格迥异

——从中日散文看文化传统与作家创作

中日两国一衣带水，两国友好往来的历史可以上溯到两千多年之前。通过东方文化与文学史，即可明了，日本文学是中文文学（汉文学）东渐的产物，是深受中国文学泽被的。离开中国文学的哺育，就无从谈起日本文化乃至日本文学。

中国的儒道、典籍、禅宗、诗文在遣隋使、遣唐使的潜心求索、认真领悟，鉴真和尚的六番东渡、艰辛尽尝之后，终于在日本列岛扎根、发芽、开花、结果了。但传入日本的中国文化在与日本传统文化整合的过程中，既有普遍原理的被吸收，又有脱胎换骨的更新。"日本文化，可以说是在热爱自然，在自然的陶冶过程中形成的。"① "日本民族的人的生，正是要参与自然的永远的长河中去，并在被自然的根源性的爱的包围中才能找到它的意义。" "日本民族的艺术精神在经历了激烈、忘我的紧张与努力之后，却只被诱导到虚空的寂寞中去，更进而甚至被引向虚幻的境地。……本来是想将现实的现身融合到大自然里去，却变成了深刻地否定自身的信奉，而去追求无限和永恒归为一体去了。"② 从万叶时代起，日本的文化与文学就脱离了曾经孕育它的母体——中国文化，迈开自己的双脚，走上一条殊途。"谨以三首之鄙歌，欲写五脏之郁结"，"巧遣愁人之重患，能除恋者之积思"，是万叶歌人对文学功用的代表性阐释。"愍物宗情" "感物兴叹" 作为日本民族的审美理想、文化传统而在文学创作

---

① ［日］源了圆：《文化与人的形成》，郭连友、漆红译，北京出版社1992年版。

② ［日］山本正男：《东方艺术精神的传统和交流》，牛枝惠译，中国人民大学出版社1992年版，第145—147页。

中得到了弘扬，而备受推崇和倡明，渐渐演绎为固定的文学理念。中国传统文学中的"兴、观、群、怨"，"修齐治平"，"文以载道"，"文章合为时而著，歌诗合为事而作"的社会性、功利性文学遭到鄙薄和摒弃。众所周知，作家是在一定的民族土壤、文化传统的熏陶、滋润下成长、成熟的，在他们接受各种哲学思想、伦理意识、审美观念、文艺思潮的熏陶、洗礼时，接受最多的还是本民族的传统文化。"一切艺术，不仅反映艺术家的经济环境，而且反映他的地理位置。"① 中国大陆文化传到日本之后，经过吸收，"变异"而形成的岛国文化可以看出：任何作家，不可能在虚空之中成长，更不可能与本民族的文化传统截然脱钩。作家作品与民族文化有着内蕴的、千丝万缕的联系。民族传统文化对于作家创作心态是有着重要影响的。

本文仅从中、日文学中的散文作品来探讨两国文化传统对于作家心态以及形成的作用，以此见教于大方之家。

一　热衷济世的实证与淡漠政治的空寂

中国传统文化中的"诗言志""文以载道"和"惟歌生民病、愿得天子知"等积极济世的热衷精神是流传久远、深为历代作家所领悟的。那种强化群体意识、淡化个性意识的"载道"传统，投涉时代、政治、生活的激情不仅在古代，而且在现当代作家的创作论述、散文作品中可以信手拈来，正如冰心所说："一个人不是生活在真空里，生活圈子无论多么狭小，也总会受到周围气流的冲突和激荡。"② 因为"当代作家与传统文化的血缘联系是无法割析的，集体无意识的力量太强大了"③。为了所追崇的"道"，为了理想境界的实现，历代作家都全方位、全身心、多角度地展开对真、善、美的追求。当这种追求外化，作为散文作品传达于世界时，就创造了美的氛围，建构着美的意境。

纵览中国散文，卷帙浩繁，题材丰富，组成了一部中国社会生动、形

---

① ［美］房龙：《人类的艺术》，中国文联出版公司1989年版。

② 冰心：《从"五四"到"四五"》，转引自《中国散文鉴赏文库·现代卷》，百花文艺出版社1990年版。

③ 樊星：《民族魂之光——汪曾祺、贾平凹比较论》，《当代作家评论》1989年第6期。

象的思想史、政治斗争史、文化史、民俗史……从孔子、庄子、荀子、孙子、韩非子的散文中，我们能够读到春秋战国时期"百家争鸣"、学派林立的景象，社会变革之时、世事动荡之秋作家主体对于时代潮流的自觉呼应。他们或惊呼"五纲解纽""礼崩乐坏"，周游列国去阐发"克己复礼"的主张，或退而论道，自以为"万物齐一"，因而无为寡欲，冲淡逍遥，以求得安宁和平衡；或自觉"天行有常，不为尧存，不为桀亡"，主张王霸并用，礼法兼治……文学传统中的功利观念，把散文当作"经国之大业，不朽之盛事"，经古文运动，更趋严谨，有着巨大的召唤力。作家以"传道"为己任，大加弘扬。捧读唐宋八大家的散文，我们如同倾听"文以明道，文道合一"的系统理论、不平则鸣的撼人心声、冒死直谏的无畏率真、为民请命的果敢坚毅、上下求索的气概豪情。当然，我国传统散文中不乏陶渊明的《桃花源记》、王维的《山中与裴秀才迪书》、柳宗元的《永州八记》等寄情山水、物我双会的作品，仔细品味，则是传统文化中"忧患意识"的另一种抒发，是一种内热外冷的独特，是"处江湖之远"而忧世嫉时的深刻，是不甘受辱的怨愤。

当历史的脚步迈到20世纪，我国散文依然是合着时代的脉搏，继承了优秀的历史传统。作家主体以"天下为己任"的严肃使命感，使之把散文与时代、民族、国家的命运结合起来。许多作家手执笔管，心怀天下，以燃烧的情感来进行散文创作，使散文的艺术生命经久长存。鲁迅的《为了忘却的纪念》，瞿秋白的《俄乡纪程》《赤都心史》，周作人的《前门遇马队》，叶圣陶的《五月卅十一日急雨中》，冰心的《平绥沿线旅行记》，朱自清的《白种人——上帝的骄子》，茅盾的《白杨礼赞》，李广田的《秋天》，闻一多的《最后一次演讲》，碧野的《北方的原野》等都从不同的层面与时代的主题相扣合，跟着历史艰难而壮阔前进的步伐，描摹生活、战斗的图景，倾注作家对祖国前途、命运的深切关注，体现着主体更自觉、更鲜明的社会性。正如巴金所说："我想来想去的只是一个问题，怎样让人生活得更好。或者怎样做一个更好的人，或者怎样对国家、对社会、对人民有贡献。"① 新中国成立以后乃至新时期以来，许多优秀的散文家仍有意识地以主体的感悟去观照时代和生活，从散文中流溢出对国家、对民众道义上的责任。由于"个人不可能遗世而独立，不能餐露

---

① 巴金：《探索集·探索之三》，人民文学出版社1981年版。

以养生，人与社会，原有连带的关系，也有体感的因依"①。

　　散文在新时期不仅成为与小说、诗歌并领风骚的一支，而且还曾成为时代精神的先锋。巴金的《随想录》、贾平凹的"商州系列"、余秋雨的《文化苦旅》、汪曾祺的《多年父子成兄弟》、王英琦的《有一个小镇》、滕云的《季节海边那棵年轻的黄栌》等，都深刻地阐发了作者对于社会、政治、文化、历史的反思，从挖掘民族文化、心理的深层结构入手，烛照现实生活中的人的灵魂、人格、自我，提纯出理性的、情绪性的体验。

　　日本地处堪称世界大国——中国的边缘，在对中国文化选择和吸收的过程中，逐渐形成了自己的文化。日本虽属于中国的"卫星文明"②，却有着与中国文化迥异的个性。"任何外来思潮发生影响的过程都是这样一个选择、鉴别、消化、吸收、批判、扬弃的过程。"③ 他们在学习中国儒家文化过程中，并没有照搬，而是加以改造，使之更符合日本的风土。同时，老庄、禅宗对日本文化的洗礼，与日本的风土、自然、社会生活相交融，形成了日本"静穆的激情，战斗的恬淡"的国民性。在文学上，"感物兴叹"，"愍物宗情"，由江户时代的国学大师本居宣长归纳之后，成为日本文学传统中重要的美学理念，一直为后代作家所承传、弘扬，并奉为圭臬。日本散文——随笔的创始人——《枕草子》的作者清少纳言，以长短 300 篇散文抒发自己对大自然的独特感受，记述宫廷生活，品评自己周边的人事。她虽处于宫廷，散文中却绝少有反映统治者内部的矛盾和斗争的作品，大多描写宫廷及贵族社会中豪华、游乐、高雅、娴静、优美，如诗如画的大自然风光，人世间的喜怒忧乐。吉田兼好的《徒然草》和鸭长明的《方丈记》，被誉为日本散文的双璧。《徒然草》表现了兼好法师否定现实社会、怀恋昔日的贵族社会、无为自然和人生无常的思想。散文中几乎看不到由于南北朝的对立和战争引起的社会混乱，只是远远地、隐讳地透露出自己的追求和对美的崇尚，反对社会风气的堕落。以旁敲侧击的手法叙写对世界的本质——变幻无常的"流转之相的认识和感慨，披著自己流俗遁世"的枯寂心境。《方丈记》多是反映世态炎凉、尘世无

　　① 　郁达夫：《中国新文学大系·散文二集·导言》，上海文艺出版社 2003 年版。
　　② 　汤因此认为：人类文明分为两类——独立文明和卫星文明。中国文化对于日本，相当于希腊文化之于欧洲，可以说没有中国文化作为卫星文明的日本，是不可能形成其前近化文化的。内藤湖南比喻日本文化是豆浆，中国文化是卤水。只有用卤水点豆腐，日本文化才得以成立。
　　③ 　乐黛云：《尼采与中国现代文学》，《北京大学学报》1980 年第 3 期。

常的悲观厌世，一片哀叹之音，但这哀叹却并非"穷年忧黎元"的悲慨，而是哀生时之不遇，怜怀才之不得，命运乖蹇。因而作品笼罩着阴郁低沉的情调，更多地"强调了自然和人生在生成变化过程中的衰亡过程，而几乎没有看到其发展过程中的积极一面"①（永积安明语）。日本散文发展到近代——明治时代，散文从内容到形式都更为丰富，许多作家着力描绘自然风景，表现自己对大自然的感受，把对大自然的美好和崇高的向往同现实生活的卑俗、丑恶进行对比，寄托了对理想和自由的向往，含蓄地体现对人生的探索。文学传统经过启蒙、批评和反省的过程之后，在与西方文化的涌入与碰撞中得到了发展。但日本作家更注重发挥人类内在的本性而舍弃作为社会中一个个体的主体性，而崇尚内心世界、灵魂的安宁与升华，追慕物我如一、主客如一、自他如一的陶然。在森鸥外的随笔、德富芦花的《自然与人生》、夏目漱石的《在玻璃窗户的里面》、国木田独步的《武藏野》、岛崎藤春的《千曲川风情》、北村透谷的《一夕观》等散文中，对自然与人生的如实状摹，与日本民族传统审美情趣中的清淡、枯寂、悲美不谋而合，充分展示了作家内心深处感叹人生短暂、世事艰辛的失意彷徨的心态和朦胧的不安。日本当代散文以谷崎润一郎、川端康成、东山魁夷、团伊久磨、大江健三郎为代表，他们的《我在美丽的日本》（川端）、《美的情愫》（东山），更加系统地向世界展示了"东方之美"，反映了日本民族的人生观念、审美意趣、生活规范，流溢出独特的美学气质。川端康成的《伊豆纪行》、《温泉通讯》，谷崎润一郎的《迈江》，东山魁夷的《风景巡礼》，加藤周一的《庭园》等，大多陶醉于山川美景，庭院花鸟，"完全忘记了打开或关上自己感情的门扉"②，与大自然浑然天成，融为一体，寄寓着作家对人生、对艺术、对传统的感悟，也揭示了民族传统对作家心态的影响，表现了作家对于美的探求和清幽、淡雅的日本风格。中日散文，由于传统文化发展过程中不同的杂糅，而形成了作家不同的创作心态，导致创作风格倾向上的差异，中国散文的"忧患元元"、日本散文的冲淡悲寂，中国散文的"入世"、日本散文的出世，中国散文的沉重、日本散文的悠然，在研读了一批散文作品之后，可以观叶而知本吧。

---

① 永吉安明.『方丈記』と『徒然草』.岩波书店，昭和 33 年.
② 《和辻哲郎全集》第 8 卷.岩波书店，昭和 37 年，pp. 134–135.

二 雄浑沉郁的刚风与精巧纤弱的柔美

中日散文由于文化传统的不同，因而在热衷人生济世与追求平和清淡，观照广阔的社会生活与流连山水吟风咏月等多方位、多侧面地游离开来，在叙事方式、结构建筑、语言修辞等方面都采取了不同的方式，形成了雄浑沉郁的罡风与精巧纤弱的柔美两种风格。

当我们把韩愈的《师说》与吉田兼好《徒然草·某人学射箭》做一比较，就会发现：这两篇关于"从师""学道"的散文，讲的都是"师道"。韩愈认为：师者，所以传道、授业、解惑也。他以周详的伦理阐释了师者的作用与从师的重要性，以豁达的态度说明"弟子不必不如师，师不必贤于弟子"的道理。立论高远，气韵刚健，有理有力。而兼好法师则从学箭讲起，讲老师给学生讲述"应该有决心一箭必中"的道理。以旁观者的清醒引出了"学习某项本领的人，以为除了今晚，还有明朝，到了早晨，还有晚上，总想到那时再认真地学。更何况，它哪里知道在极短的一瞬间也会产生松懈的念头呢"。说明明白晓畅，却显得委婉、细腻、冲淡，传达了瞬间的心态和感受。其实，当作家文涌思旺、浩渺无边，将浓情如泼墨般挥洒时，就会产生气贯长虹之势，文章就会呈雄健、奔放之风。中国古代散文中苏东坡的《前赤壁赋》、茅盾的《白杨礼赞》、巴金的《海上日出》、梁遇春的《吻火》等，都抒写了作者浓烈的情感，风格上雄健刚毅、动人心魄。刘白羽在《海峡风雷》中写道：

> 我一看，整个世界都变了，从这高山之巅望下去，莽莽长空锅底一般黑，什么金黄阳光，翡翠海面，倏然间一切熄灭，只见铅灰色大海翻滚沸腾，惊涛骇浪在咆哮、旋卷、飞跃。狂风扶着风暴如同游漫大雾，排挞呼号，在海上恣意奔驰……刷地一亮，只见黑漆漆太空上，一道红色电炬，像狂舞的金龙，烛照海面，倏然万里。……浓云在飞奔，大海在回荡，电光赫赫，雷声隆隆，就像整个宇宙一下在我面前展开，大千世界，奥妙无穷。

作者以恣肆的笔触，描写了大海的风暴，腾挪跌宕，气象宏大，展示了作家的壮阔胸襟和直面世界风暴雨狂的勇气，继承了中国优秀的散文传统。当作者以细腻动人的情感、工笔细致的手法去描摹，会使人觉得如沐浴春风，浸润在纯情、清美的氛围，风格纤细、精致。一如日本的插花艺术。清少纳言的《四季的美》、国木田独步的《武藏野》、岛崎藤春的《暖雨》、崛文子的《茶花之》等，都展示了日本传统散文之美。德富芦花的《相模滩落日》这样写道：

> 当太阳刚刚开始西落时，簇拥着富士山的相豆山脉，一片淡淡，宛若青烟。
>
> 在这风平浪静的夜晚，观赏山头的落日，颇如奉侍于将逝的大圣身旁。庄严至极，肃穆至极，仿佛凡夫俗子也承蒙神的灵光普照，骨肉之躯同大自然融化在一起，而那惟恭惟敬的灵魂却伫立在永恒的彼岸。
>
> 举目太空，世上已经再也没有太阳，大地于顷刻间失去了光辉，大海和山峦也因之而黯然神伤。太阳落山了，却又将余晖像金箭一般喷射出来，君不见西天一片金黄，伟人长逝时的遗容诚如此吧。

作家以散淡的笔法，描绘了落日的景象，凄清孤怜，细婉悲悯，是日本散文的代表，显示出作家悲天悯人的思想。

中日传统文化对于生命本质意义的不同介说，使中国历代散文都不同程度地注重对于生命"本音"的体悟，而日本散文更着重于对生命"余韵"的理解。余秋雨的《风雨天一阁》描绘了天一阁劫后余生一脉尚存的历史；《千年庭院》从岳麓的教学体制、教育方法说到教育家精神对于学子人格形成的浇铸，引出了"教学，说到底，是人类的精神和生命在一种文明层面上的代代递交"的认知。既有宏观的历史、文化的鸟瞰，又有细微的人格，命运的剖析、凝重；张承志的《离别西海固》，颂扬了西海固人为了人格的尊严、永恒的信仰而不屈不挠、奋勇抗争、无怨无悔的刚烈精神和人格；先燕云的《道声珍重》写自己远游、涉世的经历，气象宏大，写父亲的刚毅，不畏强暴的抗争，写父母的亲情，感人至深。读起来，令人荡气回肠，充满豪情。川端康成的《我在美丽的日本》，则将大自然的美与人情之美、故国之爱融入对文化传统的追怀之中，通过言诗、讲画、茶道禅家、四季变化，阐述了物哀、风雅的日本传统美学观念，展示了清淡而纯真的日本文学之美。小堀杏奴的《晚年的父亲森鸥外》，以独到的眼界、细腻的笔触、深切的情感，讲述着父母之情，写父亲的高雅、温和、体贴，女儿对父亲的挚爱，朴素平和中透出悲凉和凄楚的心境；寺田宣彦的追忆恩师夏目漱石的《追怀夏目漱石先生》，活画了老师学养高深，风度潇洒，待人热情、亲切，不拘小节的品格。老师虽并非完人，但却是一位有着坦荡胸襟、赤诚感情的长者，把老师的存在喻为"精神食粮"，言外之意隽永、绵长。岛崎藤春的《千曲川风情》洋溢着田园生活的情趣，赞美了故乡千曲川两岸的自然风光，表达了对故乡的眷恋和思念。

由于中国文学传统是承传儒家意识的，因而十分注重反映现实生活，作家极为关注现实、历史、人生，而日本文学则摒弃社会性，重自然情趣，欣赏超然的文学，"比之具体，更喜欢抽象，比之现实更喜欢超现实"（铃木修次）。因此，中日散文不仅在关于现实人生、审美风格方面有很大差别，而且在结构方式、叙事手法、语言运用等诸多方面都不尽相同。中国散文讲究结构的严谨，讲究起承转合，叙事手法纷呈各异，语精言美。而日本散文结构松散，几乎全无前后的脉络，每一个片段都与前后无关，宣泄的是自我情绪和一己的感觉，语言则成为某种暗示，重在激发读者的想象能力。中国散文凝重、刚健，日本散文则清淡、超然。完全可以这样概括：中国散文如苏学士词，"须关西大汉，铜琵琶、铁绰板，唱大江东去"；日本散文则若柳郎中词，"只合十七八女郎，执红牙板，歌杨柳岸晓风残月"。

中日散文，在源头相同的发展过程中，形成了各自不同的风格。风骨刚毅、沉雄的中国散文，雅致清脱、悲美的日本散文都从不同的方面向世界展示着东方之美，展示着不同的文化传统下作家的审美情趣、创作风格，值得去做更深层次的探究。

原载《大同高等专科学校学报》（综合版）1995 年第 2 期

谱写尘世人道的挽歌：野夫的散文批评

从 20 世纪 90 年代到进入新世纪以来，大陆反思散文出现了一大批优秀的作品，主要作者有北岛、张承志、黄永玉、章诒和、张郎郎、史铁生、李辉、野夫、徐晓、祝勇等，他们的散文关注 1949 年之后的历史政治运动对于人性的戕害、人伦的撕裂与人道的毁灭，关注在时代巨浪排山倒海的裹挟之下，人的抉择、人的无奈和人的低伏与认从。如果说当下的大多数散文依旧盘桓于平凡世界的感悟点滴，或是在游历漂泊路途的风土人情，抑或是徜徉书海的漫漫思索，那么野夫的散文则以一种振聋发聩的撞击声响，撞开了历史尘封的大门，用血泪谱写了一首首尘世凡人的挽歌。可以说，野夫是在以他直面历史的胆识、难以平复的胸臆、孤愤悲怆的语言，在一个新世纪，撩开遮蔽真相的面纱，以个体苦难为标本，以历史史实为基点，揭开个人、家族苦难历史的悲剧，引发对于时代悲剧、家族悲剧与个人悲剧的警醒和注目，引发对于革命、制度、专政及改革历史更加深入的反思。

不了解野夫其人，以及他的出生、家庭、命运，则很难理解其散文中的那份悲怆与黯然的基调，而野夫的家庭、命运又是与国家的历史、革命的运动与个人的选择不可分割的。在巨大的历史变革时代，个人往往难以左右自己的命运，总是为历史浪潮裹挟着，随波逐流，生死泯灭不由自主。

野夫，也称土家野夫，大学期间从事诗歌创作，与南野、野牛合称湖北诗歌"三野"。大学毕业之后曾经为警务人员，后因在 1989 年的政治风波中的立场与行为受到监禁，失去公职，成为自由作家与编辑家、出版商。发表诗歌、散文、报告文学、小说、论文、剧本等一百多万字，获得过民间文学奖项——2009 年度中国当代汉语贡献奖。似乎鄂西坎坷崎岖的路途注定了他艰难曲折的一生，野夫做过教师、公务员、警察、囚徒、书商，在那个苦难的年代里，亲人、朋友一个个都离他而去，他目睹了太多的死亡和残酷，经历家破人亡、国恨家仇，一切在他心中累积起来，到五年前喷薄而出，带着历史的厚重，化为渗透血泪的文字，诞生了《江上的母亲》《地主之殇》《别梦依稀咒逝川》《坟灯》《组织后的命运》《革命时期的浪漫》《生于末世运偏消》……

阅读野夫的散文，必然会产生一种严肃、沉重、激荡的心态，读者会被完全打动，沉浸其中，情到深时泪流满面。野夫的散文饱含深情，具有巨大的吸引力与感染力，犹如一个强大的气场，随着他的运动而起伏、游走、飘动。野夫散文的这种感染力不是突发的，而是在文字的慢慢叙述中逐渐累积，一点一滴地渗透到心灵的各个角落，从而产生共鸣。这种感染力，是由散文本身的写作内容和作者娴熟的创作技巧而形成的。

野夫的散文大多是以自身、亲人和朋友的坎坷经历为描述对象的，以个人或家族的命运为主线，夹叙夹议，多方位地揭示苦难深重的国家和步履维艰的民众。如野夫自己所说："我在五年前才重新开始写作——是写作而不是创作——因为没有创造和虚构。我只是在努力记叙身边过往的亲友，记载他们在这个有史以来最残酷和荒诞时代中的遭际，透过家族史和个人命运，借以还原历史的真相。"（野夫《谁分巨擘除荆榛——2009 年度中国当代汉语贡献奖答谢辞》）

这种以个人命运和家族史为主的记述，占据了野夫散文内容的大半比重，尤其是追忆那些已经去世的亲友的记事更是散文的主要组成部分。很多文章可是视为悼亡之作——挽歌，主要是由于野夫自己所走过的沧桑岁月中经历了太多的死亡。对于一个个亲朋好友的死亡，野夫如实地用散文呈现出来。母亲年轻时毅然与国民党高级将领的外祖父决裂，走上与父辈不同的革命道路，但是即使母亲再努力，却最终不被信任，不被理解，不被尊重，终生无法挣脱出身资产阶级所带来的厄运。母亲是坚强刚毅的，她几十年如一日独立地支撑着破碎的家，送走历尽磨难晚年患病的丈夫，等回来遭遇陷害囚禁牢狱的独子。可是母亲却在老年之后，再也不愿给贫困的儿女增添经济与精神的负担，留下遗书毅然决然地在夜幕中自投深秋的长江，只留下衣冠冢和带给子女惨痛的记忆（《江上的母亲——母亲失踪十年祭》）。一生给予外孙最多疼爱的外婆忽然辞世，年轻时的他日日痛哭，唯有每日薄暮送上一盏坟灯寄托哀思（《坟灯——关于外婆的回忆点滴》）。父亲被打成反革命受尽折磨，离休后又患癌症辗转病榻，为了见到身陷囹圄的儿子苦苦挣扎，最终的遗嘱是将骨灰撒向家乡的清江，化为灰烬（《地主之殇——土改与毁家纪事》）。故友李如波知识渊博，文采斐然，纵有万千才情，对社会深刻的洞察使他执着地退出官场，甘愿做一名中学教师，终因愤世无法超脱而投水（《别梦依稀咒逝川——悼故友如波》）。大伯张志超，一个曾经才华横溢、充满热情的革命青年，在世事对自身的命运和爱情造成了巨大的伤害之后，孑然一身，在痛苦中饮恨长眠（《组织后的命运——大伯的革命与爱情》）。幺叔牟鸿光背负地主罪名，被没收祖宅，生活困顿，却保持着儒雅的读书人气质，艰难地度过大半生岁月，最终卖了老屋，离开祖居地，逝于异乡（《生于末世运偏消——幺叔的故事》）。还有在历史动乱中死去的祖父、伯父、伯母以及作者所看到听到的其他一切的死亡。在历史进程中，当以"革命"的名义化私为公，去剥夺、抢夺私有财产以及个人的一切，消灭乡村士绅、都市中产阶级的时候，当以进步的名义统一个体的精神世界，以和谐的名义禁锢、驱逐底层生产者的时候，表面的繁荣掩盖的是腐败的肌体与隐现的血火。

野夫的散文，或是作者亲身经历的，或是他亲眼看见的，或是他经过调查和整理掌握的资料，与其生活本身息息相关，是作者全身心用自己的感情浸入，哀伤的往事留给了作者沉重的记忆伤痕。这种深厚沉重的感情不断在作者内心发酵，使他在追忆往事的过程中，自然顺延到了笔端，在时隔多年后喷薄而出。

野夫深厚的文学功底、娴熟的写作技艺、近乎白描的写作手法，使得他的散文具有强烈的艺术感染力。野夫散文叙述中的大量细节描写，用词精准，形容传神，常常犹如真实的电影的镜头和画面一般，给人以强力而清晰的视觉感受。这些散文的细节描写构成一个个镜头、一幕幕场景，读者如同站在场景发生的现场一旁静静守候，其中人物的举手投足、细微表情、感情起伏都一一收入眼底，沉淀心中，使人感同身受。

《组织后的命运》中有这样一段文字：

　　我赶紧回头，看见一个风韵犹存的老人略显局促地站着。她已星霜上头，鱼纹在脸，但是仍有一种高贵的美，在朴素的衣襟外流露。我急忙喊大伯，他从厨房冲出来，站在檐下的石阶上，陡然像石雕一样呆望着来人。尽管这是相约已久的聚首，但两个老人彼此瞩望着对方的容颜，依旧一时不敢相认；或者说他们一生的期许、渴望、误会和寻觅，积淀了万千酸苦，真正重逢之时，却顿时遗忘了语言。他们几乎对峙了一分钟，才轻轻地彼此唤一声名字，然后把苍老的手紧握在一起。我看见他们依旧是无言哽咽，泪光在历尽沧桑的眼眸中闪烁。

这是大伯和恋人在半个世纪之后重逢的画面，他们年轻时因为复杂的误会而负气错过。昔日的红颜已经两鬓白发，她"略显局促"地站在门口，带着期许的忐忑不安的心情。而大伯听到我的呼喊之后，立即冲出来，却止步于檐下的石阶上，呆望着眼前想念了几十年的身影变成了石雕，一瞬间懵了，失去了任何思考和判断的能力。两人彼此相望、对峙、呼唤、握手，哽咽失语，泪光闪烁。在这一场景中，一系列的动作描写一气呵成。没有热情的拥抱，没有激昂的话语，没有失声的痛哭，只是两双苍老的手紧紧地握在一起，虽然内心已经是汹涌澎湃，但饱经风霜之后的两位老人在期待已久的重逢中只剩下了最原初、最基本的表达，"此处无声胜有声"，心理与动作的强烈对比，更好地表明了两人经历劫难重逢后无法言说的复杂心情，更是写出了个体的人置身于时光的无情流逝和世事沧桑变化中的无奈。

又如《江上的母亲》中，"当我在夕阳下挑着柴火蹒跚而归时，多能远远看见下班后又来接我的母亲。那时她已见憔悴了，乱发在风中飘飞，有谁曾知她的高贵？"虽是一个简单的镜头，夕阳，挑着柴火的我和乱发飘飞的母亲，却包含了多少辛酸和苦水。母亲早早地守候着儿子归来，儿子隔着老远就能看见她憔悴的身影，那种疼惜母亲的心情，"有谁曾知她的高贵"的诘问，凸显了母亲身世的不凡与时代的不公。在夕阳的光辉中母爱包容着儿子，令他永世难忘。

在细节描写的累积中，野夫笔下的人物形象也逐渐丰满成型，各个人物性格鲜明，给人留下深刻印象，因而也增强了文章的感染力。在阅读过程中，读者的脑海中自然浮现出一个个活生生的形象，这种强大的存在感使读者为了主人公命运的波澜起伏而不由自主地嗟叹。

写性格是写人物的灵魂，而性格就在于描写人物的言行，就在于具体叙述的浸透，使之不断完善。《别梦依稀咒逝川》中写故友李如波，共有一万多字，全篇分了 19 个部分，每个部分长短不一，除开头部分外，基本上按照时间顺序，每个部分都描写了主人公的各个生活侧面，以突出李如波的个性特征。李如波给人留下的第一印象是在校园里，当过兵的老李是个怪人，独自看书发呆散步，生活艰苦却不卑不亢。随着交往的深入，却发现老李具有讽世的幽默、渊博的知识和斐然的文采，甚至给《红楼梦》中警幻仙姑的十二支曲配简谱，还深究过卦学，他对世事的看法还展现了其深刻的洞察力和卓越的思考能力。毕业之后，在书信来往中，作者更是见识到了老李的坚持和高洁，他因为写一手好文章被分到机关工作，精神极度苦闷，于是用"跪着造反"的方式不断向上递交调动申请，终于从县委办调到教育局，故技重施之后，时隔两年多如愿当了一名普通的中学教师。甚至在第十六部分，单独列出一份老李给"我"的信件，以更直观的方式展现他高超的写作水平和他对世事的深入思索。就是这样一个表面沉默寡言、实际满腹经纶、重感情不善表达的知识分子，因为早早看穿世间百态而愤世嫉俗，选择隐匿的生活方式，最终还是无法摆脱精神枷锁而甘愿被河水吞没。19 个部分的描写，以好友的视角追忆老李，从相交到相知，如放映机一般展示了他的大半生，把各部分叙述串起来，一个具有坚定性格的饱满形象跃然纸上，他的孤寂、他的执着、他的绝不妥协也已深深印入读者的脑海中。

全方位的展示最终铸成一个完满的人物形象，而有的细节描写则对于人物性格具有主导作用。《生于末世运偏消》中表现幺叔那种儒雅清高的读书人气质，有这样一个场景："在正午的阳光下，幺叔把我引到修竹边乘凉，两张木椅，一杯清茶……他指着竹林说——宁可食无肉，不可居无竹；竹子能使人高尚其志。"幺叔援引苏轼《于潜僧绿筠轩诗集》里的名句"宁可食无肉，不可居无竹"，对少年时代的"我"劝诫人之生命无论处于何种境地，都要保持竹子的品格和气节。这个场景也使读者对幺叔的性格特质——读书人的风骨和优雅有了更多的体会。

值得注意的是，野夫的散文感情充沛，却并不是泛滥开来，文章的喷发力是有节制的。在一段惊心动魄或是感人肺腑的记叙之后，往往转为议论性的思索，或从另一个叙述的话头说起，张弛有度。散文是作者情感的宣泄口，但这不是他的终极目的，他要对这些过去的人和事，对苦难背后的主题进行深入的探索和分析，如同余世存所说，"在散文的形式里招魂"。从而读者所收获的不是陷入感情的泥潭，而是能够站在更高的角度，在野夫的叙述和议论中看到他对世事的看法，引发更多的理性思考。

在对人物命运和家族史的挽歌中，虽然偏重叙述性，但是议论是时时存在的，从各个侧面展示野夫对整个人生、命运、国家、历史的各种价值观念。这种议论分两种情况，其一是间歇性的几句评论构成点睛之笔，如"这些好人来到这个世界，就是来承担磨难的；他们像一粒糖抛进大海，永远无法改变那深重的苦涩，也许只有经过的鱼才会知道那一丝稀有的甜蜜"（《坟灯》）。运用一个生动的比喻，喟叹在现实深重的苦涩中那一丝稀有甜蜜的珍贵。"一个家族的荣耀与悲辛，必将风化在历史隐蔽的书缝中。"（《生于末世运偏消》）将一个家族的兴衰对比整个历史史册，顿时道出它渺小而终将被人遗忘的无奈事实。

还有一种情况就是中间穿插大量独立的段落和部分进行讨论，对某个历史概念进行追根溯源的大幅探讨。最典型的代表就是《地主之殇》，这是少有的描写与反思"土改"的文字，在对家族的灾难史的记述中穿插了很多独立的议论部分，集中体现了作者深厚的知识底蕴和敏锐的洞察能力。第三部分，对士绅阶层的产生和存在的合理性进行了分析，指出他们是"由正直诚信、发家致富、知书识礼的人所组成"，是"代行政府职责"，维持民间社会秩序的"守护神"，他们值得人们的尊重。从而写到家族历史中，祖父靠着自己的聪慧和勤劳而薄有田宅，晚年成为德高望重的族长，最后却因不堪重刑而自尽身亡。第八到第九部分，作为背景知识，展示了封建社会、民国时代对土地问题的解决办法。土地是农耕社会的根本，妥善地解决土地所有权的问题直接关系到社会的稳定和安宁，这也成为"土改运动"必将进行的现实基础。现政权为了调动"农民的革命积极性"，发动农村的流氓无产者对地主实行残酷斗争、无情打击。张炜的《古船》里的赵多多就是乡村流氓无产者的典型形象，政权对此类人的重用，导致了乡村士绅的灭绝和人伦的惨剧。《地主之殇》中作者的家族在土改运动中遭受了巨大的灾难，祖父、伯父们和伯母们相继遭受厄运，而年幼的下一代也因为无人照顾和饱受歧视一辈子贫困交加。透过家族的血泪史，野夫看到的是整个时代的悲凉和荒诞，尤其是几千年流传下来的那些美好的优秀传统，仁慈、善良、宽容在运动中被不断被挤压，充斥着残忍的盲目仇恨。家族史是一个时代的缩影，一个家族的悲哀必然反映了时代的悲哀。

对中国人精神的拷问，对中国人性的探讨，远远不止于此。除开这些人物传记之外，野夫单独撰文以便做进一步的探索，于是就有了《残忍教育》和《童年的恐惧与仇恨》。这两篇文章都是基于作者童年时代的回忆，对亲身经历或是亲眼看到的各种野蛮行径的反思。作者小时候学会的第一种游戏是用生石灰杀死癞蛤蟆，使它丑恶的皮肤自动剥离；6岁时一群孩子在大人的鼓励下用竹条鞭打一个小偷，他试图偷走裁缝铺的三尺布；在煤矿中看着下井工人用各种残忍的方法杀死老鼠的场景，使年仅10岁的"我"触目惊心；在学校整风运动中，孩子们为了一些可笑的事情而互相检举揭发。这些都是暗藏在童年中的阴暗记忆，也是作者确认了残忍教育的起点。在那个丑恶的年代，天性纯真的孩童早早地被撒下了人心险恶的种子，慢慢生根萌芽，直至影响人的一生。"我"幼时便牢牢记住了架着机枪面对全家、用恶毒语言咒骂父亲的造反派头目的面目，儿时的恐惧酝酿出来的是深刻的仇恨，以致时隔15年后遇到已经衰老的仇人便扑上去暴打一顿。在"文化大革命"中，淳朴的深山小镇失去了它的安宁，变得狂热的人们好像所有的仇恨都爆发出来，无情地拷打和施刑，全副武装地准备随时战斗，时不时突击检查，一切都惶惶然，到处在流血，弥漫着恐怖的气息。这些对恐惧、残忍和仇恨的描述，使作者在思索，到底是何种原因造成了这样一场灾难，我们的人性在这场变革中到底是出现了怎样的变故，以至于怀疑是否"民族文化传统之中天生包含这样一种残忍的毒素"？所幸的是，在野夫的散文中，虽然描写的是一个满目疮痍的年代，有那么多触目惊心的丑恶发生，人性之美却在一些人身上持续地散发着光芒和希望：坚忍顽强的母亲，儒雅温和的幺叔，重情有义的故友老李，善良达观的瞎子哥，平实执着的守望者仇老汉……

由于多是回忆性的文章，所以野夫的散文写作多是由现今的某一个触发点切入进行叙述，从开头的回首经过一段轨迹回到结尾，形成一个完满的圆环式的结构，因此开头和结尾往往别具特色，尤其是开头引人入胜。《江上的母亲》是这样开头的："这是一篇萦怀于心而又一直不敢动笔的文章。是心中绷得太紧以至于怕轻轻一抚就霍然断裂的弦丝。却又恍若巨石在喉，耿耿于无数个不眠之夜，在黑暗中撕心裂肺，似乎只须默默一念，便足以砸碎我寄命尘世这一点点虚妄的自足。"整篇文章就此定下了深沉哀伤的感情基调，细腻感人的真切叙说更让读者感受到了这必将是他一个心里尚未结痂的伤痕故事。野夫的语言功底非常扎实，无论是描写景物，还是勾勒人物，几笔就将神韵透露出来。语言一般是白描式的，表达顺畅自然，而《大德无言——记老校长刘道玉》和《小鸡的故事》这两篇却采用了半文半白的语言，显示了作者对文字的驾驭能力，另有一番味道。

　　野夫用一颗诚挚的赤子之心追忆过往的历史，用笔凝重，情之深切，谱写了一首首尘世的挽歌。他的好友余世存给予了其高度的评价，认为"这些挽歌是在文明转型退潮之际的一次庄严回溯，是乡愿和犬儒社会里的一次人格演出，具有深广的忧患意识，透露出若干重大消息。如同华夏文明需要荆楚蛮地的屈原来增富其诗性品格和灵魂维度一样，当代汉语世界在野夫那里找到了最恰当的情感形式：野夫先生为我们确立了心灵、肝胆和魂魄"①。他经历的一切苦难都变成人生中一笔丰富的精神食粮，化为笔下那些高贵的人和事，感染着更多的读者，引发更多的理性思考。他对国家、历史、命运的思索从未止步。2008 年汶川大地震发生之时，野夫正在四川德阳市罗江县做农村调查，他在积极参与抗震救灾和灾后重建工作的同时，部分关于乡土社会问题的文章《治小县若统大国》《废墟上的民主梦》《余震绵延的大地》已经发表，我们有理由相信，他的探索之路会走得更远。

　　　　　原载《世纪转型期的湖北散文研究》，长江文艺出版社 2011 年版

---

　　① 余世存：《在散文的形式里招魂——序野夫先生的〈尘世挽歌〉》。

自然守望的心灵呼唤

——胡发云散文论

散文，一个自古有着悠远历史又独树一帜的文体，在千百年来的变化与蜕变中一直保持着自身最真的感觉，无论是改革阶段的抒情与感发，还是新时期盛行的文化散文，都在或记叙或描写或感慨中表露出作者的真实感觉。真，是对散文的最主要特征的——基本要求："自由抒写心灵历程，真诚表达思想感情。"① 中国的散文一直是作家所推崇的文体，无论诗人、小说家、剧作家都爱在散文这块广袤的天地里自由地抒写心中无限的话语。读散文，在读一种感受，在读一种思想，在读一种思辨性的哲理。现代散文的自由性与多样性使得散文主题呈现出各种形态，或是抒情小品札记，或是文化旅程的苦索，或是生命意识的探求……百态之中尽显风骨，"真"的表现形态呈现多样。在胡发云的散文里，深切地感受到一种真，在真的生活画面中展现人物精神，他的散文如同其小说一样，创作个性尽显其中，语言文字没有给读者太多的惊喜，但总能在读完后让人的内心久久不能平静，也许正是在平叙之中让人感受到字里行间透露着作者内心的真情实感，平实之中方知内涵层层，更能看出作者的厚实的文化底蕴和对生活的不断思考与探索。

胡发云出生于 1949 年，可是说他是与这个共和国一起成长起来的。他在少年时代就开始表现出创作的天分与热情，学习诗歌和音乐创作，阅读过许多那个时期很少有机会接触到的文学作品。他当过知青，做过军工厂的工人、工会的干部，遭遇过监禁，获得过刻骨铭心的爱情及那一时代的种种特殊经历……多样的身份角色，使胡发云对生命、生活与人生、历

① 曾绍义：《中国散文评论》，四川大学出版社 2005 年版，第 370 页。

史感悟颇丰。20 世纪 80 年代初他开始发表小说、散文、随笔、纪实文学作品。出版有散文作品集《冬天的礼品》，其散文作品《老傻》《人的家园　水的家园》《我们还能走多远》《明年可有鱼》等篇什给了读者群不同的凡响。其散文如其人一样，随性之中内蕴深刻，真诚之中不失美感。

一　善待个体生命——人性美的追求

胡发云的散文中，有很多主角是动物——猫、狗、小龟、兔子、小猴、金鱼、青蛙……生活中所见的平常小动物都成为他笔下描述的一个个鲜活机灵的生命。而这些描写对象，并非信手拈来，而是真实融入他的日常生活之中，与他朝夕相处的鲜活的生命，是他与妻子的生活中不可缺少的组成部分。在胡发云夫妇的眼里，动物也是有血有肉、有生命、有情感的存在，"它们和咱们人类没有什么不同：一样的有身躯四肢，一样的有口眼耳鼻，一样的饮食起居生儿育女，也一样的生老病死。它们也是一条性命"（《哈里和它的后代们》）。因此，在这个爱心之家里常常会有七八只猫、六七只狗与之相处，生活中照料它们成为作者家庭的一部分责任。我们常常说"文学来源于生活"，生活是文学艺术的唯一源泉，生活中的经历才能成就文学的高度。在胡发云的生活中，动物早已与其作品融为一体，无论是《老海失踪》的小说，还是《老傻》等散文随笔，都有着这些可爱生灵的影子。

鲁迅先生说："创作总根于爱"[1]，有爱才会有反映生活的真，彰显情感的善，突出艺术的美。胡发云的散文语言素朴、叙述真诚、描写逼真。阅读胡发云的散文随笔，你会想到作者是一个有如此细腻感情并怀抱大爱之人。其实，爱不是要常常说出口，而是应由行动来表现。在汉民族的语境中，尤其如此。胡发云他们所养各种动物，不仅仅是因为怜悯，因为同情，而是一种对于生命的珍视，因为"它们也是一条性命"（《哈里和它的后代们》）。于是乎，我们看到了从菜场捡来的小青蛙，为了尽可能地满足它的习性，放在水池中任其游弋，让它在房间里自由地跳动……从无情小农贩手中买来的珍贵动物小懒猴，为了尽可能地想各种保暖办法保持

---

① 鲁迅：《而已集》，人民文学出版社 1980 年版，第 128 页。

它所需要的室内温度。收养流浪狗简德瑞……在这个以人为万物之灵长的世界，许多的生命在人类面前是那么的弱小与不安，在人类的忽视与破坏下，它们的生存愈来愈难，"它们能够依赖的，只有人的善意与爱"（《有一窝小白头翁在我家阳台上出生》）。只是，人类习惯于自称地球的主人，对于其他类物都视为可征服可欺凌的弱者。于很多人来说，它们只是动物，没有思想，没有灵性，而于作者来说，这些生命与人一样重要，对每一个遭之不幸的生命，或是"老傻"抑或是"猫老爷"，对之都如亲人般给予关怀与细心照顾，在这些"情化"生活的细节中感受到的不仅仅是温馨，更展现人物精神的闪光。字里行间中，作者在以身作则地告诉人们要关怀的不仅仅是同胞兄弟，还有每一个生物个体，这才是人性美。

胡发云的散文随笔没有过多的矫饰之情，没有枯燥无味的所谓道理的言论，篇篇之中，每一个动物生命作者都是在用心去体验，对这些生命价值形态的审美观照与人文关怀。在这种心灵开放的艺术载体中，作者笔下的动物不是娱乐之物，也并非仅满足我们本性欲望，而是应让我们的心灵保护，像对待自己的同类一样，因为它们也是性命，是有生命的活物，我们应该了解到这些生命个体其实和人一样，是有感情的，知晓冷热饥寒，懂得快乐痛苦的感觉，只是这些生命在强大的人类面前更单纯、更脆弱。作者用叙述的笔调、平实的语言、真实的感情告诉我们：动物是可爱的，也是不幸的，"那些生命史生活史注定没有我们长久的活物，从一开始就注定了它的悲剧色彩"（《花猫》）。在与人类共处的空间里，我们是否应该珍视这些生命，更具包容性，更具爱心？对此，作者对这些生命价值形态本身进行观照，在对生命现象本身的描绘构出一个充满活力的生命世界的同时，又对生命本质进行深深的探寻与思索，凸显人性美的同时又因异化的世界下动物生存境遇而不安与追思，在人类自我膨胀的社会里，"明年还会有鱼吗？还会有山野中嬉戏的野兽蓝天下飞翔的小鸟吗……"（《明年可有鱼》）。"再没有狼来了，强悍勇猛、在这个地球上资格比人类老得多的豺狼虎豹尚且如此，那些温驯或柔弱的大象、羚羊、鹿、松鼠、青蛙、鱼、大雁和小鸟们的命运呢？"（《再没有狼来了》）

语言总是在真情感的流露下显得那么有分量，在这些生活的细节中，主体感知到物的灵性美，也感知到作者的人性美……在作者的自我经验的世界中，对象的各种印象情态令人沉想寻味，在其举手投足之间引起心灵的不小颤动。

二　沉思生态问题——宇宙的呼唤

在这个物欲横流的社会里，人类拼命地去追逐着物质的享受与名利的荣耀，习惯于在高楼水泥中困居，呼吸着混有汽车尾气的空气，吃着转基因的食品……我们困在这样小小的空间，终究会在某天看不到蓝色的天空，闻不到青草的气息，眼中会常常蒙上一层灰色。生活正在悄然发生着改变，人类越来越无法抵制大的流感病情的冲击，自然灾害变得一次比一次凶猛，而我们一次比一次遭遇惨重，生态因为我们而变得愈来愈脆弱，而我们却不曾努力作出什么改变，在城市，圈地还在乐此不疲地进行着，渐渐开始倾占向郊区；在山区乡村，整片的原始森林早已消失不见，次生林也越来越稀疏退减，人们越来越难得听到动物的欢声和小鸟的鸣叫。人类的生活变得越来越没有生机。生态的恶劣使作者陷入深深的沉思之中。生态问题，是他又一个冥想的维度，自然与人的和谐相处变得越来越困难，善待自然成为一个永久要讨论并应付诸实践的问题。

胡发云散文的字里行间透露出作者深深的呼唤，让我们回归心灵，进行深深思索。在不断遭遇自然给人类的报复和考验中，我们不断高涨着"人定胜天"之理，在灾害面前显示人的巨大的团结力量与民族的凝聚力。"团结，牺牲，坚韧，苦难，关爱，奉献……这些最能撞击人类道德情感之弦的乐符，组成了一曲又一曲荡气回肠的旋律。于是，在这一场巨大的灾难中，人类理性的自省与思考，被战旗歌声鲜花泪水淹没与遮蔽了。"（《人的家园　水的家园》）思索，悲悯，胡的散文总是在不经意间告知问题的关键所在，人类在自我膨胀中不断地满足自己的现世欲望，忘记了思考，忘记了思过……作者告诫人类善待自然才能善待自己，"我们要永远对大自然怀有敬畏与感激之心，如果我们真以为自己是万物之灵长，是宇宙之主，仗持自己的科学与技术，为着自己的贪婪与野心，肆意地掠夺蹂躏大自然和生存其间的其他生灵，最终被毁灭的只能是人类自身。……给水以家园，给万物生灵以家园，才会有人的家园"（《人的家园　水的家园》）。在《我们还能走多远》中，作者以文字语言描写了人类是如何一点点开始侵占大自然的一草一木，像发现新大陆似的，把一切都变成利己的物质价值，"水可以灌溉发电倒垃圾，地可以种植放牧盖楼房，山可以采石采矿，林可以伐木狩猎，粟可食，果可食，鱼可食，虎也可食，骨可入药，皮制毯……于是，这世上几乎没有不能为人类所用的东西了。海洋，沙漠，高原，湿地……凡人类足迹所至，没有一样是可以逃脱的"。在《再没有狼来了》中，作者掀开人类自我的观念，深层透出人类与万物的关系正在发生改变："人类与豺狼虎豹万物生灵处于一种平衡对抗和谐共生的关系中时，武松是勇敢与力量，当这种平衡对抗变为人类的霸权，和谐共生变为单方的肆虐，捕杀者和掠夺者便只剩下专横与卑下——因为这已不再是大自然的游戏，而是人类自己制定的游戏，是奴隶主和殖民者的游戏。"……

　　语言是思想的直接现实，"大自然无言，生存其中的万物生灵经受了多少苦难，我们不知道，似乎也不屑于去知道……"（《人的苦难·大自然的苦难》）作者正是用文学这支笔，来写大自然的一悲一苦，代其发言、呼吁。变成一种无声的力量，用文字来字字敲打我们的心灵，其语言风格少了些醇厚，多了些直露。于篇篇散文中，感知到作家生命的跃动，感知到其生命的价值，长久与动物相处的日子，积累下对这些生命个体给予特殊的情感与观照，在短短的半个世纪中目睹地球愈演愈烈的灾难与不幸，生活质量的异化与退化，自然在我们明目张胆中正悄然地发生着变化与给予的惩罚，而人类却无知与盲目着，作者疾首呼唤，守望大自然这片天地——珍惜生命，珍爱自然。每一次对自然的破坏，对动植物的侵害，实则是对人类自我的伤害。天灾真的是天灾吗，还是人类无数次破坏行为累积成量变而发生为质变？作者在质问，在冥想，亦在深深地呼唤，在以一例例现实中的事件为考证中呼唤，作者告诉我们自然的苦难实为人类的苦难，在告诫我们万物共生才能长存，动物的异化实为悲痛，那些昔日里令人恐惧的豺狼虎豹，现在却被关在空间狭小的铁笼中，人类不惧不畏；作者在担忧"明年可有鱼？""我们还能走多远"……生态，这个边缘性的问题，科技与文学都对此深深地重视，一切果皆由因，而因便是人类的行为，胡发云的散文中直面这个问题，人类是一切之因，一切社会问题都是人的问题，将理性精神渗透于其中，在形而上中凸显作者对自然、对生态的一种守望，更是对人类的一种思想寄托。

三　冥想哲理高度——自然的守望

　　自古以来的道家思想、儒家思想都信奉人与天的和谐观，老子曾说

"人法地，地法天，天法道，道法自然"，即表明人与自然的一致与相通，在道家看来，天乃自然，人则是自然的一部分，人与天不是处在一种主体与对象的关系，而是处在一种部分与整体相容相连的关系。儒家思想中，天、地、人三者是世界上相生、并存的三个要素，儒家中的"仁"不仅仅是对人类的仁，更是对每一个生物体的仁。自然作为人类以及一切生物共同体共同生存的空间，是每一个部分存在的基础。生命与生命的诗意性结合相处，以在自然这种和谐状态中才能共生共荣，自然和谐观在古代就已确立，但在现代社会中，却更应做到身体力行。在历史的演变长河中，人类已逐步进化成所谓的高级动物，于是，在自傲中有了"人定胜天"这一不变的真理，人成了自然的主人、万物的统治者。人与天的和谐观早已在我们无尽的破坏中隐没……

地球每分每秒都处在变化之中，人类无法预言下一秒将会有什么事情发生。在时间长河中，历史的积淀常常会在某一瞬间爆发出不可知的力量，来告知人类我们长久作用于大自然中的结果。人与自然观的思想处处散落在胡发云的散文中，生态和谐观是作者认为人与人、人与自然、人与万物的诗意性共生共存的关键。作者常常将问题触及这一哲学层面进行探寻：现存的这种状态，一切不幸的源头，皆是人的问题。

人与自然的观念地位，人与万物的和谐共生，是作者对此的又一哲理维度的冥想。人处于宇宙中，是那沧海之一粟。人与自然的关系地位，非主体与客体的关系，在作者思想意识中，自然是其主导地位，是万物共生的本原，"亿万年以来，大自然以它神奇的手，协调着各种生命之间的关系，让每一种生命都能在吃与被吃之间生存、进化、延续……"（《小青蛙》）大自然之母在创造万物之时，也给予了它们生存创造的能力，只是人类作为万物之灵长，在创造性地改变生活的同时也在改变着自然，以求满足人类的各种欲望。自古以来，任何事都有一规则为其恒定的准绳，来划分对与错、是与非的界限。人类为万物制定了各种法则，但却忘记了大自然给予的法则，"这个地球上所有的生命活动，都是造物主的安排，这是天律，违背天律是要遭受报应的"（《再没有狼来了》）。在我们肆意地无满足感地占有大自然的一切时，某天才会发现"这个世界将渐渐只剩下人，当这个世界只剩下人的时候，连人也不再会剩下了"（《小青蛙》）。这是大自然对人类制定的最严酷的法则，人自夸为万物之灵长，将人与自然处于主体与客体的主次关系之中，而非整体与部分的和谐关系，控制欲是人类最大的魔力，作者不止一次在其散文中论及"人是大自然不小心从瓶子里放出的魔鬼，是大自然无力管教的逆子"（《人的苦难　大自然的苦难》）。追溯到本源性问题，人类是一切现象问题的根本原因。"人与自然的冲突，根结在于人类的生活理念及人类的物质追求。它需要无止境地消费这个世界，而自身却不可能为这个世界所消费。……人类终将成为世界万物亿万年来生生不息的循环链的疯狂终结者。"（《我们还能走多远》）作者审视人类这种"唯我论"，指出在自然中的种种变异与不幸之根源，在对生物个体与人类的审美观照中提出人类与万物应处于一种诗意的和谐状态，而非为万物的主宰；在人类与大自然的关系中，更推崇古代哲学思想中的"天人合一"观。

　　哲思，对人类行为进行追本溯源的思索与质问，是胡发云散文中又一思想性冥思，胡的散文中多是叙述生态层面，而对这一问题的探寻，胡众多的散文中都突出表现了这一观点，我们的行为终究应由自己负责，对自己造成的后果也应由自己埋单，但是，人类的种种后续行动，亡羊补牢式的行为还是在为人类社会的延续发展努力创造机会。"我们常说的环保，指的是谁的环境？实质保护谁？这些问题不弄清楚，终究于事无补。"（《人的苦难　大自然的苦难》）对问题的产生人类往往没有进行深深的检讨，只在于人为万物的灵长思想早已根深蒂固，只在于人类在不断进步的时代忘记了对欲望获得的同时是否应该想想失去了什么。人类已经习惯于在一种人本主义的立场上去考虑自身，而忘记了世界是一个联系密切的整体，胡发云在其生态散文中不断提醒人类，在为无言的大自然说话，为人类的所作所为不断地反思，让我们不要忘记自然天律，要履行"天人合一"的和谐观，人类作为自然的其中一部分，在交往行为中应追求一种诗意性的状态。每一次的天灾，环境的每况愈下，胡发云都对其进行深深的分析与探寻，在不断提醒"人类是万物生灵的永远的劫数，大自然以自己的灭亡来对人类作一次最后的报复，那时候，我们看到的最后一个生命标本，将是人类自己"（《老傻》）。正如他在小说《老海》中，塑造了心中那个理想主义者老海，与作者一样，他怀着无畏的勇气张扬着一种"绝望的抗战"的人生态度。人生应该多点思考，多点反省……

　　胡发云的生态散文主旨很明确，意在通过自己的亲身经历与所看所感的社会现象来向人类做一番更为深层次的理性反思。社会节奏太快，人类往往在人本立场上关注太多名与利的享受，却忘记了去思索那些所作所为要付出的代价，胡在代大自然发言，爱人类，爱自己，就应关爱这个大自然和处在大自然与我们共生的万物个体。"天人合一"的宇宙观思想，我们是否更应关注其思想精髓与付诸实践呢？

原载《世纪转型期的湖北散文研究》，长江文艺出版社 2011 年版

当追问与沉思相遇

——任蒙散文论

任蒙不是一个纯粹的散文作家，他早年以诗歌进入文学写作，后来又写过大量的杂文和文学评论。特别是诗歌语言的敏感训练，构建了他散文语言的经纬，逐渐形成了他那追问与沉思相伴、性灵与至情相随的散文写作特色。在当下散文姿态各异、手法多元、意蕴杂陈、审美奇崛，令人目不暇接的写作态势中，任蒙的散文可以说为散文写作注入了一股清新剂。任蒙散文思维的多向度、创作的多元性、审美的层重化和艺术的诗意化，使他的散文蕴含了较高的文化品位和审美内涵。

任蒙的散文写作历时十数年，曾尝试多种散文类型的写作——历史散文、游记散文、艺术散文与散文诗等，在散文的创作实践方面不断尝试、不停探索、不懈追求，显示了一个诗意的思想追问者的理性沉思与境界达悟。任蒙的散文从写作对象的选择来看，主要包含这样几个方面：梦里乡关、生活走笔、游迹萍踪和历史沉思。他用散文展示了一个虔诚的写作者勤勉、谨慎、郑重、稳健的创作步履。

一　游子与故乡——爱的心绪

农耕时代的岁月里，很多读书人一生都居住在自己的故乡，无论是山明水秀还是沟壑纵横。一种秀才不出门的心态，使他们潜心闭门读书，安享闲暇与快适；近代工业社会以来，更多人远离田园乡野，漂泊于都市、边陲，体味游子奔波的悲、喜、忧、惧。在当下这个技术高于艺术、至爱降服于机能、不朽之爱土崩瓦解的时代，基于奉献之爱的责任心益愈缺乏，人们对于故乡、亲人越来越疏离、陌生，希望渺茫。飘零在外的游子，在想象家乡时，用大脑游走在乡间的小路，伸出爱的"掠夺之手"，将一切以爱家乡、爱他人的形式，抢夺到自己的个性之中，于是出现了某种为了散文的"个性"而企图随意借助"爱的形式"的现象。作为一个漂泊于城市的乡里人，任蒙在他的散文中，依然对故乡、亲人、师者怀有一分虔敬、一分眷恋。家乡的凋敝令他哀伤，家乡的失落令他负疚，家乡的屈辱令他赧然，家乡的命运令他关注。"乡泪客中尽，孤帆天际看。"

任蒙以"梦里乡关"为题的一组散文，由《夏天的清香》《我的第一个老师》《村头那堆残火》《一个世纪老人的悲剧人生》《一个永远的情结》等组成，散文集中地展示了任蒙骨子里的"底层意识"与"草根情结"。他没有以批评者的姿态、反思者的审视、异居者的隔膜来打量故乡，而是以一个儿子的身份来表达对乡土的怀恋、对往事的追忆、对逝去亲人的思念。《我的第一个老师》用极为素朴的语言，写一个目不识丁的乡村老妪对"我"的养育和教诲，是她把因久病不愈被父母装入篮子遗弃在屋檐下的婴儿的"我"抱入怀中；是她摇着嗡嗡作响的纺车给我讲述读书状元郎的故事；是她教给我敬字惜纸尊重文化，崇尚知识。佝偻着背的丁奶奶用她平淡的语调养育着我的理想，养育着"神圣而淳朴的母亲的希冀"……然而农村母亲望子成龙的希望总会因为时代的动荡而割断，"文化大革命"中我辍学了，回到村里，挎起了拾粪筐，于是有了关于"文化大革命"的散文写作。在许多写"文化大革命"的回忆性散文中，大多是写城市、写机关、写学校的，写乡村、写田野的"文化大革命"散文相对比较少，任蒙的《村头那堆残火》是关于乡村"文化大革命"焚书记忆的书写。学校"停课闹革命"，幼小的学生没有学校可进、没有书可读后，也像没有牧人的羊群随意地散落在田间地头。邻村土坡与田埂连接之处，那堆焚书的残火并没有就此搁进"我"的记忆，给懵懂中的我以巨大的震撼。我目睹的只是"大片大片黑色的灰烬被清风吹起，上面的火色在那个瞬间还没有褪尽，像一只只翅膀间红的黑色蝴蝶，在围着火堆穿飞"。外面的轰轰烈烈此刻并没有在一个乡村激起巨变，红卫兵焚烧"封资修"的黑书，对于忙碌于农事的乡下人来说，远没有土地与耕作重要。当农民从火堆旁走过，"他们的脚步带起刚刚落地的黑色灰片，但他们交谈的是地里的事情"。"一起又一起的人群都这样神情漠然地走过了火堆。"当战友谈及自己所见的焚书场景时，"我"的记忆也从此被激活，开始独自地想象和沉思。"每当我想起历史上焚书文化的黑暗，那堆残火便在我的脑子里窜起火焰。""二十世纪六十年代燃遍全国的无数堆烈火，在我们民族的心灵上烧灼了又一块深深的伤疤，成为一个民族耻辱的印痕。"确实，中国历史上的秦始皇焚书、江陵焚书、"文革"焚书，都是"王者"对于知识和知识分子作为思者的思想自由与精神自由的逼迫和桎梏，焚书所毁灭的不仅是竹简、纸张、书籍，毁灭的其实是一个民族对知识和思想的虔诚与敬重，对自由和理想的希冀与追逐。任蒙对乡村焚书的理性反思由个体记忆上升到民族精神，在难以磨灭的痛楚中保持了一分坚信，昭示着一个对知识和自由向往的灵魂的吁求。

"故土，对每个人都渗透了不可磨灭的本色。""我的故乡，那片不黄不黑，随着水土流失日渐露出石板的薄土地……而今，它仍然在为我们无私地竭力奉献，仍是我们唯一的生命之源，仍是我们赖以生存繁衍，既不抱希望又寄予无限希望的盘亘之地。"在散文中，故土与农民连接，"农民是民族之根"，"面对未来，更要善待农民"。对农民的关切，对农村教育、医疗、养老等问题的关注，对农民与土地的执着情感，凝结为《我是农民的儿子》《永远的情结》等散文。任蒙怀着对农民生存的深切忧虑和改变农民命运的急切愿望。他在散文中描述一个农家的贫困艰辛，描述一个农民的惶惑无助，描述都市里的农家妹子的卑微屈辱，描述文学作品中俯拾即是的鄙薄农民的现象，激愤之情充溢于字里行间，为农民请命、呼喊、伸张正义的形象呼之欲出。乡关作为古往今来文人骚客心灵与精神的终极归宿和生命不可置疑的源头，历来是咏歌的对象。任蒙对于家乡故土，不仅仅停留在至情关爱、温情追怀的情感层面，而是更多地转化为对整个中国农村、农民的人文关怀，对中国农村和农民生存现状与未来的深切关注，体现了一种人道主义精神与人文关怀。

二 历史与哲思——人的追问

历史在时间意义上，作为一种曾经的存在，已经走出了我们当下的视野，但是，"历史意味着'在时间中'演变的存在者整体"。"历史是生存着的此在所特有的发生在时间中的演历。"① "历史实际上既非客体变迁的运动联系也非'主体'的飘游无据的体验持续"②，历史上曾经存在的人事物语、典章制度、民风习俗、奇闻逸趣，虽然在时间上远离了我们，但历史却以有形或无形的存在参与着当下的社会生活，影响着我们的行为方式和对于世界的认识。我们在关注历史、解释历史的同时，也是对于我们当下存在世界的关注和解释。

20世纪90年代以来，许多优秀的散文作者涉足历史文化散文的写作，章诒和、梁衡、余秋雨、王充闾、张承志、林非、卞毓方、李存葆、刘长春、朱鸿……他们在感悟和探索历史的变迁与文化发展的进程中，发掘史料中的文学因子，在创作中投射了史家冷隽的穿透眼光和文学家的审美艺术挚情，写下了《往事并不如烟》《觅渡，觅渡，渡何处？》《苏东坡突围》《煌煌上庠》《大河遗梦》《土囊吟》《登昭君墓随想》等散文佳作。

在文化大散文盛行的时间段，任蒙也行走其间，写出了《悲壮的九宫山》《放映马王堆》《草堂朝圣》《历史深处的昭君背影》《清晨，叩谢天一阁》《一个财富王朝的解读》《千年送别》等散文作品。应该说，任蒙的历史散文不是新历史主义"一切历史都是当代史"式的对历史现代意义的阐释，也不是对于历史进行考古式的还原与归综。任蒙的历史散文，就是使历史本身以一种无遮蔽的形式凸显出来，以对其进行理性的审视与审美的想象、艺术的阐释。任蒙的历史散文一以贯之地关注底层的悲欢，关注苍生的命运，关注英雄的悲剧，关注文化的式微……展示着他对于形成历史主体的"人"的关注与追问。

《悲壮的九宫山》将李自成的悲剧与九宫山的哀荣结合在一起进行探究，演化了大山与英雄、悲壮与灵魂的呼应，末路英雄，殒命山林。李自成溃败中的不屈与拼杀，不仅没有成就东山再起的辉煌，反而成为乡间散勇的刀下冤魂。英雄长眠的大山，成为历史的悲歌，也成为今人悠游览胜之地，"这就是荒谬的封建历史遗留给我们的荒谬"。

《放映马王堆》以大量的史料考证了轪侯分封时本来的地理位置与环

---

① ［德］马丁·海德格尔：《存在与时间》，陈嘉映、王庆节合译，熊伟校，三联书店1987年版。

② ［德］马丁·海德格尔：《存在与时间》，陈嘉映等译，三联书店1999年版，第439页。

境，阐述利仓封侯与西汉官爵之间的复杂关系，揭示出西汉王朝"列侯不就任"的历史现象。通过厚葬的考古实迹，以大胆而丰富的想象描绘了辛追夫人爱美好富、锦衣玉食的奢华生活和心理追求。对劳动者辛劳的悲悯和对"肉食者"的鄙薄溢于言表。面对马王堆，表达了"漫长的时间使腐朽化作了神奇，而我们通过神奇更透彻地看到了腐朽"的思索。

《历史深处的昭君背影》更是如蒙太奇画面一般组接了昭君由远离故乡入宫为妃到告别长安出塞大漠的两次远行，对后世文人将记载于史书寥寥数语的昭君行迹给予的"崇高"提升果敢质疑："在匈汉和睦中起根本作用的不是（也不可能是）公主外嫁。""昭君出塞前后的匈汉宁和，主要是几代单于能够从匈奴自身的利益的大局出发，审时度势，明智地处理匈汉关系的结果。"一个女子从幽深的后宫走向历史的前台，王昭君勇于挑战命运的行动固然值得嘉许，但将其夸耀到弥合民族矛盾的高度，提升至左右历史进程的崇高境界，显然是男性文人对女子的一种审美想象与价值期许，其背后折射的依旧是传统观念中"红颜祸水"的道德思维范式。任蒙对带着绝世的美丽、带着一把绝响大漠的琵琶走向历史纵深的昭君背影，调动诗人的艺术想象，摹写昭君的情感与期望、悲怆与遐想，在寄予真切情感的同时，也在反思那个时代女性的命运——不得不服从。"从"成为历代女性的真切身影和自觉行动，这不仅是女性的历史悲剧，也是汉民族的历史悲剧。

关于山西商人——晋商的历史文化散文，曾经有很多作者涉及，除读者所熟悉的余秋雨的《抱愧山西》外，又有谭其骧的《山西在国史上的地位》、费孝通的《晋商的理财文化》等。费孝通在《晋商的理财文化》中，以娓娓侃谈的艺术笔触，带我们走进中国近代史，步入晋商文化的重要源头——祁县乔家大院。费孝通从经济学的视角描绘了清乾隆初年，山西祁县乔家堡五短身材、其貌不扬的村民乔贵发，独闯口外，艰苦创业，从一名草料铺的小伙计成长为复盛公商号掌柜，开创了"先有复盛公，后有包头城"伟业，成为晋商的创业始祖之一。费孝通认为："任何经济制度都是特定文化中的一部分，都有它天地人的具体条件，都有它的组织结构和理论思想。具体条件成熟时经济发展出一定的制度，也必然会从它所在文化里产生与它相配合的伦理思想来作为支柱。"任蒙的晋商散文《一个财富王朝的解读》由"凄凉出走""惊人的崛起""兴衰之谜"三个部分组结，也以乔家大院为切入点，以比较翔实的史料书写晋商的盛衰，使我们能从一个侧影来解读山西财富中心的变迁。当任蒙目睹了晋商——乔家大院那全封闭式的整体院落，听到了晋商在近代中国经济发展中轰然有力的脚步声的同时，也听到了他们在时代变幻、强梁逼迫下黯然消隐的哀叹；读出晋商豪宅与帝王宫殿相似的同时，也读出了三晋巨贾与徽州商人的差异。晋商的后裔大多勤奋好学而远离官府。他们秉承先祖的遗愿，将读书与拒仕的精神发扬光大。有清一代，山西赴京赶考，高中金榜者寥寥可数。但这绝不标志晋人厌倦读书、拒斥文化，仅靠生意灵感和商场计谋来规划他们的财富王朝。在历史记载中，晋地商人在忙碌的经商之余，手不释卷、苦读深研者多矣。他们读书是为了更好地经商，经商有赖于更好地读书，学识与经营二者互为表里，共同支撑着晋商眼界开阔、精于管理、崇尚信义、勤勉守诚的人格精神和商业伦理。有关晋商文化的散文写作中，有一点我至今难以苟同，那就是对于"走西口"的理解和想象。这不仅是对任蒙的散文，也包括对余秋雨及其他写晋商的散文。任蒙认为"走西口"是"那种年代许多西北汉子的希望之路"。其实不然，一是"走西口"的目的不完全是经商的需要，更多的是出自生存的需要。当年有民谣云："河曲保德州，十年九不收，男人走口外①，女人挖野菜。""走西口"的大多实在是为了减轻家乡的粮食负担，使妻小得以活命的无奈之举；二是"走西口"在地域上主要是山西人而非西北人。"走西口"的人群中，并不都是那些"耕种之外，咸善谋生，跋涉数千里率以为常"（《太谷县志》）的商人，更多的是居住于晋陕峡谷（属于山西"西八县"）和晋北一带的农民，他们是沉默的大多数，很多人流落在外甚至最后葬身他乡。乔贵发式的成功商人只是"走西口"农民中为数不多的历史个案。夸大"走西口"的成功价值和意义，某种意义上是对"走西口"悲剧的淡化与漠视。

任蒙的历史散文，不是对历史存在、历史人物做简单的价值评判、道德评判、伦理评判，而是始终将"我"置于历史之间，切进历史人物进行感性的、审美的、艺术的解读，在人的命运、人的历史与人的文化之间追问，希图探究历史中人的理想、信仰、征战、友情，在静止的历史中孕育出鲜活的散文。因此，对于人的关怀与追逐就成为贯注其历史散文写作的主线，想象中浸入了诗人的浪漫与思者的思辨。他的历史散文总是善于

———————————————

① 口外：一般指内蒙古，但在 1927 年的山西却指河北张家口一带。

激活当时的历史场景，使之成为"我"的独特的审美对象，正如马克思在《1844 年经济学哲学手稿》中指出那样，对象对他来说成为他的对象，这取决于对象的性质以及与之相适应的本质力量的性质；因为正是这种关系的规定性形成一种特殊的现实的肯定方式。[①]《千年送别》写了自己想象中汪伦送别李白的画面，"那幅只属于我的汪伦送别李白的场景，一直在我的脑子里定格了许多年。"阳春三月汪伦为李白"踏歌"于桃花潭边的古岸，"那时的野渡更加空悠宁静，一叶扁舟已被撑离江沿，船上的李白和岸边的汪伦相互抱拳深揖，互道珍重，构成了极富诗情的一幅古老国画"。散文中对送别时的"踏歌"应为汪伦独自吟唱的推理，以及神秘的汪伦作为一个与李白相契的文人浮出水面的不易，都极具逻辑的推论与理性的阐述。《凭吊赤壁古战场》，面对春意盎然的赤壁江水，他遐思："假如那场激战不是在那个严冬，而是发生在我们现在到来的这种春意弥漫的时日，自北方而来的曹军参战将士，看到这山，这江，这田野，也许他们战死时会增添一分对人世的留恋。"徜徉在历史中的任蒙，诗兴与审美并重，画面与形象互动，于历史文化散文中显示了自己的个性。

三　山水与异域——美的历程

古往今来，游历是文学写作者必不可少的感性经验之一，这种与自然、与天地亲晤的感性交流，成为散文写作的重要题材。"东临碣石，以观沧海"的诗意咏歌；"林壑敛冥色，云霞收夕霏"的精细描摹；"非必丝与竹，山水有清音"的敏锐捕捉；"黄河落天走东海，万里写入胸怀间"的激扬感悟……展示了古人诗文与山水风光的密切关联。《钓台的春昼》（郁达夫）、《塞纳河边的无名少女》（冯至）、《彼得堡，沧桑三百年》（朱增泉）、《苏州赋》（王蒙）、《荒芜英雄路》（张承志）、《天马行地》（卞毓方）、《司马祠——黄河札记》（和谷）、《清凉世界五台山》（梁衡）、《汨罗江之祭》（李元洛）……都是行走于山川河流、古都旧祠、名景胜迹之后的墨笔，当散文家也在"搜尽奇峰打草稿"时，散文的文本也就多了几分史的记述、画的描摹、情的书写与曲的咏叹，正是这

[①] 参见 ［德］ 马克思、恩格斯《马克思恩格斯全集》第 42 卷，人民出版社 1979 年版，第 125 页。

些记游的散文，给中国散文家族风情景意的同时，也带来了审美境界和创作艺术的演变。散文不再着眼于单一的风景加抒情，而是在"物境"与"心境"、形象与思想、人文与山水的对话共感中，彰显主体的思考和个人的情韵。

海德格尔主张"人应当诗意地栖居于大地上"。因为天地有大美，美在自然，美也在人化的自然。游走于天地间广袤的人文山水，任蒙写下了他自己徜徉山水、游历异域的散文——《古老的栈道》《云中三日》《秘镜之旅》《黄河景观在天上》《回望罗马》《走进卢浮宫》《冰雪俄罗斯》等。

任蒙在游记散文中，不只是浮光掠影地记录观光的表象，往往是透过风景、建筑、古迹、遗踪的表形，找寻其背后隐含的历史与文化韵致。将主体的心灵感应和文化追寻与审美对象沟通，从而熔铸其特有的文人气象。

任蒙描写国内风景的散文，在文体上更多地像散文诗，其中的诗意强度和情感强度促成了语言的凝定化和格式化。"寒月。风雪。冷流。冰凌。"（《古老的栈道》）"昆明。大理。丽江。香格里拉。""蔚蓝，明净，一尘不染。只有高原的天空才属于白云的世界。"（《秘境之旅》）"西天，一抹艳红的晚霞，给莽莽群山镀上金黄的轮廓。"（《千山夕照的旅程》）……干净、简洁的语言，寥寥数笔勾勒出一幅幅"江山如此多娇"的风光水墨画，给读者留下宽阔的想象空间，以文字之素朴而达于悠远的意境，以文字之简洁而臻于深邃的境界。

任蒙的异域散文，我比较看好的是《回望罗马》以及《走进卢浮宫》。虽然两篇散文主要是以视觉进入古迹，前者更多的是通过对罗马角斗场的观览来回向历史，想象人兽角斗的起源与结局；想象角斗士与野兽惊心动魄、腥风血雨的厮杀场面；以写实的笔墨突出盾牌与刀戟的碰撞、人兽嘶吼的绝望、观者嗜血残忍的狂欢，把读者带入了作者观临的现场，阅读散文以倾听作者的慨叹，"只有古罗马才能留下这片废墟，也只有这片苍凉的废墟才能躺下强盛的罗马。""角斗场的高墙已经豁缺，那就是文明与野蛮搏斗的痕迹。"《走进卢浮宫》则是在为艺术震惊、为文明震惊的同时，更多地针对旅游者行为的发问，进而三思强行占有艺术品是否标志艺术的文明。目睹人头攒动，争相一睹达·芬奇的油画《蒙娜丽莎》风姿的热衷，任蒙不仅远离人群放弃了"瞻仰"，反而发出"那些争相靠近《蒙娜丽莎》的西方人和东方人，难道都读懂了她吗"的质疑。接着散文陡然转笔，进一步对法兰西的"艺术精神"提出质疑，因为卢浮宫的艺术品虽然精美绝伦，令人惊奇，但制造这份惊奇的很多艺术品是靠战争和掠夺而占有的。"战争疯狂地摧毁文明，但它却以疯狂的方式保存了这份文明。""战胜者为了文明，而采取了极不文明的手段。""难道一个'有文化'的野蛮盗匪就比一个'没有文化'的野蛮盗匪可爱？"散文中这种发散型思维，拓展了文本的张力，读者接受的不仅是萍踪游影，而是对于一个国家、一个民族、一种异域风情、一种历史文明的重审。真是"摩抚古物，引起些许美感，将自己的心变得幽暗深沉"，甚而产生"往者难追，空余憧憬之思"（王统照《荷兰鸿爪》）。

任蒙在散文写作中，总是及时、恰当地融进主体的人生感悟，实现对对象世界、意味世界的深入探究，对现实存在的独特理解，希望寻求一种面向现实、面向人生的意蕴深度，希望把读者带进悠悠不尽的自然文明、历史文明、异域文明的时空里，从较深层面上增强对现实风物和自然景观的鉴赏力与审美感，使其思维的张力延伸到文本之外，使风景、绘画、雕塑、史籍从对象本身凸显出来，为接受者增添更多的审美情趣。也许正是由于这种主体直接进入干预的强烈渴求，以及以往主流的、正统的、既定的历史文化观念与审美接受的缘故，任蒙散文目前为止仍然难以克服写作的焦躁，这种心理内涵外见于散文，就出现了难以遏制的拷问意识、干预意识、引导意识，希望意识，出现了较多散文结束时的感叹，出现了有意无意的强调、呼吁的范式。如果可以抑制内心的焦躁，超越现有的范式，任蒙的散文将会出现一个审美与艺术的飞跃，我们期待着。

原载《中国散文评论》2008 年第 2 期

诗者之间的诗的对话

——车延高散文批评

  车延高是诗人，他以诗人的身份走进文学创作的天地，写下《日子就是江山》《向往温暖》《羊羔眼里的花儿》等作品。在鲁迅文学奖的获奖感言中，车延高表达了他对于生活、文学、读者的理解："社会生活诸多坎坷，起起伏伏是一面海……一旦现实给我一扇表达真情的窗口，读者可以看见我内心深处有一条情感的大河。"车延高在诗歌中，善于从山川草木、日月星空、日常生活的记忆与碎片里，去捕捉诗意瞬间，书写他对生命、生存、生活的独特感悟，用素直、简洁、温润的语言，建构诗意的世界，探寻审美的意蕴。描绘武汉都市以扁担为生的劳动者，他这样写"他们习惯于扎堆儿/三五一群，在树荫下躲着/他们习惯坐在自己的扁担上/就像坐在稳稳的江山/……"（《把自己当扁担的人》）面对世人争说"羊羔体"的汹涌舆情，车延高写下了一组《羊羔眼里的花儿》的诗。"羊羔羔跪在日月山下/蚂蚁草就把个影子埋了/羊羔羔直起个脖子/格桑花就在天上开了。"（《羊羔羔》）车延高一直在努力维系自己创作与古典诗歌血脉联系的同时，不忘观照现实，抒写对历史、人生的幽深思考。在《江湖》中，他以上天入地的想象力，来书写时间的力度、心灵的张力。云中的树、静谧的路、驻足的骏马、解纽的心灵，都是互为镜像的存在，都是想象世界里的真实。

  一棵树，种在云彩上
  拴一匹骏马，让路休息
  心解开纽扣，坐在返老还童的地方
  陪时间品茶

一把一把

替远方的日子洗牌

等她眉清目秀从双井站来

一团紫云坐下

窗外，好明亮的半月

榕树、紫薇、丁香

她额前一排刘海，天的屋檐

比我高

我已老于江湖，披头散发

吟风摆柳的手替镜子梳头

看她左眼

古渡口，一叶横舟被昨天搁浅

看她右眼

老墙外，千顷芦花替自己白头

2010 年，车延高开始将自己诗歌创作的审美理想拓展、延伸到了散文的疆域，尝试进行以诗为内核的"跨文本"写作——跨越诗歌与散文的文本界限，以诗人为文，进行诗人写诗人的散文创作实践。其实大陆写散文的诗人很多，诗人写作散文、随笔比较有影响的有北岛的《失败之书》《青灯》，舒婷的《真水无香》《秋天的情绪》，于坚的《棕皮手记》《火车记》，牛汉的《祖先》《草地》，流沙河的《锯齿啮痕录》，等等。

车延高散文作品不多，一部长篇散文《醉眼看李白》使接受者在阅读中领略诗仙的月、酒、情、愁、醉；感悟一个诗人为盛唐那个李白所做的文字画像。他的散文从当下的散文写作中凸显出来，显出了属于它自己的审美格调和意蕴。读《醉眼看李白》我总不时想起在东京看到的葛饰北斋的《李白观瀑图》。北斋画面上的李白，面向瀑布，仰头而立，头顶斗笠，大大的斗笠遮蔽了诗人的面孔，右手还挟抱着一个稚气小儿，整个人只站了画面右下角的不足十分之一的位置。飞流之下的瀑布以灰色为基调，给人以巨大压迫感。这是葛饰北斋的李白，这是葛饰北斋的李白和他的诗歌"飞流直下三千尺，疑是银河落九天"。车延高的《醉眼看李白》是他在为自己心里的李白画像，他以自己的笔借助诗人与诗人走进了李白，走进了唐朝，走进了历史，也走进了散文的写作。

大陆散文自 20 世纪 90 年代起开始创作意识和文体意识的探索，力求突破 20 世纪 60 年代以来的"形散神不散"、结尾"画龙点睛"的小散文写作格局，以历史为题材，运用小说的文笔，扩大篇幅与内涵等方法，强化散文的独语意识、个人发现、方法创新与文体重铸。散文写作在敞开散文的时间、空间的同时，敞开了散文作者的心灵时间与空间。以张锐锋、庞培、周晓枫、宁肯、刘亮程等为主要作家的新散文运动，创作了很多有探索意义的散文作品：张锐锋的《皱纹》《在地上铭刻》，周晓枫的《斑纹：兽皮上的地图》《孔雀蓝》，苇岸的《大地上的事情》，宁肯的《沉默的彼岸》《西藏的色彩》，刘亮程的《一个人的村庄》《在新疆》，马叙的《从东到西，四个集镇》《1989 年的杂货店》，格致的《转身》，李娟的《我的阿勒泰》，等等。特别是新世纪以来，散文文体整合，创作求实，以人见史、以心观世的作品不断呈现。史铁生的《病隙碎笔》、野夫的《江上的母亲》、徐晓的《半生为人》、赵越胜的《燃灯者：忆周辅成》、李国文的《中国文人的非正常死亡》、祝勇的《一个军阀的早年爱情》、梁鸿的《梁庄在中国》、陈希米的《让"死"活下去》……

车延高的散文《醉眼看李白》就是在这样一个历史时段，写出了一个诗人世界中的李白。作者以诗化的语言、诗人的现代视角展开了对诗人李白祛魅式的独特诠释。正如一位评论者所言，"它并非是一部传统意义上的散文，空灵的散文语言中充满了犀利深刻的现代杂文笔调，对当下文化与生命之间的矛盾进行了深刻而浪漫的思考"[①]。诗人童稚般的天真想象，穿越时空隧道，远离世俗尘嚣，纯粹、随意的笔墨，挥洒盛唐江山，勾勒"谪仙人"浪漫风骨；诗人智性的探寻，通过对其生存境遇的考察，洞开了李白身世的神秘源地；诗人评说诗歌长短处、化抽象枯燥的学理透析为生动、新颖的叙述，点染了诗歌与散文的交互光亮；诗人冷峻的思索，由自我心灵故乡的多维度，向民族文化的传承与建构层层荡开。于是，这样一本集合诗化语言、史料探究、哲理阐发与现代视角的多重性文本，带给读者别样的审美体验。笔者在此试图通过以下几个方面的阐释，探寻这本诗化散文所造设的审美意蕴所在。

---

① 唐子砚：《倾听晨钟暮鼓之声——读长篇文化散文〈醉眼看李白〉》，http：//www. chi-nawriter. com. cn/wxpl/2009/2009 - 12 - 30/80951. html。

一 "谪仙人"的多重拷问

苏珊·桑塔格指出："诗人的散文不仅有一种特别的味道、密度、速度、肌理，更有一个特别的题材：诗人使命感的形成。"① 车延高借"美酒"，驾着"明月"，乘风从发黄的泛着月华的故纸堆中一跃而起，在洒满清辉的一轮圆月的夜空之上与李白一起游弋，梦回大唐，创作了诗意的散文。正如李鲁平曾经评说的那样，作者"试图通过叙述而不是抒情，来关注历史进程中诗人或者说文人的命运。还原或构建了一个时代的诗人的精神世界和生存境遇"②。在艺术探索的道路上，车延高追随着李白踪迹，用散文的语言、诗话的方式、比较研究的手法，鞭辟入里地分析了李白的诗歌成就。对于李白的诗胆与才华，同样作为诗人的他虽钦佩与羡慕，但并不膜拜，他对这位盛唐时期的伟大诗人在热情颂扬中浸透着沉静的思索与拷问。因为"李白是一个生命符号，其价值内核集中于诗歌。就存在而言，属于这个符号的生命本体消失后，没有生命的诗句和这一特定符号本身却有了生命"。正是熔铸了诗歌语言文字符号，让李白曾经的生命得以延续，我们可以在属于我们的时刻，理解李白，阅读诗歌，理解李白所在的时代和那个时代浓密的诗风美雨，理解一望无际的繁星灿烂的诗空。

"灵感不是吹来的幻想"一章从被赋予特殊天赋的诗人的灵感出发，探讨了"神灵凭附"之说对天才的眷顾与青睐。作者结合个体创作经验和李白创作经历，寻求偶然的灵感迸发背后的必然机制。车延高认为"李白能够佳句迭出，横披六合，并不是天降神思，凭空而得，它来自诗人孜孜不倦的'苦读'与'苦行'"。长期的诗歌创作探索，让车延高清醒地看到，即使是"天生我才"的诗仙，若无潜心修炼，也难铸就佳句偶得背后的坚实依托。灵感的形成到迸发需要一个积之厚、发之猛的酝酿和发酵过程。"一双会思考的眼睛结伴于一双以苦为乐的脚，一个善于加工的大脑"才能释放出灵感的芬芳。所以，我们在车延高清新朴素、畅

---

① ［美］苏珊·桑塔格：《重点所在》，陶洁、黄灿然译，上海译文出版社 2004 年版，第14 页。

② 李鲁平：《一个诗人笔下的唐朝——评车延高的〈醉眼看李白〉》，《文汇读书周报》2010 年 2 月 12 日。

达纯熟的诗文中亦能洞见其精心打磨和锤炼的风姿。

"古体诗的叛逆者"一章对现代新诗是对欧美诗歌的移植和照搬这一观点产生质疑，萌发关于诗体变革的思考与叩问。车延高认为古板高深的文言句式与老百姓的日常生活和正常言说脱离，需要变革与创新。在古体诗缘起、成熟至辉煌的浪潮中，李白甚至其身前与身后的许多古体诗中都出现了现代新诗萌芽的浪花，有白话新诗的端倪。它们来自民间，切近生活，在民族广博厚重的土壤里生长、汇流，成为五四新诗运动中重要的一支清流。车延高从李白对古体诗的叛逆和探索中延宕开去，开启了一段根植于民间厚土、发端于岁月风骨的新诗寻根之旅。这不仅仅是一位诗人对另一位诗人创作魂灵的寻觅，更是当代文人对民族文化变迁与传承的神情忧思和理性探索。

作为诗仙的倾慕者，其诗歌风格是否完全获得这位伯乐的接纳了？拿着显微镜的车延高"于长处看李诗之短"，检索李白诗歌的不完善。在车延高看来，"有生命的诗歌需要呼吸吐纳"，而一气呵成、直抒胸臆，会丢失了诗歌中珍贵的含蓄和朦胧。"这种不会拐弯的直抒胸臆，如果信马由缰，废弃门窗地直奔主题，那么就可能把诗歌的意境情态、语言技巧和字义后面的画面破坏掉了。"车延高将诗歌比作海潮，认为"海潮应在一进一退间荡气回肠，少了一轮又一轮的潮起潮落，对诗歌而言，就少了隐藏于委婉含蓄中的荡气回肠"。诗歌应有回环往复、一唱三叹和前呼后应的起伏跌宕。值得一提的是，车延高也是一个有着自省意识的诗人，他认为可怕的不是道路的曲折坎坷，而是不能正视自己的长处和不足，结果走不出自负的影子，最后耽误了赶路的时间。所以在创作过程中，他反复要求自己用心熬血，熬到一定浓度再去写。

车延高以其诗化的语言，开拓了散文创作的疆域，展示了一位当代诗人对另一位古代诗人的审美共振。车延高从中国诗歌发展的历史经脉中寻根，铺展开了一幅晕染了时代底蕴和风骨的卷轴。整本集子处处洋溢着作者怀古幽情的灵感迸发，两个不同世界的跨越性对话在两位诗人的诗情共鸣中延宕。

二 "故乡"的多维追寻

对于故乡的认知，历来是诗人们观照世界、抚慰心灵、抒发诗情的另一个源泉所在。作者结合李白的创作和生活，俯拾起记忆的碎片，向诗人心灵世界的多维度溯源。母亲——诗人生命发源的故乡，马蹄——诗人游走记忆的故乡，妻与子——诗人亲情爱情与家园的故乡，月亮——诗人灵魂皈依的故乡，酒——诗人赊借诗胆的故乡，土地——诗人落叶归根的故乡，这样的六个维度恰恰组成了中国古代文人重要的精神构架。

"在他心里住过的女人"一节，作者将焦点定格于昏黄墙壁上的一个身影，"暗墙上，映着一个女人的投影，随灯火的跳动，有节律地弹缩，看过去恰如一个人抽泣时的姿势"。诗人生命意义里的故乡被镜头缓缓拉近，暮鼓晨钟里传来了悠悠之声："江河处底，能环群山；溪水无色，可润万物。"母亲的言传身教抚平诗人复仇心绪的裂痕，亦警醒了镜头之外的芸芸众生。此刻，"他知道自己一走就会很远很远，他只想思念时，用灵魂点火，就可以在属于心的那扇窗里，看到这张被火苗映亮的慈祥的脸"。

对于李白结发的妻子许宗璞的描写，车延高则从古代女子姓名的考索里，从有限的史料中寻找、发现、补白、渲染。"许宗璞这个名字显然没有遵循男女有别的规矩……其学养和内涵都是极其深厚的。""在大唐王朝这么一个开放、昌盛的社会条件下，一个强盛的国家给所有人以自信，而许宗璞作为宰相的孙女，又是金闺玉质的美女，在男人眼睛里进进出出，是一种公开、自然的审美比对，因此许宗璞不会因起了一个男性的名字就身份打折，嫁不出去。"许宗璞与李白的结缡，既是宰相家人对诗人李白的青眼有加，也是唐代女性人格自尊、婚姻自由的某种表征。可惜，恩爱的婚姻生活并不长久，女子的自信与自尊使得许宗璞不屑于外在的修饰和争风，尽管有所耳闻，却不动声色。许氏的贤淑与豁达被李白当成了对自己的默许与放纵，从而渐行渐远。在车延高的笔下，作为伟大诗人，作为唐朝的男人，李白在求取功名与诗歌创作中遇到了道德上的矛盾。"作为一名情感充沛的诗人，李白把爱和血流进了诗歌让我无数次激动和共鸣；而作为一名丈夫，李白对许氏的冷漠和对情感的放纵实在是给自己的人格打折。"车延高以一个现代人的伦理观念解析李白，表达了对许宗璞作为女性牺牲者的深深叹惋。"许夫人的坟长满了野草，过往的风看不过眼，会绕着碑石鸣咽，哭出来的是天地之泪，刻骨铭心，滴滴千钧，把石碑上的字徐徐刷去。由于没有后人祭拜，天长日久，她的墓被时间抹平了。"车延高将深沉的情感熔铸于历史小说的笔法，在诗性的自然流溢中，对于许李婚姻的历史悲剧予以独特的价值判断，显现出理性的光辉。

月是李白的诗魂，酒是李白赊借的诗胆。现代诗人车延高与古代诗人李白惺惺相惜，一轮照耀过李白的皓月把酒倒入静夜，"解释着世界，诠释着时代所造就的新文学亮度，当今灵魂迷茫流离的理想主义者们通过李白找到了一个永恒的月光下的故乡"。那是无欲、无念、无尘的天地之魂，虚光顿悟，其生若浮。"清辉落地，身影近人。空间无限放大，罢黜了时间刻度。"伸缩盈亏中，诗人们诉说着灵感的归隐、诗性的轮回、乡情的寄托。

落叶归根，土地是每个人永恒的故乡。在车延高看来，无论是湖北的安陆还是四川的江油，诗人脚下横亘绵延的泥土都叫中华大地，都是诗人灵魂的安顿之所。"对于后面的每一个脚印来说，前一个脚印所站立过的地方都叫故土。当最后一个脚印把自己踩进泥土，就是生命的归宗。"所以李白的故里在哪里并不重要，重要的是能让尘埃与灵魂对话，传承与创造更为灿烂的民族文化。

跟随车延高充满灵性的目光去探寻诗人们的多维故乡，而不是拘泥于板上钉钉的存在物象，就会发现，家乡和故里早已抽象为了不同事物，一片屋顶，一声吱呀响动的推门声，一片咬破寂静的蛙鸣，一位在村口举目张望的母亲……它托付了多种情态和意境。这一次诗人故乡的寻访也是车延高自我心灵的对话与理性反思。

三　文化价值的思虑

当下，纯文学为主流意识形态与市场消费主义双重挤压，所拥有的区域越来越逼仄。文学作品不得不在设计、广告、营销和媚众方面低下了头，纯文学写作越来越趋于边缘化、娱乐化。社会各界对文化标签式追捧与戏谑化崇尚，导致了文学接受过程中对于名人效用的过度渴求。一方面是名人故里的过度开发与复建；另一方面是渴望借助名人效应获取文化意外的效益——所谓的文化搭台、经济唱戏应运而生。比如一直以来围绕李白故里的争执和论证，其实也不一定是真正地为了弘扬李白诗歌，让时下的芸芸众生浸淫于唐诗的文化氛围，更多的是一种经济的考量和文化、文学的浅见与短视。在《醉眼看李白》中，车延高表达了文化的高度，其实是一个国家的高度的理念。只有国家有文化、有高度才可能有凤来仪，并输出文化和理念。"我们把目光回转，反观中国历史，若以武功和疆域而论，大唐王朝不为最盛。但它开放的意识，开阔的胸襟，博大的气度，浪漫的情怀和张扬的个性居于人类历史发展的高地，影响并征服了八方四夷。"车延高从文学文化的视角，俯视历史与现状，以散文直面现实，试图呼吁社会应该以李白的诗歌文化为基石，在创造出更加灿烂的民族文化上下功夫。真正具有社会担当意识和社会批判意识的文人，在回顾传统民族文化的同时，会反思我们今天的社会现状，直面民族、时代的困顿与焦虑，其人文关怀并不因时代变迁而褪色。

当传统的价值体系、伦理观念遭遇结构而土崩瓦解的时候，如何在构建新的价值体系时存留精神家园，保存民族文化的审美趣味与图腾符号？车延高在《醉眼看李白》中用诗化的笔调进行了浪漫而深刻的思考。我们究竟"该不该种植李白"？在大地上以麦苗和油菜花的世界里刺绣出来的诗仙李白让车延高震撼和敬佩，游客的言论也引发车延高深深的忧思。"我曾看过故宫南薰殿旧藏的李白画像，看过明代崔子忠和清代苏六朋所创的李白画像，都是写实派的工笔素描。尽管所画的李白各具神态，栩栩如生。但都是出自一个画匠，一张宣纸，一管画笔，一脉相承的画技，和一个人的苦思冥想。"而大地种植的这幅现代行为艺术作品，是对传统艺术表达方式的反叛，"它以生养万物的土地作画卷，由一群在土地上播洒汗水，点化春天的劳动者具体实施操作，借春耕种植和植物自然生命的勃发，让现实主义和浪漫主义的表现手法在李白留下过足迹的土地上有机重合，再现了一代诗仙卓尔不凡的浪漫情怀"。其实大地种植艺术各国都曾经有过实验，在日本青森县的田舍馆村，多年来一直进行着稻田艺术的种植实验，他们曾经种出过拿破仑、惠比寿、蒙娜丽莎和神奈川冲浪等。问题不在于是否种植李白，而在于李白诗歌的浪漫主义晶核能否在现代凝聚诗歌与文学的结晶体，并借助其张力的平衡，发展文学艺术的审美共同体。因为这样的艺术"不需要仪式，一柄锄和摔落在土地上的无数汗水就是最盛大的奠基。他们借助养育了一个民族，也养育了诗人李白的传统种植方式，靠别出心裁的想象力和劳动技能导演出一次别开生面的大地行为艺术展。根须苗壮的八百亩油菜花和绿油油的麦苗伸出了有生命的手臂，向天空托举一个艺术在呼唤，土地在呼唤，江油在呼唤，旅游者在呼唤的诗歌艺术不朽魂灵"。

车延高深知"文化在疼痛中临产"。在当下日趋多元化的环境里，人们把文化、艺术的价值体现和物质价值体现等同要求，用经济眼光衡量文学艺术，而忽视了其中的文化附加值。忧虑之余，车延高寻求古往今来可资借鉴的标杆，渴盼更多文化和艺术的伯乐，为文化呐喊，为文化倾力，挖掘和放大更多的文化价值。车延高梳理了大唐经济文化的多重变相，"赫乎宇宙，凭陵乎昆仑"的政治、军事和文化艺术高度，给天下诗人们营造了"吐峥嵘，开浩荡"、"喷气则六合生云，洒毛则千里飞雪"的文学艺术创作空间。车延高借诗仙风骨创造性地开掘了一次传统文化的现代演绎，建构起一座跨越时代文化的沟通桥梁。大唐与当代互相打开没有城池的大门。在诗歌、杂文、散文的境界里，历史与现实碰撞的回声在我们心中回荡。

湖北——这片曾经滋养过"楚狂人"的沃土，也让诗人车延高钟情不已。吟咏着不朽诗句的滔滔江水，蕴藏着楚风流韵的山峦，历久弥新的亭台楼阁……车延高从史书典籍中，从自然山水中，挖掘李白行走湖北留下的宝贵精神文化财富。在车延高看来，湖北的山水是有灵性的，它教会你去发现，去聆听。对人文资源的争夺显得功利和苍白。只有发自骨髓地去热爱这片曾激发过灵感和诗情的热土，才能于浮躁喧嚣中营造悠然温厚的人文环境，让岁月的尘埃与时代新声展开对话。

车延高充分发挥了其诗人身份的优势，无论是分析李白的诗歌艺术，还是叙述李白的情感人生，都融入了车延高对人生命运的深切关注和人生旅途中的独特感悟。车延高时而引用古代诗人的诗歌，时而穿插车延高自己以及当代诗人的新诗，将诗情溢满平淡的讲述之中，将哲思渗透在娓娓的评说里，使得看似沉重又具有学理性的话题，充满浪漫的诗意、灵动的色彩和鲜活的时代气息。

在《醉眼看李白》中，想象力和小说的笔法融进散文叙事，让历史的画卷为今朝打开。以博客、排序、对话、诗篇共在；让诗的叛逆与扬弃，散文的智性与宣泄同处。让格调高扬、襟怀狂放、志向远大的李白，在当代诗文中重生，奏响盛唐的强音。

原载《文艺新观察》2011 年第 1 期

从"秋雨现象"谈到散文的美学建构

一

　　20 世纪 90 年代，在经济波涛汹涌、文学没有主潮、纯文学日益式微的时候，散文继诗歌热、小说热之后，也骤然"热"起来了。散文作为当今文化的重要表征而大行其道。适应这种形势，几乎所有的期刊都开辟了散文专栏，所有的报纸副刊都要刊发散文作品，一时间，散文的"繁花"争奇斗艳，竞相媲"美"。散文作者辈出，散文作品铺天盖地涌向读者。似乎能拿起笔写作的人，都投身到了散文创作之中，专业的散文家自不待言，小说家、诗人、学者、理论家……在散文逐浪的大潮中，余秋雨是一个引人关注的热点。如今，研究散文者似乎出言必提《文化苦旅》，文应至秋雨散文，因而自觉不自觉地形成了散文创作研究中的"秋雨现象"。本文中的"秋雨现象"，是指 1988 年以来余秋雨创作的散文，归于余秋雨名下或涉及余秋雨的一系列文本，以及由此而引发的关于散文创作公开的或不公开的评价、论争，这一切已经成为 90 年代令人注目的社会文化现象之一，值得我们考察、思索。

　　当余秋雨以学者的姿态进入散文领域时，人们为他笔下一篇篇精心架构的鸿篇巨制式的"大"散文所吸引，为他那种渴望"究天人之际，通古今之变，成一家之言"，用自己的双手去叩沉重的历史之门的气魄而折服，为他那酣畅淋漓、精美文笔和作品中蒸腾着的浪漫主义气息所惊叹。因此，余秋雨的散文——《文化苦旅》《山居笔记》《秋雨散文》一版再版，甚至是以盗版的方式出现在大都市、小城镇的书店里、书摊上，同贾平凹的《废都》、陈忠实的《白鹿原》、苏童的文集、王朔的小说以及早已风靡大陆的金庸、梁羽生一道，走入了寻常百姓家。

　　最早对余秋雨的《文化苦旅》产生激赏和好评的是湖北恩施鄂西大学曹毅的《漂泊者生命主题的寻求》①等五篇笔谈，他们的精论使余秋雨悠悠心会，情有独钟，因而在《文化苦旅》1992年结集时的《后记》中倍加赞扬，惊讶于他们"对中国历史文化和当代散文艺术的思考水平"。出版该书的上海知识出版社在"内容提要"中指出："作者依仗着渊博的文学和史学功底，丰厚的文化感悟力和艺术表现力写下这些文章，不但提示了中国文化的巨大内涵，而且也为当代散文提供了崭新的范例。"此后，对余秋雨散文的赞誉之声鹊起，推崇评品者甚众。楼肇明断言："余秋雨可能是本世纪最后一位大师级的散文作家，同时也是开一代散文新风的第一位诗人。"②使人想起茅盾先生对徐志摩的评价，不过，先生的评价与此相反，认为徐志摩是"中国布尔乔亚开山的也是末代的诗人"。田崇雪认为："余秋雨散文的出现如空谷足音，震惊了文坛。余氏散文关注历史，堪称历史的泼墨，关注人生，可称生命的写意……余氏散文的出现，显示了中国当代散文的大气派、大境界。"③管志华觉得："在'天下熙熙皆为利来，天下攘攘皆为利往'的浮世尘嚣中，执此一书，平定心放，诚可谓良有益也。"④孙绍振则认为："余秋雨先生的散文出现以后，散文作为文学形式正在揭开历史的新篇章……在'五四'以来的散文经典中，我们还没有发现任何先例，这么长的篇幅，这么丰富的文化背景和历史资料，这么巨大的思想容量，这么接近于学术论文的理性色彩又这么充满了睿智与情趣。"⑤冷成金想到："余秋雨散文在传统文化的深处立定，以其冷峻的理性和充满的人文意识关注民族文化品格的重建，从而完成了对当代散文的一次重要超越。"⑥……诸如此类，还可以举出很多。读以上评论，我们会产生这样的感觉：余秋雨的散文是中国当代散文发展史上的一座丰碑，他的散文文本及创作是富有原创性的，是对当代散文的全方位超越，达到了散文创作的最高境界，为当代散文的创作提供了全新

　　①　曹毅：《漂泊者生命主题的寻求》，《鄂西大学学报》1989年第2期。

　　②　楼肇明：《当代散文潮流回顾》，《当代作家评论》1993年第3期。

　　③　田崇雪：《大中华的散文气派——余秋雨散文从〈文化苦旅〉到〈山居笔记〉印象》，《徐州师范学院学报》1994年第3期。

　　④　管志华文，《解放日报》1992年8月22日。

　　⑤　孙绍振：《为当代散文一辩》，《当代作家评论》1994年第1期。

　　⑥　冷成金：《论余秋雨散文的文化取向》，《中国人民大学学报》1995年第3期。

的"范式",可供散文作者及后学学习、借鉴并奉为楷模。果真余秋雨先生已成为当今散文领域的"卡里斯马"①？其实，只要对新时期以来的散文发展略做回溯就可以找到答案。

新时期散文是在十年浩劫之后复苏的，它伴随着思想解放的进程、文化背景的变革向前发展，逐渐挣脱了过去的模式——"诗化式""工具论""轻骑兵之说"等，突破了17年形成的基本美学格局；即以小见大，托物言志，强化群体的"大我"意识，淡化主体的"小我"个性，景一事—理式的结构，向"五四"散文传统复归，并试图超越。在创作方面，散文开始向多元化发展，出现了从思维方式到艺术表现手法都有所创新的散文佳作。主体意识的强化使散文作家回归自我，寻求人性的真谛；参与到社会和文学大变革之中来，瞄准现代人的心态与世相，举起了锋利的解剖刀；反思刚刚过去的劫难，省察民族文化、民族历史悲剧的深刻根源之所在。巴金的巨著《随感录》、杨绛的《干校六记》、贾平凹的《月鉴》、陈白尘的《云梦断忆》、黄秋耘的《雾失楼台》、吴泰昌的《海棠花开》、刘再复的《太阳·土地·人》、梁衡的《只求新去处》、张承志的《绿风土》等都是这一时期的散文佳作。他们的作品拓展了当代散文创作的时空，使散文在时间的历时性与现实的共时性交差的层面上思考人生、社会、历史、文化，使中断了多年的"五四"散文精神得到承接和延续。巴金"把心交给读者"，披肝沥胆地剖析自我，展示了一代知识分子灵魂的苏醒，《小狗包弟》《怀念萧珊》就是他真情的抒发和宣泄，也是他探索人生经验、解剖心灵的记录，格调悲亢，感情浓烈。杨绛的《干校六记》以淡泊、平静的文笔书写人生的坎坷、忧患、悲剧，在不动声色之中凝注了流动的诗意，显现出超然、豁达的人生态度，使人们看到"五四"散文的传统风格终于回到了当今。散文和小说、诗歌、戏剧一道，构成了新时期文学色彩斑斓的风景线。

20世纪80年代以后，随着历史的发展，旧有的价值观念逐步解体，文化环境得以改观，价值观念得以更新，思维渐趋活跃。人们对于当代文

---

① 卡里斯马：原意为"神圣的天赋"，来自基督教，初指得到神助的超常人物。麦克斯·韦伯在分析各种权威时，将它的含义引申并赋予新意，用它指富有创新精神人物的非凡素质。王一川在《卡里斯马典型与文化之镜》一文中定义为："卡里斯马是特定社会中具有原创力和神圣性，代表中心价值并富于魅力的话语模式。"

学重新进行审视、选择和评价，梁衡对于"杨朔模式"最早提出批评，表现了他不囿陈见，探索散文本体特质和美的规律的真知灼见。关于"形散而神不散"的讨论，林非先生的一系列散文理论论著——《散文创作的昨日和明日》《关于当前散文研究的理论建设问题》《散文的使命》等，标志着散文理论进入了本体自觉的思索阶段，对于散文文体的界定和研究推动了散文的发展，促进了散文理论的建设。散文内部各种样式的突破性尝试，显示了散文这种具有悠久历史传统的文学样式的顽强生命力和现实价值。作家参与到现实生活的真实中来，怀着对现实、未来深厚的使命感和忧患意识，一反以往散文那种师"法"模式，以及浮泛的浅层描绘、迷惘虚幻和矫揉造作，以对历史、文化的深层反思展示作家的审美理想和人格力量。丁建元的《水泊散想曲》，张承志的《荒芜英雄路》《杭盖怀李陵》，贾平凹的《弈人》《月迹》，林非的《吴世昌小记》，张抗抗的《埃菲尔铁塔沉思》，周涛的《读〈古诗源〉十记》，雷达的《足球与人生感悟》等散文佳作，多层次、多角度地反思着人生、文化，思索着生命、历史，在昭示作家心路历程的同时，又从不同的侧面颂扬生命的坚韧和人格的刚烈，表现出学养的丰厚和知识的广博。余秋雨的《文化苦旅》《山居笔记》系列散文在这个时期出现在文坛，应该说不是空穴来风，而是自有其时代、社会、历史的因缘。世纪之交的中国，生活在向市场经济和商品社会转移，世人的心态越来越趋向务实，文学与市场的接轨已经成为一种不可避免的趋势。作家要依靠市场推出自己的作品，要吸引尽可能广泛的读者群，要让自己的作品传播开来，散布到社会的各个阶层，就要创作适应性更加宽泛、为大多数人喜读爱看的作品；出版界要维持自己的生存，提高知名度，在市场竞争中立于不败之地，就要慧眼识"英雄"——作品，力求以自己包装的作家作品赢得读者的心；作为文学接受者的读者，通过市场自由地选择自己所喜爱的作品，去寻求娱乐和共鸣，去抚慰焦灼的心灵，去获得消遣和闲适，三者相互依存，共进共荣。这种现象既是文学所面对的转型时期的社会现实，同样也是散文所面对的现实。余秋雨的散文在这时登上文坛，可以说作者本人抓住了一次极好的机遇。在社会心态普遍浮躁的当下，余秋雨以其对于历史文化思索中的主体选择，对于人生意义的终极关怀，对于文本苦心孤诣的结撰和那浓艳泼墨般的文笔，抓住了读者，让人们随着他的写意而游走、慨叹、激动、冥思，增加了新鲜感，提高了阅读兴趣。余秋雨的《苏东坡突围》《这里真安静》《遥远的绝响》《流放者的土地》都可谓散文中的精品，但它们并非天外来客，其在借鉴和师承方面都是有迹可循的。从他的散文中，我们可以觅得中外散文家的风格、笔调的影迹。契诃夫的《初到萨哈林》、梭罗的《瓦尔登湖》、蒙田的《随笔集》、屠格涅夫的《猎人笔记》，庄子散文的激烈善辩、汪洋恣肆；苏轼散文的滔滔汩汩、任情放达；梁启超散文的肆意铺陈，"纵笔所至不检束"；梁遇春散文的才情横溢，激越翻卷，"真够搅乱了你的胸怀"的气势；等等，都深深地影响了余秋雨的散文创作。他的《文化苦旅》和《山居笔记》中的不少篇什是能够被称为博大精深、质文俱佳的散文精品的。例如，《苏东坡突围》《这里真安静》《遥远的绝响》《流放者的土地》《酒公墓》等，它向我们提示了一位致力于传统文化研究，祈盼营造一座透着哲思、孕育着生机的"精神道场"，重塑民族文化人格的学者的幽思。正因为如此，余秋雨才从当代散文作家中凸显出来，博得了散文界和读者的青睐。余秋雨散文与过去散文在"文化参悟"中的不同之处，正在于他着重强调创作主体对于历史文化的感知，是富于个性化的。他既博采前人之长，又摆脱了过去文化散文中仅限于演绎与图解思想的束缚，而着重展示了"我"笔下的文化的色彩，气势磅礴，感情激昂。但是，若对余秋雨散文过分推崇，不切实际地作为"范式"体系举荐，奉为圭臬，恐会产生误导，带来散文创作的褊狭、失误。

二

散文，无疑是以审美的方式为接受者提供了一个存在与认知世界的窗口。它是作家真情感悟、理性思索、科学探求得到的真实，是留驻于人们内心世界的精神家园和灵魂栖息地。能够使我们在深切而丰富地感受事物的同时，在心灵深处获得美的享受。因此，真正的散文应该是历史和文化的存在，是符合认识发展规律的话语，它既不是简单地把自己的内在体验直接投射于外在世界之上，也不应把外在世界粗放地纳入自己描摹的视野，进行臆想的比附。我以为：散文是客观世界的社会现实、自然图景与散文家内心感悟和思索的整合。散文是主体性、情感性极强的文学样式。"散文是一种洋溢着自己深切感受的素描，在为大千世界画像的同时，也就完成了自画像的任务。"①

　　散文，历来都是作为文化的载体、人格的昭示、情感的抒发而传世的，这样的实例可信手拈来，从《论语》到《史记》，从韩愈的《祭十二郎文》到姚鼐的《登泰山记》，从梁启超的《少年中国说》到翦伯赞的《内蒙访古》，从孙犁的《在阜平》到梁衡的《武夷山——我的读后感》，无不透视出作者胸襟、哲思、激情和真诚，显示着散文的文化内涵和艺术魅力。

　　在对余秋雨散文的一派赞誉唱和声中，也听到了几声重重的异响。批评家从散文本体的学术性、智慧性、感悟性几个方面阐述对于散文艺术的思考，探讨散文艺术的发展及其走向，既从形而下的层面解析余秋雨的散文创作，进行个案分析，也从形而上的层面诠释文化与散文之间、学术与艺术之间的内在互渗和外在关联，试图找到散文勃兴的历史与现实根源，艺术发展的轨迹。刘锡庆指出：余秋雨散文"是利用他学术研究的'边角料'带领读者去做一番'学术性参观'。一个'理性'而不是（感性、感情），一个'群体'（而不是个体、个性），使余秋雨写得最多、最有特色的《风雨天一阁》《流放者的土地》《一个王朝的背影》《十万进士》等这类文章从根本上悖背了'散文'的正道。……他很少把'艺术观照'的镜头真正对准自己的'心灵世界'，把那种情感的燃烧、精神的闪烁和生命的体验展现出来。这是特别令人遗憾的"②。刘先生规定的散文范畴比通常理解的散文范畴要狭小，仅限于抒情散文、游记和散文诗。因而在他看来，余秋雨的创作，大多只能算作文化随笔，不能归并于散文之内。而"边角料"之说，则指出余秋雨对于中国文化的理解是边缘性而非实质性的，是浏览式而非考察性的。朱国华则就余秋雨散文的感情泛滥批评说："说穿了，《文化苦旅》的精神实质就是一种毫无新意的感伤情调。作者写来写去，无非是中国传统文化与现代文化对峙时的尴尬，以及作者对此生起的某种不可名状的执著和迷惘。……尽管这种情调作者已经倾诉得太过深情，以至达到了滥情和矫情的程度，然而它还是得到了众多看客的大声喝彩。这并不奇怪，因为感伤作为一种情感范畴，历来是大众文化的主旋律。"（《别一种媚俗》）文章从散文可读性和接受者的情感投入方面去透视，回溯作家、作品的精神之源和情感走向，指出了不脱书斋气息

---

　　① 　林非、徐治平：《散文美学论·序》，广西教育出版社1990年版。

　　② 　刘锡庆：《迎接新世纪的辉煌——男性散文家一瞥》，《湖南文学》1995年第10期。

的士大夫的摆谱，居高临下的学术权威口吻和散文文本之间所构成的悖论。至于余秋雨散文的历史观，可以从他本人的著作中找到依据。正如余秋雨所言："艺术家遇到道德的历史面貌与现实的需要矛盾时，应以现实需要为其筛选标准。""艺术家的道德评判眼光：立足微观，以折射宏观，立足现实，以选择历史。"① 按照这种观点，历史在散文创作中只是任意取舍的素材，只要为我所用，可以通通拿过来，按照主观的选择进行适履削足式符合，进行写意式的泼洒，以主体的个人话语为准则来阐释文化、历史，去迎合时代和读者的欲求。余秋雨的《道士塔》《抱愧山西》《阳关雪》等都是染着"秋雨色彩"的散文，成为个人情绪和想象相结合的精心书写，而不是义理、考据、辞章精美整合的美文。胡晓明《读〈文化苦旅〉偶记》从学术散文"必然要求它的作者兼有'虚而灵'的诗人气质与'滞而实'的学者风度"来对秋雨散文进行解构，指出其中的一处处知识结构上的"硬伤"、虚欠、错讹，以及其中存在的"较为严重的学养性贫血"，批评余秋雨散文"戏说"中国文化的随意性，他说，对于学术散文"我们更需要对于文化心灵有真正点醒的，对于文化意识有真正显豁的，对于文化生命有真正慧命相接的，对于文化方向与理想有真正洞察与抉择的情文并茂的著述"②。虽然余秋雨先生在《文化苦旅·自序》中声称："我发现我特别想去的地方，总是古代文化和文人留下较深的脚印的所在，说明我心中的山水并不完全是自然山水而是一种'人文山水'。"为了倾吐对于"人文山水"的"文化感受"，余秋雨拿起了笔，但某些地方却犹如他笔下的王道士用石灰水刷白了莫高窟的壁画一般，余秋雨用他的彩笔随心所欲地描摹着中国的人文山水、历史文化、史实典故，使它在某些方面如凌空蹈虚的悬空寺一样，悬吊在半山悬崖之上，是一处异常精美景观，令人惊叹建造者的绝技，可是如果有一天它跌落于地面，也只剩下一堆文明的碎片而无法再复归历史的真实。

雅斯贝尔斯在谈到文化内涵时说："文化是生命的一种形式，它的中枢是精神冶铸，是思考能力；它的领域是秩序井然的知识。文化的实质是要对一切存在做形式的沉思和诚实有效的观察认知，对世间万象的知识通

---

① 余秋雨：《艺术创造工程》，上海文艺出版社 1987 年版。

② 胡晓明：《读〈文化苦旅〉偶记》，《文艺理论研究》1996 年第 1 期。

过语言做熟练的表达。"① 如若没有扎实的学问功底、敏悟的感受力和认知能力，没有丰厚严谨的学养，仅凭戏说历史、游戏人生，恐难以达到自身的健全，也难以对文化进行严谨而科学的表述。在此，仅将余秋雨与张承志的散文略做比较，以便对学者散文的文化意韵更多一些理性的认知和理解。同样注重主体的感知、富有神秘的个性体验，视野广阔、气魄宏大，对文学有着宗教般的虔诚，追求浪漫主义理想的张承志，在他的散文世界里，在运用散文传达着他的美学见解和文化感悟。他以历史的真实，带着原始的和强力的冲动，以沉探的人道感和神奇、犀利的语言写下了《杭盖怀李陵》《天道立秋》《大理孔雀》《静夜功课》《悼易水》……他带着对自己民族独特的精神宇宙的认同，带着沉重的历史般的痛苦，回眸自己立命的三块大陆——内蒙古草原、新疆文化枢纽、伊斯兰黄土高原，相信"明天，在那片雄浑浊黄的大陆背影里，我们一定会找到真理的一些残迹"②。几乎与余秋雨在《收获》上发表《文化苦旅》同步，张承志写下了他的散文，若单从篇幅长短论，张承志的大多数散文很明显比不上余秋雨。如果从学者或文化的视角去考察，张承志可能并不逊于余秋雨。他很少像余秋雨那样洋洋洒洒、长篇大论地铺排比赋，也没有故作惊人而痛哭一场的顿足悲哀，他只是用自己的心血去浇灌那钟情的土地，将笔触伸入弱小民族的心境、情绪、生存方式、文化体系之中，去立体地拓展精神的空间，点燃起心灵的圣火。他将边塞风情、民族心灵、人生哲理、精神理想、审美追求雕塑出来，展现出人的本质力量的巨大魅力和个性主义的鲜活感染力，不仅在散文领域而且也在文坛树起了高洁、壮美的旗帜。而这一切，都来源于他对西北民族历史、文化的谙熟，得益于他多年的学术生涯的积累和深湛的学养。尽管有些偏执，但却充满着艺术感染力。在《杭盖怀李陵》中，他将《史记》中曾经记载的李陵故事依据现今的考古资料、自己的思想赋予其新的内容，从中感受到民族融合的悲壮之举。在《禁锢的火焰色》里他用14000多字记写他观看凡·高的绘画作品而升华的对凡·高的礼赞，他把凡·高的色彩称为火

---

① 黄文华：《知与真知灼见——维也纳心理学第三派对于现代文学的见解》，《文学评论》1994 年第 2 期。

② 张承志：《张承志回族题材小说——〈回民的黄土高原〉自序》，青海人民出版社 1993 年版。

焰色——使他人激动难言、惊诧不安的火焰。张承志崇拜凡·高几近狂热，认为他属于"圣界"，具有"绝无仅有的、时代的眼神"。在这篇散文中凡·高艺术世界与张承志的内宇宙，产生了强烈的共鸣，使他感到："一个真正爱到疯魔的艺术家，一个真正悟至朴素的艺术家，在某个瞬间一定会赶到神助般的关坎上，获得自己利剑般的语言。"张承志在散文中，打通了诗、画、文的界限，把历史、文化、意境、色彩之美精妙融合，刻意显现，经天纬地，纵横交错，织成了语言斑斓的锦绣华章，显现出历史文化的独特情韵，展示着文化散文的美学色彩。

同是学者的张承志、余秋雨，他们的历史观、美学观、散文观、创作方法大可以各行其是，极尽主体个性色彩，但在散文的学术性——用典和史实尽可能求"真"方面理应殊途同归。不同的是，余秋雨是以散文的眼光切入历史，而张承志是以史家的实证走进散文，因而形成了两位作家风格迥异的现实。当我们研读散文，就能发现差异，这只要将《道士塔》《抱愧山西》与《荒芜英雄路》《冰山之父》略加对照，就能看出一二。且看《道士塔》和《荒芜英雄路》中的文字：

> 王道士每天起得很早，喜欢到洞窟里转转，就像一个老农，看看他的宅院。他对洞窟里的壁画有点不满，暗乎乎的，看着有点眼花。亮堂一点多好呢，他找来了两个帮手，拎来一桶石灰。草扎的刷子装上一个长把，在石灰桶里蘸一蘸，开始他的粉刷……什么也没有了，唐代的笑容、宋代的衣冠，洞中成了一片净白。道士擦了一把汗，憨厚地一笑，顺便打听了一下石灰的市价。他算来算去，觉得暂时没有必要把更多的洞窟刷白，就刷这几个吧，他达观地放下刷把。
>
> ——《道士塔》

> 走向哈尔嘎特山沟的两岸，处处是一种青红色的灼烫砂块。不见畜群，不知夏营地在哪里。沿途星点不均地看见一些乌孙时代的链式墓，还有一处突厥石人墓——这也暗示着古代蒙古高原到中亚的交流。……我突然看见了一条痕迹，有一个形状突然出现了：峥嵘的怪石整齐地排成十来宽的一条宽带，朝着哈尔嘎特左手的山顶伸去。青草枯干地刺出石缝，荆棘刺网般缠绕着这条尖石带。路，清清楚楚地静悄悄停在山坡上。

　　……成吉思汗本人的路!

　　那条古道应备忘如下:……

——《荒芜英雄路》

　　应该叹服余秋雨的想象力,近千年前的道士举动,在他笔下得以逼真的描绘,让人看到电影般的闪回着的为个人话语驱遣的镜头,美则美矣,信乎?因此,我更愿意钦佩张承志的执着和扎实,当然这并不标志他迂腐地拘泥史实,缺乏想象力和浪漫气息,而是他在历史文化的探讨方面依托真实的坐标,寻求美轮美奂的韵律,使我们在赏心悦目的同时,感受力量的支持,获得灵魂的蜕变。因此,在探索散文的文化内涵的同时,我以为有必要采用比较的方式,从散文的客观存在、生命、精神、智识、语言诸多方面去探讨其内在的规律和外在的表达,推动散文的发展和真正繁荣。

　　中国散文有着深厚的文化积淀和辉煌悠久的历史。在历代文学史的长河中,散文都占有重要的地位而闪烁着耀眼的光华,因而留下了一串串流溢着风采的名字:古代的孔子、庄子、荀子、孟子、韩非、贾谊、陶渊明、韩愈、柳宗元、欧阳修、苏轼、李贽、归有光、龚自珍、曾国藩、梁启超、章太炎;现代的鲁迅、朱自清、郁达夫、周作人、徐志摩、李广田、何其芳、丰子恺;当代的秦牧、刘白羽、杨朔、孙犁、贾平凹、巴金、杨绛、宗璞、史铁生、余秋雨、张承志、周涛……他们以自己的创作,共同构成了散文的星系,蔚为大观。

　　进入新时期以来,散文和小说、诗歌一道逐渐冲破了五六十年代的僵化模式,得到了长足的发展。随着思想的解放、观念的更新,散文理论滞后于创作的现象日益明显和突出,理论指导的孱弱,在某种程度上限制了散文创作,遮蔽了散文的视野,影响了对于散文艺术的探索。为了建构散文理论体系,创建崭新的散文美学格局,许多人在多角度、深层次地思考着、努力着,为推动散文理论建设、美学建构而殚精竭虑。林非、佘树森、范培松、刘锡庆……他们在散文的范畴论、本体论、创作论、鉴赏论、批评论等方面各抒己见,为繁荣新时代的散文而努力。关于散文的特质,林非的界说是:"散文创作是一种侧重于表达内心体验和抒发内心情感的样式,它对于客观的社会生活或自然图景的再现,也往往反射或融合于对主观感情的表现中间,它主要是以从内心深处迸发出来的真情实感打动读者。"① 刘锡庆认为：散文是"创作'主体'以第一人称写法和真实、自由笔墨，用来抒发感情、表现个性、裸露心灵的艺术性短文"。也就是说："散文就是更本色、更自由地表现你自己"；"散文即个性和心灵的赤裸"；"散文是作者性灵（独特个性）的自然流露和自由展现"；"散文即自我心灵美、人格美的本质、'对象化'"。② 范培松强调："散文是一种主观性很强的文体，散文的终极目的是应该表现情绪。"③ 佘树森指出："散文的特质在于：它是一种'尖锐'地、'自由'地抒写作者自己的真实的见闻感受的文体。""散文是'情种'的艺术、'尖锐'的艺术、'自由'的艺术。"④ 贾平凹在《提倡大散文的概念》一文中提出："还原到散文的本来面目，散文是大而化之的，散文是大可以随便的，散文就是一切文章。"涂怀章在《散文创作技巧论》中说："散文是自由丰厚的精神存在。""散文是情思与文采的结晶。"⑤ 通过以上的论述可以见得：散文是带有浓重的主体色彩，抒写作者内在的主观体验和内心的真情实感的文体。学者的启迪与提示，不仅是对散文的创作实践进行理论性上的提纲挈领的概括和总结，而且也从宏观和微观两方面为散文美学研究开拓了道路。他们在检视散文的总体发展历程的同时，对于散文理论进行着全方位开拓与多向度选择的系统创造工程，高屋建瓴地将理论探索与散文文体的固有特征相契合，以多视角观照散文创作，从不同侧面拓宽了散文的思维时空，为散文的创新、繁荣和发展，为散文的理论建设开辟了新的思路。

因为散文文体的独特性，使散文与读者联系得相对密切，怎样才能在社会的转型和世纪之交使更加精美的散文作品问世，通过审美鉴赏与情感浸润来提高人们的思想水准和道德情操，开阔知识和文化视野，加强思考和分辨的能力，仍然是一个至关重要的课题。这就要求我们从散文整体态势、美学高度、创作实践、审美鉴赏等方面来建设散文的系统理论，同时也要从读者的心理特点、精神需要、文化结构来观照散文创作，以迎接21 世纪散文的辉煌。可是，就目前的研究现状看，与其他文学样式相比，散文理论研究不能令人满意。尽管有许多学者在辛勤耕耘，写出了散文的

① 林非：《散文创作的昨日和明日》，《文学评论》1987 年第 3 期。

② 刘锡庆：《当代散文：更新观念，净化文体》，《散文百家》1993 年第 11 期。

③ 范培松：《贾平凹散文选·序》，百花文艺出版社 1993 年版。

④ 佘树森：《散文创作艺术》，北京大学出版社 1986 年版。

⑤ 涂怀章：《散文创作技巧论》，学林出版社 1983 年版。

断代史、美学论、写作学等方面的著作，但总体上仍相对呈现零散、单一的态势，主要表现为：尚无有系统、高质量的散文美学专著问世；关于散文通史、流派、作家、作品的研究仍显不足，笔者仅就散文美学的建构谈谈自己的一孔之见，以见教于大方之家。

就散文美学而言，笔者以为：散文美学的建构应当从社会心理、文化哲学、文体特点和审美价值等诸多方面去思考，使创作与美学"同构"。从散文的思想美、个性美、艺术美等方面来进行阐释。

其一，流动的"暗河"——散文的思想之美。

在散文的创作中，我们常常感到：散文文本与变化着的时代的价值观念、思维方式、审美情趣有着潜在的联系，无论是寄情山水、写景状物，还是记人叙事、议论抒情；散文家在"以有我为中心，不断地提起他本身"（斯密兹《小品文作法论》）的同时，倾注了他的爱与恨、喜与怒、哀与乐和愁与苦，散文家在写我之心、抒我心中之情、描摹我眼前的各种景物时，他把自己对于人类命运、民族前途、历史反思、审美追求的感知都倾注于笔底，寄寓于文字。虽时时凸显"我"字，但又不可能完全脱离他的生存环境，离开世界所给予他种种礼遇、磨难，以及周遭一切对他的触动，所以，散文作品在展现给读者之时，不仅可以体验人生的感悟，而且能够领会其中的思想，而产生强烈的共鸣，使人们在散文的世界里，诗意地居住，获得美的享受。如巴金的《怀念萧珊》《小狗包弟》，在真诚的倾吐与自剖里，充满了对于国家劫运、民族苦难、个人痛苦的反思和彻悟，思想犀利，风格锐健；宗璞的《废墟的召唤》《哭小弟》在记述自己凭吊圆明园"那一段凝固的历史，为了记住废墟的召唤"时，在为小弟这一代知识分子的英年早逝，为"迟开早谢的一代人"痛哭时，透出的是"怎样尽每一个我的责任？怎样使环境更好地让每一个我尽责任？"这样的慨叹，显示着知识分子的忧虑，张承志的《荒芜英雄路》《清洁的精神》《冰山之父》则是以笔为旗，张扬对于英雄的呼唤、对于清洁精神的追寻和对"不屈情感的激扬"，在思绪万千、悠悠古今之间，显现着作家的理想、作家的思想使散文成为精神世界的"精品"。

当然，我们说散文要有思想美，并不是要将思想生硬地灌注于作品之中，使之成为思想的传声筒，直白、粗陋地加以表现，而是希望思想借助于形象、情感的载体，间接地得以表现，希望有思想与艺术精心熔铸的美文，"从内心中升华出思想力量的支撑，在激情中潜藏着理性的光芒"

（林非语）。"言之无文，其行而不远"，思想的跋涉，永无止境，生命不息，思想不止。只有当思想形成了丰厚而完满的开放的精神格局，才能织就思与美的灿烂华章。

其二，张扬的主体——散文的个性美。

散文文体经过漫长的发展，逐渐地形成了非常完备的形式。在文学的大家族中，散文经过一代又一代作家的努力，一次又一次分化、汇合、游离、变迁，以其独特的审美特征形成了共识。作为一种边缘性、后备性的文体，散文最要求张扬作者的主体意识，明心见性，"一切皆从作者的主观感受出发"，处处都有"我"，使读者能从散文中真真切切地洞晓作者究竟是一个怎样的人，真正的散文家"不勇于有我而懦怯，因为懦怯，作品必定是脆弱的，有意把'我'隐瞒起来犹如欺骗，欺骗的作品必定为读者所不齿"。"我将信奉这样一条原则：即使是真理，即使是人民的呼声，如果还没有在我的感情上找到触发点，还没有化为我的血肉，我的灵魂，我就不写，因为我还没资格写。"① 个性之美，是作家能以自己独特的视角和心灵感受，以鲜明的主体意识，对社会、心态与世相，从不同的角度、不同的层面进行解构、剖析、感知与体察，以现代人的思维和观念烛照世界，形成散文的个性特色。表现在作品中，就是要以主体的个人笔调，去寻求最佳的结构方法，注重文体的审美特性，将独特的个性寄寓于多姿多彩的散文。

余秋雨的《文化苦旅》中对于中国文化的感怀，对于中国文人的别出心裁的感悟，对于人文山水独特的理解，颇具独异之色。周涛的《塔里木河》那一曲流在心灵中的歌，透着人生的苍凉，使人理解"美几乎是不可重复而只能重逢的"这一哲理。史铁生《墙下短记》写得深沉睿智，超迈高远，他在"接受限制。接受残缺。接受苦难"的同时，把"墙"作为自己的生命的载体，让"不尽的路在不尽的墙间延展"，把心灵的渴望——生存和力量赤裸地展示给读者，让读者去思考、去追寻，去得到灵魂的净化。王小妮在《放逐深圳》中写道："人，除开两脚以外，是需要精神支点的。"身居五彩缤纷、繁华喧嚣的都市却有着深深的被放逐之感，展现了对世俗污浊的拒绝和厌弃，对世间渺小和狭隘的疏离，使人感到其中隐隐的悲剧意味和孤独感。散文家独特个性的敞亮，正是散文

---

① 叶至诚：《假如我是一个作家》，《雨花》1979 年第 7 期。

审美进入更深层次的前兆，我们期待着散文的新时代。

其三，语言与情感的绝妙整合——散文的艺术美。

当散文突破了时代、历史和人为铸就的"范式"，在从模式化向多元化发展的进程中，散文艺术也在不断变化，以往那种单向的、直线的、层层递进的艺术思维正在为多向、复线、交差互进的思维方式所取代，思维的变化，也带来了叙事、抒情方式的变化，不再拘泥于"借景抒情""托物言志"，而是采用更为自由的抒写方式，只要可以表现散文家的心灵情感，内心独白、意识流、浓墨重彩、轻描淡写都可以随心所欲地驱遣、运用。张承志的《静夜功课》里的一系列动作、感觉、幻想，在黑暗中沉吟发散着的思绪，犹如一连串跳荡着的音符，构成散文美的律动。汪曾祺的《多年父子成兄弟》以淡淡的白描叙写父子情探，滕云的《季节海边一株年轻的黄栌》如油画一般凸显与美的失之交臂，忆想着"已回归那无边的彩色世界，幻为彩色生命的一原点"的黄栌，像流动的乐曲留在心灵世界。贾平凹的《月鉴》《读书示小妹十八生日书》带着一种滞涩的味道走向自由的创作。寻求着人性的复归和文学的创新，追寻在生活中失落了的美的人性和美的散文。语言的美是散文艺术美的重要方面。语言的"磁性"也是散文吸引读者的重要因素。"以无情之语而欲动人之情，难矣。"（沈得潜语）只有将感情、感觉，甚至是幻想、幻觉，用语言定格，只有将作家的情感灌注于文字，才能获得读者的共鸣。只有独特的语言，才能表现独到的思索，才能产生独特的韵味，才能建构散文独特的艺术美，才能给读者以多方面的领悟和陶冶，以体悟其中的艺术魅力。只有动情的语言，才能激动读者的心灵，下面，我们来欣赏两段散文。

> 人与自然相搏的千年史，就凝聚在这片墓的碑之间。
> 怪不得登山者出发的营地，就紧傍着遇险者长眠的墓地：
> 空冢，埋葬的只是最后的孱弱；
> 勇敢，才是勇敢者的墓志铭。
>
> ——夏林《珠穆朗玛峰》

> 我听见悖然而又喑哑的声音不停地重复着一句话："我老了……"
> 这话令我惊恐，于是我乃四面张望，寻找这声音的来源。

……

我顺着这声音走过去，看到了一堵一堵的墙——岁月的墙。这是一些由时间的遗物组合垒筑而成的颓墙残壁，有记忆的块垒，往事的砖石，还有因时代的移动、错位造成的沟壑，它常常使人难以逾越，只好抚墙长叹。……它是十分自然的，也是非常朴实的，你几乎很难看出了有什么人为的痕迹，但他是墙——岁月的墙。

——周涛《岁月的墙》

以上，笔者就散文美学建设，谈了自己的一点设想，不备之处，显而易见。因此，我以为，散文美学的建构，并非一蹴而就。需要作家、理论家全方位、多侧面、多层次、系统地进行探索、评骘，路还很长，任务还很艰巨，但前景是美丽的，我们期待着。

原载《大同高专学校》1996 年第 4 期

世纪末散文"女侠"扮"酷"

——王英琦《背负自己的十字架》①一解

　　新世纪的帷幕刚刚拉开，王英琦背着十字架亮相的架势就进入我的视野。近几年，这位自称自然科学、社会科学均涉猎，皆精通，在突兀间开了"天目"、得了"天道"，抡圆了猛侃哲学、思辨、物自体、儒释道，一心一意要使人发蒙开悟，求得精神的平衡、慰藉、鼓舞与力量的"训练有素"的散文家，又抛出一些更高深、玄妙的道语仙言，看看她《背负自己的十字架》（以下简称《十字架》）就可以知道个八九不离十了。

　　在这部王英琦自己宣称的、是她的"写作生涯的转捩点、里程碑"，"一部大功率损耗心能体能、输出真精血真魂魄的作品"中，她以7章55节20余万字进行的是一番实验，在这次"千载难逢的充满快感和痛感的写作"实验里，终极目是什么呢？不是弘扬散文精神，开拓散文创作的新领域，创造散文文体新的样式，推动散文艺术的发展。而是试试一个人主动有意识地把自己的一切外在条件（感官的支配、名利的诱惑、官方或团体的评奖）降到最低程度，能否在最后时刻（生命终结时）得到公众的（不是利用手段得到的虚名）与其自身价值成正比的实际名分——以证明上帝公正原则的普遍有效性。书中的许多内容看上去高深莫测，谈玄论道，实则故弄玄虚，混淆逻辑。东西方思想、文化、哲学范畴的任意肢解，哲学、文艺理论的生硬阐释，宗教、神话与实际存在的随意剪接、拼贴和比附，凌乱杂糅、理念混淆的"思辨"比比皆是：什么"三重异化""亚核粒子"，什么"纯行为实践""二律背反"，什么"能量交换""宇宙全真教"，什么自己通过武术、气功已经获得阴阳平衡，而耶

---

① 王英琦：《背负自己的十字架》，东方出版中心1999年版。

稣基督和释迦牟尼都有男女两面性……正应了王英琦自己在《十字架》中的话："不解个中颠倒意，徒将管见事高谈。"这再好不过地把王英琦囫囵吞枣、浅尝辄止、不求甚解的阅读真实地再现、廓清。自相矛盾的表述，耿耿于怀的话语，恰到好处地暴露了王英琦在泪涡笑影下埋藏着的文化底蕴之浅薄、粗疏，心理之浮躁不安，潜意识中的自卑感、斗争欲、报复心。她远远没有参透、顿悟，"跳出三界外，不在五行中"。她实在是太在乎社会的反响、别人的目光，在乎自己的名分、地位和卓尔不群。如若不然，就不可能在《十字架》中乱砍滥伐个人的外在体验，以大量篇幅喋喋不休地絮叨自己的身高、腰腿、年龄、功法；童年遭遇、成年困境、婚姻内幕、情感纠葛；性格各异的男子倾慕她的"人格"，贪婪骄横的文坛色鬼对她"格外关照"；劝教授结佛缘，远离红尘；使父子立王门，觅得"精神家园"；成为文学界唯一的人大代表，夺取国际太极拳大奖……本想可着劲把自己描画成不食人间烟火、超然物外的"异类逆女""歧人异人"，一不留神，天机外泄：名、利、气、情四堵墙，也将英琦内中框。

一切发展中的事物都是不完善的。发展只有在死亡的时候才结束。[1]可以理解并允许王英琦散文中存在生命的不完善、思想的不完善、个性的不完善、艺术的不完善，却不能原谅她伴狂真求的虚浮，貌似超然的偏执。王英琦从20世纪70年代走上创作道路以后，写过不少散文。从她远走大西北，写出颇具豪情的《大唐的太阳，你沉没了吗?》开始，她的散文一直在进行"文化思考"，中间虽有过调整，写了《美丽的生活着》《远郊不寂寞》等散文，"在柴米油盐、锅碗瓢盆、大地阳光中感受着实际的人生"。以为"只有在大胆展示自己的个性人格至性真情时，才具有流芳青史、永垂万宪的价值"[2]。在《十字架》中，王英琦实在是走向了另一个极端，她果敢地断言"只会遵循语法规则写作的作家必缺乏独创性"（《十字架》）。但她的散文无论是内容的叙述、艺术技巧运用，还是语言的藻饰都止于皮相，远未达致成熟。可能她希望如周国平、余秋雨那样为中国散文注入新的思考，将复杂的人生经验聚合于散文，使形而上与

---

① 参见［德］马克思《第六届莱茵省议会的辩论》，《马克思恩格斯全集》第 1 卷，人民出版社 1960 年版。

② 王英琦：《远郊无童话》，《当代》1992 年第 5 期。

形而下扭结于一体，熔情感的细腻和灵魂的敏识于一炉。但是，王英琦的文化素养限制了她，导致她的"文化思考"不仅没有进入深刻的理性层面，反而堕入了另一种庸俗——装腔作势、故显沧桑。她的创作虽未见裂变和飞跃，却声名日隆，获奖频频，骄傲而陶醉。近几年，她的写作在"发展"，思想也在不断"前进"。猛攻了一通心理学、物理学、微精神学、混沌学、协同学、系统论，恶补了几餐康德、黑格尔、叔本华、尼采、弗洛伊德、爱因斯坦后，终于找到了"突破点"，发现了对于自己散文的"超越"，散文观念大大发展和进步了。对于《十字架》的体裁，王英琦花费了不少心思，"亲自"定义为"长篇反思纪实散文"。她以为，散文篇幅容量的增大，可以"将散文的'文学普遍性'提供多元开发地透视人生的可能"。"散文文体的真实性、直接性、广义性等显著优点，只有在长篇框架中才能得以更好的弘扬与拓展。"似乎散文的审美价值、文学品质、艺术真实性、开拓性与散文长短有着必然的联系，只有长篇才能展现真实，透视人生，显现散文的文学蕴含、审美价值。否则……果真如此吗？我不以为然。梭罗的《瓦尔登湖》长达 40 万言，刘再复的《读沧海》只有 3000 字，但散文的纯洁、透明，对自然、社会、人生深刻的文化性、思想性阅读，余韵绵长。既是散文艺术的展拓，又是散文语言的净化。新时期以来，林非的《云游随笔》、余秋雨的《文化苦旅》、宗璞的《铁萧人语》、周涛的《稀世之鸟》、贾平凹的《月迹》……虽长短各异，但在人生的体悟、审美的创造方面却极具思辨性和开拓性。因为他们是在以独特的视角看取人生，思索宇宙的变化、时代的命运、历史的发展，使散文向阅读者敞开，达致创作自在自为的自由境界。因为"一切出于真挚和至诚，才是散文创作唯一可以走的路"[1]。

在《十字架》中，王英琦一边拒绝理解，嘲弄阅读，抨击熟套的解读感觉，强调"从在阅读层面说，任何有价值的文本对人都是不敞开的"。另一边却又急欲表达作家与读者、苍生心灵的关系，渴望同代人理解自己，在阅读《十字架》之后会感到"平衡、慰藉、鼓舞与力量"。可是，在前，她恰恰没有意识到，如果不敞开，不涉及阅读——接受者，文学的审美功能根本就不可能实现。文学艺术作品的意义是不能脱离——接受者的，是依赖于接受者的理解传导的。在后，作家就是作家，就是一种

---

① 　林非：《散文研究的特点》，《文学评论》1985 年第 6 期。

以写作谋生的职业，是她的稻粮之谋（王英琦自己不是还保留着那份国有的薪水和职称吗?）。要说作用，文学最主要的作用是审美愉悦。文学这一作用还是对于文学的阅读——接受者来说的，对那些不认识方块字、没有接受文学的人来说，没有丝毫作用。文学既不可能兴邦，也难以除恶。给人以慰藉还说得过去，给人以鼓舞和力量恐怕就不那么容易了。文学史从未记载有哪一位挚爱文学的人以文学为面包，不食米粟；有哪一个江洋大盗因为读了文学作品——小说、散文而放下屠刀，立地成佛的。文学（包括散文）的作用是有限的。

对于科学、哲学的本源的探求，并没有使王英琦转迷开悟，反而导致了她的不可知论，用她自己的话说是使她"走上了超验与信仰之路"，信奉起自创自立的"宇宙全真教"。这是她自己选择，他者无权干涉。就像既无权干涉她如何做人，也无权干涉她怎样为文一样。可我还是想提醒一句，英琦女士，选择是困难的，选择意味着排他。一旦做出选择就意味着排除了其余一切可能的选择，也就排除了经验其他的可能性。选择之后，选择的困境依然没有消失，而是转化为反省的困境再度折磨选择者。因为"在反省的海洋上，我们无法向任何人呼救，因为每一个救生圈都是辩证的"（克尔凯郭尔）。

许多悲剧其实往往都是自己造成的。逃离不一定奏效，自己把自己绑在《十字架》上也难以真正得到救赎和复活。

魔幻语言中绽放的艳异之花

——玄武《东方故事》VS虚拟散文思考

　　世纪之交的转型时期，散文在审美意识、艺术形式、语言态势、文化品格等诸多方面展现了与他时代、他时期所不同的价值取向、审美特征、艺术探索和语言创造。世纪之交，散文再不仅仅是抒发情感、描写景物、叙述事件的"小道"，再不是单单以篇幅短小、语言精练、模式规范而行世。散文以其审美形式的多元化、艺术创造的更新性、文本体式的多样性、写作语言的探索性，独立于世纪之交的文学世界，为阅读者带来多元的审美享受。

　　我曾向学生推荐韩美林的散文《换个活法》，他以极端口语化的外表叙述，传达了人的存在意义和价值，赋予散文以哲学长考，哲理蕴含，展现生命存在中的超脱的襟怀，是一种大境界。他虽然以画家名世，但他的散文却超越了散文一般。李存葆的《大河遗梦》《鲸殇》《飘逝的绝唱》等都是文体创新的作品。他散文重、长、大，应该说是以往散文的破题，但他在艺术方面确实给了散文许多更新，让我们看到了散文也可以这样写。而潘旭澜的《太平杂说》、贾植芳的《狱里狱外》、王晓明的《刺丛里的求索》、张志扬的《墙》、谢泳的《旧人旧事》、陈超的《懵懂岁月》都是学者思索历史的散文佳构。史铁生、张承志、李锐、余华、残雪、赵玫、胡发云、张锐锋的散文，是小说家散文的上品。新锐散文作者的加入也为散文创作带来了新的生机和活力。钟鸣、大仙、马叙、玄武、黑陶、刘亮程、王俊义……他们的文本给散文创作带来了新的审美取向，从某种意义上可以说是散文创作的异质新构。

　　我以为，世纪之交散文最为重要的变化，或者说创新、更新是虚拟的介入。散文的虚拟与小说的虚构不同，散文的虚拟与小说的虚构的差异在于：不强调故事的完整介入，情节的曲折、奇幻，语言结构异彩纷呈，而是在于虚拟介入之后散文的"力度"的增强，"厚度"的增加，创作空间的拓宽。"虚拟散文"不再着重于结构"形散而神聚"，度过了"回忆噩梦""诉说苦难"的"讲真话"的叙事时间段，也逐渐超越了"荷塘""荔枝""丑石""太阳""月亮"的单纯性象征与拘泥心理的误区，进入了一个相对自由、和谐、开阔的审美疆域。如史铁生的《我与地坛》，李存葆的《飘逝的绝唱》，周涛的《巩乃斯的马》，张承志的《静夜功课》，余秋雨的《苏东坡突围》，钟鸣的《鼠》，玄武的《东方故事》中的《盘瓠》《蚕马》《巨鱼》等，都是可以作为小说来阅读的文本。这些散文的文本已经从根本上突破了传统散文意识的拘囿，注重散文文类的变革和体式的创新，在散文的写作中，许多作品借鉴并导入小说、戏剧的创作方法，给"古老"的散文注入鲜活的生命之水，使散文获得新生的同时，也带来了散文文体的更新。王彬彬把它称为"小说化散文"，而我则更愿意称其为"虚拟散文"。

就我的视野所及，出生于 70 年代的玄武，是近两年较为活跃的"虚拟散文"作者，他新近创作的一组散文——《东方故事》，每一篇都是从神话的原型出发，运用虚拟的想象创作出来的。他在散文写作中调动了诸如"意识流小说"、"戏剧场景"、电影的蒙太奇结构、多重隐喻和魔幻语言等写作手法，散文中变幻莫测的奇诡想象，密迭华彩的玄远意象，繁复诡谲的艳异语言，使我看到一种新的散文写作形式正在孕育生长，这种新的散文形式在出现的同时也给散文的阅读带来了很大的挑战。因为这种虚拟散文不再是以往我们所熟悉的散文——结构均衡，线索清晰，叙事简洁，语言明朗的散文——样态，它对于读者是"陌生化"的形式，叙事枝蔓纵横，不师常法；情绪一泻千里，无涯无际；语言节奏跳荡起伏，波澜壮阔。

玄武的《东方故事》从原始神话的神秘氛围中发现创作素材，进行的是更新性写作，或者说也可以称为再造性写作，即在保存神话原作基本的形态的同时，赋予古老的神话以叛逆的创造性和神异的现代性。展示了玄武对于世界原初状貌、民族生命起源、人类生存法则、造物运命更迭以及农耕与狩猎、祭祀与牺牲、信诺与生殖、爱情与欲望的考索。言简意赅的神话，在玄武的笔下交织变幻，腾挪跌宕，铺陈出流光溢彩的华美色泽，犹如达利的绘画给人以凄厉之美。

《东方故事》在集纳中国原始神话传说的同时也撷取世界其他国家的原始神话、宗教传说、寓言故事等。如盘古开天辟地、女娲抟土造人、神农遍尝百草、精卫衔石填海、大禹治水、仓颉造字、巫山神女、上帝传说、佛祖成道、天方夜谭、孔子逸事等。从《东方故事》可以看出创作者的想象力超常发挥。玄武的创作构想是其在虚拟基础上的感悟与想象、幻想的全方位审美整合。

《东方故事·王》——描写神农的故事。在散文中，玄武洞见了神农炎帝的宿命、传说中他与黄帝的战争、炎帝与水火的关系……"他生下叫丹朱的儿子，他的颜色；生下叫祝融的儿子，他将成为火神。他们将替代他进入失败，进入伟大的宿命。他生下三个火焰一般的女儿（精卫、朱雀、瑶草——春梦之神），她们替代他演绎神的故事；承载他的痛苦，他的人民的哀伤，完成神的生命的另一半，那雷霆般严厉的背后，那哀婉，无奈和柔软。"神农炎帝老年时无力的赭鞭，象征了原始的婚姻与生殖关系、原始"帝国"的衰落、原始家长对于子民呵护的无力。特别是关于朱雀的传说，传达出凄恻、奇艳的美。玄武笔下的朱雀是炎帝的小女儿，为了五谷丰登、人民安详，父亲把仍是处女的她从母亲的怀抱送上了神圣的祭坛，作为牺牲去祭祀洪水。女孩在火中更生后为洪水卷去，变作精卫鸟。散文中，玄武以虚拟的方法将朱雀、精卫、瑶草三鸟合一，赋予《东方故事》神异的色彩感和眩惑的艺术魅力。

《东方故事》中的《蚕马》和《盘瓠》所拟写的都与诚信和诺言有关。前者因失信而变作蚕马，后者因守诺成为一个民族的始祖。玄武运用虚拟的方法，构建了盘瓠、帝喾、战争、死亡与诺言。喾年迈衰老，国无勇士，难以战胜昔日本不堪一击的敌手，渴望取得战争胜利而不得。从喾的晚年，玄武感悟到一个人在时间中的无奈，"这无奈从古久开始，横亘到时光消失"。喾因国势衰微、勇士匮乏、民不聊生而不断发出一声声悲哀的长叹，"长太息以掩涕兮，哀民生之多艰"（屈原《离骚》）。他许愿道：如果有谁可以杀死敌方的首领，就将女儿嫁他为妻，使他官运亨通、荣华富贵。喾的叹息和誓愿被那只由神巫抚摸过、由蚕而变、名叫盘瓠的神犬听见，它以狂野的使命感从那妇人的脚边一跃而起，成为叱咤疆场的勇士。它闪电般冲入敌阵，机智地窥探时机，终于咬下房王的头颅后，犹如一道黑影一闪而逝，悄然离去。回国的路上，虽历尽艰难，但始终保护着那头颅，直到把它交给帝喾。喾"不知如何兑现自己的诺言，一个王者沉重的承诺"。为此，盘瓠"发出哭泣一般的尖吠，不能休止地在声音里痉挛，古老的月亮被声音撕扯"。天光昏暗中，少女苏醒，她勇敢地面对自己的宿命。"一只成为勇士的犬应该成为丈夫。它做了人不能做的事，它可以做人能够做的事。我愿它蒙受荣耀，愿地上的人记住它的荣耀。"在人类眼里，对卑贱的、成为勇士的狗践诺，几乎是不可想象的。帝喾守信，少女守信。他默许自己的女儿嫁给那只叫作盘瓠的勇士犬，与它共同成为一个新的民族的起源，成为一个民族神话的终结。

《东方故事》的《猫》是在从某种意义上探索存在世界的秘密，但跳跃式的虚拟写作手法，使阅读感到捕捉线索的难度。玄武希望从物的外形来揭示存在的本质，追本溯源，寻找艺术的真谛。他要从表现给我们的现象直逼事物的本质。"我们要谈到所有的猫，从中找出惟一，它守候着造物的秘密，也最接近惟一的道。它缄默不言，它本身就是造物的秘密。"散文中的猫既是生活的，又是文学的；既是物质的，又是精神的。从动物的猫到 INTERNET 时代的 MODEM；从存在世界的猫到文学世界——波德莱尔的猫。《猫》是如此，《乌鸦》亦然。思绪从贾谊到爱伦·坡，从鹏鸟到乌鸦。有时甚至如庄周梦蝶，幻想乌鸦在一个早晨将自己唤醒，把自己的悲哀和疼痛放在它身上。"这时候我不记得我是谁，峨冠、博学的汉代书生，中国太原的玄武，悲伤的坡或者那只周身漆黑的乌鸦。"

《东方故事》是虚拟的，也是真实的。在原始神话里衍生发展，是虚拟；在历史孑遗中宣泄抒发，是真实。虚拟与真实水乳交融，表达着玄武的散文情感。《东方故事·巨鱼》的开头让我想起了芥川龙之介的《蛛丝》的场景，那是日本作家想象的佛陀俯观地狱中恶鬼挣扎攀缘，为了求得解脱而进行的牺牲他人的争斗。散文只写了佛祖的悲悯与冷峻，当佛祖果决地掐断那条连接地狱和天堂的纤细的蛛丝时，他对人类的失望已经无以复加，不得不用冷酷的手段使人留在万劫不复的水深火热之中。《巨鱼》中的释迦牟尼却只是玄武阐释梦幻与故事的引子——展示神祇的可怕与阴冷，上帝惩罚人类的残酷；揭橥社会发展动因，仇恨与争斗；探索文学源起、精神欲求——的路径。散文中的巨鱼是海神的象征、漂泊的象征、发展的象征，同时也是邪恶、残暴、施虐与受虐的象征。"巨鱼等同于海市蜃楼的大漠幻象，它如此庞大，却足以放置于一颗小小的人心之中。它具有别一种真实，不是那干燥枯燥虚无一般无限延伸开去的大漠，那是一场噩梦，梦醒了需要听故事。"文学艺术（包括散文）既是那梦幻，也是真实。这是玄武的见解也是文学的真实。

玄武的散文神话的虚拟与情感的真实是合多为一的。他写释迦牟尼、耶和华、孔子、庄周；写朱雀、精卫、瑶姬、巫；写贾谊、许仙、李商隐、苏东坡；写宫廷争斗、部族杀戮、青春苦闷、欲望冲动……炽烈而真挚的情感在其中流溢，犹如一首雄浑、磅礴的交响乐，余音袅袅，不绝如缕。玄武在散文中随事铺陈，磅礴恣肆、漫无边际的想象与虚拟的手法结合在一起，共同担当了虚拟散文的建筑与审美，虽说与一个新的散文品类的建成还有相当的距离，但它却是散文创作的一个新的开拓。此前也有作者写过与神话有关的题材，但玄武的散文与他们不同。他的散文是一种流溢式的，犹如漫灌的农田，流水所到之处，深浅有别，却都留下了自己的痕迹，那就是散文的虚拟。

由于玄武散文的跳跃式思维，用典故不作注释，经常是一句即出，一笔带过，所以增加了读者阅读的难度，也对散文的阅读提高了读者方面的文化要求。《东方故事》作为虚拟散文，是一种尝试，究竟发展如何，要待时间的勘验。

石评梅散文艺术展拓

　　中国散文的历史长河源远流长，横无际涯。由春秋战国始，一泻两千余年，而女性散文家却如晨星寥落，登堂入室者甚少。时间的巨轮驶入20世纪初，"五四"新文学如狂飙突起，各种各样的思潮纷至沓来，思想敏锐的青年，无不受到新思潮的冲击。在时代精神的洗礼中，"五四"时期的阳光、雨露和空气，使得沉睡了几千年的女子中的先觉者终于苏醒。这被世界遗忘的角落，渐渐地焕发了生机，变成了阡陌纵横、花木繁盛的绿洲。她们以自己的敏悟聪颖，以自己的切肤之痛，以生活和理想的矛盾，以现实和未来的碰撞，创作出一大批优美的文学作品。她们中既有弹奏自然、母爱、童真之优雅咏叹调的冰心；也有对旧礼教、旧传统愤世嫉俗，渴望冲破思想的牢笼的淦女士。继之，石评梅脱颖而出，从1921年初出茅庐至1928年溘然长逝，短短几年的时间，她以自己追求朝代的理想、刻骨铭心的真情、伤感悲悼的泣血文字、清纯灵秀的美妙文风在中国现代散文史上留下了她所开掘的一片艺术天地，闪放着令人瞩目的艺术光彩。

　　石评梅，山西平定人，自幼随学识渊博、思想新颖的父亲读书。培养了她扎实而笃厚的文学写作功底。故乡——那个隔绝尘世的优雅所在：四周青山环绕、流碧滴翠，山间泉水潺潺、澄澈诱人，别有一番幽清趣味的山城——平定的山水滋养了她。正值风华茂盛、青春勃发之际，石评梅冲破樊篱，来到北京求学、从教。在这五四运动的发祥地，民主与科学思想深厚，进步思潮活跃的京都，石评梅接触了众多的理论，而她更多地接受了李大钊等人所传播的马克思主义学说，接触了高君宇为之献身的革命事业，他的崇高人格和忠贞爱情。同时，石评梅还参与主编了多种进步报刊和副刊——《妇女周刊》《蔷薇周刊》。在繁忙的教学和编辑之余，石评梅殚精竭虑，用她高洁的理想、纯贞的感情，苦心孤诣地酿制出一篇篇澜沧着真诚、追求、探索、爱心和诗情的散文佳作。如今，虽 60 多年光阴逝去，石评梅的散文读来仍余香缕缕，启迪着我们的心智，陶冶着我们的性情，充实和纯化着我们的精神生活，使人感悟，使人心动，使人耀亮……

明治时期的日本文学理论家厨川白村指出：艺术的天才，其实"是将纯真无杂的生命之火红焰焰地燃烧着自己，就照本来面目投给世间"①。石评梅的散文，正是以自己生命的光焰，来熔铸艺术的精灵，形成自己独特的散文风骨和艺术特色。

一　真正的"人"的发现；真实的"我"的塑造

《庄子·渔父》中有这样的话："真者，精诚之至也。不精不诚，不能动人。故强哭者虽悲不哀，强怒者且严不威，强亲者虽笑不和。真悲无声而哀，真怒未发而威，真亲未笑而和。真在内者，神动于外，是所以贵真也。"② 庄子思想中要求冲破宗法专制和一切外在规范束缚的人格独立精神和"尚真"追求，对后世产生了极大的渗透力，成为他们反抗现实、追求个性解放的精神武器。石评梅的散文中充满了主观色彩，侧重于表达内心体验和抒发内心的情感，因而"主情"是其散文的特质。它不以情节见长，不以塑造典型形象为旨归，而是以内心深处迸发出来的强烈的真情实感来打动读者。

石评梅的散文袒露出的是更深层次的、更丰富的"自己"的精神世界，她的散文中始终有一位执着、孤独、痴情、抑郁的情调伴随下，对人生进行苦苦探索的女性形象。作表面观，她的散文，大多是抒发自己真情实感的肺腑之作，是个人生活的素描式勾勒，写的是个人的呼号、痛苦、挣扎、奋斗。其实，她的散文是那个时代青年人生轨迹的真实写照。她并未故意作文，而是歌哭之情盈溢于心，欲罢不能。所以，她的散文泪血铸真情，悲哀化相思。其内涵是深广的，透过她的散文的歌哭长啸，我们可以窥视到那个时代的缩影。

石评梅的散文，真实地反映了五四时期追求光明、追求进步、追求自

---

① ［日］厨川白村：《出了象牙之塔》，鲁迅译，北新书局 1935 年版，第 2 页。

② 庄子：《庄子·渔父》，载刘文典《庄子补正》，云南人民出版社 1980 年版，第 932—946 页。

由的女青年的思想特质，表达了她对于封建势力、腐朽传统、伦理桎梏的厌恶，对新的社会、新的理想、新的人生的向往。因而她在行动上加入了李大钊等人发起组织的马克思学说研究会，被排在女性的第一名。将自己投身于时代的洪流，同当时的先进分子一道认识真理，传播知识，追求进步，"向黑暗的、崎岖的、荆棘丛生的道路中摸索着去更深、更深的人生内寻求光明"。当她在现实中目睹了李大钊、君宇们的刚毅执着、宁折不弯的高风亮节，聆听咀读了鲁迅先生铮铮铁骨、匕首投枪般的檄文，体味了残酷统治下的生灵涂炭、血雨腥风，她的思想认识渐趋升华，悟到了实现理想的艰辛、开创新的人生的困苦。因而，她的散文中充满了真切思索的深重印迹。她"深思着忽然眼前现出茫茫的大海，海上漂着一只船，船头站着激昂慷慨，愿血染了头颅誓志为主义努力的英雄"。在这艰难而又充满探索的思考中，在这痛苦而又引人入胜的思考中，在这灼人心灵，甚至身心交瘁的思考中，石评梅用散文真实地塑造了自己的精神形象——举步维艰，回眸迷惘，但始终不甘沉沦，高擎着光明的火把，扶着一条支撑意志的坚定手杖，于颠沛搏斗中极勇敢、极郑重、极严肃地向未来的城垒进攻，努力地寻求生命的真谛，洒滴着血和泪向前去。在"她的内心深处，火焰焰地燃烧着一种奔腾激越的思想，革命的思想"。从石评梅的散文中不难看出，她是用自己的笔，大胆地在荆棘黑暗的途中燃着这星星光彩的火焰去觅东方曙光。所以，她的散文中表达她内心美好誓愿和对祖国前途、人民命运的关心的炽烈文字才会跃然纸上。且看：

> 我不诅咒人生，我不悲欢人生，我只让属于我的一切事迹都象闪电，都象流星。
>
> ——《母亲》

> 一想到中国妇女界的消沉，我们懦弱的肩上，不涉不负一种先觉觉人的精神，指导奋斗的责任。我愿你为大多数同胞努力创造未来的光荣。
>
> ——《露沙》

> 我一生只是为了别人而生存，只要别人幸福，我是牺牲了我自己也乐于帮助别人得到幸福的。
>
> ——《梅隐》

我默无一语的，总是背着行囊，整天整夜地向前走……无论怎样风雨疾病，艰险困难，未曾停息过。

——《给庐隐》

从以上的文字中，我们俨然看到了一位探求光明、"路漫漫其修远兮，吾将上下而求索"的先驱者的形象，也正是这真实地反映五四时代追求理想的女性思想，又独具"评梅风骨"的散文，使她在中国现代散文史上占据一席地位。

石评梅像一座秀拔挺立的孤石，独自站立在山顶，承受着风吹日晒，却怀着一片温存，抚慰着所有不幸的受难者，关心着正在遭受着蹂躏的同胞们。她的《战壕》《董二嫂》《婧君》《沄沁》等篇，无情地鞭挞吃人的封建制度和封建礼教对女性的摧残与戮毒，揭露军阀混战给普通百姓带来的不幸和灾难。在《痛哭和珍》里，她更是坦然宣告："我也愿将这残余的生命追随你的英魂。"表达了她敢于直面惨淡的人生，追求真理，认识现实，决心投身于改变社会的生活和秩序的革命之中，"执着你（刘和珍）赠给我们的火把，去完成你的志愿，洗涤你的怨恨，创造未来的光明"。由此可以看出，石评梅的散文，其深刻的情感是受过长久的理智的熏陶，是由深谷的潜流中一滴一滴渗透出来的精髓。她为我们塑造了一个又脆弱又勇敢、又热情又冷漠、又热爱人生又赞美死亡、又愤世嫉俗又落入窠臼的青年女性的精神形象，使读者从散文中触摸到了她那在严酷的现实中，在感情的波涛里跃动、浮沉、挣扎的心灵。

二　歌颂爱情的忠贞不渝　赞美人格的精神力量

石评梅散文中，描写她与高君宇生死不渝、刻骨铭心的爱情之作占有相当大的篇幅。这是"一道侧泻他的亲身感受的火热河流，这是他灵魂奥秘的连续自白，这是他披肝沥胆的热烈渴望"（卢那察尔斯基《论文学》）。从某种意义上讲，石评梅是一位悲剧的女性，她的悲剧恰恰在于她那撕心裂肺的爱情。当一种诚挚、深沉的爱的悲凉从心底里透出来时，石评梅便长歌当哭，去歌颂爱情的生死不渝，赞美人格的精神力量，使爱情与理想相接，与日月同辉。她的散文展示了她独特的人生体验和见解，表达了五四时代女性对爱情的追求、忠贞和赞美，读来动人心魄，催人泪下。

法朗士说："女子没有爱，就像花儿没有香似的。"在那个新旧嬗变的时代，石评梅的爱是有别于一般女子的。她向往爱情，忠实于爱情。但她那一缕天真纯洁的爱丝，却纠结成一团不可纷解的愁云，使她凄苦不堪，流连益甚。当她艰险备尝、情感亦戕残无余之时，她结识了高君宇，君宇对她一见钟情，将自己一颗赤诚的心献给评梅女士，一如既往，从不知悔。但由于初恋踏入误区所留下的浓重残影笼罩日久，石评梅便婉拒了君宇由香山碧云寺寄赠的红叶，告诉他"枯萎的花篮不敢承受这鲜红的叶儿"[1]。执意恳求君宇完成她的主义，为了爱独身，保持两人的"冰雪的友谊"。在多年持续的相知相交中，高君宇一直是"为己计者少，为君（评梅）计者多"，他深爱评梅，即使是在广州遭遇商团袭击，手臂受伤之后，还给评梅寄赠了象牙戒指，"用'白'来纪念他们的爱情"。这对象牙戒指中的一只一直陪伴着他，直到他长眠于陶然亭葛母墓旁的地下。执着地追求爱情的高君宇同时又是英姿勃发、意志刚强的革命者，面对被捕坐牢的威胁和商团叛乱的枪弹，他依旧谈笑风生，意犹未悔，展示了有信仰的人为理想而奋斗不惜一切的英雄胸襟。从石评梅的散文中，我们可以看到高君宇坦荡忠诚的心扉：

> 我已将一个心整个交给伊，何以事业上又不能使伊顺意？我是有两个世界的：一个世界一切是属于你的，我是连灵魂都永禁的俘虏；在另一个世界里，我是不属于你，更不属于我自己，我只是历史的走卒。
> ……
> 我决定：你的所愿，我将赴汤蹈火以求之，你的所不愿，我将赴汤蹈火以阻之。不能这样，我怎能说是爱你。

高君宇对待爱情金坚玉洁的态度和情怀，常常感动疑虑人生且被爱情的利刃伤害了的评梅之心。她对爱情有了信任和新的见解。当她意欲将自己的心和君宇永远系结在一起时，高君宇却因多年革命的呕心沥血，积劳

---

[1] 石评梅：《一片红叶》，《石评梅散文集》，中国广播电视出版社1996年版。

成疾，爱情失意的忧伤纠结不去，旧病突发而逝。这沉重的打击，几乎摧毁了石评梅的一切。但君宇留下的红叶、君宇飞溅的血泪、君宇为之献身的未竟事业唤醒了她死寂的心。此后，石评梅便将自己的炽爱、自己的热泪抛洒在陶然亭畔的高君宇的墓前，她呜咽着，和着泪血写下了《天辛》《缄情寄向黄泉》《狂风暴雨之夜》《象牙戒指》《墓畔哀歌》等散文，使我们从她的笔下看到高君宇的英姿和风采，读到了她自己关于爱情的至诚和抒发悼念高君宇的泣血文字。

高君宇的溘然长逝，使石评梅深感"数年来的冰雪友谊，到如今只博得千古隐恨"。这惨淡的幽美和凄冷使她号啕，令她悲忆，她的心音哀泣着，徘徊于陶然亭，不断地思索着将自己一颗淌血的心献祭于君宇的墓前，泣伏于君宇留下的红叶之中，撑着弱小的身躯，投入腥风血雨之中，不断地向前，开创未来。她在《缄情寄向黄泉》中写道："你是我生命的盾牌，你是我灵魂的主宰。从此我是自在的流，平静的流，流到大海的一道清泉。""我用什么学识来完成你未竟的事业呢？""我是沉默深刻，容忍涵蓄一切人间哀痛，而努力地去寻求生命的真确的战士。"至此，石评梅的散文升华了，升华到了一个更高的境界，她的散文与未来的理想和光明相连接，更加真诚，更加坚定，充满了理想的浪漫主义特色。面对黑暗，面对荆棘，她决心"一头挑着已有的收获，一头挑着未来的耕耘，这样一步一步走向无穷"。

石评梅的散文，还具有明显的"自剖"特征，她把锋利的解剖刀忍痛插回自己的胸臆时，苦笑中带着自我陶醉，当热血流入砚中，她又用彤笔泼洒成彩雨，瑰丽无比。因此石评梅写下了一系列追忆她与君宇爱情的散文。《墓畔哀歌》就有她在高君宇墓前感人肺腑的表白：

　　假如我的眼泪真凝成一粒一粒珍珠，到如今我已替你缀织成绕你玉颈的围巾。

　　假如我的相思真化作一颗一颗的红豆，到如今我已替你堆积永久勿忘的爱心。

　　哀愁深埋在我心头。

　　我愿燃烧我的肉身化成灰烬，我愿放浪我的热情怒涛汹涌，天呵！这蛇似的蜿蜒，蚕似的缠绵，就这样悄悄地偷去了我生命的青焰。

> 我爱，我吻遍你的墓头青草在日落黄昏！我祷告，就是空幻的梦吧，也让我再见见你的英魂。

表达了她对高君宇的深切悼念和绵绵悠长的爱情，令人心动魂震地感到石、高生死不渝的爱情。

在《象牙戒指》中，她以精美隽秀的文笔描绘了象牙戒指的馈赠者——高君宇的情操和他那"激昂慷慨，愿血染了头颅誓志为主义努力的英雄"壮志。在这文采瑰丽又满含痛楚的文章中，石评梅的爱情散文在渐趋升华，表现出积极浪漫主义的色彩，在"五四"的散文作家中具有突出的风格，在中国现代爱情散文中占据着较高的位置。

三　浓郁的抒情色彩　动人的回忆笔调

石评梅的散文，带有明显的自叙传的色彩，即使是一位素不相识的读者，在读了她的散文之后，也会对作家的经历、个性、感受和体验有一个相当的了解。

从石评梅的散文中可以看出，她无疑是一位真情、坦诚的女子，她的散文可以说是"哭"出来的。当然，这哭并不标志着软弱，也不代表怜悯。石评梅散文的"哭"，是与当时社会环境和弃旧图新的历史蜕变中人们普遍的时代感伤有着根本的、紧密的联系。她在散文写作过程中，将自己所经历的生活、所感知的社会以及她本人在这种经历时所体现的内心情感作为创作的源泉。因此，她的散文作品带有浓郁的抒情色彩，读起来能够使人体会其字里行间感情的强度与重量，留下难以忘怀的印象。

石评梅常常用书信体散文叙说自己苦闷的哀思，如《给庐隐》《寄给山中的玉薇》《寄海滨故人》《缄情寄向黄泉》《寄到狱里去》，这些散文中，既有向挚友倾吐心曲的漫词，也有悼忆高君宇的哀歌，更有对萍弟身陷囹圄后的殷切鼓舞，希冀他"毫不畏怯、毫不却步地走向前去"，走向那光明的世界；同时，她更多地运用抒情诗一般的散文，表述她与高君宇的热烈爱情和对高君宇的深沉悼忆。如《墓畔哀歌》《天辛》《殉尸》《象牙戒指》等。在她的笔下，情与景、主观意绪的展示与对客观世界的感受相融合，使她的散文品格如雪中寒梅，傲然独立。当她漫步于陶然亭的辽阔凄静、萧森清爽，面对一轮皎月姗姗而出，怎不忆起与高君宇同游共度的一朝一夕，书信往返的一岁一月；当她手执君宇留给她的，曾被她推拒过的一片红叶，看着那"满山秋色关不住，一片红叶寄相思"的墨泽依然的字迹，怎不陡然悲鸣，洒一掬凄冷的清泪；当她于温天飞雪中去君宇坟头上祭吊，用手指在雪罩的石桌上写下"我来了"三个字，昂首苍茫寰宇时，怎不痛楚于失却爱人的怅恨。她在散文中回忆，在创作中慨叹，敏锐而细腻地感受着，抒发自己的纯真感情，从而形成了她独特的散文风格——评梅风骨。

《缄情寄向黄泉》里，石评梅向溘然长逝的高君宇倾吐了自己的一腔哀思，细细地告诉他一年来的世事变迁跌宕，而"我"（评梅）依然抱持着"我理想上的真实而努力。我相信你的灵魂，你的永远不死的心，你的在我心里永存的生命"。"颠沛搏斗中我是生命的战士，是极勇敢、极着重、极严肃的向未来城垒进攻的战士"。展示了她对高君宇的更新的认识和至爱的深情。在人所称道的《墓畔哀歌》里，那眼泪凝珍珠、相思化红豆的抒情，都感人至深，"我愿燃烧我的肉身化成灰烬，我愿放浪我的热情怒涛汹涌。""向这一抔黄土致不尽的怀忆和哀悼，云天苍茫处我将招魂"；"我爱……邀残月与孤星和泪共饮"。使我们目睹了饱蘸情墨而慷慨歌哭，独自徘徊却怀着坚定的意向踽踽前行的抒情主人公的形象。石评梅的散文将人间极神秘的爱恋生死从笔尖涌出，以抒情的笔调将评梅那芳洁的人格、诚笃的情感、真挚的个性描绘出来，铸成了一个深深的纪念，一任时光的洪流不息地飞奔，愈久愈醇，显示其独具风采的艺术魅力，值得后学珍视与研究。

四　语言艺术的"美文"

五四时期，周作人等人提倡"美文"，因此出现了许多抒情写景的白话散文，也涌现出一批有实绩、独具风格的散文家，如朱自清、俞平伯、鲁迅、郁达夫、徐志摩等。石评梅也是其中不可多得的一位。她生命虽短，但她的抒情散文不仅佳作甚多，而且她于1923年随女师南游后写下的长篇游记散文《模糊的余影》，就是中国现代散文史上较早出现的白话游记之一。在这篇游记中，石评梅描绘了京汉路上的残痕，黄鹤楼下的江涛，西子湖水的滟潋，美丽如画的青岛，熔记事、写景、议论、抒情于一炉，优美流畅，引人入胜。

正如庐隐所指出的那样，石评梅的散文"有一种清妙的文风，她所采用的词句都是很美丽的，在她的短篇文章里，往往含有诗意"①。是以绚丽斑斓的文辞，精心雕琢构建起的语言的"美文"。石评梅有着深厚的中国古典文学修养，深谙"两句三年得，一吟双泪流"的奥秘，故而在散文创作中扶摇旋腾想象之翅膀，以诗的缜密、赋的奔放、词的跌宕来描绘散文的篇章，恣肆挥洒而意境深远，是古典文学的绚烂辞彩与白话"美文"相结合的典型之一。在《模糊的余影·京汉路中的残痕》里，石评梅描绘了她所观察到的晚景："暮马的云渐渐地由远的青山碧林间包围了大地"，"在万绿荫蒙中，一轮炎赤的火球慢慢地隐下去"；"映着一道一道的红霞"。像一位技艺高超的摄影师拍摄的一幅风景画，浓墨重彩，读来使不见之景现于目前。《寄海滨故人》中，她这样评价露沙："当你据着利如宝剑的笔锋，铺着云霞一样的素纸，立在万崖峰头，俯望着千仞飞瀑的华严泷，凝视神往时，愿也曾独立苍茫，对着眼底的河山，吹弹出雄壮的悲歌。"回肠荡气的豪迈，缜密、细微的构思从字缝里透出，令人倾倒。还有那次汉大赋的笔法展现石评梅悲悼追怀的《墓畔哀歌》，便是以中国古典文学艺术为根基，融入了时代特色的悼文，给人以美不胜收的浓烈之感。

在散文创作中，石评梅常常灵活地化用"四字格"的词语，增加了现代散文的可读性和节奏感，使人如读古诗词，悦耳余音，袅袅不绝。她在《给庐隐》中写道："我默无一语的，总是背着行囊，整天整夜地向前走，也不知何处是我的归处，是我走到地方？只是每天从日升走到日落，走着，走着，无论怎样风雨疾病，艰险困难，未曾停息过。"还有如：尘落沙飞、银涛雪浪、竭血枯骨、香渺影远、金坚玉洁、兰因絮果、冷月寒林、受伤负创、凄枯冷寂等词语，在评梅的散文中屡屡得见，不可胜数。庐隐曾评说石评梅的散文语言有时失之堆砌，概缘于此吧。

石评梅短短的创作生涯，留下数十万字的散文创作。其所具有的独特的"评梅风骨"，并不因时光的流逝而磨灭其色彩。石评梅的散文，是她歌哭奋进的短暂一生的艺术折光，展示了她的追求、她的理想、她的悲欢和她的忧伤，同时也道出了她的脆弱、她的顾忌、她的徘徊、她的思虑。

---

① 庐隐：《石评梅略传》，载《石评梅选集》，山西人民出版社 1985 年版，第 425 页。

可以说，石评梅一直是在焚烧着自己的身体，为后来者做走向光明的火炬。石评梅的散文是中国现代散文中不可或缺的一页，应当受到应有的重视和研究。

原载《云中大学学报》1992 年第 3 期

徐迟的报告文学与《哥德巴赫猜想》

　　徐迟是中国著名的报告文学作家，他的报告文学创作奠定了他在中国当代文学史上的重要地位。徐迟的报告文学创作源于 1949 年之后的记者生涯，积淀于 20 世纪 50 年代初期，在"新时期"重新焕发了创作的青春，跨越年代长，作品数量多，可谓内容丰富、枝繁叶茂。他与当时另一位湖北籍的报告文学作家黄钢共同被称为报告文学的"南徐北黄"。就他们的创作特色与风格而言，"一个富有鲜明的诗的气质，一个带着强烈的政论色彩，像两颗星辰，一南一北，相互辉映着"。

　　徐迟是中国现代著名诗人和翻译家。30 年代以现代派诗人的身份跻身文学界。早期的作品有诗集《二十岁人》《最强音》，散文、论文集《美文集》（1944），小说集《狂欢之夜》（1946）等十余部。翻译作品有《明天》《依利阿德选译》《托尔斯泰传》《巴黎的陷落》《帕尔玛宫闹秘史》等数十种。1960 年第三次文代会以后，徐迟到武汉深入生活，开始从事专业文学创作。宏阔的文化视野，丰厚扎实的文学功底，丰富的文学创作经验，融汇中西的学识和涵养，不同社会发展进程中各个阶段的人生阅历，与诗人的素养与激情，报人的广泛交游，见多识广相交织……诸多难得的创作优势和特点，最终成就了徐迟的报告文学创作，并获得了成功。

　　1949 年之后的几年中，徐迟仍然主要是作为诗人活跃于文坛——为共和国讴歌，为新时代颂赞。诗集《共和国之歌》《美丽·神奇·丰富》《战争·和平·进步》等，都是他为新的政府、新的时代、新的生活咏唱的激情颂歌。与此同时，徐迟为新时代的建设所感染，逐渐将创作兴趣转向了与新闻报道特写（真实）密切关联的亚文学体裁——报告文学——创作。这段时间，徐迟的足迹踏遍了大江南北，先后访问了鞍山、武汉、包头等工业城市，也到过三峡、重庆、昆明、兰州、玉门、柴达木和西宁，深入工厂、矿山、农村，接触了一大批干部、工人、农民和知识分子，1956年出版了第一部报告文学集《我们这时代的人》，次年出版了第二部报告文学集《庆功宴》。徐迟这一时期的报告文学作品，大都是共和国时代的颂歌。满腔热情地歌颂"江山如此多娇"的祖国和在共和国土地上建设、耕耘的"风流人物"。这一时期的创作，虽然作者满怀激情，真心切意，但由于时间紧促，材料的收集梳理、沉淀都不足等因素，更重要的是徐迟初涉报告文学创作，对于这个文学的样式与体裁都较为生疏，因而作品题材选取虽然新鲜，但人物的塑造、问题的剖析、艺术的再现都没有达到应有的高度。

到了60年代，情况发生了较大的变化。以《鱼的神话》《踏遍青山人未老》《祁连山下》（上、下篇）的发表为标志，徐迟的报告文学创作找到了适合自己发展的路径，成为报告文学专业作者，而且在创作上跨上了一个新的台阶。这几部以内容取胜的作品有一个共同的特征是它们的创作内容涉足了科学或艺术领域。其中，《祁连山下》被认为是徐迟前期报告文学的代表作品，也可以说是徐迟新时期报告文学创作（如《哥德巴赫猜想》）的先声。

《祁连山下》作为特写发表于1962年第2、3期的《人民文学》，描写中国著名画家、美术史家尚达（以常书鸿为原型）献身敦煌艺术事业的事迹。这部作品通过独运匠心的艺术方法——生动的人物形象刻画，惊心动魄的细节描写，腾挪跌宕的艺术情节，摇曳多彩的特写文笔——塑造了尚达这一人物形象。从作者立意分析，徐迟试图通过尚达所走过的坎坷道路，来弘扬赞颂这种为了祖国的文化艺术事业勇于"舍身饲虎"的崇高精神。这种精神又是每一位热爱祖国、忠诚善良、正直弘毅的知识分子具备的精神与情怀。

《祁连山下》复线交叉的写作方法，结构虽然复杂却层次明晰。在作品中，描绘了敦煌壁画文物背后近两千年的历史风云变幻与纵横中外数万里的时代生活场景；将尚达生活上的颠沛奔波、爱情上的波折流离描绘得淋漓尽致，生活的艰难、爱情的困扰都难以阻断他对于敦煌艺术事业的执着追求。《祁连山下》人物的言谈举止、音容笑貌都跃然纸上，栩栩如生。但到了90年代后期，《祁连山下》究竟是小说还是报告文学曾经引发了一系列争议，徐迟遵循"革命的现实主义与革命的浪漫主义相结合"

的创作方法所写的《祁连山下》，其中对于常书鸿人物思想发展变化的虚构与时代化以及对其爱情家庭生活真实的想象与虚构成为被诟病的主要原因。纪宇在《报告文学拒绝虚构——从徐迟先生的〈祁连山下〉谈起》一文中指出：徐迟创作《祁连山下》是根据他在"在大西北旅行采访时，于敦煌听人说起有关常书鸿的故事"后，"觉得是很好的创作素材，但他与常书鸿还不认识，几次想去找他当面细谈，都没有遇上。后来回到北京，就构思谋篇，虚构了一个'尚达'作主人公，写成了小说《祁连山下》"①。综合看来，《祁连山下》小说的虚构性创作高于报告文学的真实性写作规范。人物的化名、情节的虚构和故事的书写是这篇作品的主要特征，将《祁连山下》作为小说去看，是符合文学的审美与艺术要求的，也是可行的。

"文化大革命"前夕的 1965 年，徐迟又写了反映汉剧名伶魏紫和姚黄生活故事的报告文学《牡丹》。这篇作品通过对两位艺术家在"后台"的悲剧，让人们目睹民国时期戏剧艺人的普遍遭遇，同时也盛赞两位汉剧表演艺术家对于艺术的执着追求和卓越贡献。正是由于这部作品与当时倡导的京剧"样板戏"，所主导的"三突出"原则相冲突、相抵牾，徐迟被公开点名批评，并从此搁笔长达 11 年之久。

1977 年，在经历了十年动乱的被迫辍笔和长期屈辱后，徐迟重新拿起笔恢复了报告文学的写作。时代的使命感与勃发的创作激情，使徐迟与报告文学结下了不解之缘。自 1977 年 5 月在《上海文学》上发表了《石油头》后，徐迟自认为这篇作品并不理想，因为其中"残留着一些被束缚的痕迹"。1977 年 8 月徐迟应《人民文学》之约写了《地质之光》后便一发而不可收。相继发表了写陈景润的《哥德巴赫猜想》、写周培源的《在湍流的旋涡中》、写蔡希陶的《生命之树常绿》等报告文学，加上以后发表的描写从事生物工程研究的科学家群体的《结晶》、描写葛洲坝工程的《刑天舞干戚》等，构成了徐迟报告文学的整体风貌，体现了徐迟报告文学创作的全面成熟。

《地质之光》是新时期率先闯入科学与知识分子禁区的报告文学作品，它写了地质学家李四光如何用他的学识、智慧为我国描绘出石油、煤

---

① 纪宇：《报告文学拒绝虚构——从徐迟先生的〈祁连山下〉谈起》，《时代文学》1997年第 6 期。

炭、金属、非金属、稀有元素等矿产资源的远景。《地质之光》将笔墨集中于李四光如何创建地质力学理论的中心。作者匠心独运地撷取了典型的片段，精心刻画，从而烘托出李四光生动鲜明的人物形象。除了人物形象塑造和材料选择上的成功独到外，《地质之光》所描绘的强烈的时代氛围、激情洋溢的诗性色彩和气势奔放的语言节奏与旋律美等，都显现了报告文学的"徐迟特色"。

《哥德巴赫猜想》发表于1978年第1期《人民文学》，标志着徐迟报告文学创作的成功，与卢新华的《伤痕》、刘心武的《班主任》一道被视为新时期文学的三朵"报春花"。作品以生动的文笔、诗意的语言描写了数学家陈景润在艰苦的环境中，不为环境所困，不为时代所拘，不为名利所动，一心一意攀登数学科学高峰，摘取数学王冠上的明珠的事迹。

徐迟将报告文学集中于哥德巴赫猜想这个数学上的伟大发现来写陈景润。记述陈景润在数学研究、攀登哥德巴赫猜想高峰进程中，在数学的崎岖山路上的艰难跋涉，将一位外表呆板、不谙世事、潜心忘我、着意求索，一心一意执着于哥德巴赫猜想的数学家的形象描绘得栩栩如生，跃然纸上，在读者心目中留下了深刻印象。这篇报告文学有三部分：第一部分写陈景润的成长背景和求学经历，介绍了他的个人经历和社会关系，记录了沈元老师的哥德巴赫猜想的数学启蒙，厦门大学校长王亚楠和数学家华罗庚对于陈景润这位数学奇才的关注、关怀和关心，研究所闵嗣鹤教授的欣赏……继而逐步推进展示了他的身世、家族家庭、所受教育以及思想发展过程。然后详细具体地叙述了陈景润是如何抵达（1+2）的高度的；第二部分写陈景润在"文化大革命"中的遭遇，写他在"文化大革命"中和"文化大革命"后又是如何克服阻力，将研究目标集中于（1+2）这一数学尖端问题上，并最终突破难关，解决问题的；第三部分归纳全文，评价这位传奇的数学家，突出为革命钻研技术就是又红又专的主题。由于历史的原因和时代及个人的局限，徐迟在《哥德巴赫猜想》中并未能够全面认识和评价"文化大革命"，但是在思考历史和反思历史方面，依然显现出深刻之处，表现了一位作家的敏锐和洞察世事的力量。

徐迟报告文学的审美价值与艺术价值在于：

第一，诗情与知性的统一。在徐迟的报告文学中，常常可见诗意的宣泄与理性的分析融为一体。在《生命之树常绿》中，徐迟这样描写蒲公英：

　　……它们飞舞着，作为种籽而飞翔，而后降落到大地之上，重新定居下来了，扬畅了，生长了以几何级数的增长，开放了更多更多的花序，又结出更加多得多的美丽组合的果球。用不到惋惜呵，更不需要伤感！倒不如赞扬它，咏吟它，欢呼它呵——大自然的朴素和华丽的统一！毁灭与生命的统一！

　　徐迟认为："诗人，作家既然是有激情的人，他诚然有点儿疯狂——或者说，有点儿浪漫主义，可是他还有明敏的、透过一切的理智，是这才使他没有成为疯子，没有成为浪子呢。"正是基于对于报告文学的理性思索，徐迟才能以自己火热的激情，冲破当时文学艺术的禁区，塑造了一个又一个的科学家形象，真实、准确、生动、深刻地描绘了科学对于民族教育、社会发展的重要意义。他的作品中既有对光明的热情歌颂，也有对黑暗的无情鞭挞。《哥德巴赫猜想》等作品的贡献还在于它敢于率先讲真话——说出了当时人们内心想说而一时不敢说的——实话，大胆地歌颂了陈景润等一批曾经被批判、并在学术界有争议的人物。

　　第二，构思新颖，意境深邃。徐迟的报告文学构思总是力求新意，既不重复他人，也不重复自己。《哥德巴赫猜想》以数学入手，《生命之树常绿》从蒲公英介入并附上热带雨林的简图，《在湍急的旋涡中》则采用倒叙的方法，《地质之光》又截取李四光参加世界科学大会来发轫……在作品中徐迟善于以象征、白描等手法烘托人物，描绘环境。如《哥德巴赫猜想》中以陈景润潜心研究哥德巴赫猜想为主线，精心选材，提取了生活中不为常人所理解的场景进行渲染、描写。徐迟写道："以惊人的顽强毅力，来向哥德巴赫猜想挺进了。他废寝忘食，昼夜不舍，潜心思考，探测精蕴，进行了大量的运算。一心一意地搞数学，搞得他发呆了。有一次，自己撞在树上，还问是谁撞了他。他把全部的心智和理性统统奉献给这道难解的题上了……有时已人事不知了，却还记挂着数字和符号。他跋涉在数学的崎岖山路，吃力地迈动步伐。在抽象思维的高原上，他向陡峭的巉岩升登，降下又升登！……他向着目标，不屈不挠；继续前进，继续攀登。战胜了第一台阶难以登上的峻峭；出现在难上加难的第一台阶绝壁之前。他只知攀登，在千仞深渊之上；他只管攀登，在无限风光之间。一张又一张的运算稿纸，像漫天大雪的飞舞，铺满了大地。数字、符号、原理、公式、逻辑、推理，积在楼板上，有三尺深、忽然化为膝下群山，雪莲万千。他终于登上了攀登顶峰的必由之路，登上了（1＋2）的台阶。"

第三，语言诗化，激情澎湃。徐迟报告文学的语言更是千锤百炼，刻意求工。"作者常常借鉴古代骈文的句法，对偶排比，骈散结合，做到形象优美、声调传神，形成典雅、华美、精警而雄放的行文风格，显现出极深的学识修养和文字功力"，如《哥德巴赫猜想》用各种稀有植物比喻陈景润数学思维："这些是人类思维的花朵。这些是空谷幽兰，高寒杜鹃，老林中的人参，冰山上的雪莲，绝顶上的灵芝，抽象思维的牡丹。"徐迟这样描绘数学领域的彼岸世界，"那里似有美丽多姿的白鹤在飞翔舞蹈。你看那玉羽雪白，雪白得不沾一点尘土；而鹤顶鲜红，而且鹤眼也是鲜红的。他踯躅徘徊，一飞千里。还有乐园鸟飞翔，有鸾凤和鸣，姣好，娟丽，变态无穷。"这些描述，其实也是徐迟思维的结晶，想象的花朵和语言的精髓。

《生命之树常绿》中这样描述：

> ……看杜鹃花的花海里翻腾着杜鹃花的波涛！在它们上面，千千万万只蝴蝶，扑翅飞翔，美丽得使阳光炫耀。蜜蜂成群，在透明的芳香中散播嗡嗡的音波。生物世界，包括美丽的飞禽，美丽的昆虫，美丽的少女，无不被这植物世界里的最美丽的杜鹃花激起了嫉妒之情。

徐迟以诗人的情怀和思者的深沉，深入时代敏锐观察，匠心独运地在新时期伊始就创作出震惊文坛和大陆的报告文学作品，尽管其中不可避免地残留着时代的烙印和局限，但他对新时期报告文学开一代风气的筚路蓝缕的贡献，使得新时期报告文学具备了形式美、语言美与艺术美，至于某些作品的部分语言由于过于雕饰而产生的语言铺排繁复、不讲规范的问题，则是徐迟报告文学明显存在的缺憾。

祖慰报告文学论

在新时期的十年中，祖慰①是"两栖"作家——他以小说和报告文学两种文体探索人生，关注历史，寻求智慧，创造艺术形象，呼唤审美接受。祖慰新时期的报告文学，主要关注的问题有几个方面：反思"文化大革命"冤、假、错案出现的原因与引发的悲剧，经济开放搞活中面临的困难与问题，知识人的思考、探索与追求，美与丑的审视与辨析。

反思"文化大革命"悲剧的主要有《啊，父老兄弟》《线》等，前者记述天门县委主要负责人在"文化大革命"后期人为制造的"三忠"恶性冤假大案导致的人间悲剧；后者记写 1972 年被冤杀的遇罗克式的思想先驱（者）李郑生的生命历程。两篇报告文学思考的是同样的问题：冤案——将人变为鬼，变为罪人——是如何制造出来的？产生这类悲剧的根源究竟在哪里？《啊，父老兄弟》采用的是"大胆假设，武力求证"，逼诱双管齐下——难以想象（的）、令人发指的酷刑加认罪释放——的方法，使用车轮战术，逼迫受害者承认"盗窃国库三十万斤粮食，有五条水陆运输线，八个地下交易所，数十名推销员推销出去"（的罪行），制造了 6 人死亡、17 人伤残、100 多人受尽肉体精神折磨的莫须有"冤、假、错"案。《线》塑造了武汉的遇罗克式的英雄李郑生的形象，反思这

---

① 祖慰，1937 年生，原名张祖慰，祖籍江苏，生于上海。1957 年南京建筑工程学校毕业后到兰州当技术员，同年开始发表诗歌。1961 年入伍，在广州和武汉空军文工团当演员与创作员。1969 年复员，1973 年调广西南宁歌舞团当歌唱演员。1979 年调入湖北省作家协会任专业作家。1985 年被选为作协湖北分会副主席，1989 年后旅居法国，任《欧洲日报》专栏作家、文化记者。2006 年回国定居。主要作品有小说《矮的升华》《蛇仙》《冬夏春的复调》《进入螺旋的比翼鸟》《心有灵犀的男孩》，报告文学《啊，父老兄弟》《线》（与节流合著）《审丑者》、《快乐学院》、《转型人》，部分作品汇集为报告文学集《智慧的密码》《扬弃与自由延长》《赫赫而无名的人生》等。

位在"文化大革命"期间写出 36 条《革命宣言》，怀疑"文化大革命"的形式和方法，提出"实践是检验真理的唯一标准"的先知青年，是如何被众口铄金地诬告为"反革命"，由先驱变为异端而惨遭杀害的。两部作品所涉及的事件虽然内容不同，但结局相同——冤案是人为地制造出来的！多年的政治训导异化了社会的人际关系，导致了公众的思想僵化，人们以"崇高的迷信和光荣的自私"盲从组织、怀疑一切，为免受株连而划清界限，甚至参与加害、助纣为虐。作者审视天门基层干部以怨报德，将假案的制造动因（始终）认为：是（缘于）基层干部忘记了党的干部与群众水乳交融的历史，一旦渡过劫难，大权在握，就好大喜功急于制造轰动效应——全球产棉第一县如此；"三忠"假案的制造也是如此。对于李郑生悲剧，除揭示李郑生的先知和异端以及其思想的否定之否定的上升与超越之外，作者力图还原到历史环境真实中去展开讨论——警惕的"革命群众"主动报告参与围捕；法官毫无怀疑地主持"正义"的审判；同事、朋友、老师、亲人无一例外地以组织（的政治标准）衡量自己，甚至将李郑生平时的简朴、好学、热心助人都视为反革命的狡猾的伪装……在接受了"文化大革命"政治这面"变人为鬼的魔镜"后，一切都被颠倒过来了。众叛亲离的李郑生孤独地完成了他先驱者启示："发现真理，只需要贡献脑细胞；而坚持真理，常常要贡献出整个脑袋。"由于时代的（局限），祖慰揭示（"文化大革命"）历史的报告文学，主要注重于党性与群众关系的反思、个人与国家命运的反思以及坚持真理与盲目崇拜领袖和组织的反思，尚未上升到体制异化、教育训导和迷信崇拜对于人性与生命的戕害与荼毒的反思中来，与祖慰 90 年代以后的创作进行比较，可以见出其中的变化。

祖慰描写知识分子命运、反思新时期以后（的）大学教育改革、知识（分子）思想的困惑、反思与超越的报告文学主要有《快乐学院》《审丑者》《一个带音响的名字——刘道玉》《黑体——刘再复肖像》等。《快乐学院》中艾路明直渡长江的心理流闪回的是武汉大学 77、78 级大学生多学科讨论会——快乐学院文理交叉、多元互动、思想（碰撞）的探索路径，让读者追溯那个时代大学生背负着民族的希望，渴望求真、求知，追求真理的激情；艾路明、王小凡、陈华、弓克、赵林、肖阳、李云帆们试图运用"全新的方式进行信息交流而孕育一个新的科学的文化整体"的构想；开放大脑思维，让政治社会意识与自然科学意识互动互补，以智为美，以善维持和谐，从怀疑开始，在否定之否定中前行的共识。《一个带音响的名字——刘道玉》《黑体——刘再复肖像》描述 80 年代任武汉大学校长的刘道玉和社科院文学所所长的刘再复经历的人生经历，他们在各自岗位上进行的教育改革和文学研究，反思一代知识分子在时代与环境桎梏中的内在矛盾和悲剧命运。刘道玉、刘再复、周中华（《审丑者》）、王小凡（《智慧的密码》），虽然他们经历不同，性格各异，但他们都在努力寻找实现自己的方式，以自己的创造性主体活动实现自己的人生价值，同时建构了祖慰报告文学的审美意义，使他的报告文学成为新时期诞生的时代人生启示录。

祖慰的报告文学，不单是纯客观地存在真实的叙写，也不是居高临下的议论，而是主体直接介入报告，使报告文学凸显报告主体的文化观念与审美意识。祖慰认为的报告文学是"我报告了他，他报告了我"——报告文学的作者与报告对象是一种"双向对象化"的过程——作家以文学艺术的形式报告时代新近发生的人物与事件，报告者主体直接介入报告文学之中，使读者从作品中感悟作家的伦理判断、价值判断、审美判断与艺术判断。这样的创作方法，使得报告文学不是纯粹客观的、单面的、静态的言说，而是主体介入的、立体的、动态的报告，从而在使人物更加丰满的同时，使报告文学作品获得哲理的深度与力度。如《审丑者》中的主、客体的论辩，通过与报告对象的互动与探讨，使采访对象的思维得以延伸和"外化"。"正是在这种论辩中，通过思想的交流和碰撞，有效地把握了对象的思维内容和方式，从而也有效地表现出对象作为'高智能人物'的精神能量和特征。"[1] 祖慰也从青年漫画家周中华的"虚无中感知到他的更高的审美，从他的平庸中感知到他的伟大感"《黑体——刘再复肖像》。借日本学者竹内实分析刘再复的情欲论，认为是借鉴于弗洛伊德的学说，但"刘再复并不甘于充当做一个外国学说介绍人的角色，他以勇猛的独创气魄，建立着自己的文学理论体系，这样的首创精神，确实告诉人们，中国的新时期，已经开始了"。

祖慰的报告文学也像他的小说一样，在文体与写作方法上不断探索，希望"杂取种种，合成一个"。他希望"效法那些遗传工程学家，从这个

---

① 於可训：《表现"思想者"的风韵和神采——评祖慰的报告文学创作》，《人民日报》1986 年 6 月 16 日。

生物身上取下一段基因，又从另一个生物身上取下另一段基因，组接起来，创造一个上帝造不出的新生命"①。正是这一"确定性"的出发点使祖慰的作品中透露出强烈的结构化的意识，而"缺乏边界的消解，缺乏生成性的空白，即那种把不可言说的虚无、不可企及的无限带到可感觉的世界中来的再生地"②。

---

① 祖慰、乔迈：《一个美好得令人心醉的题目——关于中国文艺走向世界的通信》，《文艺争鸣》1986 年第 2 期。
② 萌萌：《致祖慰》，《当代作家评论》1988 年第 5 期。

理之论说

"后先锋"文学论纲

  1999 年是 20 世纪的最后一年。在"世纪末"的喧嚣、浮躁中,《青年文学》(第三、第四期)、《时代文学》(第三、第四期)、《作家》(第三期后先锋文本卷、第四期后先锋理论卷)联合推出了"后先锋"文学,使"后先锋"成为一个不能令人漠视的概念。"后先锋"的整体出列,打破了世纪末中国文学的沉寂,颠覆了 20 世纪 80 年代以来先锋写作语言西化,模仿西方大师的卑微,力图以汉语语言为本体,探求人的主体性解放,坚持人的主体性在自然人向社会人再向审美人过渡上的区别,呼唤人从没有规定性的纯粹主体经由历史主体而确证为审美主体,探究文学创作的独特的表现形式。我以为这是一个极有讨论价值的文学现象。

理论的阐释——人性自由的审美

  "后先锋"文学是中国大陆地区文学界在 1999 年提出的文学定位概念,也是 20 世纪最后一个真正文学意义上的理论界定。虽然某种程度上表现出命名的尴尬和困惑,但却是从文学的历史和未来发展上来进行审视与探索的,因而也是有益的。这里的"后先锋"文学指的是以 60 年代晚期出生的一代人为主体的作者的创作,他们在 90 年代涌上文坛,受到文坛的注视,但一直处于地表,而今年三家刊物的联合推出使他们集团式的陡然矗立,成为世纪末文学的最后风景。"后先锋"主张继承五四文学在思想上和创作上的双重创新意识,对生活现实和写作现实进行双重否定,追求永恒的探索精神;反乌托邦,反道德理想主义;回归身体——我的世界,我的对象的世界;回归汉语言本位的写作。"后先锋"的理论代表是青年批评家葛红兵、施战军、林舟、谢有顺等人,创作方面有夏商、李洱、张生、李冯、海力洪、贺奕、张执浩、西飏、金海曙、朱辉、罗望子、刘庆等人。"后先锋"在一个世纪即将离去、未来世纪的航船渐渐驶近的今天出现，具有继往开来的重要意义。

青年批评家葛红兵等人提出的"后先锋"文学概念，致力于对 20 世纪以来文学发展历史的反思，对当下的——90 年代以来——文学创作现状的关注。作为在 20 世纪后期成长起来的青年学者、作者，他们在开放的环境中接受了系统而完整的教育，完成了学业，在形成合理的知识结构的同时，也形成了自己对于社会、历史、文学的独立的思考。在人格上充满了对于现实的关注和知识分子自由理想的追崇。其表现就是人文精神与历史理性相交融，一方面，固守知识分子的终极理想，敢于"直面惨淡的人生"，肩负起批判现实、启蒙思想的历史使命，不断地冲击现实的拘囿，不断地探索前行；另一方面，他们也在积极强化自由的生命意识，张扬批评个性，拓展话语空间，让学术、思想走出孤独的书斋，撒播于文坛，撒播于民间，撒播于世界。对于他们，文学批评不是职业的需要、写作的目的，而是激情的迸发，是来自内心世界的激烈的冲动，是对人性、对世界的深切的关怀，一种真正的写作。

"后先锋"批评理论的价值在于：不满足于存在，不满足于现状，以强烈的使命感和责任感，参与推进文学的进步、发展的努力，以自己的良知、真诚和特立独行的精神发出声音。强调创新，强调探索，强调超越和提升，强调自然意志与人性结合——实现人的最高本质的创作。"透观历史轮回，将人的历史命运和现实境域联系起来思想的写作，在文学文本的有限中让我们看到历史的无限意志，他一方面让我们看到我们在这个社会中的沦陷处境，另一方面，又给我们一种悟性，他让我们知道任何一个时代都有它不可克服的残缺，让我们看到在这种残缺中我们的现实依然有它存在的合理性，他具有一种长远的眼光，因而他既不使我们过于悲观，也不使我们盲目乐观，他是这个时代的抵抗者同时又是这个时代的保护者，他埋身于抵抗和破坏之中，同时也践履于守护和建设之中。"① 这种建设直接承继"五四"文学审美的自由主义和个性主义传统，为人类提供审美理想，在自由、平等、公正和正义文学语境中，探讨文学最终的创造和最终的批评——美的创造、美的批评。马克思曾经说过，人是人的最高本

---

① 葛红兵：《后先锋时代文学的可能性》，《青年文学》1999 年第 3 期。

质。因此必须推翻那些使人成为受屈辱、被奴役、被遗弃和被藐视的东西的一切关系，成为自己和社会结合的主人，从而也成为自然界的主人，成为自己本身的主人——自由的人。① 文学创作的理想境界，即是回复人的感性直观，使自由的感觉、体悟自由地植入写作的世界之中，去追求人的"本质力量"，彰显审美的生命价值，以真诚来唤醒读者，唤醒人类，唤醒世界。

新时期文学近三十年来，走过起伏跌宕的历史进程，我们可以看到：一方面文坛浪潮汹涌，流派纷呈："伤痕文学""寻根文学""反思文学""先锋文学""朦胧诗""意识流""新写实""新笔记""新历史""新都市""后现代""新现实主义"……如"城头变换大王旗"一般，使人眼花缭乱，但却都只能"各领风骚三五天"，缺乏深厚的积淀和陶冶。当然，我们并非否认那个时期曾有优秀作品出现，王蒙的《夜的眼》《春之声》，贾平凹的《浮躁》，张承志的《黑骏马》，汪曾祺的《大淖纪事》《受戒》，古华的《芙蓉镇》，郑义的《远村》《老井》，阿城的《棋王》，韩少功的《爸爸爸》，王安忆的《小鲍庄》，李锐的《厚土》系列，莫言的《红高粱》，方方的《风景》，张炜的《古船》，刘索拉的《你别无选择》，苏童的《妻妾成群》，马原的《冈底斯的诱惑》，洪峰的《极地之侧》……都不失为当时境域中的佳作。他们的创作，从揭露"十年浩劫"对于文化的泯灭、对于人性的扭曲进入新文学的建设，从社会启蒙转向人性启蒙，从文学的教化功能复归于文学的审美功能，从创作主体的自我张扬沉入叙事方式和叙述策略的高度自觉……为当时的文坛贡献了心智才情。但是，进入90年代之后，即使是当时的优秀作家、先锋作家——颠覆、反叛、思考、进取的作家，也渐渐地磨去了锐气。由颠覆者、反叛者、创造者转变为固守成果、丧失进取的保守者。作家陶醉了：陶醉于已有的创作实绩，陶醉于获奖，陶醉于欣喜，陶醉于守成。在文学作品的写作方面，虽然尚未偃旗息鼓，但有的也已是强弩之末，显现出力不从心之相。其表征即是重复——重复生活，重复认识，重复自己，重复他人，重复以往文学（传统的和西方的）上的固有；审美精神的颓败——缺乏创造，缺乏追求，缺乏超越，缺乏对于现实的人文关怀与历史的理性把握，

---

① 参见［德］马克思《1844年经济学哲学手稿》，《马克思恩格斯全集》第42卷，人民出版社1979年版。

这些，都已经成为不争的事实。虽然他们在艺术上更加成熟，作品更加精致，但缺少的是当时的启蒙意识和反叛精神。解读文学创作的现状，针对90年代被称为"转型时期"的文学创作的审美情势，在先锋写作式微之后，文学何往？青年一代的批评家、作家在思考"后先锋"文学就是在这样的背景中应运而生的。"根本的变革需要必须植根于个体的主体性，植根于个体的主体性的智力、激情、内驱力和目的之中。""人的最终自由只能在美的领域中实现。"①"后先锋"理论即是把文学的审美深入对于世界的怀疑和检讨中去，在反抗偶像、回归传统、远离潮流的基础上，进入文学创造的核心——自由的审美理想。

创作的实绩——回复汉语的本来

被称为"后先锋"的作者们，既不是一个传统意义上的流派，也不是一个有统一理论主张、结社名称、创作纲领、创作方法和模式的群体。从创作理念到创作方式，从叙述手法到文本构架，从审美理想到艺术表达，都显现出探索与多元的特征。他们是活跃于这个世纪末的写作者，国内许多期刊都留下了他们耕耘的足迹。《收获》《钟山》《天涯》《大家》《山花》《青年文学》《作家》……几乎每一期都可以看到他们的作品。据不完全统计，从1990年以来，"后先锋"作者发表的小说近30篇。这样的创作实绩，可以说明他们的探索和努力。

他们之所以能被"后先锋""晚生代"等命名框在一起，本身就说明这一代作者的多元性。如果说有相同之处的话，他们的共同在于：以写作反抗存在，拒否体制，远离时尚，固守边缘，追求个性，对传统写作和所谓"时代""道德"持批判的态度，自觉地把自己的写作与过去的文学创作区别开来的本质因素。在他们看来："先锋精神——一个现代文学艺术家的良心与品质的真挚流露，他的不妥协并不具有侵略性，它实际是创作者自身内部的精神清洁"②，是时代文化和艺术活动中最负有使命感的——自由的写作境界，自由的阅读状态，包含着对读者的尊重；反传统、

---

① ［美］马尔库塞：《审美之维》，转引自《西方文艺理论名著教程》，北京大学出版社1989年版。

② 夏商：《先锋是特立独行的姿态》，《作家》1999年第5期。

反理性、反中心、反崇高的语言方式，蕴含着平民化的美学风格；埋身于抵抗之中，反抗体制、家国、民族中非人的、对于个体心灵造成的伤害和打击；以批判的视角看待匍匐于西方大师面前，如侏儒般站立着的"先锋派"作家所贡献的"杂交汉语文学变种文本"，以获得属于自己的——个体的能够进行交流的、独特的写作。列维—斯特劳斯指出："每一个文化都是与其他文化交流以自养。但它应当在交流中加以某种抵抗。如果没有这种抵抗，那么很快它就不再有任何属于它自己的东西可以交流。"虽然列维—斯特劳斯主要是指一个民族在与其他民族进行文化交流时应有的态度，而我以为"后先锋"作家的创作、行动也可以作如是观。

在"后先锋"的作家看来：真正的写作是毫无功利的、智性的、不可言说的神秘的创造。因为写作者一开始写作就必须面对：（1）写作资源的问题——国家、民族语言、历史和文化，它决定写作的审美趣味和创造方向。写作者如同无法选择自己的母亲、自己的出身一样，被囚禁于此处，别无选择。（2）时代，每个时代有它所特有的政治、特有的局限、特有的困惑和特有的误区，写作者不可能单方面超越。（3）生命，在时间的长河里，个体的生命如沧海一粟，写作者从此刻起步，走向未来，但是，未来应该是什么样？写作者的想象是不是未来可能的真实？"后先锋"作家正是基于所面对的困境进行写作的。他们的文学创作是伸展心灵感应的触角，把人类生存的现实危机：灵魂的无处安放，情感的无所寄托，身体的无法安宁——浪子的放荡、漂流，灵与肉分裂的痛苦以写作来加以展示。他们所强调的"身体写作"或"裸体写作"不是习惯上以为的狭义上的身体和生理，不仅仅指与肉体的和与性有关的身体部分的直接书写，更多的是揭示了人——作为在者——以其身体的存在的感性、直觉的不可重复和不可规范的意义。处于"信息时代""技术时代"的现代人的孤独、紧张、困惑、焦虑，以及在没有信仰的失重状态下的心理和行动。力图表现出"现代人"在现代社会中对于这个世界的真实感受——失落、厌倦、恐惧和忧伤的内心世界——精神的无所寄托和精神的严重危机。暴露危机，揭露病态，寻找救赎，建构文学多元的公共空间，自由地进行个体文学写作，消解以往文学的一元体制，是这一代作家思考的主要问题，也正是这一代漂泊于都市的流浪者——"后先锋"作家渴望运用写作分解其实质的"晶核"所在。时刻关注现实，保持对现实有清醒的认识，敢于坚持自己对于现实的"道义关怀"，不停探索自我救赎的路径，以一种特定的现代汉语语言为母体，传达一个时代的很多个体心灵的世界，是他们特有的存在价值和魅力。

涉及文本，实验是"后先锋"作家孜孜以求的写作姿态，他们的创造性实验与先锋作家不同的是：不模仿西方文学大师的写作，不盲目追求内容的超验、形式的陌生化、意象的支离破碎、语言的朦胧抽象，而坚持用在他们看来是纯正现代汉语进行写作。以大众熟悉的语言，描摹精神与肉体、理智与情感、人性与欲望的不同侧面的人的复杂的内在关系，将灵魂深海里的爱怜、温柔、恐惧、焦灼的情愫淋漓尽致地加以宣泄。张生的《结局或者开始》揭示对于死亡的哲学性思考，对于人的存在及其意义的探寻。夏商的《八音盒》《休止符》在叙述方面的全部实践，是对于现实生活中人性的反思。在自然与人类之间，"道德范畴中谁都不能认为善良也是一种弱点，但在实际生活中它的确是，有时甚至是缺点"。善良是无力的，也是有毒的，它只能给善良者带来痛苦，为索取者提供筹码，给别人带来伤害。在物欲横流的年代，爱情是否还是神圣的、真实的？它的力量究竟有多大？结论只能是真正的神话。美丽的本质是形状还是物质？当美丽成为标本被永恒地凝固之后——物质化了的时候，还是美的吗？张执浩的《失陷的肉体》展现了无法抵达终极目标的悲哀，像无法进入城堡的土地测量员一样，近在咫尺的对象，却如远在天涯。人陷落在群体的笼盖之下，与世界隔绝，与自然隔绝，与心灵隔绝，害怕广场，害怕独处，不能认识世界的本真的悲怆。贺奕《情感的隐秘部分》《火焰的形状》在叙述的控制、文本的变化方面，进行了可贵的探索。前者加上了许多括号，贺奕的《情感的隐秘部分》里不停变化的解释与叙述的写作方式，把叙述、分析、解释，真实、记忆、想象组织起来，意在表露生活、常规中无形的力量对于人性的戮杀、摧残，记忆的屏幕上往往是支离破碎的残片，不能给曾经相遇的人留下。后者则利用失火后留下的残片，构置了扑朔迷离的场景，只有在透过那一堆破碎的纸片，破译谜团之后，才可能追索到历史曾经给以人性的戮害和那颗不停搏动的变异的心灵。李修文、张生、李冯、海力洪参与合作的"作家实验室之一"《母本的衍生》就是把创作的整个过程放置在同一文本中间进行的；以李修文创作的"大闹天宫"，古典文本的互文性写作为母本，与他人的讨论、阐释、评价胶着在一起，将写作与批评结合起来，为实验者提供了充足的、随心所欲的创造空间，实验最终以文本的形式定格，意在激活当前普遍缺乏探索热情、缺乏活力的小说创作。通过文本，读者既可以感受创作，也能够领悟批评。李洱的《午后的诗学》《葬礼》，西飐的《青衣花旦》……"后先锋"已经在创作中为我们奉献了为数可观的作品。

"世纪末"的思想者——创新与局限

　　"后先锋"写作是在一个世纪即将结束下一个世纪将要到来的过渡时刻存在的文学状态。这个世纪末旧有的社会秩序已经被突破和颠覆，而新的社会秩序尚未生成与建立，在"异常活跃多少带有野蛮的时代"，权力与金钱处于双重宰制的地位，商品形式在逐渐"渗透到社会生活的所有方面，并按照自己的形象来改造这些方面"。市场经济的急剧发展对原有的文化结构进行着冲击和改造，在目前看来文学有限的商品化过程中，利益的驱遣替代了精神的思考，市场的需求局限了艺术的创造。市场一面带微笑收纳作家、作品，另一面又摆出威严的姿态挑剔作家、作品。与此同时，主流和体制不仅没有也不可能放弃强调文学的"寓教于乐"的教化功能，而且还在意欲加强之。在"大众文化"和"体制文化"的夹缝中，在《马桥词典》的诉讼，"断裂"问卷的散发，批评"断裂"的波澜充满了文坛的喧闹和浮泛的世纪末，"后先锋"写作粉墨登场，带给文坛的将是什么？我以为可以从他们的理论探索和创作实绩去把握其脉络。

　　在否定中守护和创造　　"后先锋"是既不同于体制文化、也不同于大众文化的精英文化。他们是以特立独行的否定者的姿态出现的。他们的否定不是整体破坏式的否定，不是对于存在的全面否定，而是着重于对现实局限——与未来期待的存在相比较——的否定性体验，对于文学的创作状态——自己以往的创作和身边的群体性创作现实——的否定性认识。他们是精英，但又不是极端的精英主义。在立足于精英文化的同时，承认体制文化和大众文化存在的现实合理性，采取参与与消解并举的方式，观照现实痛苦，追求审美感性，期待"个性""人性""自由"的彻底完成。因为生命永远有缺憾和偏废，人类所处的时代总是不圆满的，严酷的现实和心中理想的巨大落差，必然产生对精神彼岸的企盼。如何秉持内心的秘密，保护诗性事物真实成长的可能，倾听语言的良知、正义，达致自然与人类、感性与理性、身体与对象的合一？"后先锋"试图进行建设：以对于自由寻求的始源性自觉，审视一个世纪的痛苦，在时间大师的召唤下，

开拓文学写作的自由境界；以不懈的努力使群体本位文化转向个体本位文化，伦理本位文化转向感性本位文化，实用本位文化转向审美本位文化；以执着的宽容看待世界、人生、文学，清醒地意识到过渡者肩负的使命和责任，用心灵来言说是"后先锋"文学写作的特色之一。

领悟之后的深刻和平静 "后先锋"文学作者是文学自觉的一代人。他们是在彻底摆脱了 20 世纪中国文学与政治意识形态的宿命关系，逐渐进入较为宽松的环境之后，开始文学批评和创作的，是以审美价值为唯一标准来评判文学的。他们可以理解主流文化的存在，但拒绝被权力者操纵的主流文化；他们是在西方大师的熏陶下成长起来的，曾经饱读西方哲学、美学、文学著作——海德格尔、萨特、帕斯卡尔、马尔克斯、卡夫卡、福克纳、博尔赫斯、罗伯·格里耶——但拒绝拜倒在西方大师脚下；他们以相当的高度对东西方文学进行独立的反思，既吸附各种经验，又在各种经验的互否中充满了强烈的批判精神，以确立自己存在的价值；他们渴望通过知识获得解放，以学术和理解求得生存，在文学中还原个性，像健康的正常人那样认知、实践、创作、批评，展示自身的力量、想象和独特智慧，保持汉语曾经鲜活的魅力。他们感受到时间的呼唤，以对于人类存在、生活应有的深刻的洞察和关怀特立独行。他们在"提高于激情之上的灵魂看到了本真之我和永恒的因果。领悟到了真理和正义之自我存在并因为知道一切而使自己平静下来"（爱默生《论自力更生》）之后，开始行动。这种平静是领悟之后的深刻的平静，这种行动是创造文学未来的行动，他们的批评、创作是充满活力的创作、批评，他们知道"先锋作家就意味着大胆，意味着针对着文学本身的创造性而不仅仅是时代的跟班记录者"①。超越的视野、悉心的倾听、独特的姿态是他们的又一特色。

无法回避的现在 "后先锋"作者是属于过渡时期的一代人，也就是所谓"跨世纪"的一代，他们的优势赫然若揭，他们的局限也显而易见。从历时性来看，他们没有回忆可供咀嚼，没有包袱前来重压，可以比较轻松而敏锐地开拓和探索。在文学批评体系的建构，文学创作的美学理想，文学本身的叙述态度、叙述策略、结构方式、语言创造诸方面，一步步地建设和发展达到成熟。从共时性来说，在多元的时代，"后先锋"是否可以支撑起属于他们的一元，并参与建设更加宽松的精神空间；在转型

---

① 李冯：《写作的资源》，《上海文学》1999 年第 4 期。

的世纪末，"后先锋"能否承受历史的沧桑和现实的逼迫，完成他们的使命——创建汉语言文学的诗学精神，贡献汉语言文学的表现图式，确立汉语言文学在世界文学之林的地位。这一切是无法丈量的，却也是无法回避和必须面对的。

"后先锋"文学是在创造的期待和回归中诞生的，他们的回归和前瞻都是向着未来的。他们是继承的，又是发展的，因而是先锋的、追求的、全新的。他们思考着历史、现实、未来，他们环顾左右，又不惮于向前。我们有理由相信，他们的创作、批评可以为未来的文学开拓一片崭新的天空……

原载《当代文学研究资料与信息》1999 年第 6 期

文化的缺失:新时期湖北作家创作检讨

新时期以来,湖北作家的创作成就赫然可见。与他省相较,呈现三个方面的明显特点:获奖作家人数所占比例呈上升趋势;在全国重要报刊发表作品的比率高;作家队伍在不断地壮大,在国内知名且为文学界肯定的作家较多。以文体进行不完全统计,即可开列一个长长的名单:诗歌方面的曾卓、易山、罗高林、熊召政、高伐林、王家新、南野、张执浩;散文创作的碧野、田野、王维洲、李华章、徐鲁、华姿;小说方面的刘富道、杨书案、方方、池莉、刘醒龙、刘继明、邓一光、陈应松、岳恒寿、文浪、唐镇、映泉、王石、李修文、叶大春、胡发云;报告文学方面的徐迟、刘富道、祖慰、涂怀章;戏剧方面的李冰、沈虹光……1978—1980年刘富道的《眼镜》《南湖月》分获全国优秀短篇小说奖,熊召政的《请举起森林一般的手,制止!》获1979—1980年首届全国新诗奖之后,在国家级的奖项上湖北作家屡屡中的。易山的《我忆念的小山村》1981年获全国新诗奖,李叔德的《赔你一只金凤凰》1982年获全国优秀短篇小说奖,方方的《风景》1987年获全国优秀中篇小说奖,田野的《挂在树梢上的风筝》获"新时期全国优秀散文奖",刘富道的《人生课题》获全国优秀报告文学奖,姚雪垠《李自成》(第二卷)获茅盾文学奖,邓一光的《父亲是个兵》、刘醒龙的《挑担茶叶上北京》、池莉的《心比身先老》分别获鲁迅文学奖的中、短篇小说奖,沈虹光的《同船过渡》获"文华奖",田天的《你是一座桥》获"五个一工程奖"……我们在为湖北的文学创作成就而兴奋、为作品的获奖而欣喜、为新秀的脱颖而出喝彩的同时,切不可为表象的荣耀所陶醉和遮蔽,而关闭了透视的X光,忽视了湖北作家在创作深层次上存在的缺失和不足。本文将以小说为对象,以个人的一孔之见对湖北文学创作——特别是新时期以来中青年作家的创作进行批评性阐释，旨在检视其中存在的问题，抛砖引玉，求教于方家。

一　批判思想和理性精神的匮乏

与时代的精神文化素质的低迷、委顿相契合，伴随着一场巨大的变革，过去的理想、观念、思想体系破灭，新的尚未建立之前，批判意识和理性精神的匮乏已经成为必然的现实。在社会生活呈现不尽合理想的状态下，许多作家审时度势，知难而退，主动地卸却了知识分子的责任感和理想，摇身一变成了主流价值和"时代"文化的合法阐释者。在创作中，不是表现出对理想强烈的追求和崇高的迫切企慕，以博大的襟怀、高尚的人格、执着的精神埋身于抵抗之中：抵抗不合理的存在，抵抗现实中的封建、专制、邪恶；不是崇尚科学精神，追求人道主义、人性关怀，而是满足于获奖，满足于出名，满足于稳定的经济收入下安逸的生活，思想停留于农民小生产者和小市民的自给自足，庸俗狭隘，在"弃圣绝智"的时候连"道"也一起抛弃，既不存在真诚的"虚无"，也没有所谓穷而后工、不平则鸣的努力和勇气，甚至不愿意睁了眼看取"惨淡的人生"，应和着来自庙堂的和主流文学的声音，对于现实存在的不合理表现出极大的认同、欣赏和赞美，义无反顾地将文学艺术降格为承载具体社会生活问题的工具。

在具体的作品中，不是放逐精神理想，张扬物质生活经验，鼓噪"冷也好、热也好，活着就好"，就是强调一切都是命运，冥冥之中"上帝"之手在操纵安排一切，"每个人都有自己的活法，而每种活法都有自己的定数"（《定数》）；明明知道"一片芽子一把雪"，几亩地才能采制一斤冬茶，而且还要带来次年的减产，就是不敢去公开抵制，只好一个人周身寒彻地以自家的牺牲换取对村民的体恤；"现实的诱惑使理想主义的斗志顷刻间化为乌有。"（《狼行成双》）为了维持贫穷的乡镇的正常运转，为了经济的发展，就放弃理念，姑息甚至纵容像洪塔山这样的罪犯肆无忌惮地贪污、强奸；而劳苦的百姓也只能"深明大义"地放弃做人的基本权利，为"上级领导"，为"改革的阵痛"，为不正常、不合理的社会存在"分享艰难"（《分享艰难》）。面对现实存在，主体的批判精神、理性精神淹没在"金钱神话"的浊浪中，灵魂失去了思想的居所而异化为责任伦理掩盖下的卑微的欲望，理想主义、浪漫精神成了备受嘲弄和耻笑的对象。在权力、市场话语的主宰下，除了从精神的向善向美的理想中跳出来，作为利益主体的个人在世俗的幸福要求、生活要求和责任要求面前屈从，接受命运的拨弄，接受金钱的蹂躏，接受生活的现实，接受不合理的存在外，别无选择。无论是印家厚（《烦恼人生》）、孔太平（《分享艰难》），还是肖济东（《定数》）、李樯（《别让我感动》），无一例外地向现实举起了投降的双手，展示着"工具理性"驱逐了终极价值和与之相应的信仰体系后，演化出的对于个体利益、局部利益的关注。与此同时，对知识分子崇尚的自由、平等、竞争进行世俗化、市民化的消解，知识分子成为挑战和批判的对象。尽管许多作家目前已经从各种渠道获得大学以上学历，但童年时的自卑仍然时不时幽灵般地冒出来，压抑、扭曲着心理，使他们感到："头上始终压着一座知识分子的大山，他们那无孔不入的优越感，他们控制着社会价值系统，以他们的价值观为标准……只有把他们打掉了，才有我们翻身之日。"（王朔《王朔自由》）因此，对知识分子张扬着"批判精神"。把知识分子的批判意识、理性精神、修养操守，背负的沉重，思考的深刻不是简单地拆解为固守陈腐的传统，平庸、刻板、虚伪，既不敢冲破旧观念的束缚，又不愿接受新事物的洗礼，矛盾、彷徨、裹足不前，是饱学了人类知识反而疏远了人类的落伍者，就是阐释成难以忍受科学研究的寂寞，白天装出道貌岸然的学者风范，在弟子、学生面前传道、授业，夜晚走出学校大门，顾影自怜，哀叹未尝"人间烟火"，忽然发现了的"人生虚无"，迫不及待地要打破以往的持重、刚毅的"伪善"，抓住机会，享受"一夜盛开如玫瑰"的快感。"那些知识分子算个鸡巴！"（《父亲是个兵》）"我起这个具有哲学意味的篇名，也只是故意地显显自己的学问：……然后就是蒙蒙那些见了唬人的题目才读作品的评论家"。① 在他们笔下，知识分子往往是形象猥琐、灵魂卑怯、思想僵化、心理阴暗、行动迟缓的落伍者。在这种情感的观照下，知识分子不再是个性独立、自由追求的象征，不再是理想的乌托邦精神的文化符码，而是有关过去历史、道德、理想、意义等死亡时代的夸张力量的表征。这种批判不是"巴尔扎克式"的对贵族嘲笑，也不是"狄更斯式"的人道主义揭露，而是社会"转型"时期作家在实用主义、"工具理性"支配下背离人

---

① 方方：《何处是我家园》，《花城》1994 年第 5 期。

文精神、批判意识之后，理性精神失衡的显现。

在社会变革的时代，各种观念、思想层出不穷，其中既有进步的因子，也有腐朽的谬种，更有许多是一时难以断言的现象，"一个艺术家如果看不见当代最重要的社会思潮，那么他的作品中所表达的思想实质的内在价值就会大大降低"①。文学艺术过去不是，现在不是，将来也不可能是承载具体社会生活问题的工具。文学首先是对于社会的剖析，不粉饰时世的艰难，不回避生活的矛盾，充满着对于理性精神和人文关怀，也昂扬着正义和批判精神。而这一切又是我们许多作家所欠缺的。

二 独立品格和创新意识的迷失

回顾文学艺术的发展历史，我们可以清楚地看到：优秀的文学作品往往对历史进程中的新旧事物同时射出双向审视的目光，这目光也许是困惑的，也许是悲悯的，也许是犀利的，但终究是穿透与超越世俗的拷问式的。加缪笔下的西西福斯与埃斯库罗斯的普罗米修斯相比，虽然已经不再具有神圣和崇高的质感，但却浸透了对于存在的荒诞本质的抗争。西西福斯以抗争、拼搏的方式为生命的说明，具有独特的认识价值和情感力量，他的艺术震撼力在空旷、寂静的生命中留下了巨石轰然滚落的余响，向世界展示了作家的独立品格和创新精神。当"未来的没落宣告了今天的降临，对今天的思考，首先意味着恢复批评的眼光"（帕斯《对现实的追寻》）。作家的批判意识，是其独立品格和创新精神的重要体现，缺少独立品格和创新精神的作品也许可以因其应和了某一个时期的功利目的或需要而喧嚣一时，但时过境迁之后，必然被淘汰、被湮没。

80年代后半期以来，"新写实"文学以其消解精神性生存为主旨而大行其道。湖北的方方、池莉虽然审美情趣、创作心理、话语方式迥异，却一同被标举为"新写实"的代表作家。90年代，"新现实主义"大旗高扬，刘醒龙又当仁不让地坐列首席。同时，邓一光的《我是太阳》、岳恒寿的《跪乳》、刘继明的《前往黄村》、陈应松《赎羊》、王石的《寻你到永远》、胡发云的《老海失踪》、文浪的《别梦依稀》、叶大春的小小说

① ［俄］普列汉诺夫：《没有地址的信》，《普列汉诺夫美学论文集》，人民文学出版社1983年版，第237—239页。

都在国内重要文学期刊发表，多角度、多侧面、全方位地揭示了湖北小说弄潮儿创作的现在进行时。其中，有张扬理想，倾注浓烈感情歌颂母亲的慈爱善良，父亲粗犷威猛的浪漫之作；有满怀热望，锲而不舍地执着寻找，却在寻找中历尽创伤的普通人形象；有描写社会的底层挣扎求生的百姓况味的佳构；有展现人类以发展的名义毁灭自然生灵的寓言式作品……揭示了在社会生活发生重大变革，商品经济大潮席卷而来时，湖北作家的迷惘、困惑、体悟、思索，分析作品可以勘察，许多作家对于现实多了激赏、赞慕、认同、无奈，少了批判、指摘、拒否、抗争，可谓瑕瑜互见。

梅特林克在《沙漏》中指出："物质失落的一切，被精神获取；精神摒弃一切，返归于物质。"① 物质与精神在一定程度上犹如鱼与熊掌，取耶？舍耶？往往能体现作家的精神志向。世纪末的当下，作家何为？是坚持固守、不放弃知识分子的理想，以文学创作的独立品格批判封建意识、腐朽思想以及庸俗的市民哲学，还是屈尊降贵、主动地迎合社会变化？迎合主流意识，迁就世俗喜好而不加以审美的提升，甚至为了某种的功利需要，为了一己的私欲"创作"应景时髦的作品，刻意鼓噪庸俗的市民哲学。一头扎进"大众"中，就像扎进蓄电池一样，成为"一个装备着意识的 kaleidoscope（万花筒）"（波德莱尔）。

一些作家可以说是编故事的好手，艺术的探索与创新却捉襟见肘，有的从国外作家那里直接提取、仿效，如"意识流"、"新小说"、博尔赫斯、卡夫卡……有的与国内其他作家的作品缺少差异，如苏青、沈从文、贾平凹、陈源斌、李冯……有时候甚至与其他作家讨论文学创作时，听完别人讲的故事，就灵机一动，采取"拿来主义"的方法进行自己创作。这些现象固然可以理解为英雄所见略同，作家选取相同的题材，运用相同的创作方法而导致，可实质是作家的储备——生活准备、思想准备和文学准备——不足，急功近利，缺乏独特个性和创新精神的外在表现。如果作家主体的独特感悟从创作主体性的位置上抽离，在文本中建立精神和艺术高峰的希冀被取消，取而代之的是跟着生活的节奏指挥棒，亦步亦趋，创作仅仅停留于对现实生活的表层反映、记述，作家没有与叙述对象拉开审美的距离，写出的作品就不可能是独特的、创新的和审美的杰作。

---

① ［比］梅特林克等：《沙漏——外国哲理散文选》，生活·读书·新知三联书店 1999 年版，第 7 页。

如果以"五四"作家与我们的当代作家相比较，可能由于时代的关系不大好比，但仅就知识储备来看，其中的差异极其明显。"五四"以后鲁迅等一代作家，一般来说旧学的功底都很好，通典籍，工经史，民族传统文化的营养溶化于血液骨髓。他们拥有了雄厚的文化知识基础后，游历海外，博览西学，自然把外来的营养消化得很好。对中外文化的深刻了解和批评以及兼收并蓄，使他们的创作活力无穷，他们以独立品格和创新精神创造了一个民族文学的辉煌时期，留下了回味隽永的作品和艺术形象。如阿Q、吕维甫、周作人的美文，徐志摩的《再别康桥》，钱钟书的《围城》……1949年以后，以知识分子为主体的作家逐渐为工农出身的人替代。我们现在从事创作的大部分作家出身农民或市民家庭，学历较低，读书不多，虽曾进过大学，走上了文学创作道路，但"童年情结"导致他们的境界到目前为止却依然拘囿于农民或市民的狭隘，缺乏超越的视野，缺乏"合目的"的善的认知，缺乏审美的提升。有时完全凭借情感和想象臆造历史和生活——帝王、贵族、知识分子——的境况，"创造"出一些怪胎式的人物。如《一夜盛开如玫瑰》中的苏素怀，《大学故事》里的某些教授、学者，以为这就是独辟蹊径，自成高格，就是发现、创造。殊不知在"抖掉两千年的霉气"的同时，在某种程度上也甩掉了人格的独立、精神的自由、艺术的创新和审美的追求，斩断了与优秀的传统文化的连接。胡塞尔强调：不要为了时代而放弃了永恒。这里不是说作家不应该为时代服务，而是感叹我们的一些作家在为时代服务时，把文学艺术的永恒追求丢进了爪洼国，丧失了独立品格和创新精神而不自觉。

三　艺术追求和审美意蕴的低标

文学艺术作品作为作家创作系统的终端，是创作者审美意识、审美理想的外化。审美的失落和错位一方面是历史积淀和时代潮流对于作家的冲击和桎梏，另一方面是作家自身的审美心理、审美情感、审美追求滑坡的结果。作家审美心理的褊狭、审美情感的粗糙、审美追求的低标，必然带来艺术水准的下降。其主要表征为：人物形象塑造的简单和模式化，叙述方式的机械和呆板，语言的浅直和粗陋。

如邓一光的《我是太阳》，由于作者过分地迷恋于宣泄浪漫情感和英雄情结，而丧失了艺术"尺度"，所以在人物性格的开掘、人物形象的塑造方面，失缺了理性的审视、理智的批判和审美的观照，显得粗疏、滞涩，缺乏美感。关山林和乌云形象的塑造最为明显。对战争的宗教般虔诚、狂热，使关山林像一个执拗、褊狭、迷狂而又长不大的孩童，在经历了战争、和平、建设、"文化大革命"之后，仍然天真一派，传奇有加。他不会思考，不顾客观，不信真理，不怕失败，不懂温情，不惜一切，俨然一个被"理想"——战争、打仗——异化了的"单面人"。即使在战争中，关山林也不能算作审时度势的杰出指挥员，只能是一个草莽武夫。他的敢打敢拼，绝不在敌人面前低下头颅的荣耀是用无数战士的鲜血和生命为代价的。"士兵不想当元帅就不是个好士兵"，而一个盲目拼杀、好勇斗狠、嗜血狂热、视士兵的生命如草芥的"将军"又如何能算得上是人格健全的将军、理想主义的英雄？是战争的"极端经验"导致了关山林的非理性狂热，并把它带到了和平年代。乌云与关山林难分轩轾，她爱关山林，理解、宽容他的一切，包括粗鲁、野蛮、过失和不可理喻。在关山林面前，乌云虽然曾对他的愚蠢、自私、背叛有过斥责，但许多时候还是放弃了起码的理智、正常的思维，甚至独立的人格，一切以关山林的意志为转移。乌云似乎不是一个在战火中成长起来的、有一定文化知识和素养的成熟女性，倒像是一个"三从四德""夫为妻纲"的裹脚老太。邓一光小说中的英雄语码，是作为他的理想人生和精神家园的象征出现的，可"英雄"并没有使我们感受生命的苍凉、理想的丰满和壮美的崇高，却因了《我是太阳》和他的某些作品，如《大妈》等读出了封建意识和男权思想，"无求生以害仁，有杀生以成仁"之类的传统意识依然那样根深蒂固。我们历来把"精神"置于身体之上，把群体置于个人之上，把家国置于生命之上，因而藐视生命、藐视人性、藐视人道主义精神成为思维的定式。在世纪末90年代，这个幽魂依然四处游荡，桎梏着精神和社会许多方面。由于审美意识的误区，封建思想没有因遭受批判而有所收敛，而是在某种意义上得到承传和张扬。

刘继明的《我爱麦娘》，写麦娘来到海滨的村庄，开了一家按摩院。此后麦娘成了这个村庄男人注目的焦点。就是这样一个让村里的男人日思夜想、难以忘怀的女人，让村里的女人嫉妒得发疯的女人，在村里掀起轩然大波的美到极致的女人，却被人说成是身上长满了梅毒的妖孽，男人倾慕她的美貌却不敢走进她的按摩院。她成了金钱交易的产物和结果，是商品化时代金钱交易的牺牲品。在刘继明的理念中，这个时代，真正的美已经失落了。美犹如虚无的幻影，只能存在于人们的幻觉中。没有什么能逃脱金钱的主宰，没有什么能逃脱商品的交换法则。现实中的美已经被商品时代的金钱法则毁灭，我们所能见到的美其实是金钱交换后留下的美的废墟。

在叙述方式上，小说叙述节奏和故事的节奏保持协调一致的情况很少见。很多小说的内在的节奏——作者所叙述的故事的节奏，被它外在的节奏——作者叙述的节奏控制了，也就是故事本身的节奏被叙述故事的节奏掌握了。其实，对于小说而言，其故事的内在节奏才是根本的、重要的，它主宰着小说的发展趋向，决定作品的美学价值。我们在小说创作中看到的最多的情景却常常往往如此：很可能故事是惊险和紧张的，而叙述却是平静的、舒缓的；反之亦然。《狼行成双》是一个寓意式的短篇小说，故事紧张而激烈，叙述却徐迂、舒缓。"极"简单而独立，"派"的狼多势众。两派瞬间相遇又即刻分离。"派"中两只狼相互依从，面对挑战配合默契，身陷困厄相互扶助，为了不使对方受到人类的伤害不惜牺牲自己的生命，表现了一种悲壮的美感。可是，与艾特玛托夫的《断头台》里的阿克巴拉和卡什柴纳尔比较就感觉到其中丰满与单一、和谐与参差的差别。《分享艰难》本来可以平静地叙述，但在小说中却紧张而局促。孔太平走到哪里，叙述就紧紧跟上，事无巨细，一览无余。既没有内外节奏协调一致，又缺乏精心剪裁的驾轻就熟，文化内聚力的淡薄导致作品在时间向量上的延续力和渗透力的弱化。

"语言的生机与华美自有一种文化的衬托，二者互为表里。语言的松懈、散漫、随便、媚俗、驳杂不纯等，说到底，还是由于文化底蕴的萎靡不振。"① 许多作家实际是在进行一种"还原性"写作，还原"生活"，还原粗鄙化的口语。如《烦恼人生》《风景》《分享艰难》《何处是我家园》《别让我感动》等，当作家的笔走向随意、走向本能，文学的社会性就越来越稀薄，小说的动物性就越来越浓厚，官能的感受过多切入，人性的审美就无从深入。文化底蕴的不足，使一些作品的语言粗俗、浅露、直白、随意成为阅读无法跨越的障碍，而与美感分道扬镳。"有时候他（公狼）太严肃了，跟七月的太阳似的密不疏风。"（《狼行成双》）"她（宋晓燕）觉着应该把她感到的蹊跷和猜测告诉刘冰，如果以后的情况印证

---

① 蒋孔阳、郜元宝：《当代文学八议题》，《上海文学》1994 年第 12 期，第 68 页。

了她的猜测，她甚至可以和刘冰联手整治杨坤山。她看到由她把杨坤山诱到一个密室。她看到杨坤山一进门就猴急地拥上来，她媚态百状地任他抚弄。……她看到他手忙脚乱地要上来脱她的衣服。不嘛，你先脱，我要你先脱，我要。"杨坤山晃着肥胖的身子扑通一下跪倒在地，双胯间那个罪孽深重的硕物像个不能启动的旧钟摆。"（《寻你到永远》）这种不事修饰，直而露、浅而俗的语言表述俯拾即是。

由于知识的局限，在写作中出现的错讹也不胜枚举。例如，《神崖》里有这样一段："翌年，胭脂河一带闹瘟疫，一位染病的老翁爬到望夫崖下，准备悄悄圆寂。……""圆寂"是特指佛教僧侣的辞世，非俗家人为了求得解脱而寻觅死亡的途径。《一夜盛开如玫瑰》中夜半值勤，面对飞车惊愕失措的交通警察，以及 50 年代篮球场上的三分球，用高粱米做的窝窝头……作家不应该因为创作的数量而忽视艺术水准，更不应由于自我感觉的限定而不愿反思，对创作存在的失误和不足听之任之，现在依然，将来依旧。

从湖北作家的创作现状，我们可以看到"写什么"对"怎么写"的制约，对于某些作家来说，任何一种"非文学"的努力，任何一种"非文学"的角度的发挥，都比艺术努力容易获得影响。但这种影响与艺术永恒的生命相比毕竟是暂时的，或者就是过眼云烟。作家如何避开"轰动效应"、市场空间、主流评价等世俗的诱惑，珍视自己的艺术生命，努力地提高创作水平，更新知识结构，重组话语符码，使自己沉静下来，真正地浸润于审美的、艺术的氛围，不断探索，追求文学艺术的审美价值，是很值得深思的。

曾记得一位美国哲人这样说："宁与柏拉图同悲，不与槽猪同乐。"愿我们的作家在自己的创作中张扬人文关怀和理性精神，提高审美能力和艺术水准，坚持文学创作的独立品格和创造精神，在未来的文学中创作治愈现在的"贫血"症状，走向审美更高的境界。

原载《湖北大学学报》（哲学社会科学版）2000 年第 3 期

小说中闲笔的意味初探

鲁达只把这十五两银子与了金老，分付道："你父子两个将去做盘缠。一面收拾行李。俺明日清早来发付你两个起身，看那个店主人敢留你！"金老并女儿拜谢去了。鲁达把这二两银子去还了李忠。

三人再吃了两角酒，下楼来叫道："主人家，酒钱洒家明日送来还你。"主人家连声应道："提辖只顾自去，但吃不妨，只怕提辖不来赊。"三个人出了潘家酒肆，到街上分手。史进、李忠各自投客店去了。

只说鲁提辖回到经略府前下处，到房里，晚饭也不吃，气愤愤的睡了。主人家又不敢问他。

再说金老得了这一十五两银子，回到店中，安顿了女儿，先去城外远处觅下一辆车儿；回来收拾了行李，还了房宿钱，算清了柴米钱；只等来日天明。当夜无事。次早，五更起来，父女两个先打火做饭，吃罢，收拾了。天色微明，只见鲁提辖大踏步走入店里来，高声叫道："店小二，那里是金老歇处？"小二道："金公，鲁提辖在此寻你。"金老开了房门道："提辖官人，里面请坐。"鲁达道："坐甚么！你去便去，等甚么！"金老引了女儿，挑了担儿，作谢提辖，便待出门。店小二拦住道："金公，那里去？"鲁达问道："他少你房钱？"小二道："小人房钱，昨夜都算还了；须欠郑大官人典身钱，着落在小人身上看管他哩。"鲁提辖道："郑屠的钱，洒家自还他，你放这老儿还乡去！"那店小二那里肯放。鲁达大怒，搓开五指，去那店小二脸上只一掌，打的那店小二口中吐血；再复一拳，打下当门两个牙齿。小二爬将起来，一道烟跑向店里去躲了。店主人那里敢出来拦他。金老父女两个忙忙离了店中，出城自去寻昨日觅下的车儿去了。

且说鲁达寻思，恐怕店小二赶去拦截他，且向店里掇条凳子，坐了两个时辰。约莫金公去的远了，方才起身，径到状元桥来。

且说郑屠开着两间门面，两副肉案，悬挂着三五片猪肉。郑屠正在门前柜身内坐定，看那十来个刀手卖肉。鲁达走到门前，叫声郑屠。郑屠看时，见是鲁提辖，慌忙出柜身来唱喏道："提辖恕罪！"便叫副手掇条凳子来，"提辖请坐！"鲁达坐下道："奉着经略相公钧旨：要十斤精肉，切做臊子，不要见半点肥的在上面。"郑屠道："使得！——你们快选好的切十斤去。"鲁提辖道："不要那等腌臜厮们动手，你自与我切。"郑屠道："说得是，小人自切便了。"自去肉案上拣了十斤精肉，细细切做臊子。

那店小二把手帕包了头，正来郑屠家报说金老之事，却见鲁提辖坐在肉案门边，不敢拢来，只得远远的立住在房檐下望。

这郑屠整整的自切了半个时辰，用荷叶包了道："提辖，教人送去？"鲁达道："送甚么！且住！再要十斤都是肥的，不要见些精的在上面，也要切做臊子。"郑屠道："却才精的，怕府里要裹馄饨；肥的臊子何用？"鲁达睁着眼道："相公钧旨分付洒家，谁敢问他？"郑屠道："是合用的东西，小人切便了。"又选了十斤实膘的肥肉，也细细的切做臊子，把荷叶包了。整弄了一早辰，却得饭罢时候。那店小二那里敢过来？连那正要买肉的主顾也不敢拢来。

郑屠道："着人与提辖拿了，送将府里去。"鲁达道："再要十斤寸金软骨，也要细细地剁做臊子，不要见些肉在上面。"郑屠笑道："却不是特地来消遣我！"鲁达听得，跳起身来，拿着那两包臊子在手里，睁着眼，看着郑屠道："洒家特地要消遣你！"把两包臊子劈面打将去，却似下了一阵的"肉雨"。郑屠大怒，两条忿气从脚底下直冲到顶门；心头那一把无明业火焰腾腾的按纳不住；从肉案上抢了一把剔骨尖刀，托地跳将下来。鲁提辖早拔步在当街上。

众邻舍并十来个火家，那个敢向前来劝。两边过路的人都立住了脚；那店小二也惊的呆了。

郑屠右手拿刀，左手便来揪鲁达；被这鲁提辖就势按住左手，赶将入去，望小腹上只一脚，腾地踢倒在当街上。鲁达再入一步，踏住胸脯，提起那醋钵儿大小拳头，看着这郑屠道："洒家始投老种经略相公，做到关西五路廉访使，也不枉了叫做'镇关西'。你是个卖肉的操刀屠户，狗一般的人，也叫做'镇关西'！你如何强骗了金翠莲！"扑的只一拳，正打在鼻子上，打得鲜血进流，鼻子歪在半边，恰似开了个油酱铺，咸的、酸的、辣的，一发都滚出来。郑屠挣不起来。那把尖刀也丢在一边，口里只叫："打得好！"鲁达骂道："直娘贼，还敢应口！"提起拳头来，就眼眶际眉稍只一拳，打得眼眶缝裂，乌珠迸出，也似开了个采帛铺的，红的黑的绛的，都绽将出来。

两边看的人，惧怕鲁提辖，谁敢向前来劝。

郑屠当不过，讨饶。鲁达喝道："咄！你是个破落户！若只和俺硬到底，洒家倒饶了你。你如何叫俺讨饶，洒家却不饶你！"只一拳，太阳上正着，却似做了一个全堂水陆的道场：磬儿钹儿铙儿一齐响。鲁达看时，只见郑屠挺在地下，口里只有出的气，没了入的气，动掸不得。

鲁提辖假意道："你这厮诈死，洒家再打。"只见面皮渐渐的变了。鲁达寻思道："俺只指望痛打这厮一顿，不想三拳真个打死了他。洒家须吃官司，又没人送饭。不如及早撒开。"拔步便走。回头指着郑屠尸道："你诈死！洒家和你慢慢理会。"一头骂，一头大踏步去了。

街坊邻居并郑屠的火家，谁敢上前来拦他？

鲁提辖回到下处，急急卷了些衣服盘缠，细软银两；但是旧衣粗重都弃了；提了一条齐眉短棒，奔出南门，一道烟走了。

上面所选的是我国明清之际的长篇小说《水浒传》第三回"史大郎夜走华阴县，鲁提辖拳打镇关西"的段落。施耐庵在小说中"不直文情如练，并事情亦如镜"。将"闲笔"用得出奇、出色。他写鲁提辖要打镇关西，先一掌打了店小二，放走了金氏父女。然后，来到状元桥附近的肉铺，消遣郑屠切臊子。"那店小二把手帕包了头……不敢拢来，只得远远的立住在房檐下望。"这是第一处闲笔。臊子切好了，"却得饭罢时候。那店小二那里敢过来？连那正要买肉的主顾也不敢拢来"，这是第二处闲笔，看客除了店小二以外，又增加了要买肉的主顾。郑屠心头"那一把无明业火焰腾腾的按纳不住"了，"托地"跳下柜台，而鲁智深"早拔步在当街上"了。"众邻舍并十来个火家，那个敢向前来劝。两边过路的人都立住了脚；那店小二也惊的呆了。"这是第三处闲笔，看客中除去店小

二、买肉的主顾，又增加了众邻舍和两边过路的人。最后一处闲笔是鲁智深三拳打死镇关西之后，心里想："洒家须吃官司，又没人送饭。不如及早撒开。"如果没有前面的三处闲笔，没有街坊邻居店小二众火家甚至是过路人，鲁提辖拳打镇关西怎会如此惊天动地？可如果没有最后一处写鲁达心理活动的闲笔，拳打镇关西也不会这样痛快淋漓！只有把鲁达需吃官司有没有人送饭才有逃跑的心思写出来，才能勾勒出英雄的气度，把一个杀人不偿命匆匆逃走的莽汉写成一个襟怀磊落的大丈夫、真豪杰。由此可见，鲁达的日后出家落草，都是英雄的权宜之计。无论他走到哪里，无论他怎样做，都是英雄豪杰。

上面的文字中，"百忙中处处夹店小二"的文字，是有名的"极忙者事，极闲者笔"。这种百忙中有"闲笔"的写法，且每一次闲笔的出现都带动了小说的变化和升华，使得叙事疏密有致、急缓有间、刚柔相济。正如金圣叹所说的"笔力奇矫"。

一般说来，闲笔是指小说中非情节性的因素。有时指次要的，交代因果的情节；有时指次要的人物事件；有时指对生活中实有情景的随意点染；有时指一段闲谈、一段闲论或一处闲景、闲话。明清之际的小说点评家金圣叹继承并超越了毛宗岗的小说结构理论，对小说结构中的非情节因素在小说中的作用进行了系统总结，在《水浒传》的评点中提出了"闲笔论"，体现了中国古典小说的结构的民族特征。

关于"闲笔"，金圣叹在《水浒传》的评点中并没有明确的定义。但他在一些回评以及断评中，经常有"闲闲写来""忙中有闲笔"等评点，对"闲笔"给予极高的评价，认为："小说向闲处设色，惟史迁有之，耐庵真才子，故能窃用其法。""从闲处着笔，作者真才子。"① 从文字上来看，闲笔应该是小说中正笔之外的闲逸之笔，往往表现为紧张激烈的情节之余对于场景或人物的白描，叙述之外的抒情，以及看上去似乎无关主旨的谐语。如果单看一段闲笔，有时的确难以辨识其审美价值。但是，恰到好处地运用闲笔，往往体现了作者处理题材驾驭有序、张弛有度的艺术创造力，多层次、多角度地展现小说艺术的审美价值。童庆炳在《现代学术视野中的中华古代文论》中指出："所谓'闲笔'是指叙事文学作品人物和事件主要线索外穿插进去的部分，它的主要功能是调整叙述

---

① 陈曦钟等：《水浒传会评本》，北京大学出版社 1981 年版，第 1019 页。

节奏，扩大叙述空间，延伸叙述时间。丰富文学叙事的内容，不但可以加强叙事的情趣，而且可以增强叙事的真实感和诗意感，所以说'闲笔不闲'。"

分析起来，"闲笔"对于小说的创造与欣赏可以从如下几个方面去领悟：

1. "闲笔"可以丰富小说的审美情趣，增强小说的艺术感染力。小说作为一种叙事文学体裁，本是虚构的艺术。当小说刚从史传文学和寓言文学发展出来时，作者的注意力往往比较多地集中于故事情节的生动曲折，经常选取生活中那些故事色彩很浓的部分加以表现。随着小说艺术的发展，作家逐渐发现许多散落在情节之外的非情节因素同样具有很高的审美价值。这样，非情节因素逐渐进入小说的艺术构思，成为小说的有机组成部分。

当代小说家中，汪曾祺是非常善于运用"闲笔"增强小说韵致与感染力的。在创作上受到西南联大时期的业师沈从文的影响，他的小说《受戒》与沈从文的《边城》非常相似，描绘了一种"桃花源"式的自然淳朴的理想生活。这篇小说情节不是很集中，叙述信马由缰，不受规范的约束。表现在本文中，就是在叙述中插入的闲笔成分特别多。小说名为《受戒》，可是受戒的场面直到小说结束的时候，才通过小英子的眼进行侧面描写。小说一开头写道："明海出家已经四年了。"接下去并没有写明海出家的原因，而是写当地"当和尚"的风俗、明海在荸荠庵里的生活方式、明海与英子一家的关系等。不仅如此，小说在叙述过程中，连还带插入其他事件。如在讲述荸荠庵里和尚的生活方式时，连带写出其他和尚的性格特点，在介绍三和尚的聪明时，连带讲到他不但经忏俱通，而且有"飞铙"绝技，可以在放焰火时出尽风头；讲他为妇女们唱山歌小调，以及当地的和尚与妇女私通的风俗；虽然枝蔓纵横，但摇曳有致，如江南小溪，清冽、活泼、自然。

小说写到明海受戒后，小英子接他回来时，问他"我给你当老婆，你要不要？"明子先是大声然后是"小小声"说"要——！"小说接下来这样写：

芦花才吐新穗。紫灰色的芦穗，发着银光，像一串丝线。有的地方结了蒲棒，通红的，像一枝一枝小蜡烛。青浮萍，紫浮萍。长脚蚊子，水蜘蛛。野菱角开着四瓣的小白花。惊起一只青桩（一种水鸟），擦着芦穗，扑鲁鲁飞远了。

　　这是汪曾祺最有名的作品之一，小说中的闲笔写得非常美妙。小说中顺其自然的闲笔艺术，增强了小说叙事话语的功能，营构了小说美妙的虚构世界。正如作者说的那样："作品语言映照出作者的全部文化修养。语言的美不在一个一个的句子，而在句子与句子之间的关系。包世臣论王羲之字，看起来参差不齐，但如老翁携带幼孙，顺盼有情，痛痒相关。"汪曾祺十分推崇归有光，认为他"以轻淡的文笔写平常的人物，亲切而凄婉"。并夫子自道："我现在的小说里，还时时回响着归有光的余韵。"这篇小说可称是一个典型的注脚。

　　类似的作品还有沈从文的《边城》、汪曾祺的《熟藕》、韩少功的《马桥词典》等。

　　2. "闲笔"扩大了小说的表现范围，增强了小说的文化功能，在某种意义上体现了小说广泛的真实性原则。在小说中，闲笔不仅仅是一种语言行为，更多地表现为一种叙事行为。从语言行为来看，"闲笔"实际上是一种特殊的语言并置，他不仅是作家的自行选择，也反映了文学创作不可回避的意识形态性。因为，"意识形态是个人同他的存在的现实环境的想象性关系的再现"。闲笔扩展了小说叙事的时空范围，增强了小说的文化内涵。

　　鲁迅小说《祝福》的开头有这样的话："明天进城去。福兴楼的清炖鱼翅，一元一大盘，物美价廉，现在不知增价了否？往日同游的朋友，虽然已经云散，然而鱼翅是不可不吃的，即使只有我一个……"从字面上看来，似乎是信手拈来的，与小说的内容关系不大，但如果与小说中"我"的身份及其背景联系起来，就不难看出，这处"闲笔"并非旁逸，而是鲁迅先生匠心独具的构思。请看："一元一大盘"的鱼翅，在"我"看来是那样廉价，而与祥林嫂的工钱相比，却显得十分昂贵，可以形成非常鲜明的对比。祥林嫂在鲁四老爷家从"冬初"到"新年才过"，加上"此后大约十几天"，一共干了三个月零十几天，其间尽管"食物不论，力气是不惜的"，可工钱加在一起，也不过只有1750文，仅够一盘半多一点鱼翅的价钱。她饱经折磨，辛苦劳动，得到的不过是一点点微薄的血汗钱。"我"对于福兴楼的鱼翅感兴趣，也绝不仅仅是因为它的"物美价廉"，而是有深刻的寓意的。从京城到鲁镇，"我"看到辛亥革命已经十几年了，鲁镇仍然是"年年如此"，充满了迷信的旧习丝毫没有改变。甚至辛亥革命失败后，鲁四老爷还在"大骂其新党康有为"。眼见如此腐朽保守的环境，"我"决计要走，由于此刻心情不好，自然想起当年一起革命的朋友，当年他们曾经在福兴楼一同吃鱼翅。那么"鱼翅是不可不吃的"，也正是"我"对曾经革命的朋友和同志的无限怀恋。"往日同游的朋友早已云散"，既写出了辛亥革命的失败，也写出了当时经过辛亥革命洗礼的小资产阶级知识分子彷徨求索的苦闷心情。《祝福》中的这一闲笔，实际上是作者精心提炼、苦心安排的，使读者在不经意中领悟作者深邃的思想意旨，既展示当时的社会存在各个层次的不同观念，也抒写了作者的郁闷心情，言简意深，使小说愈益隽永精粹。

曹文轩的小说《根鸟》，以一个成长中的敏感、固执又带有些傻气的少年——鸟根为主线，写他以梦为马，受到天意的驱使而离家出走，带着对陌生世界的向往和冲动，去寻找那梦中长满百合花的大峡谷与跌落峡谷的女孩紫烟的故事。全书美丽浪漫如同神话，是一部充满情调的小说，其最大的特点就是"闲笔"：小说通过场景的连接来结构全书，每一个场景背后都有一份天意的启示、一个梦的召唤以及一丝宿缘的牵动，闪现着作者哲理的思索和情感的流淌，情与景，虚与实，互相渗透，使整个小说浮游、沉醉于优美的意境里，同时，这种弥漫于小说中的情调以及飘荡于字里行间的神秘色彩，又使成长主题幻化为缥缈但又恒久的思想，呈现出多重意义，正如曹文轩自己所说的："可以将它看成是一部情爱的启蒙小说，也可以将看成一部思考人生的小说，甚至可以将其看成是一部富有哲学意味的小说。"①

这类作品可以阅读三岛由纪夫的《春雪》、蒲松龄的《侠女》、汪曾祺的《受戒》、韩东的《扎根》、迟子建的《清水洗尘》等。

3. "闲笔"营造了小说的诗意氛围，增强了小说的语言情致，使小说语言更富有情趣。王蒙在谈到小说语言时说："小说里边还需要有一种情致。情就是感情的情，致就是兴致的致。我想，所谓情致就是指一种情绪，一种情调，一种趣味。因为小说总是要非常津津有味的、非常吸引人的、非常引人入胜的才行。这种情致是一种内在的东西。它表现出来，作

① 曹文轩：《根鸟·序》，江苏少年儿童出版社 2009 年版，第1—3 页。

为小说的结构，往往成为一种意境。也就是说，把生活本身所具有的那种色彩、那种美丽、那种节奏，把生活的那种变化、复杂；或者单纯，或者朴素；把生活本身的色彩、调子，再加上作家对它的理解和感受充分表现出来，使人看起来觉得创造了一个新的艺术世界。"① 可以这样说，小说的语言情致不一定因有闲笔而增添，但通过闲笔来抒发情感，建构小说的抒情的诗意氛围，无疑是一种很好的营造语言情致的方式。

王蒙的《蝴蝶》中有这样的书写：当海云被划为右派后，她向张思远提出离婚，张思远看到离婚后的海云脸上出现的喜气时，他异常愤怒。紧接着是两段这样的文字：

> 枝头的树叶呀，每年的春天，你都是那样的鲜嫩，那样充满生机。你欣悦地接受春雨和朝阳。你在和煦的春风中摆动你的身体。你召唤鸟儿的歌喉。你点缀着庭园、街道、田野和天空。甚至于你也想说话，想朗诵诗，想发出你对接受的你的庇荫的正在热恋的男女青年的祝福。不是吗？黄昏时分走近你，将会听到你那温柔的声音。你等待着夏天的繁茂，你甚至也愿意承受秋天的肃杀，最后飘落下来的时候，你甚至没有一声叹息。……但是，如果你竟是在春天，在阳光灿烂的夏天刚刚到来之际就被撕掳下来呢？你难道不流泪吗？你难道不留恋吗？……

> 然而，汽车在奔驰，每小时六十公里。火车在飞驰，每小时一百公里。飞机划破了长空，每小时九百公里。人造卫星在发射，每小时两万八千公里。轰隆轰隆，速度挟带着威严的巨响。

这两段与主情节无关的闲笔，前者抒情，后者隐喻，富有象征意味地揭示了海云的命运——她犹如一片无声无息的绿叶，在历史的狂飙、时代的车轮面前，个人又算得了什么啊！在此，王蒙利用闲笔营造了诗意的氛围，烘托了小说的气氛，使小说的悲剧色彩更加强烈。

闲笔还可以在叙述中为下文埋下伏笔。沈从文《八骏图》小说刚开始不久，写到达士先生刚刚在住处安顿下来，在窗前伏案给未婚妻写信

---

① 王蒙：《关于短篇小说的创作》，《王蒙文集》第 7 卷，华艺出版社 1993 年版，第 147—148 页。

时，抬头看到窗外的草坪中走过的黄衫女子，"恰恰镶嵌在全草坪最需要一点黄色的地方"，一时心旌摇动，"达士先生于是把寄给未婚妻的第一个信，用下面几句话作了结束：学校离我住处不算远，估计只有一里路，上课时，还得上一个小小山头，通过一个长长的槐树夹道。山路上正开着野花，颜色黄澄澄的如金子。我欢喜那种不知名的黄花"。这里似乎是一处闲笔，达士先生随意看到的风景中，存在着这样一个恰到好处的女子。在后文中，这个女子很久都没有出现，好像被达士先生和作者都忘记了。但在小说即将结束的时候，这个黄衫女子突然在达士先生的生活中变得举足轻重了，她其实是常常出现在他的视野，还有心里，并激起他很多不着边际的想象。他在这一地的教授生涯行将结束时，再也不能忍耐对她的猜测，于是便向住处的听差王大福打听她的来历。故事的结尾，达士先生在几经挣扎后选择了留下来，听凭那个诱惑对自己的处理。此时我们再回顾当初的那句"恰恰镶嵌在全草坪最需要一点黄色的地方"，不由得对从文先生的安排会心一笑。黄色历来是有情欲的含义在里面，而这欲求虽然在小说开始处并没有迈出理性的门槛，却早已在达士先生的心里活跃着。

闲笔还可以避免叙事的沉闷乏味，增加小说的幽默感。《水浒传》第三十一回有一段幽默风趣的"闲笔"：

> 众人见轿夫走的快，便说道："你两个闲常在镇上抬轿时，只是鹅行鸭步，如今怎地这等走的快？"那两个轿夫应道："本是走不动，却被背后老大栗暴打将来。"众人笑道："你莫不见鬼，背后哪得人？"轿夫方敢回头，看了道："哎也！是我走得慌了，脚后跟直打着脑杓子。"众人都笑。

这段"闲笔"金圣叹连批了五个"妙"字，显示了小说非常强烈的幽默感和高超的语言技巧。

此外，小说的闲笔可以传达出人物的细致入微的情感。《水浒传》第二十四回写武松离家一段，兄弟二人相互叮咛、情意绵长的话语时，金圣叹点评道："兄弟二人，武大爱武二如子，武二又爱武大如子。武大自视如父，武二又自视如父，二人一片天性，便生出此句话来，妙绝。"第二十八回又批道："极闲处无端生出一片景致，便陡然将天伦之乐，直提出来，所谓人皆有父子，我（武松）独亡兄弟也。"

　　严歌苓的小说《老囚》，描写在狱中度过了大半生的姥爷时，形象地写道："他一口一口地吸烟，吸得两个凹荡的腮帮子越发凹荡。粗劣疏松的烟草钻了他一嘴，他不停地以舌头去寻摸烟草渣子。这唇舌运动使他本来就太松的假牙托子发出不可思议的响动：它从牙床上被掀起，又落回牙床，'呱啦嗒、呱啦嗒'。"几个小动作，两句象声词，便将姥爷过往监狱生活的寡淡和无味暴露了出来，才有了为看女儿的演出甘冒生命危险的壮举。小说运用象声词作为闲笔，活化了人物的内心世界。

　　考察小说的"闲笔"，要注意到小说不能为"闲笔"而"闲笔"，"闲笔"应该成为小说血肉相融的有机组成部分。只有这样，小说的"闲笔"才能与小说一道焕发出其生命力。

论文学欣赏中的再创造

文学欣赏是读者为获得审美享受而进行的一种精神活动，是读者为了满足自己的审美需要，对文学作品所进行的带有创造性的感知、想象、体验、理解和评价活动。文学欣赏是个体的人对于具体的文学作品的阅读、感受、理解和想象活动。

文学欣赏活动是由欣赏对象——文学作品和欣赏主体——阅读者之间的阅读关系构成的。文学欣赏对象是由作家创作完成的文本形态，它一经诞生，就进入了自己的生命史。文学作品既然是有生命的，也是向着读者开放的，那么它的历史性就取决于读者的阅读和理解，取决于读者的以情感应。

文学欣赏的过程在某种意义上是一个移情的过程。欣赏活动中的移情现象由两个方面构成：一方面，欣赏主体——读者把自己的情感、记忆、意志、思想带进阅读过程，并投射到作品中的人物、事件、山川、风物上去，"登山则情满于山，观海则意溢于海"。如"感时花溅泪，恨别鸟惊心"（杜甫《春望》）。对国破家亡的动乱时势，花也迸溅泪水，鸟儿也感到惊心；"多情却似总无情，惟觉樽前笑不成，蜡烛有心还惜别，替人垂泪到天明"（杜牧《赠别》）。蜡烛也理解人间的离愁别绪，落下一滴滴同情的眼泪；"众鸟高飞尽，孤云独去闲。相看两不厌，只有静亭山"（李白《独坐静亭山》）。山有性命，与人同心，一派闲适心境，飘逸潇洒，诗人与山相互观照，一点也不厌倦。因为"我们总是按照在我们自己身上发生的事件类比，即按照我们切身的经验类比，来看待我们身外发生的事件"[1]。当我们把自己亲自得来的东西——感觉、努力和意志灌注在我

---

[1] ［德］立普斯：《论移情作用》《再论移情作用》，参见蒋孔阳主编、李醒尘编《十九世纪西方美学名著选》，复旦大学出版社1990年版，第601页。

们所阅读的作品之中时，我们就是在移置情感，向它"灌注生命"。另一方面，我们欣赏的对象——文学作品，并不是事物本身，而只是标志事物的语言符号，我们是通过语言符号所展示的典型、意象才观照文学作品的形象的。只有将以上两个方面结合起来，才可能完成文学欣赏。此时，欣赏主体就获得美感，作品就成为审美对象。因为"审美的欣赏并非对于一个对象的欣赏，而是对于一个自我的欣赏"①。

据《乐府古题要解》说，伯牙曾学琴于成连，三年过后，基本技巧已经完全掌握，但在演奏的时候还不能做到情感专注，难以获得精神上的感染力。成连就对伯牙说，"我的琴艺还不能具有感动人的能力，我的老师在东海中，他可以教你'移情术'"。于是伯牙带了粮食、行囊，跟随老师来到蓬莱山。老师说："我这就迎接我的老师去！"于是，划船远去，十天没有转回。伯牙在期待中苦等，孤独而又感伤，四处张望，不见老师，只听得"海水汩没，山林窅冥，群鸟悲号"，骤然顿悟，仰天长叹，"原来是老师想用自然界的涛声鸟鸣来感发我的感情"②。这个故事虽然不完全是关于文学作品的感受，但是它告诉我们一个道理：只有自己感受到的情感，才能产生激发、调动真挚的感情，才能更加深入地理解作品中的感情。

文学欣赏活动可以分为感受、体验、想象等若干阶段。感受是指文学欣赏活动中的感觉和知觉效果，是读者把文学文本的语言作为艺术符号进行把握的心理活动。作家创作，是把自己展示自己的思想情感的艺术形象熔铸于语言符号加以物化，生产文本。读者欣赏文学艺术，是把语言符号还原为艺术形象，在自己的头脑中映现出来。如曹雪芹在《红楼梦》第四十八回的"香菱学诗"一节写到，香菱开始学诗，不得其解，后感受日深，她认为"诗的好处，有口里说不出来的意思，想去却是逼真的。有似乎无理的，想去竟是有理有情的"。她举了《塞上》一首为例说："'大漠孤烟直，长河落日圆。'想来烟如何直？日自然是圆的：这'直'字似无理，'圆'字似太俗。合上书一想，倒像见了这景的。"香菱所体会的，正是诗歌审美感受的独特性。

---

① 蒋孔阳主编、李醒尘编：《十九世纪西方美学名著选》，复旦大学出版社 1990 年版，第 596 页；李醒尘：《西方美学史教程》，北京大学出版社 1994 年版，第 477 页。

② 参见（唐）吴兢《乐府古题要解》，中华书局 1991 年版。

在文学欣赏活动中，体验是从外在形式进入到内在形式——对作品意义的把握和理解，带有"以身体之，以心验之"的亲历性感受。马克思在《1844年经济学哲学手稿》中指出，人类活动的特性就是自由自觉的生命活动，人通过这种自由的生命活动使一切对象性的现实成为人的本质力量的现实。只有当对象对人来说成为人的对象或者说成为对象性的人的时候，人才不至在对象里面丧失自身，人才不仅通过思维，而且以全部感觉在对象世界中肯定自己。[1] 这里的全部感觉是说，人在欣赏文学作品时，全身心地投入其中，从对象世界中体验到自己的生命存在。如《红楼梦》第二十三回《西厢记妙词通戏语，牡丹亭艳曲警芳心》中写道：

> 正欲回房，刚走到梨香院墙角处，只听见墙内笛韵悠扬，歌声婉转，黛玉便知是那十二个女孩子演习戏文。虽未留心去听，偶然两句吹到耳内，明明白白，一字不落，唱道是："原来是姹紫嫣红开遍，似这般，都付与断井颓垣……"黛玉听了，倒也十分感慨缠绵，便止住步侧耳细听，又唱的是："良辰美景奈何天，赏心乐事谁家院……"听了这两句，不觉点头自叹，心下自思："原来戏文上也有好文章，可惜世人只知看戏，未必能领略其中趣味。"想毕，又后悔不该胡想，耽误了听曲子。再听时，恰唱道："只为你如花美眷，似水流年……"黛玉听了这两句，不觉心动神摇。又听道："你在幽闺自怜……"等句，越发如痴如醉，站立不住，便蹲身坐在一块山子石上，细嚼"如花美眷，似水流年"八字的滋味。忽又想起前日古人诗中，有"水流花谢两无情"之句；在词中有"流水落花春去也，天上人间"之句；又兼方才所见《西厢记》中"花落水流红，闲愁万种"之句；都一时想起来，凑聚在一处。仔细忖度，不觉心痛神弛，眼中落泪。

这是因为杜丽娘"爱而不得其爱"的幽怨、哀伤，勾起了黛玉内心同样"爱而不得"的悲苦、忧伤。这共同情感体验，导致林黛玉在听《牡丹亭》时，产生了一种刻骨铭心的情感体验，达到了感同身受的强烈

① 参见［德］马克思《1844年经济学哲学手稿》，《马克思恩格斯全集》第42卷，人民出版社1979年版。

共鸣，从而陷入了难以自拔的程度。通过这种惟妙惟肖的描写，我们可以看出林黛玉对《牡丹亭》中曲文的欣赏，包含了个人体验的反复进行和逐步深入。

文学欣赏中的体验，主要表现为两个方面，其一，对于作品中人物经历命运和思想情感的体验；其二，对于作家思想情感的体验。《红楼梦》中林黛玉为何听到《牡丹亭》的戏文会"心痛神驰"，潸然落泪，是因为黛玉自幼寄人篱下，过着抑郁寡欢的日子，情感与精神受到很大的压抑。她敏感多思，情感丰富，自然会感受到比一般女性更多的不幸和哀怨。《牡丹亭》所表达的思想感情，拨动了林黛玉的心弦，连同《西厢记》以及唐代崔涂的《春夕》、南唐李煜的《浪淘沙》等古诗词中的形象，一并涌入脑海，经过"仔细忖度"之后，一时五内俱痛，百感交集，"眼中落泪"。梁启超先生在《论小说与群治的关系》中指出："凡读小说，必长若自化其身焉，入于书中，而为其书之主人翁。""夫既化其身以入书中矣，则当其读此书时，此身已非我有，截然去此界以入彼界。""书中主人翁而华盛顿，则读者将化身为华盛顿，主人翁而拿破仑，则读者将化身而为拿破仑，主人翁而释迦、孔子，则读者将化身为释迦、孔子。"读者的化身入书，正是由于对于书中人物情感命运聚精会神的体验，而到达物我两忘的审美境界的真实写照。

文学欣赏过程中，不仅要有丰富的感受、体验，丰富的想象也是必不可少的。想象不仅可以依据文本所给定的语言符号，进行阅读和欣赏，而且可以通过改造头脑中的记忆表象而创造出新的形象，使作家创造的更深层次的含义获得再度创造。意大利美学家缪越陀里指出："想象大半都把无生命的事物假想为有生命的。……一个情人的想象，往往充满着形象，这些都是由所爱对象在他心中引起的。例如他的狂热的热情使他想到所爱对象对他的温存简直是一种天大的稀罕的幸福，以至于他真正地而且很自然地想到其他一切事物，连花草在内，也在若饥若渴地想望求的那种幸福。"我们读到"昔我往矣，杨柳依依"（《诗经·小雅·采薇》），"人面不知何处去，桃花依旧笑春风"（崔护《题都城南庄》），"我见青山多妩媚，料青山见我应如是"（辛弃疾《贺新郎》），"出污泥而不染，濯清涟而不妖"（周敦颐《爱莲说》），"明媚的自然，多么美妙！太阳多辉煌，原野含笑！"（歌德《五月之歌》）虽然它们只是一堆文字符号的组合，却能够在我们的脑海里自然地唤起杨柳、桃花、美人、青山、莲花、原野等自然形象，唤起离别、不舍、清纯、交流、激赏等情感。

果戈理曾以充满想象的文字评价过普希金的抒情诗歌，他说：

> 他这个短诗集给人呈现了一系列晕眩人眼目的图画。这里是一个明朗的世界，那只有古人才熟悉的世界，在这个世界里自然是被生动地表现了出来，好象是一条银色的河流，在这急流里鲜明地闪过另外灿烂夺目的肩膀，雪白的玉手，被乌黑的鬈发像黑夜一样笼罩着的石膏似的颈项，一丛透明的葡萄，或者是为了醒目而栽植的桃金娘和一片树荫。这里包含着一切：有生活的享乐，有朴素，又以庄严的冷静突然震撼读者的瞬息崇高的思想。……这里没有美的辞藻，这里只有诗；这里没有外表的炫耀，一切是那么简洁，这才是纯粹的诗。话是不多的，却很精确，富于含蕴。每一个字都是无底的深渊；每一个字都和诗人一样地把握不住。因此就有这种情形，你会把这些小诗读了又读……

当然文学欣赏不仅是单纯的接受，在文学欣赏过程中，欣赏主体带有强烈的创造性，这种创造是基于作家创造的一种再创造。接受美学的代表姚斯曾经指出："一部文学作品并不是一个独立存在的并为每一时代的每一读者都提供同一视域的客体。"[1] "它不是一座自言自语地揭示它的永恒本质的纪念碑，它倒非常像一部管弦乐，总是在它的读者中间引出新的反响，并且把本文从文字材料中解放出来，使之成为当代的存在。"[2] 我们所说的一千个读者就有一千个哈姆莱特，就是这个道理。审美欣赏的再创造有两个特点，一个是对于作品形象的补充与丰富，一个是对于作品意义的发现与增添。关于形象的补充与丰富我们在前文已经有所涉及，这里主要谈谈作品意义的发现与增添。文学作品的意义隐含于语言符号之中，隐含于文学形象之中，并不直接向欣赏者呈现。因而在文学欣赏活动中，文

---

① 这里我追随着 A. 尼森（A. Nisin）对于语文学方法中潜在的柏拉图主义的批判，见《文学与读者》（法文版，巴黎，1959），第 57 页。

② ［德］姚斯：《文学史作为向文学理论的挑战》，载胡经之、张首映主编《西方二十世纪文论选》第 3 卷，中国社会科学出版社 1989 年版，第 154 页。

学的意义需要读者自己去发现、开掘、思考、领悟。

丹麦著名诗人奥利·萨尔维格在《苍白的早晨》中写道："我总是听到真理叫卖他的货物/在房屋与房屋之间。/可我打开窗户时/小贩和他的手推车一起消失，/相貌平常的房屋挤在那里，/她们惨淡的阳光的笑容，/在像往常一样的日子中。//伟大的早晨来临。巨大的光源在太空燃烧。/清淡的艳丽色彩/在寒冷中颤抖。/真理在我耳边喧闹/又越过许多屋顶，/到达另一些街道，/此刻别人听见他的叫喊。"（北岛译）陈超解读该诗认为：诗歌反映了20世纪人类"认识型构"的演变，诗人善于"从自然中寻找心灵的'客观对应物'，经由个体生命体验来表达人类的生存处境"。他说："这是以太阳来隐喻人对价值真理的追求。它不仅涉及到真，而且涉及到美、善和为理性而奋斗的不屈精神。"

苇岸在《大地上的事情·放蜂人》中写道：

> 放蜂人在自然的核心，他与自然一体的宁静神情，表现他便是表现自然的一部分。每天，他与光明一起工作，与大地一同沐浴阳光或风雨。他懂得自然的神秘语言，他用心同他周围的芸芸生命交谈。他仿佛一位来自历史的使者，把人类的友善面目，带进自然。他与自然的关系，是人类与自然最古老的一种关系。只是如他恐惧的那样，这种关系，在今天人类手里，正渐渐逝去。

在此，放蜂人的担忧，既是作家的夫子自道，也可以成为读者的切身感受。庄子说过："天地有大美而不言，四时有明法而不议，万物有成理而不说。"面对自然的坦荡无言、博大宽容和深邃神秘，只有静观、倾听、悟道才是更明智的举措。

《静夜功课》是张承志散文的佳作，也是代表他思者意识的重要作品。在夜深人静的"清冷四合"中，亲人在安睡，作家却张开思想的翅膀，思考、遐想。高渐离在目盲的黑暗中看到了什么？鲁迅的《野草》在20世纪早期的夜色里，沉吟抒发，直面黑暗。高渐离的筑和鲁迅的笔都曾是作为利器存在的，而如今"满眼丰富变幻的黑色里，没有一支古雅的筑"。"见离毁筑，先生（鲁迅）失笔，黑夜把一切利器都吞掉了。"在张承志的眼里，"古之士子走雅乐而行刺，选的是一种美丽的武道；近之士子咯热血而著书，上的是一种壮烈的文途——但毕竟是丈夫气弱了"。他崇尚古代的英雄豪气，同时尊崇鲁迅的"直面黑暗，为的是"弥补正气，充溢豪情。因为张承志具有丰厚的历史学识，长久都在阅读《史记·刺客列传》与鲁迅的著作，深入骨髓的是黑夜中古雅与刚烈共存的美感，在黑夜中寻找共鸣的默契。在一个偶然的、墨色浸透身躯的静夜里重新回味，感动与感悟就顿时涌来，感觉也就"神清目明，四体休憩"。在这启示般的黑暗里，独自神游，静夜的功课总是有始无终。它通向了精神的高处，通向了未来的邈远。

从葛红兵《悼词》说开去

青年学者葛红兵于世纪末在《芙蓉》上发表了《为20世纪中国文学写一份悼词》和《为20世纪中国文学批评写一份悼词》（以下简称《悼词》）。两份"悼词"如投石击水，在世纪末文坛再掀波澜。细读"悼词"，我虽然对葛红兵文章中过多地宣泄感情、感性，一味地逞才使气，缺少对于作家、作品深入细致的解读、品评和客观的、扎实的探察、考据，过于苛责作家的不完美，过分强调文品与人品的联系，论述中思维与某些提法的杂糅含混不以为然，但我还是深感其中提供了值得珍视的丰富的话题。我对葛红兵对于20世纪文学和文学批评的激情指斥深感认同，同时也为他的真诚、犀利、敏锐和胆识击节。"我不知道除了赤诚的心灵冲撞与坦率的言语态度，除了对文学的热爱而无所顾忌的直陈己见，还有什么正当的批评态度。"[1] 我想：如若不是出于对文学的真挚的爱，不是为当下和未来的文学能出现人格健全、品质卓越的大师而焦灼，而忧心，仅仅是出于个人功利的目的，葛红兵完全不必以他的偏激的沉痛、片面的深刻去与整个20世纪文学较劲，对某些人心目中视为神明的鲁迅、钱钟书以及众多作家从人格到文学创作、文学语言、审美境界方面存在的缺陷、误区、错失口诛笔伐，竟然认为20世纪文学差不多是一片"空白"，以触目惊心的《悼词》来祭奠20世纪中国文学。

葛红兵的《悼词》发表后，文学界评说者众，正视其价值或赞同者寥寥，批评、挞伐之声四起。批评本来也是正常的学术争鸣，无论态度如何激烈，语言如何刻薄，都可以阐述自己的一家之言。可令人难以理解的是，很多批评者在批评葛红兵的《悼词》横扫一切，随意"解构"历史，

---

① 陈思和：《充分对话的圆桌》，《文学报》2000年3月第1115期第1版。

"学识素养""学术姿态""学风和文风"存在严重问题的同时，所使用的也不是其自奉的严谨的学理研究和严肃的文本批评，认真发现、仔细推敲、分析《悼词》存在的学理、知识的悖谬、错讹，站在理性精神的高度坚持文学批评的基本的价值标准和参照原则，进行平等、自由的对话、讨论，而是以文学裁判自居，运用话语霸权抡棒棒、"亮红牌"，大有把《悼词》的作者罚下讲台，逐出文坛之势。有的在葛红兵的学位、职称方面言语相谪，训斥有加；有的冲发一怒，骂骂咧咧，没有了温文尔雅，更缺少"费厄泼赖"。有批评者告诫葛红兵，"单纯的纠缠与叫骂不是文学批评，它失去了文学批评的理性精神而成为了感性或某种欲望的俘虏"。恰恰有些批评者自己是以叫骂和纠缠代替批评，以意气的发泄取代学术的探讨。这让我想起周作人的感叹："昔者巴枯宁有言，'历史唯一的用处是警戒人不要再那么样'，我则反其曰'历史唯一的用处是告诉人又要这么样了！'"（《周作人散文钞·废名序》）在新世纪到来之时，我们尤其应该警惕文学史上曾经出现的悲剧，回到学术的讨论中来。我愿用伏尔泰的话与文学同仁共勉："我不同意你的意见，但我要用生命来保卫你说话的权利。"

在我看来，葛红兵批评立场的转变并非偶然。我注意到：从1999年第4期至第6期在《小说评论》上发表《世纪末中国的审美处境——晚生代文学论纲》起，葛红兵的文学批评观念已经开始发生变化，他对于"晚生代"暧昧、颓唐、倦怠的"午后的审美"，沉湎于酒吧、迪厅，性格软弱无力，没有人性中正义、忠诚、献身、义务等"永恒的力量"，情节碎片化的批评，要求"透视历史轮回，将人的历史命运和现实境遇联系起来的思想的写作"，在"文学文本的有限性中让我们看到历史的无限意志，并且同时让我们看到自己在其中的宿命以及对于命运的悲剧性抗争"[①]。基本显现了葛红兵的文学立场和艺术评判尺度演变的端倪。葛红兵由"晚生代""后先锋"热情鼓吹者摇身一变为激进的、守节的"道德卫士"和20世纪文学祭奠者，是可以寻到其思想脉络的。

关于《悼词》所指出的作家问题，我觉得既与我们的历史、时代、道德有关，也与作家自身的经历有关。因为"文以载道""功用诗学"

---

① 葛红兵：《世纪末中国的审美处境——晚生代文学论纲》，《小说评论》1999年第4—6期。

是中国历来的传统，"学而优则仕"的道路一朝被阻断，知识分子就失去了依附。徘徊、迷惘、痛苦、犹豫在所难免。加之在20世纪中国社会特定发展进程中，哲学、社会学、历史学……的不发达，致使中国知识分子的对于哲学、社会学、道德方面许多的思考，不得不通过文学艺术来进行表达，文学艺术被视为社会生活的"晴雨表"，一直处于时代的中心，不可能真正做到文学之为文学，艺术之为艺术，这是20世纪中国文学艺术的不幸和悲哀。文学艺术的创造者——作家——知识分子作为带有"原罪"的异己者在20世纪的一大段时间内，称呼之前被冠以"资产阶级"，其位置是固定的，是被教育、改造—革命的对象，根本不存在也不可能存在与权力者和上层社会对话、对抗的立场、意识和可能。矛盾、尴尬的悲哀处境，严重地制约着作家——知识分子的思想、理念、行为。严酷的生存环境，文学艺术与社会、政治、道德捆绑式的"密切"，关系，以工具理性取代价值理性和审美判断，过分强调文艺的革命性、阶级性、政治性的现实存在，使作家——知识分子在文学创作——反省现实社会的同时，病态地举起锋利的解剖刀，不断地刺向自己，不断地反省自身——赎罪。这是20世纪后半叶中国知识分子毋庸讳言的历史真实，其中的例证真可谓俯拾即是。

即使是优秀如鲁迅，思想深处也存在着极为深刻的内在矛盾，反映在文学创作中，就表现为执着启蒙又怀疑启蒙，鲁迅直至晚年仍然肯定地承认"说到为什么做小说罢，我仍抱着十多年前的启蒙主义"（鲁迅《我怎么做起小说来》）。但是，鲁迅又确信中国"假如一间铁屋子，是绝无窗户而万难破毁的"，于是他犹如一匹"受伤的狼"，"经常深夜在旷野中嗥叫，惨伤里夹杂着愤怒和悲哀"。在文学—杂文创作中，常常睚眦必报，用"以其人之道还治其人之身"的双刃剑，在杀伤对手的同时，又极大地伤害了自己。意识到桎梏又突不破桎梏，敏感到障碍又难以冲破障碍，噩梦醒来无路可走的困窘，我们都可以在鲁迅创作的《狂人日记》《药》《孤独者》《铸剑》等诸多作品中找到踪迹。

葛红兵在《悼词》中认为鲁迅精神中缺少与现代民主观念、自由精神相同一的内核，"鲁迅终其一生都没有相信过民主……因为他是一个彻底的个人自由主义者"。我认为葛红兵有一定道理，但又感觉似乎不大确切。鲁迅出身封建大家庭，在宗法家长制的社会中度过他的童年、少年、青年，立雪章门，谙熟古籍，传统思想自然不可能完全抛到爪洼国去。留学东瀛后，接受进化论和西方哲学思想，开阔了视野，形成了独到的对世界、人生、社会、历史的观点。可是，当自己飞了一圈又飞回来，回到故国之后，面对阴霾的天空，生活的重压，长子、长兄的责任，无爱的婚姻……鲁迅在痛苦中犹疑、选择、取舍，渴望寻找一条适合的道路，心灵的承荷已经到了极致，产生了思想深处在某种程度上可以说是机会主义的因子。鲁迅在文学、美学思想上的功利与非功利的动摇，取舍标准的变化；在《文化偏至论》中对"平等自由之念，社会民主之思"的指责，对"民主""科学"的隔膜，对民主共和体制的怀疑，对斯蒂纳、叔本华、克尔凯郭尔等的分析与批判；在《华德焚书异同论》中为秦始皇鸣冤，认为他与攻陷亚历山德府的阿拉伯人、希特勒之流不可作同日语，秦始皇烧书是为了统一思想，而后者是断不能做出车同轨、书同文的大业的；在《汉文学史纳要》中对于李斯的赞誉，以及后来对马克思主义、共产主义思想的妥协的"聪明"态度：断然拒绝李立三希望他以真实姓名发表文章骂蒋介石要求；他晚年与周扬等"左联"领导人的关系和斗争，等等，而这一切，或许可以昭示鲁迅思想矛盾、彷徨、猜忌、绝望和他破坏、斗争、改造的内在欲望动因。

鲁迅身后，40 年代以降，无论是客观环境还是主观心境，都使知识分子（包括作家）为外在强加于己的"原罪"（非工农出身）所恐惧、所不安、所异化，以"思考"为本职的知识分子居然失去了独立思考的能力，停止了思考，知识分子和劳动大众的关系更是由启蒙和被启蒙倒转成了被教育者和教育者的关系，知识分子的人格彻底地被挤压而萎缩，被"驯化"或"半驯化"，成为依附于无产阶级——工农政权的"驯服工具"。无论是毛泽东的《在延安文艺座谈会上的讲话》，确定文艺为工农兵服务的唯一方向；还是 50 年代以后作为文学的原则提出的"文学为政治服务"，都把特定历史条件（战争环境中）下为取得胜利，统一思想、渡过难关而进行的文艺清理的基本思想无限扩大，任意引申和推广，成为评价和平时期文学艺术，对待知识分子的标准。文化—政治一体模式的形成，严重地制约了文学艺术的发展和繁荣。"以知识分子为基本力量的作家队伍最终被以工农出身的人取代了。"[①] 受物质条件、家庭环境、教育程度、文化艺术素养的限制，40 年代以后成名的工农出身的作家，在文

---

① 　谢泳：《论中国现代作家的出身》，《旧人旧事》，上海人民出版社 1996 年版，第 99 页。

学艺术创作、审美品质方面均呈现平面化、简单化的倾向。1949 年以后，一切以政治意识形态为准则，以长官意志为转移，知识分子落入了被强行改造和群体"自谴"的境遇。"旧社会的残渣余孽"、"资产阶级知识分子"、"新时代的落伍者"，这样的谴责与自我谴责，从报纸、杂志和许多知名作家以及从"旧社会"过来的知识分子检讨、文章中不断流露出来，成为一个时代宿命的象征。"向人民靠拢"，"改造思想"，是知识分子包括作家的唯一选择和出路。50 年代，"胡风反党集团"、小说《刘志丹》"三家村"文字狱式的冤案；"文化大革命"中对作家艺术家——知识分子全体生命、思想和艺术的摧毁性打击，是 20 世纪中国文化、文学艺术最令人触目惊心的伤痕。

文艺的管理者把特定历史条件下对于文艺的特定功能的要求无限扩大，"政治化"成为文化人——作家共同现象。简单的"理想"，庸俗的"审美"，盲目的服从，巨大的遮蔽，使曾经风格各异的文学艺术家日益趋同。作家无法也不可能找到"以人为本"，发挥自己优势的文学创作的实践之路，只能是被动地、机械地、言不由衷地紧跟形势和图解政治、政策，紧张地关注现实，极力作出适合它的反应，生怕一着不慎，使本来就乖舛的命途更雪上加霜。现代文学史上的鲁、郭、茅、巴、老、曹等，除去鲁迅过早辞世外，其余的著名作家有的不得已无可奈何地搁下了自己手中的创作之笔，如沈从文、废名……有的虽然仍在写作，却也战战兢兢，缩手缩脚，左顾右盼，不断地修改自己的思想、创作和以往的作品，甚至再也无法达到或超越自己的过去。郭沫若、茅盾、巴金、老舍、曹禺、何其芳……没有哪一位作家的创作在艺术造诣、审美意蕴方面达到或超过自己 40 年代以前的创作。"在某种意义上，一部 20 世纪的中国历史，正是不断损害中国人的艺术创造力，降低他们艺术境界和鉴赏品位的历史。"①

文学艺术没有国界，是属于全人类的。我们评价 20 世纪中国的作家、作品，不可能关起门来，以我为中心，自说自话，自我陶醉，只能以异国的文学艺术作为参照系，因为"欲扬宗邦之真大，首在审己。亦必知人，比较既周，爰生自觉"。就是说首先要看清自己，光靠自己看自己是不可能看清楚的，那就要有一个他者的存在。用他者为参照，去除遮蔽，在与

---

① 王晓明：《刺丛里的求索·自序》，《太阳消失之后——王晓明书话》，浙江人民出版社1997 年版，第 19 页。

他者的对照中看清自己——在与异质文学的对比中见出我们的特质、我们的缺憾。如果平心静气地去探察，20世纪中国文学存在的薄弱、不足是昭然若揭的。我们至今没有令世界瞩目的文学大师，也缺少世界一流的文学艺术作品。我们的作家在创作中，不是表现出对理想强烈的追求和崇高的迫切企慕，以博大的襟怀、高尚的人格、执着的精神埋身于抵抗之中：抵抗不合理的存在；抵抗现实中的封建、专制邪恶；不是崇尚科学精神，追求人道主义，人性关怀；"通过我的神秘的祭品、我的作品使得处于边缘的人类不至于坠落下去……自愿成为了一个赎罪的牺牲品"（萨特《词语》）。而是满足于"弘扬主旋律"，满足于获奖（为了能够获奖不惜修改作品），满足于出名，满足于安逸的生活，思想停留于农民小生产者和小市民的自给自足，庸俗狭隘，在"弃圣绝智"的时候连"道"也一起抛弃，既不存在真诚的"虚无"，也没有所谓穷而后工、不平则鸣的努力和勇气，甚至不愿意睁了眼看取"惨淡的人生"，应和着来自庙堂的和主流文学的声音，对于现实存在的不合理表现出极大的认同欣赏和赞美，义无反顾地将文学艺术降格为承载具体社会生活问题的工具。列宁指出："每一个艺术家和一切自命为艺术家的人，都有权自由地从事创造按照自己的理想而不听命于任何人。"文学艺术的自由，取决于感受自由，写作自由，阅读自由，对于文学艺术创造的限制，实质上是创作者在自己精神自由受到贬抑的同时，也贬抑他人的精神自由。因而，葛红兵在两份《悼词》中所阐述的我们在一个世纪中存在的文学创作、文学批评的局限、缺失值得引起反思，以为未来的文学艺术创作拓宽道路。

知识分子的价值在于他能够自由、独立地思想，大胆地说话，勇敢地行进，"忘掉了一切利害，推开了古人，将自己的真心话发表出来"（鲁迅）。葛红兵《悼词》的价值正在于此。黑格尔曾经赞赏过这样的话："密涅瓦的猫头鹰要等到黄昏才会起飞。"虽然黄昏以后将是漫长的黑夜，但屏住呼吸悉心感悟，猫头鹰带着高傲的情怀，以犀利的目光打量着暗夜，探察看不到的深渊，无声地振动着的翅膀，是在引领我们向着黎明的方向飞翔。

"吾生之梦必迎着醒来写作/那个说'是'的人，必靠修改自身过

活。"① 文学批评家最应该做的，就是促进社会对文学的感应、理解和创
造能力。作为文学研究工作者或批评家，在保持思想的稳定和成熟的同
时，应该不断地思考和修正自己，这二者之间内在的张力，是文学批评的
活力之源，愿我们在文学研究中始终保持一份严肃的终极关怀，保持自我
反省的心力，远离自满、庸俗和投机，为 21 世纪中国文学的发展，殚精
竭虑，奉献自己。

原载《文艺争鸣》2000 年第 4 期

---

① 陈超：《博物馆或火焰》，《生命诗学论稿》，河北教育出版社 1994 年版，第 307 页。

从歌手到思者的行旅

——张承志文学现象评说

在 20 世纪后二十年间，张承志无疑是中国大陆地区文坛值得重视的作家中不可或缺的一位，堪称文坛的一个"特例"。从 70 年代末至今，可以说，他一直立于文学创作的潮头笔耕不辍，引人注目，其创作实绩有目共睹，不容忽视；但同时，他又游离于几乎所有的文学派别之外，独标孤高，自成一体，难以类比。他特立独行的个性与他桀骜不驯的行文风格注定使他很难融入同时代流行的文学潮流之中，而他对此不仅不屑一顾且一直有意识地保持着自觉的警惕。作为一名学者型的作家，他接受过严格的学术训练并有长期进行学术研究的经历，这种经历所培养出来的学术理性促使他不得不对现存的文学规范进行仔细深入的思辨和考量。可以说，张承志的文学创作与专业探究一直是在两条并行不悖的轨道上交叉并进，相辅相成，相得益彰。从大量的作品中我们不难看出，他的文学创作自觉不自觉地打上了专业考究的烙印。他自己也毫不讳言，此生认定的三块安身立命的大陆，即是内蒙古草原、新疆文化枢纽、伊斯兰黄土高原。这自然与他的民族身份、牧民生活和长期治史的独特经历一脉相承，也正是这种特殊的经历铸造了他深厚的民本主义情感与理想主义的精神力量，从而使他永远以一个"特异"作家的姿态不断抵御着庸俗化、市场化的侵袭，执着而坚定地朝着内心理想的圣地一步步艰难迈进。这种在众生浮躁喧哗中难得的理想主义、人道主义的光辉自始至终地伴随着他，也从而使他大大地区别于同时代的"畅销写手"们而独放异彩。写作伊始，他就笃定了"以笔为旗""为人民"的写作原则，这一民本立场在他的任何一部作品中均清晰可见。他的作品，无一例外地，都是立足于穷苦牧民、边远山区的伊斯兰教民、少数民族的底层人民等弱势群体，描写他们的爱恨情

仇，生死歌哭，对理想不倦无悔的追寻，人性的温暖和光亮。张承志的笔
在这些被忽略的"小人物"、这些"沉默的大多数"身上游走，深入到他
们的内心世界，他一面被一种神秘、博大的力量所震撼，一面又忍不住一
往情深地为他们呼吁，为那些曾经的苦难以及对苦难的承担、信仰的坚
守，为被侮辱被损害者苦难的历史，为被遮蔽者的敞亮、彰显而不断地呐
喊。这一切，都可以从他曾经行走过的历程中探究到其命脉之源。

纵观张承志的文学创作道路可以发现，这是一条从吟咏着苍凉遒劲的
草原之歌的歌手到在荆棘丛中狼奔豕突执着于精神救赎的思者的行旅。在
这条不平常的朝圣之路上，是伴随着血泪和战争的对人类、宇宙、众生、
信仰的终极思考与发问。

张承志的"歌者"系列作品主要集中于 70 年代末到 80 年代前期。
随着"文化大革命"结束和改革开放的来临，文坛也随即出现"解冻"
现象，作为一个经历了"十年浩劫"的民族，一个个暗哑的喉咙有太多
述说的需求，这些饱经忧患的言说者迫不及待地要发出自己的声音，这便
是"伤痕文学"与"反思文学"流行的时期。而在如此众多的言说当中，
张承志一出道便给人一种耳目一新的感觉。他天马行空的秉性注定没有也
从来不会汇入千人一面的众声大合唱，而是独辟蹊径，另起炉灶。他高扬
着理想主义的大旗，目光锁定于广袤的草原，把金色牧场作为他开辟的精
神家园的处女地。这期间，他写下了一系列歌颂草原、大地、母亲、牧民
和探索者的作品。他的小说处女作《骑手为什么歌唱母亲?》讴歌了蒙古
族母亲无私奉献的品质和为了爱的无悔牺牲；《北方的河》[①] 以开阔的意
境、充沛的激情、壮美的风格描绘了北方的五条河流，并赋予每一条河流
以人生品格的象征意味，如黄河是传统的象征，湟水中的彩陶碎片是缺憾
的象征，额尔齐斯河是青春力量的象征，永定河是坚忍的象征，黑龙江是
理想的象征。在这种壮美的背景下塑造了一个为了报考研究生而考察北方
河流的有志青年形象，这是他热烈歌颂的理想的化身，也是他苦心刻画的
闪耀着人性光辉，为了理想进行着艰苦卓绝的努力的"硬汉子"和探索者
的形象，他们孤独、沉默、坚韧、执着，浸透着无边的苦难，却时时体现
出一种面对苦难永不退缩、勇于承担、敢于牺牲的精神。他们的精神世界
是深幽的，是难以为外人道的，是拒绝窥探的，但又是闪烁着异彩的，是引

---

① 张承志：《北方的河》，《十月》1984 年第 1 期。

人入胜的，是非诚挚质朴的心而不可解读的；《金牧场》① 以壮阔宏伟的气势歌颂了回族义民、蒙古族额吉、藏族朝圣者、老红军、老红卫兵、日本歌手、美国黑人追求理想的心路历程，讴歌了"人类中总有一支血脉不甘于失败，九死不悔地追寻着自己的金牧场"的伟大精神。《黑骏马》讲述了蒙古老奶奶额吉和蒙古少女索米娅朴素善良的天性和无私隐忍的生活态度以及"我"永远无以弥补的抱憾。此外，如《老桥》中的蒙古老人、《凝固火焰》中的里铁甫、《九座宫殿》中的韩三十八、《大坂》中的青年学者等，无一例外都是以牧民生活为题材的。从中可以看出融会贯通于这些作品中明显的"为人民"的价值立场和理想主义的创作风格。对牧民、草原等自然质朴事物的偏爱使得他在下笔伊始就遏制不住对他们的深情讴歌和永恒热爱，与其说宏阔的草原是张承志用笔开垦的第一块处女地，毋宁说正是这种最原初、最本真的事物牵动了他心灵中隐秘的情感，既而成了他创作道路上理性的导引。对那片土地魂牵梦绕的挚爱和眷恋，有如小树之于森林、草木之于雨露、万物之于太阳，促使他一次又一次，反反复复地用自己特有的方式，饱含激情歌吟着那片神奇的土地。这是一个骑手对骏马的感情，这是一个赤子对母亲的感情，这更是一个行走的歌者对脚下的土地的感情。当吟唱着"伯勒根"的白音宝力格在那埋葬额吉白骨的地方深深的跪拜，当有着黑眸子的索米娅抛却了当年的羞涩成长为一个坚强泼辣的农妇，当瘦小无辜的其其格若无其事地承受着与生俱来的命运……这些活生生的现实无一不在拷打着"我"的灵魂。白音宝力格无疑也是一个充满理想的探索者形象，他正直善良、魁梧强悍、勤劳好学。他身上凝聚着草原男子汉的一切美好品德，他为了改变草原人民的贫困每天钻研畜牧业机械和兽医技术，但当机会来临时为了与心爱的姑娘在一起，他毅然放弃了外出深造的机会。他像热爱草原和额吉老奶奶一样默默地爱着两小无猜的姑娘索米娅，这种爱热烈而深沉，隽永而平和，然而这种含而不露的爱却给索米娅带来了厄运。他们因为日渐成熟而迸发出的爱的萌动与羞涩，既想靠近又刻意保持距离的矛盾心理纠结成一团解不开的迷雾，而这种刻意的回避却给了草原上的恶棍黄毛希拉以可乘之机，他在索米娅去拉水的路上奸污了她并使她怀孕。白音宝力格就在这样的情形下失踪了。索米娅默默地埋葬了额吉老奶奶，带着私生子其其格远

---

①　张承志：《金牧场》，《收获》1987 年第 1 期。

嫁他乡。《黑骏马》① 在展示草原牧民原生态生活的同时，也为我们揭示了这样一种生存的悖论：想亲近而亲近不得，不想离开时却不得不离开；自以为掌握了生活的真谛，到头来发现除了歉疚，两手空空；负着改造生活的使命奔波流离，回望时发现需要改造的原来正是自己，而那些忍辱负重的人，却始终是那么心安理得，怡然自得，隐忍一切，宽恕一切，不声不响地顺应着命运的无常。因此，当白音宝力格再次回到昔日的草原时，内心复杂的情感是难以言表的。这其中，不仅是对这些苦难而隐忍的人的敬仰和热爱，更多的是对曾经的逃避和无力承担苦难的歉疚。这种"理想"与"牺牲"的交融，构成了张承志作品悲凉沉郁而又激昂雄健的风格，但同时又使人隐隐抱憾的是，他笔下的白音宝力格最终没有跳出周朴园、章永璘们的窠臼，依然在女性的救赎—逃离—回望的模式中徘徊不前，或许这也从另一个侧面反映了男性作家笔下的女性期待。

与赞美草原母亲的情感不同的是，张承志对与之格格不入的东西有着天然的排斥和警觉。他曾在一篇文章中谈道："至少从《黑骏马》的写作起，我警觉到自己的纸笔之外，还存在着一种严峻的禁忌。我不是蒙古人，这是一个血统的缘起。……对于'智识阶级'的警惕，'智识阶级'制造的流行思潮，在揭露旧革命的悲剧和不人道的同时，正剥夺着人拥有的权利的一种，即在压迫的极限上选择革命的、永远的权利。不仅如此，他们甚至压迫对革命的想象，压迫任何对更理想的社会的想象。"②

卢西恩·派伊在《亚洲权力与政治》中说："中国人在政治上是无所畏惧的乐观主义者。不管他们刚经历过何种灾难，他们始终准备宣告他们正在跨入一个新的时代，它必然带来民族成就的奇迹。其抱怨虐待的能力——这种能力可以相当强——当他们想到国家的未来时便突然消失了。……没有其它政治文化如此严肃地依赖于中止怀疑的心理快乐。"这种说法可谓一针见血、鞭辟入里。而张承志一定也强烈地意识到了：胜利者的姿态对于创作永远是危险的。作为一个在创作上永不止息地寻找突破的作家，如果没有超越性的信念支撑，那就必然会被现实俗世生活所困，从而停步不前甚至沉沦堕落。因此他后期转向沉思的创作风格似乎正是为了挽救如卢西恩·派伊所言的"抱怨虐待的能力"的"消失"。他要

---

① 张承志：《黑骏马》，《十月》1982 年第 6 期。

② 张承志：《墨浓时惊无语》，《二十一世纪》1997 年 10 月号总第 43 期。

让这种"刚经历过的灾难"尽可能地以历史的原貌记录在册。这便是《心灵史》①的诞生,可视为他的心理转向的初衷印证。他后来毅然辞去宗教研究所和海军政治部的公职,弃已有的文学成就如敝屣,急匆匆离开都市,钻进穷乡僻壤,奔波于茫茫草原,历数年心血,在民间山野中打捞出一部浸染着伊斯兰圣徒血泪悲歌的真实历史,这更鉴出他的立场之坚定、用心之良苦。他是"举意"要使那些目不识丁的"沉默的大多数"成为真实历史的言说者。他没有用居高临下的姿态以他们的"代言人"自居,而是彻底地融入,成为他们中的一员;他没有浮光掠影地道听途说,而后再将捡来的一鳞半爪大肆渲染来换得几个酒肉钱,而是以一个信徒的虔诚之心聆听那沉默、简约、朴素中隐藏的神秘力量,让它发出光亮,点燃人心的冰冷。他要让世人知道:多斯达尼,就是中国底层不畏牺牲坚守心灵的人民;哲合忍耶,就是为了内心的信仰和人道受尽了压迫、付出了不可思议的惨重牺牲的集体。他用一颗"举了意"的诚心和所有努力致力于卷帙浩繁的史料钩沉,但他更信赖的是民间活生生的现实和口口相传的历史。尽管几乎所有的"钦定"都抹上了厚厚的脂粉,但脂粉终究掩不住血的渗透。张承志在一缕缕血光与一堆堆白骨中看到了历史的"真",同时也看到了历史的"恶"。且不说成就如何,单就这种写作姿态本身,就是难能可贵的。这是真正的写作者而非玩文字游戏者的"后"们的态度,他让每一个从心底迸发出来的字都沾满了自己的心血、信念、汗水、虔诚和敬畏。因此,《心灵史》成为伊斯兰教徒们争相阅读的"圣经"绝非偶然,就像他在行文中多次提到的"前定"。这不是迷信和神秘,这只是佐证了努力应有的回报。"投我以木桃,报之以琼瑶",一个如此简单的道理却被功利主义篡改得面目全非。

在 20 世纪 90 年代文学渐趋多元的态势中,当一个个严肃作家在俗世的浮躁与喧嚣中纷纷滚鞍落马,"集体缴械",在物欲横流的商业大潮中争先恐后地放弃了价值、立场、理想、道德的底线,操戈大行"市场""炒作""卖身"之道时,张承志,又一次以"异端"的姿态倔强地向更远更深的内心圣地挺进,执着甚至是执拗地捍卫着理想主义的大旗,行进在精神救赎的孤军奋战之旅。如果说,"歌者"系列是一个年轻的儿子对养育自己的大地母亲的深情吟唱;那么,张承志 1990 年前后写出的《黄

---

① 张承志:《心灵史》,花城出版社 1992 年版。

泥小屋》《辉煌的波马》《西省暗杀考》①《心灵史》则是一个成熟的男子对血脉传承的梳理和回望。而这种回望的意义不仅仅是对真实历史的甄别和漫溯，更重要的是在这个信仰缺失的民族，在这个价值失落、一切都显得如此轻飘的时代中，彰显一种声音，一种力量，一种对信仰的坚守和对理想人格与完美道德的维护。美国哥伦比亚大学教授王德威评价《心灵史》是"大气魄，大手笔，大虔诚，张承志以文学见证信仰，以信仰充实文学——当代华文文学第一人"。

切·格瓦拉在一首诗中如是说："其实这人间/都只是一个人/其实这世界/都只是一颗心/如果还有一个人贫困/这人间就是地狱/如果还有一个人邪恶/这世界就不是天堂。"这是宗教的力量，也是每一个有良知的知识分子的共同使命。在这个泥沙俱下、鱼龙混杂的时代，一切概念都变得模糊不清甚至是非颠倒，当人们说起一个词的时候，因为它本质的含混往往使它的指涉功能变得暧昧甚而引起误解，需要重新甄别的已经不仅仅是历史。"知识分子"这个概念也同样在发生着不断的重组、分裂、变异和转化，尽管前所未有的"文凭热"正如火如荼、方兴未艾，但它有时距离"知识分子"是那么的遥远。或许正因为如此，张承志才不屑于与众多辉煌的头衔为伍，他情愿穿越万里千山，跑到贫瘠的沙沟以目不识丁的伊斯兰兄弟为师。他这样描述他们的仪式："粗野散漫的生活，一迈进清真寺的门槛就骤然一变，呈现出严肃虔敬的神色。男人们庄严地洗净每一寸肉体，女人们如泣如诉地唤主，孩子们夹着一本厚书，稚气十足成群结队地上学——只是他们的小学是经学教育，不是要念会几句文化而是为着念来一点灵魂。"② 他不能不质疑所谓的文化，难道我们读书的目的就是给"钦定"的历史涂上厚厚的脂粉？就是为了从苦难者摇身一变而成为一个苦难的遗忘者进而去嘲笑苦难？就是为了跻身于所谓的"公家人"或"白领"而沾沾自喜？鲁迅在一篇谈知识分子的文章中曾说："他们是不顾利害的，如想到种种利害，点击查看原图就是假的，冒充的……他们对于社会永不会满意，所感受到的永远是痛苦，所看到的永远是缺点，他们预备着将来的牺牲，社会也因为有了他们而热闹，不过他的本身——身心方面总是痛苦的。"权且把这作为一个知识分子的最简单或者是片面的定

① 张承志：《西省暗杀考》，《文汇月刊》1989 年第 6 期。
② 张承志：《张承志文集·心灵史》，湖南文艺出版社 1999 年版，第 24—25 页。

义吧。至少他们的作用之一应该是永远像牛虻一样，不断地叮咬着诸种体制下不合理、不人道、不民主的一切脓疮、毒瘤和阴暗的角落，只要有一块阳光照不到的地方，他们的声音就不会止息。

如此，才形成了《心灵史》特殊的体例。它不是四平八稳的历史教科书，更不是供人消遣的小说；不是行文优美的散文，也不是学贯中西、潇洒恣肆的思想随笔。他曾在文中做了这样的自我评价："它背叛了小说也背叛了诗歌，它同时舍弃了容易的编造与放纵。它又背叛了汉籍史料也背叛了阿文抄本，它同时离开了传统的厚重与神秘。"在真实的历史面前，他所做的唯有背叛，背叛以往一以贯之的所有"学问"，以全新的姿态面对它，面对真实，他知道自己需要的仅仅是一颗诚心，剩下的便是聆听和记录，如此而已。他知道，只有社会底层的民众才是真正的知情者，作为当事人他们最具发言权，塞万提斯说："一个傻瓜比一个聪明人对自己家里的底细要清楚得多。"但他们知而不言，他们习惯沉默，习惯在心底守护住一个永久的秘密直到老死。但是没有人能够抗拒真实的力量，就像这种力量当初带给张承志的震撼一样，他所能做的，便是把这种力量带给更多不了解它的人。让他们明白，一个种族、一群戴着六角白帽的穷人，为了心灵有所皈依，为了一角安妥灵魂的去处，为了心中至上的真主是如何的艰苦卓绝、不依不饶、无怨无悔。在这种精神至上的圣战面前，任何人都只有沉默。

"任何人心目中都需要一个上帝，因为有的人除了上帝什么都有了；而有的人除了上帝什么都没有。"这句西谚所指的"上帝"自然是信仰的代称，就像它所刻画的现实一样具有普遍的意义。顺着这条血脉，不难看出，事实上，张承志追寻的是整个人类的共同命运，个体生命的意义以及每个人所渴求的现世幸福的终极指向。这无疑是每一个作家都必须面对的课题。当然，《心灵史》不一定是最好的答卷，只因在这个问题上没有统一的评判标准故而也不可能有统一的答案。但有一点可以肯定的是，这是一份最最诚挚的、最最朴素的、忠于内心的答案。与小说的虚构无关，它无关乎技巧，只关乎灵魂。或者说，他只是发出了一声轻微的吁求，诚如结句所言："我只是想说——读者们，我从未想用这些文字强求你们接受哲合忍耶；我只是希望你们相信我的话：在中国，为着一颗心能够有信仰的自由，哲合忍耶付出了难以想象的牺牲。你们曾经相信过我独自一人时的文字，请再相信我站在几十万人中间时，创造的这种文字吧。"福斯特说："踪迹不是一个允诺而是一个吁求，他永远延搁意义。"这句简明扼要的话无疑是对《心灵史》的最好概括，这也正是张承志的意义所在。他遍踏每一寸洒满鲜血的土地，以一颗虔敬之心完成了他的"前定"，至于意义，则等待更多的人去解读。就像他曾经满怀自信地作答：读者无须争取，他们中肯定有一部分与我相遇。

张承志的散文集中主要有《以笔为旗》《绿风土》《一册山河》《文明的入门》以及其他散见于报纸杂志未入文集的单篇。代表作有《荒芜英雄路》《静夜功课》《清洁的精神》等。他在散文中主要倡导一种"清洁的精神"。他以思者的考索，探究存在与精神、历史与文明、知者与智慧等。当作家优游穿行于多元文化的历史境遇，脚踏伊斯兰教的黄土高原、天山南北两麓、内蒙古草原和温润清冽的南国，目睹学科的黄土与科学的金子时，他的拒绝与拥抱就清晰地呈现出来。在他的内心深处，一直隐藏着一种对于失败英雄的崇尚，对现实的某种超时间的思考，埋藏着自己独特的精神宇宙。"丰满美好的文明，把力量输入了我单薄的身体。从陷入乌泥的脚踵，到视野迷茫的内心。""我初次体味了对学问的热爱，以及求学心切的感觉。只不过日渐一日，教室早已更换场所为山野边疆；同学和师长的阵营也挤满了农民牧民。"① 他认为：大地就如同矿藏，贴近它的人获得乌金，远离它的人获得草芥。

《静夜功课》是张承志散文的佳作，也是代表他思者意识的重要作品。在夜深人静的"清冷四合"中，亲人在安睡，作家却张开思想的翅膀，思考、遐想。高渐离在目盲的黑暗中看到了什么？鲁迅的《野草》在 20 世纪早期的夜色里，沉吟抒发，直面黑暗。高渐离的筑和鲁迅的笔都曾是作为利器存在的，而如今"满眼丰富变幻的黑色里，没有一支古雅的筑"。"见离毁筑，先生（鲁迅）失笔，黑夜把一切利器都吞掉了。"在张承志的眼里，"古之士子走雅乐而行刺，选的是一种美丽的武道；近之士子咯热血而著书，上的是一种壮烈的文途——但毕竟是丈夫气弱了"。他崇尚古代的英雄豪气，同时尊崇鲁迅的"直面黑暗，为的是"弥补正气，充溢豪情。因为张承志具有丰厚的历史学识，长久都在阅读《史记·刺客列传》与鲁迅的著作，深入骨髓的是黑夜中古雅与刚烈共存的美感，在黑夜中寻找共鸣的默契。在一个偶然的、墨色浸透身躯的静夜

---

① 张承志：《文明的入门》，花城出版社 1992 年版。

里重新回味，感动与感悟就顿时涌来，感觉也就"神清目明，四体休憩"。在这启示般的黑暗里，独自神游，静夜的功课总是有始无终。它通向了精神的高处，通向未来的邈远。

张承志的散文视野宽广，叙事方式的内敛，想象与思辨结合，语言流畅优美。他从北方大陆感受到了平民的高贵和坚韧，底层的尊严和纯洁，又震撼于南方土地厚重的历史和一个个铮铮傲骨。在散文中他的心境平和、宽容，他如同奔流而下、一泻千里的长江水，夺夔门而出后而变得开阔、深沉而内敛，愈显博大、深邃。在经过了以笔为旗的决绝和孤独的呐喊之后，他开始陷入了深沉的思考。当他风尘仆仆地赶往草原上与二十八载心灵相契的额吉道别时，同时也是在同自己过去最珍贵的岁月道别，同一种生命范式的告别。如果这种沉潜、平和被上帝宽恕一切的悲悯笼罩，他的散文当更具有更大的穿透力和影响力。

大地就如同矿藏。我们凝神等待着，对于文明的合格发言。让文明的发言和文明的创造，成为一个声音。从张承志的散文中，我们可以期待希望。

互为镜像的地理与人物

——夏商长篇小说《东岸纪事》的审美特质

关注夏商，大约始于 20 世纪末。那时的夏商热衷于先锋性、探索性、技术性的小说写作，并在 1998 年率先提出"先锋之后中国文学何处去"的命题，在一定范围内引起学者、作家的讨论与共鸣。当时他们本来计划在 1999 年创办一份民间刊物，以宣传作为一个群体的"后先锋"作家的文学思想、理念与主张。之后，随着讨论范围逐步扩大，文学编辑界的有识之士也进一步关注到了"后先锋"作家的写作。1999 年《作家》《青年文学》和《时代文学》第三、四期联手推出"后先锋文学"专辑，使夏商、李洱、李冯、张执浩、海力洪、施战军、葛红兵们作为集团式的作家、批评家群体陡然矗立，引起文坛瞩目，成为世纪末文学的最后一道风景。

我在《后先锋文学论纲》中认为："后先锋"作家是创作主体的主动集合——集合于"后先锋"的旗帜下，作为作家群体进入公众视野。从创作理念到创作方式，从叙述手法到文本构架，从审美理想到艺术表达，都显现出探索与多元的特征。[①]

夏商在当时不仅仅提出了"先锋之后中国文学向何处去"的世纪之问，也在思考究竟何谓"先锋精神"，分析先锋精神与现实主义的不同，直言先锋精神是另一种存在主义和人道主义，对世界的怀疑和检讨将是先锋作家书写主题。夏商认为："先锋精神仅仅是一个现代艺术家的良心与品质的真挚流露，他的不妥协并不具有侵略性，它实际上是一种创作者自

---

① 参见梁艳萍《"后先锋文学"论纲》，《文艺争鸣》2000 年第 2 期。

身内部的精神清洁。"①

在思考的同时，夏商的小说写作也在扎扎实实地推进——《我的姐妹情人》里三角爱恋的纠结、相互奉献的情爱张力、无法割舍的两难选择以及人性的怯懦；《裸露的亡灵》中同性、异性爱的错位，死亡的丑陋，以及死亡引发的灵肉分离后，灵的回观与灵的情愫和倾诉；《爱过》《恨过》《石头剪刀布》《看图说话》《八音盒》《标本师之恋》等都是夏商先锋时代关于"人性"的作品，是"后先锋"作家时代夏商的故事建构与人物造像。

进入新世纪以来，夏商不再用先锋文本式的叙事方法进行写作，逐渐回归写实性的小说创作，回归对于存在、生命、爱欲的思考和解析，其最新面世的长篇小说《东岸纪事》堪称一次充满古典情怀的转身。

《东岸纪事》以 20 世纪 70 年代到 80 年代末二十多年间上海浦东城乡结合部市井生活为主要背景，"百科全书式"地讲述了一个叫六里的浦东村镇的社会变迁。描写了乔乔、崴崴、刀美香、大光明、王庚林、侯德贵、老虫绢头、小开等一系列市井人物的日常生活，将他们的喜怒哀乐、爱欲情仇融入历史和时代的发展与变迁进程中，试图刻画出上海浦东开发之前的生活百态，反映时代浪潮中的小人物命运。

读过《东岸纪事》之后，我发现这部作品不仅仅是一种散点的叙写——浦东大开发前乡镇里各色人物的故事相互交织，形成一幅市井人物图谱，而且采用了明暗两条线的叙述方法——表面上是浦东的社会发展变迁，背后写的是远在云南边陲勐海的知青生活和生命历程。如果说乔乔、涓子、马卫东、小开、梅亚平、大光明、邱娘这些一直生活在浦东六里的人是小说的重要人物的话，那么以崴崴、刀美香、柳道海为中介，隐伏着一批成长、生活于西双版纳勐海的老百姓的镜像叙事——三姐、腊沙、尚依水以及在云南插队的柳道海和刀美香的爱情故事。浦东与勐海之间的交集一直没有断裂，崴崴在上海甲肝疫情爆发期间，还带着老婆薛美钏回版纳去躲疫情、生孩子。从某种意义上说，生长于六里的乔乔就是生长于勐海的刀美香的复写——因为少女时的美丽被诱惑、被迷奸、被损害，乃至丧失生育能力。作为文学青年的大学生乔乔被小螺蛳那对邪恶的母子设计迷奸怀孕，堕胎失败切除子宫，被勒令退学回乡后沦入市井生活，出走、沉

---

① 夏商：《先锋是特立独行的姿态》，《作家》1999 年第 5 期。

沦、嫁人、出轨、离婚、经商；而年幼无知的版纳少女刀美香被尚依水诱惑，生下双胞胎儿子，尚依水后来染上麻风病成了"琵琶鬼"，刀美香与柳道海恋爱，反复堕胎，无法再生育，最后被柳道海杀害投入了锅炉的烈火中，"看着炉膛，熊熊的火焰像炼狱一样通红。谁都没有看见过炼狱，柳道海也没有，他觉得今天火焰特别奇怪，好像里面在焚烧一个人……火焰再次升腾起来，被焚烧的人又出现了，那根大麻花辫让他恍惚了一下……"刀美香就这样失踪了，消失在烈焰中。浦东与勐海的交集，实际上建构了小说的复调——场景与人物的命运齐头并进，各自展开，从而形成小说的市井风俗图画。

《东岸纪事》中的互为镜像作为一种暗写式的技法，充满了隐喻色彩。乔乔和刀美香，琵琶鬼和小螺蛳是不同时代投射在不同地理环境中的"人物标本"。对他们的命运刻画，具有强烈的对比度，尤其是乔乔和刀美香，命运有惊人的相似，虽然一个生于版纳勐海，一个生于浦东乡村，具体的人生过程中存在一些变貌，但两位美丽女子凄婉、悲凉的命运本质是一样的。再譬如六里与勐海在地理上的互为镜像，知青垦荒和新区开发在时代背景上的互为镜像，都是非常有意思的话题。

在写这篇评论前，笔者曾与夏商有过沟通与交流，他不否认设计乔乔和刀美香这两个人物的镜像意图，夏商坦言"为什么较大篇幅写了刀美香在云南的生活，是因为想对现代化进程中土著和外来人口进行深层剖析。乔乔是浦东土著，刀美香是新浦东人，在中国大陆地区城市化变革中，尤其是像上海这样的大城市中，后者越来越占据主导地位，浦东开发后，新浦东人（其实也是新上海人）成了这个新兴城区的主角，反而很多土著在激烈的竞争中被边缘化了。所以将刀美香的故事从浦东叙事中抽离出来，虽然使结构上略有倾斜，但从时空的架构上更显得立体，刀美香从一个云南土著成为一个新浦东人的过程充满艰辛和坎坷，更像是一个传奇，这种镜像是对整个移民群体的投射，也是对中国大陆地区人口迁徙制度的反思"。

而在社会与时代的变革前夕，六里人庸常的生活被彻底改写，伴随着动迁而来的焦灼与期盼，原先的秩序被打破，同时伴随风土人情的流失，夏商用了大量笔墨来还原老浦东的衣食住行，乃至方言，正如《东岸纪事》的题记"我以为写的是浦东的清明上河图，其实是一摞人生的流水账"，夏商试图用这种方式来保留即将消失的故土，果然，等这本小说出版发行的时候，《东岸纪事》文本上的浦东乡村地理已从现实中消失，取而代之的是鳞次栉比的现代化高楼和崭新的生活方式，这是另一种互为镜像：当下和往昔。

"平静的叙述，它本身就是一种力量。"《东岸纪事》整部小说看上去没有特别花哨的噱头和技巧，而是将浦东与勐海两个不同的地域场景交织起来，用崴崴、刀美香两个主要人物系结起来，从而实现了小说的双重回观——一重回观是从现在回观20世纪七八十年代那段开始躁动却又被旧制度、旧体制拘囿着的人们的突围和诉求；另一重回观则是从20世纪的七八十年代回观至川沙地域、顾家（邱娘）的富庶、知青一代的坎坷，并将重大的历史事件揳入小说故事，使小说成为立体的、鲜活的人物画廊。

《东岸纪事》在小说的语言运用方面，采用了普通话与上海方言相结合的言说方式，叙述故事和人物特定场景的对话中，经常出现一些有韵味的上海方言，从而增加了小说的地域特质。夏商在浦东度过了青春期，对于时代变迁中逐渐消失的故乡有着"乡愁"。现代化进程中消失的乡村故土，也就是夏商所说的那个记忆中的浦东，已经在现实世界中完全隐遁了。未来的日子里，我们该如何告诉自己的后代，我们曾经有过的家乡、田园故土、文化？

夏商曾经说过："真正的先锋小说家，是姿态的先锋，而不是文本的先锋。"《东岸纪事》就是以先锋的姿态而写作的朴素的文本，从这个意义上来说，《东岸纪事》的写作难度无疑大幅提高，转型中的夏商如威廉·福克纳所说的那样，完成了一次挑战自己的写作。

原载《南方文坛》2013 年第 5 期

夏商小说的审美取向

夏商是 1999 年"后先锋"小说集团式矗立于文坛的代表作家之一。在 90 年代的历史与文化语境里，文学的"边缘化"境遇已经成为一个不容规避的现实。在意识形态和商品经济的双重异化面前，"后先锋"作家集体出列，以其特殊的敏感在"世纪末"高扬自由审美理想的大纛，呼唤实现人的最高本质的创作。作为"后先锋"的骨干作家，夏商有其对于自然、世界、文学、艺术的独特的体验和见解。在夏商思想深处，小说是一种美的、可遇不可求的艺术，是特定情境中的命运——对于生命、自由、审美与艺术——的体悟，是诗意、激情、灵悟、想象进入主体经由感悟之后产生的超越。"先锋精神仅仅是一个现代艺术家的良心与品质的真挚流露，他的不妥协并不具有侵略性，它实际上是一种创作者自身内部的精神清洁。""它将是不同于现实主义的另一种存在主义和人道主义，对世界的怀疑和检讨将是它的书写主题。"[①] 夏商小说是他的美学、文学、艺术体悟的外化，他的小说文本所展示的是"后先锋"作家对于现实的深切关注和自由审美理想的追崇，包含着特定的现实品格和现实内涵，又容纳了人文精神和历史理性相结合价值内涵——拒绝精神"乌托邦"虚幻理想，盲目崇拜、模仿西方大师的写作的精神卑微、残缺，片面强调形式创造而放弃历史传统的断裂化，拒绝和消解深度的平面化，文学语言和形式的"陌生化"的褊狭。以高度的人道主义精神张扬人的主体的重建和人性的解放，建设文学文本的深度价值和以现代汉语为本体的文学语言境界。把对现实的抵抗、对于自由的向往、对真理的呼唤植入小说写作，开拓文学创作的更新的境界。

---

① 夏商：《先锋是特立独行的姿态》，《作家》1999 年第 5 期。

夏商的小说创作起始于20世纪80年代末，他的第一篇小说《爱情故事》就在那个时候发表于地处云贵高原的《山花》杂志。十多年来，夏商一直执着于自由与美的向往，不停地寻找，不停地求索，不停地写作……当他走过了暮霭笼罩的黄昏小径，走过了孤凄静谧的迷离长夜，走过了这一代作家以"锲而不舍久于其道"的素朴的学习和探索精神，在小说创作、艺术追求进程中必然经历的实验阶段后，小说仍犹如生命中刻骨铭心又不离不弃的梦中情人，占有了他工作以外的许多时间、许多相思。小说创作对夏商来说，与其是参与世界的一种方式，不如说是生命自我调节、自我平衡、自我解脱和自我实现的一种需要。"夫为道者，犹木在水，寻流而行，不触两岸，不为人取，不为神鬼所遮，不为回流所住，亦不腐败，吾保此木决定入海。"以《四十二章经》里的这句话解析夏商的创作心理和状态，私忖还是颇为恰切的。

夏商小说的精神向度和话语方式，可以做如是阐释：

一　爱之相契——蕴含于生命的悲凉

爱情在大多数人的心底里都是神圣而妙曼的，她能使漫天的愁云惨雾顿时消散，展开成迎接熏风丽日的片片朝霞，幽微曲折的感情小溪盘旋到这里，会突然迸发为不可遏制的汹涌急流，淹没了哀怨、疑虑、畏惧和俗世的……使人心旌荡漾，神往刹那的销魂而不惜生命地付出，渴望"生死契阔，与子成说"。"执子之手，与子偕老。"（《诗经·邶风·击鼓》）为了曾经沧海的系结，发出"莫道恋情苦，须知生命欢，百年诚可贵，一死有何难"[①] 的誓愿。希冀"在天愿为比翼鸟，在地愿为连理枝，天长地久有时尽，此恨绵绵无绝期"（白居易《长恨歌》）。爱情的礼赞从遥远的古代一直吟咏到今天，被称为世界文学的"永恒的主题"。诗人、作家都是爱情的歌者，在他们的笔下，刻骨铭心、至高无上的爱情往往是悲剧性的。罗密欧与朱丽叶、梁山伯与祝英台惊魂摄魄的爱情悲剧成为千古绝唱流传于世界文坛。

综观夏商小说，爱情都是浪漫的悲剧。爱情是刹那还是恒久？是值得赞美的奇情异景还是令人哀伤的惨痛记忆？小说的预设与参破凝聚着夏商

---

① ［日］纪贯之：《古今和歌集》，杨烈译，复旦大学出版社1983年版，第109页。

的生命理念和审美情结。爱情是一种运命，她是生命夜空中最耀亮、最斑斓的星辰，或许出现在邂逅的偶然，或许定格于突发的意外，或许存在于默默的等待，或许沉浸在梦幻的冥想。体验爱情的人们无不希望爱情甘美、甜蜜、浪漫，可以一生回味，并且以团圆的欢喜完成人生的戏剧。可是，世界对于个体的人，并不像希望的那样仁慈，爱情往往暴露出其忧伤、妒忌、悲凉和残忍一面，于是爱情之外的功利的需要取代了情感的真纯，使爱情异化为一种手段，爱情的美好纪念就演化为互换、离散、幽怨和死亡。《我的姐妹情人》是一个司空见惯的爱情三角，也是一出浪漫的悲剧。摄影师吕韩为了完成一个挂历合同，偶然中他深深被少女齐予的舞蹈吸引，邂逅齐戈、齐予姐妹。两姐妹代表了爱情的两极，齐戈是现实的、功利的、欲望的，充满了冒险精神，为了达到自己的目的不惜一切；齐予是理想的、超脱的、精神的，满载着孤寂的神秘，为了完美宁肯牺牲生命。齐戈在完成交换、达到自己显身扬名的目的后，便去追逐新的目标和托举者，以求更高层次的实现。齐予则浪漫纯情，她只渴望爱情的纯真美艳，容不得一丝的亵渎裂变。当齐予发现自己的疾病可能影响她的爱情和自己在吕韩心中的完美，就毅然怀着爱意远走他乡，直至生命的最后一息。吕韩以齐予为模特的摄影作品虽然获得国际大奖，他却无心领取。心灵深处依然怀念着突然消失的情人，希望有一天能同齐予一起捧起奖杯。十年之后，当朋友把身患绝症的女儿送到吕韩面前时，吕韩怯懦了，之后，又陷入了深深的愧疚……《我的姐妹情人》成功地虚构了情人间微妙的姿态和意绪的刹那交流。其实，真正灵魂相契的情人是无须语言的。他们的眼神是诗意，他们的抚摸是语言，他们相互的奉献是深情炽烈的交流，而此种交流是生命至深至细的交流，是小说感人最深的。《我的姐妹情人》中有许多情绪化的东西存在着，它控制了小说的叙述和进程，节奏也比较舒缓，犹如一支小夜曲，轻灵、柔曼。

爱情是否比生命更重要？"美丽的本质究竟是形状还是物质"？《休止符》叙述的是一个窥破了的凄艳故事，一次偶然，一段奇情，一本死者的日记，编织成一个美丽的故事。在这个物欲横流的世界里，爱情已经降解为真正的神话，可伍萧和李炎的爱情——殉情仍然能够打动读者，根本在于，小说中的双重错位和巧合，是开启扑朔迷离的爱情的锁钥。伍萧是个技艺高超的标本制作者，标本是他情绪的外化，他的某一时段的喜怒哀乐、焦虑、烦躁都可以从他完成的标本中去捕捉、感受和解析。此外，伍萧还是一个爱情至上主义者，为了爱情他不顾任何世俗的不解与侧目——从博物馆辞职，到乡村小学去当教师，逃离学校成为自由职业者——情愿与李炎共同赴死。伍萧的灵魂深处，将"爱情视如蓝色的大海，永远没有尽头"。本来李炎的丈夫吴晓与伍萧的恋人苏紫在外貌上非常相像，他们双方互为对方的梦的投影。吴晓因车祸去世，苏紫为受辱逃离，他们的潜意识里都希望走到一起以找到失去的永爱。可是当伍萧能够与李炎长相厮守、默契对望时，她已经变成了陪伴他的美人标本。伍萧带着属于他的爱情和秘密在充满浪漫与幸福的微笑中随风而去，汇入了蓝色的海洋……灵肉一致的爱情为死亡取代，死亡成为理想爱情终极的结局。从普遍的观念来看，死亡无论如何是对生命的褫夺，自觉地去寻找死亡，以死亡作为爱情归宿，是永生的幻觉，还是对生活本身的绝望？《休止符》是一个隐喻、一个停顿，休止符戛然一顿，后续的乐章就要奏响。个体的死亡无论动机如何，都不能超越个别化的局限，因而，往往在人们短暂的惋惜与惊异之后，势必会消逝于时间的无情长河。

《看图说话》是夏商爱情小说中比较好的一篇，蕴含了作者的精心构筑。叙述者力图将爱情的体验作为一种激发的力量，激活情绪的种种体验。譬如感伤、幽思、孤凄、怜惜，以及极深极细的感受，并使对这类感受的传达成为小说内在最生动的部分。《看图说话》的叙述质地飘忽不定、绵密悠深，多重互文的方式使文本魔术一般的变幻莫测——"我"偶然认识了外交官的女儿夏娃，亚当与夏娃童年时代的友谊，夏娃的梦境变幻为现实中儿童相互探察身体充满童趣的照片，广为流传；分别二十年的亚当、夏娃在蓝皮鼓魔术团来沪演出时巧遇，使"我"与夏娃的爱情浮出水面；本杰明先生的突然故世，揭破了他们夫妇间秘密相约的谜底；夏娃失踪了，如"我"的一个梦再也找不回来，她回归"伊甸园魔术学校"，而现在我们连那张标示夏娃童贞的照片的踪影都难以寻觅……爱而永别，生命的悲凉意蕴弥漫其中，虽不是"凄凄惨惨戚戚"，却也曾"寻寻觅觅"，究竟意难平。《看图说话》虽然不似夏商其他展示爱情的小说以男女主人公一方死亡结束，却暗含了深深的隐喻：古老的伊甸园，"亚当、夏娃"，世纪末的"伊甸园魔术学校"，爱情成为一个难以描述的神话，一种反讽，一种生动感觉的无意识呼喊。"艺术家越是从心灵深处汲取感情，感情越是诚恳真挚，那么它就越是独特。而这种真挚就能使艺术家为他所要传达的感情找到清晰的表达。"（托尔斯泰《什么是艺术》）夏商个性的忧郁导致了他的小说中对于爱情的表达是生命相契所蕴蓄的悲凉，小说深层次地体悟了人类对于爱情的不懈追求与个体生命的有限存在的矛盾，昭示着个人的生命、爱情充满了悲剧的宿命感。

二　善之诘问——迷惑于人道的束缚

米兰·昆德拉指出："小说不研究现实，而是研究存在。存在并不是已经发生的，存在是人的可能的场所，是一切人可以成为的，一切人所能够的。小说家发现人们这种或那种可能，画出'存在的图'。"这种对于人类内在精神实质的"可能性"的探寻实质上就是对于理想、信仰的追问，夏商小说对传统伦理道德的存在的解析——"善"的思考和盘诘是追问式的，心灵的视觉执著地在人性深层的领域里探察，直抵开放的愿望和意识的核心，将形而上的命题与小说的叙说谐适，以纯净的语言、精巧的结构、丰富的想象糅合，朝着思想内部走去，以期完成"对人的存在的可能性勘探"。

现实社会生活中，善是人性的至高境界，是最美好品质，是高尚的道德行为，是与价值体系紧密相连的。"善之意志"是高出于一切人的行为与活动的，它本身就是一种目的，而绝不是达到其他目的的手段；它自身就是有价值的，而不是引起什么结果才有价值。"善"作为古典哲学的重要命题，中国的孟子、德国的康德曾经有独到的阐释。孟子说，人的道德行为是"由仁义行，非行仁义也"（《孟子·离娄下》）。就是说，仁义、善良是人自身内部的要求，善的实行是个体自身的自我肯定，是实现自我的标志。在形而上的层面，善不应建立在目的之上，善是无我的、无私的。而在现实中，人的善良的行为不完全是无目的、无功利的，这样的悖论实际是动机和目的内在矛盾的两个侧面。一方面，向善是人趋利避害的本能所致；另一方面，善又往往使人在人格的自我完善中陷入困惑的泥沼。夏商在《八音盒》中全部的叙述实践，是基于人性的反思。人类社会生活中，日常的伦理教化中，我们往往以道德为尺度去衡量善、恶、美、丑，它是抽象的而非具体的，是理性的而非感性的。"道德范畴中谁都不能认为善良也是一种弱点，但在实际生活中它的确是，有时甚至是缺点。"在强大的集体无意识面前，个人的崇善与济世有时是无力的、无益的，甚至是有害的。善良之举不但可能在平静的生活中掀起巨大的波澜，而且会为索取者提供借口，提供筹码，给自己带来隐痛，带来伤害。一般说来，禀性愈是善良愈会陷入挣扎。《八音盒》中的欧阳亭从未在语言上标榜自己是善的精神传统的继承者，要使自己的行为符合杰出、美好、高尚、完善的标准，但他是善的。常年在海洋中与狂风巨浪搏击，培养了坚毅的性格。在大自然面前的无畏并未把他造就成生活中的铁石心肠，却更加增添了他的侠骨柔情——对妻子的恩爱深情，对女儿的呵护宠溺，对弱者的关怀救助形成了欧阳亭式的"救世情结"。他经常为道德和正义感所迷惑和束缚，在"某个特定的情境中，把自己遐想成弱者的救世主"，用"人道主义的方式把他自己推向危机四伏的沼泽"。他企图拯救小叫花子春花，为她争取一个安全规范的成长空间，希望通过一己的努力给她带来安定、舒适的生活的愿望是善良的。可事情的发展并不如他的希望那样美好，局面越来越失去了控制，结果，他的善举不仅没有给春花带来幸福，反而给她带来了伤残和痛苦、怨怼……八音盒的残损象征了善的困厄、善的破灭。

短篇小说《正午》，描写一个交错相聚于集市的画面，郦东宝与一对年轻恋人——陈明、严小晚为讨饭的瞎子阿财打抱不平，阻止流氓欺侮阿财并抢劫其钱财的恶行，却因此丢失了宝贝女儿嘟嘟。小说以瞎子阿财的举动和耳闻隐喻善的被遮蔽、搏打时，众人如鸟兽散去，阿财也"恨不得将整个人嵌进墙壁里"。本来正午的阳光灿烂明媚，朗照大地，没有一丝阴影，象征着自然、平衡、成熟、勇气和力量，预示着希望，预示着善良战胜邪恶。可是，在夏商的《正午》中，阳光下出现的是阴影，人的良知被怯懦所驱赶，恶行发生在光天化日的正午，人性深处隐蔽着的丑陋——人性恶——的一面裸露在阳光下，正义、善良的结果是失却自己最宝贵的，形成了善的悖论。郦东宝基于人道的、善的规范，出手救助已经失去了泪腺的瞎子阿财并拦阻行凶的恶人，却失去了历尽情感的煎熬和折磨才得来的宝贝女儿……

夏商对善的存在的诘问，是在人性的深层次上展开的，他的每一篇小说都是一个世界——一个自己驱动的世界，释放着一种具有双重性的意味。一个为之欣慰的举动，必然也是一个受到致命伤害的行为，施与受、获得与丧失是一体共生的两面。行善的义举带来的是怨愤，见义勇为伴随着的是伤心。由此可见，夏商的主体意识是在自觉地拒绝着传统观念和宗教宣喻中"善有善报"的训导，去思考善的如影随形的另一面，"行善"

者在行善的过程中，不仅不可能为自己带来愉快和满意，而且还呈现出极度迷惘、尴尬和无可奈何的心灵的挣扎。这个时代，人类的善虽然尚未泯灭，人道尚未被弃绝，却也基本处于被放逐的黯淡境地。善不再成为终极目的，人道不再是道德的愉快，而是苍凉、慨叹、矛盾。介入生活虽然"从纯思想和纯艺术的角度是无法理解的，但是从直接面对生活来说却是正确的"（意大利·莫拉维亚《萨特逝世后的反映与评价》）。夏商小说注重披露存在本相，充满了对世界的怀疑和检讨，通过社会人生有价值东西的逐渐消退和毁灭，发出了对社会、人生理想的带血的呼唤。

三　美之追崇——顿悟刹那与偶然

审美的"无目的的合目的性"——自由的合目的性，是一种非功利的、身心愉悦的、自由的境界。在审美创造的进程中，主体是全身心介入的，审美中的人是具有主体性的自由的人，美的感悟、体验、想象通过主体的存在而融合，并在人格的高度升华为崇高心灵的魅力。

夏商小说艺术的审美镜头始终聚焦于悲剧，如同李冯钟情于对传统文化的解构、反讽，张生瞩目灾难、残忍和精神的疾患一样，夏商倾心于人性、人的生命的悲剧。夏商小说的悲剧性在于凸显作为个体的人的最终被毁灭的运命，他常常将人物置身于特定的情境中使他们体验一种悲剧式的运命。雅斯贝尔斯在《悲剧的超越》中指出："悲剧是对于人类在溃败中的伟大的度量。……它代表人类存在的终极不和谐。"当人的灵魂与身体分离，存在与本质分离，悲剧的发生就不可避免。夏商小说的悲剧可以看作刹那与偶然铸成的悲剧，偶然操纵了命运，刹那使心灵历险，偶然与刹那神秘地暗示个体命运的现实境况以主体的直觉抵达生命存在的纵深，展示了悲剧的必然性。对刹那和偶然的顿悟，探求其中的深层意蕴是夏商小说的审美追崇。

《轮廓》以复调的方式、不断回旋的结构、流动的意识渲染了人对生活和命运的徒劳抗争。当一个人将一生系于某种虚幻的意念，不得不面对理想的错失与损毁时，就只能拖着疲惫的身体去漂泊，身心俱损，不得安宁。小说中的偶然因素是必然悲剧的种因，借助于偶然事件的合理性，使故事呈现出繁复回旋的艺术质感。宋大雨偶然听到叶子与小木匠的谈话，注定了半生的寻找；庄嫘为救病入膏肓的母亲，用处女的鲜血去与死神争夺，夺取她贞操的竟然是她未曾见过的父亲……《一个耽于幻想的少年之死》是一个关于生命和心灵的隐喻，当心灵的隐秘被窥破，恐惧就慑制了少年的灵魂，敏感而又沉浸于幻想的他在一部恐怖影片后，偶然窥视到他的偶像时，恐怖陡然袭击了他的心身，生命之弦突然绷断，死亡随之降临。正是一系列的偶然因素导致了死亡的发生：如果音乐老师没有嘲笑少年；如果少年不是那样敏感、脆弱又耽于幻想；如果少年不在看完恐怖影片之后突发奇想去窗口窥视音乐老师；如果音乐老师不在那个时候对镜修眉……生活中没有那么多的如果，一切皆是偶然，一切都已命定。在被死神黑色的翅膀遮蔽了的时刻，死亡就成为必定的。《刹那记》里少男少女的嬉戏、追逐、失意是在特定的情境中展开的，一刹那的车祸之后命运便大相径庭，成长中朦胧的早恋的孟浪便重落为人生悲剧的起源和永远的创痛而不堪回首……什克洛夫斯基认为：艺术品是自足体，它是它自己的"虚构世界"，小说艺术形象的存在不是使其意义直接接近于我们的理解，而是造成一种对客体的特殊感受，创立对客体的"视象"而不是认知。"那种被称之为艺术的存在，正是为了唤回人对生活的感受，使人感受到事物，石头更成其为石头。艺术的目的是使你对事物的感觉如同你所见的视象那样，而不是如同你所认知的那样……艺术是一种体验事物的创造方式，而被创造物在艺术中已无足轻重。"① 在夏商小说世界里，审美的"视象"总是凝定于由偶然的瞬间或刹那的意念引发的人生不幸和悲剧，并且借助刹那、偶然的手段对人为命运的悲剧必然性进行探问，显示了对命运无力把握的强大隐喻。夏商小说的悲剧的诞生更关乎人的个性，冥冥之中由不可抗拒命运造成的，是一种宿命的因缘，并不与社会生活有更紧密的联系和扭结。《爱过》《轮廓》《出梅》《休止符》都是在流动的时间长度里，叙述人生的残缺、凄婉，小说家关注的无疑是命运在人的心灵击出的那一记老拳，尽管他的小说文本中很少用心理描写，却传达出了巨大的心理真实。偶然和刹那的事件随着时间的流动展开，那种人物命运的走向被挫断的伤痛感越来越强烈。这种对于命运自身的细细咀嚼和刻意延展，就把叙述建立在自由的、可以无限拓展的空间，张弛有序也淋漓尽致地凸显其审美韵致。

---

① 　什克洛夫斯基：《关于散文理论》第 15 页，转引自《西方文艺理论名著教程》，北京大学出版社 1989 年版。百花洲文艺出版社的《散文理论》第 10 页有翻译，但表述不同，从前者。

夏商的小说中蕴含着非常复杂的情感因素，最主要的审美意向就在于从人的日常生活中发现和寻找被不断遮蔽的隐秘"诗意"，而不是相反。夏商善于在约束的生活场景中找寻诗意，使"诗意栖居"在自由与和谐中诞生。王蒙指出："一种非常复杂的情感……可以说是短篇小说作家的本钱。"① 夏商的短篇小说时常把多重情感纠葛在一起，使之负载丰富的艺术氛围和审美向度。他并不是把对于日常生活的体悟停留于简单的认识层面，也不是把生活素材仅仅作为推进情节的手段，而是将其上升为一种话语形式、审美的理念。《出梅》是一个情节迷蒙的小说，充满了宿命的色彩。两个百无聊赖的高中生在电话亭等待女友时，看到了一个妩媚动人的漂亮女人，视觉的感召促使他们尾随而去。女人的安静、高贵、文雅击溃了他们的傲慢，使他们不敢轻举妄动，同时也使他们感觉到小女孩单薄的拿派和故作姿态的拙劣。于是，高中生乙在女友面前发起了威风，在她拍打他脑袋时，打了她一记耳光。后来，女友邀人来报复，乙勇敢地前去应战，斗殴中高中生甲出手解救了自己的朋友，却引来了危险。当他们最后一次看到漂亮女人时，甲先于乙走出了房间，死神带走了……小说中的情感是多重的：爱慕、向往、友情与害怕、沮丧、恐惧夹缠在一起，展示了生命内在的灼痛和哀伤。"人的命运神秘莫测……你不愿意也不敢相信的悲剧已经发生过了，然而，命运有时是非常可笑的，许多事情因你而起，而你却永远也不会知道真相……这个世界上有人因为你而死去了，你却连这个人的名字也不知道。"这可能就是冥冥之中神灵的旨意，就是宿命因缘。《刹那记》《集体婚礼》都是艺术自由和情感想象的结晶，小说以情感的复线结构，针对生活现场，冷峻地打量存在者本身。以一个作家不甘寂寞、离经叛道的心灵，对于经典叙事提出挑战。夏商的写作一直在书写人和人的生活，他把自己置身于精神内层，希冀求得人的本质力量，这就注定了他的叙事的意味和角度，是对于人性和人的存在的关注与探察。

夏商追求一种安静的力量，"平静的叙述，它本身就是一种力量"。这在他近期创造中尤为明显，在具体的叙述过程中，夏商既耐心十足又平静如水，这是一个作家的叙事走向成熟的表情。《刹那记》《集体婚礼》《出梅》等小说的叙述以非常平和的话语，叙说"以真诚的心灵来唤醒读

---

① 王蒙：《谈谈短篇小说的创作》，《写作》1982 年第 5、6 期。

者，唤醒世界"的理想。这种平静是顿悟或者说豁然开朗之后的平静，是反叛中的守护、颠覆后的建构，平静的力量来自怀疑、关怀和想象。当然，夏商小说也不是到此就无话可讲，我以为他的小说创作仍需升华——知识的、理念的、想象的，这个问题可以另文叙说……

福克纳说："一个作家不要总是想战胜别人，而是应该想怎样战胜自己。"希望夏商能够战胜自己，超越自己，因为人文的事业（当然也包括小说创作）就是一片着火的荆棘，智者仁人就在火里走着，他们以自己燃烧，唤醒了精神的太阳。"望崦嵫而勿迫，恐鹈鸠之先鸣。"（《离骚》）追逐太阳的脚步，明天、未来是明朗的。

原载《当代小说》2000 年第 1 期

以智者的余光审视爱情存在

——韩东《我和你》小说解读

  《我和你》是韩东的第二部长篇小说。经过三年的写作与修改，犹如一个宁馨儿，在作家呕心沥血的孕育下、在读者的殷切期待中终于问世了。小说甫一出版，旋即众声喧哗。赞誉者有之，批评者有之，褒贬不一，各持己见。朱文认为：《我和你》"并没有致力于粉碎尘世间的爱情神话，而是恰恰相反，他试图把爱情神话还原成爱情本身。为我们提供了一份这个信仰匮乏时代的精神状况报告。"① 马策认为，《我和你》是一部"反爱情小说"，它"拷问了爱情，而且戳穿了爱情——这一世俗生活中最大的神话"。何小竹认为："《我和你》这部小说的力量，就在于它的'贴近'，贴近男女关系中的每一个细节，现实的和心理的。"② 胡传言认为："作者无力去戳穿生活的本质与缺陷，反而以爱情的名义向读者兜售他的'光荣'梦想，以伪爱情去证明爱情。"李冯认为："韩东创造出了一种小说的语言新文体，令人读之，恍惚之间，觉得有中式张恨水及美式海明威的奇妙混合，既细腻又洗练，除此之外，小说的笔墨从不偏斜，始终在主人公徐晨和苗苗之间对切，好似电影镜头中的正打与反打……"③

  在这个迅捷、浮躁、讲究速度和效率的世纪初，韩东可以说是一个沉静、稳健的作者，他用六年时间写了《扎根》《我和你》两部小说。从诗歌、小说到随笔、理论，韩东是文学写作中为数不多的跨文体作家。在当

---

 ① 朱文：《我和你：信仰匮乏时代的精神状况》，《新京报》2005 年 7 月 25 日。

 ② 何小竹：《"贴近"的力量》，《成都晚报》2005 年 9 月 4 日。

 ③ 董彦：《贫贱而爱，爱无所获》，《信息时报》2005 年 8 月 1 日。

下大多作家退隐历史创作，走进宏大叙事的时候，韩东一如既往地关注个人、关注生活、关注现世、关注存在。《我和你》就是在叙述一对现世男女——一个以写作为生的男人徐晨和一个学音乐的女大学生苗苗——的爱情的故事。

昆德拉在《小说的艺术》中写道："小说研究的不是现实，而是存在。""正是在小说的历史中有着关于存在的智慧的最大宝藏。"存在关涉的是人生在世的基本境况——生、死、爱、欲，存在是人类永恒的主题。小说的使命不是陈述发生了一些什么事情，而是揭示存在的尚未为人所知的方面。不同于《扎根》所展示的"万年桩"与"短暂者"的历史震撼与存在悖论，《我和你》展示的是爱的期许、爱的施予、爱的狂躁、爱的迷惘与爱的思索。

一

《我和你》几乎用90%以上的篇幅，以个人的叙述视角，讲述叙述作家徐晨——"我"——与大学生苗苗的爱情过程。"我"既是故事的讲述者，又是故事中的主要人物。小说所讲述的都是"我"的所见、所闻、所感、所知，即与"我"有关的事情。这种叙述方法极大地强化了小说的经验性与体悟性，引领读者顺利地进入作家所创造的虚构的小说情景之中，感受爱情的隐痛与忧伤。

"我"是一个以写作为生的失婚男子。曾有一个罹患严重性冷淡的女朋友，她出国留学后"我们"分手了。"我"爱上了大学生苗苗，对她一见倾心，"我"焦灼地期待与苗苗的再度"不期而遇"。"我"是克制而内敛的，虽然心有渴望，并试图寻找适当的机会，但"我"从不在他人面前主动提起苗苗，因为那个时段"我"的心情始终是患得患失的。在岳子清家的琴会上，"我"发现了苗苗，因此"心定了许多，也慌张了许多"，"一年没见，苗苗还是那么的美丽，令我心动"。"我"开始时时牵挂着苗苗，并设法与她联络。当"我"终于有机会可以和苗苗约会时，简直是心醉神迷，紧张得不知道如何是好。有了第一次以后，"我"就不断与苗苗约会，不断发现她"可爱之外还有我所不知道的可爱"，点点滴滴，丝丝缕缕，"才下眉头，却上心头"。"我"不断地、本能地"给"苗苗以投入的、深切的、刻骨的爱——情爱、性爱、宠爱、溺爱——不计代价，不惜一切。因此，朋友们都说，只要有苗苗在场，"我说话总是心不在焉的，眼睛不时地朝苗苗那边瞟，即使我说些什么，思路也匪夷所思，让人觉得莫名其妙"。至此，"我"完全从压抑了六年的性欲中超越出来，转变成为一个"恋爱中人"。"我"和苗苗出双入对、形影不离，体验了恋爱的所有感受：温暖、甜蜜、嫉妒、失控、摩擦、争吵、冷战……爱"我"所爱，无怨无悔。小说细腻地描写了"我"对苗苗的爱、宽容与思念和苗苗对"我"的不屑与伤害："我"逼着苗苗喝下妈妈为我订的牛奶；"我"花钱买门票请朋友替我陪苗苗游泳（因为我是旱鸭子）；"我"为苗苗在朋友面前对我的亲热而陶醉；"我"在暑假里带着苗苗远去深圳特区旅游观光……在苗苗对我拳脚相加时，"我"一点也不觉得疼，"双腿站直，任她狂踢一气"；在苗苗生气地把茶水泼到"我"身上时，"我"却想，"幸亏我穿着棉袄，吸水性能好，并无大碍，况且那杯茶已经凉掉了，杯子不大因此水也不多"；当苗苗和我闹别扭，拒绝"我"的爱抚时，我仍然坚持抱着她，"把脑袋搁在她的后背上，脸侧着，把耳朵压在下面听苗苗的心跳"。"这时有一股香味儿从她的身上透了出来，钻进我的鼻孔里，我伏在苗苗的背上使劲地嗅着，发出很大的吸气声，以辨别那香味儿的性质。""我觉得这就是苗苗的气味，是她的体香，它是肉的气味、年轻的气味。在昏黑寒冷的房间里，其他的感官关闭了，这气味尤其明显和清晰。我看不见苗苗（她背对着我），也摸不到她（隔着衣服）、听不到她（她始终沉默），惟有这神秘的气味弥漫开来，令我忧伤不已。"当"我"实在忍无可忍，抄起电话对反复无常的苗苗咆哮、叫骂后，心里面空得发飘，不禁悲从中来，"我多么想把电话拨过去，告诉苗苗，其实我是多么地爱她啊！但最终也没有这样做。一个人默默地流了一会儿眼泪，天就渐渐的黑了下来"……反反复复的爱情纠缠中，"无限的削弱使爱者成为弱者，处于不可思议的被动地位，因此，自我的投入是一次绝对的冒险。它不可能不顾忌到自我的脆弱，因此谋求坚强，它不可能固执其坚强，因为那不可能有爱。处于爱情中的自我无法不感受到这悖论造成的焦虑，他紧张不安，摇摆不定，犹如行走在高空中的一根钢索之上"。

就在"我"单向度地认为自己可以付出全部的爱时，苗苗却给了"我"致命的打击："我不爱你了！我从来都没有爱过你！"这晴天霹雳般的打击几乎使"我"彻底崩溃，"我"在绝望中试图调整自己，"闭关"、读书、练气功、找朋友聊天，都无济于事。痴狂的爱所带来的那种细密的、潜隐在琐屑的日常生活中的、挥之不去的疼痛不断袭来，"我"是那么惶惑、忧伤、痛苦、绝望。"我"为自己心造的幻影所魅惑，病态地向所有的朋友诉说自己无法遏制的爱恋。小说写道："和苗苗分手四五个月的时候是最难熬的，我觉得每时每刻都备受煎熬，觉得过不下去了。而一天当中，晚饭前后是最绝望的。吃完晚饭，我无法在家里再待下去，必须出门。我也知道不能再找朋友们聊苗苗了，他们虽然嘴上不说，但我知道没有人愿意见到我，但这个门我还是必须出的。往往是我来到了外面的街上，一面走一面盘算，谁那里我刚刚去过，谁已经有两天没见了，谁的耐心比较好，谁已经快挺不住了，我的心里有一本账。就这样，我把所有可能说上话的朋友都想了一遍。突然有一天，我发现再也没有地方可去了，没有人可以找了，我不免惶恐起来，脚步也随着慢了下来。""我"就在这种倍感煎熬的日子里挨时度日。通过小说这种尴尬的叙述，我们不啻于触摸着人的真实存在——那每每令人尴尬的真实。

时间流逝着，爱的本能无法宣泄，爱的悲伤无处述说，爱的绝望无人倾听，这是徐晨的悲哀，是朋友们的悲哀，也是人类的悲哀。因为"爱情的不成功缘于我们天生的贫乏。我们多么渴望得到别人爱，又怎么可能去爱别人呢？""（爱情）是我们的时代最为著名的神话之一。一方面，它比任何其它的神话都来得纯洁——在道义和舆论上，也在实践中。同时它也最为普及、深入人心。由于它相对便捷和轻易，实际上成了胸无大志者的最后栖身之所。"况且，单向度的爱情体验往往并非真实的爱的存在，而是当事者自我沉溺、自我陶醉的结果，显现着人在特定情形之下的沉溺、陶醉、迷狂与虚无。

二

小说被称为个人冒险的叙事，这一文体一向钟情于乌托邦的建构。它为有限视角叙述的个体提供了超越时间的开放、广阔空间。小说家可以在自己创造的世界里腾挪跌宕、翻云覆雨、凄苦无状、痛彻心脾。

《我和你》在叙事的展开中，特别注重从个体经验出发，以叙写精细、准确的感性材料组织基本的语言活动，去揭示爱情就是一种献身的愿望、一种痛苦的消耗、一种牺牲自我的迷狂之思。小说剖开爱情，让我们看到人的世俗的内核，看到爱恋中的人如何在怀疑、自我、牺牲、计较的旋涡中奔突挣扎。小说在内在的紧张和细致里，展示着爱情存在的真实，在整体上呈现出多重性、复杂性和否定性的意味。那种似是而非、似非而是、闪烁不定的纠结、盘问、怨怼、思索，构成了小说的整体效果，正是由于这种整体效果，而获致对从经验和观念上都无法完全解释清楚的体验的传达。

《我和你》中，主人公徐晨是一个既隐忍、宽容又痴迷、狂热的人。尽管前女友朱晔的性冷淡非常绝对、彻底——不能尽情拥抱，不能热烈接吻，更不能酣畅淋漓地做爱，可由于和"我"在一起时是处女，"我"又没有如何对待处女的经验，加上她超凡脱俗的、出众的美丽，使"我"在伤感、不安、充满热望中坚持了六年的无性情爱，直到她去国留学远走新加坡才彻底分开。

"我"与苗苗的爱恋，显然与朱晔不同，"我们"的拥抱是竭尽全力的，"我"的接吻是热情奔放的，"我们"的做爱是昏天黑地、痛苦激烈的……总之，爱得高调张扬，亲热得旁若无人。尽管如此，"我"仍然是期待的、紧张的、虚弱的、惶恐的。苗苗的沉默令"我"不安，苗苗的抽泣使"我"激动，苗苗的拒绝令"我"无助，苗苗的背弃使"我"心痛欲裂，浑身发抖，涕泪滂沱。"我"在愤懑和委屈中把自己关起来，以写作来倾诉"我"对苗苗的埋怨、乞求，感受人生在世的痛苦和爱情的无常……就像朱文在《献诗》中所写的那样："这个高烧病人眼中的白夜，／羞惭的泪水升起夺眶的日出。这冷，这热，这情景，这感动／这感动中豁然洞开的一生，全都交与你。"

正如韩东所言："爱与性有联系……但它决不是与性等同的东西。通常人们习惯将二者混淆等同起来，似乎和异性联系在一起，和情人、配偶联系在一起就是爱了。爱被降至性的层次上。"① 其实，爱远比性更伟大。《我和你》的叙述视点始终围绕着徐晨对苗苗的期许—重逢—施爱—嫉妒—纠缠—受伤—痛苦—再纠缠—再受伤—再痛苦—直到沉溺，无法自拔。在承认爱的矛盾、爱的冲突、爱的焦虑、爱的疑惑，直面人的灵魂的前提下，以一种平静简约的叙述，为我们提供了一个清晰有效的观测点，让接受者看看"我们"到底是如何去爱和如何看待爱的。韩东的理念是：

---

① 刘蓓：《韩东的文化心态及其小说创作》，《扬州职业大学学报》2004 年第 4 期。

"环顾身处的世界，只有这献身、去死的愿望真实无欺。""爱就是牺牲，就是削弱和消耗自己的一种愿望。"也就是说，爱是一种付出，一种消耗，一种牺牲，虽然有特定的对象，却不一定有特定的目的。爱是一个过程：从无到有，从有到无的过程。在这个过程中，人可以躲避、栖居于自己建构的"爱情"中，消磨光阴，消磨生命，感受爱意，感受快乐，感受伤痛，感受绝望。

《我和你》所描述的徐晨与苗苗的恋爱中，"我"其实一直在孤独、疑虑、嫉妒中挣扎。因为"苗苗所具有的东西正是我缺乏的"，所以"我"才会对她如此迷恋，以致丧失了必要的平静、镇定和现实感。

贡布里希指出："如果我们要求所有的杰作都应该与我们自己的价值体系相吻合，那无疑会是真正的贫困。说它是一种贫困，恰恰在于艺术不是生活，它能帮助我们延伸对人类基本反应的同情和理解，这种同情和理解超越了任何一种文化或价值体系的界限。"① 爱、绝望、虚无是韩东的写作中一以贯之的主题，并且在这样的主题表现中渗透着浓重的忧郁和感伤。在 1997 年完成的名为"爱情力学"的一组文章——《爱情中的交谈》《爱与恨》《偶像与崇拜》《本能与爱》《一见倾心》《自我与爱》中，韩东对于爱情进行了形而上的拷问和探究，昭示了爱情存在着一种先验的无所归属的表现。原因在于"爱情是荒谬的，由于荒谬的自我的存在。自我和自我的荒谬是不可克服的，它是我们描绘人之真实处境的起点"。因为对于爱情的思索是建基于韩东对于存在与人、人之自我的剖析之上的，他在努力穿越精神的黑暗隧道的过程中，将爱情所包含的丰富的精神联系揭示出来，去击破人的自我存在的幻象。至此，《我和你》的意义就不在于所选取的生活经验，而在于对爱情富有想象力、思辨力的探究。

---

① ［英］贡布里希：《理想与偶像》，范景中等译，上海人民美术出版社 1989 年版，第 268 页。

张执浩:游走于诗性的虚构之间

张执浩是由诗歌进入小说的作家。他的诗歌写作开始于 20 世纪 80 年代中期,经过最初的诗歌演习后,他以一首描写真诚、纯洁、爱的甜蜜的梦幻和温柔之作——《糖纸》——而获得 1990 年《飞天》杂志举办的诗歌大赛唯一的一等奖。以后,他的诗歌创作一发而不可收,逐渐在诗歌写作领域崭露头角,直到现在,诗歌仍然是张执浩最为钟情并且不断创作的文体。在我看来,诗是生命体验中最内在、最深刻的话语。从心灵的角度来说,诗是一个人情感最真切的表达,是灵魂之声的流溢。阅读张执浩的诗歌,可以感受到温柔、疼痛、爱的恐惧、生活的承担和生命的孤独。

德国美学家施莱尔马赫认为:诗歌的"语言有两个要素,音乐的和逻辑的;诗人应使用前者并迫使后者引出个体性的形象来"[1]。在张执浩的诗歌里,用音乐的元素编织着生命的乐章,使音乐回荡着独特的心灵的回声。他的诗歌激活了分散在日常生活中、浮动于人群周边、人们习以为常的各种蕴藏物,从生活的幽暗中汲取光明。他的《后半夜》《与父亲同眠》《内心的工地》《变声期》《低调》《美声》《乡村皮影戏》……就是撷取生活中真实感受,使苦涩、疼痛、悲悯、哀思、眼泪等不同感受在特定的语域中得以宣泄,使身体内部的断裂、分离的哀鸣转化为诗的乐音。正如张执浩引用意大利作家马可·罗多利的话说的那样,"诗使生活能履行它许诺但落空了的东西"。作为一种有意味的语言艺术,诗是一种心灵的表达,它的任务就是通过有意味的语言形式将世界的本来面目细致而精确地表达出来。像黑格尔所指出的那样,"人一旦要从事表

---

① [德]施莱尔马赫:《美学讲座》,转引自克罗齐《美学的历史》,中国社会科学出版社 1984 年版,第 162 页。

达他自己，诗就开始出现了"。对于人、人的生命、人的运命的表达，对于诗歌技艺的独到见解与表达，使张执浩的诗歌日趋澄明。

秋风乍起的夜里，草虫的呜咽回旋。
一个外乡人把国道走穿，又迂回于故乡小径。
从前他怀抱明月远遁
如今空剩一颗简单的心。
…………
最亲的人正从最广袤的田野上消逝
他们总是一一闪现，然后集体离开。
我只等待送信的穷亲戚前来敲打我的房门
但只有半夜的铃声带来我母亲失踪的消息。
…………
我问空气，问这四月的白开水，问
窗外的明月，母亲啊，你能去哪里？

——《美声》

但我还是要问，白纸为什么是黑的？
我拿起电话，拨通了你的手机
整整一年，我无数次干过这种傻事
我相信，是你的离开让我变成了白痴

——《一年前的今天——祭宇龙》

诗意的表达，艺术的探索，使张执浩在诗歌的行走中益愈成为一个优秀繁荣的诗人，同时也为他带来了一定的声誉。他的《美声》① 获得"中国 2002 年度诗歌奖"，组诗《覆盖》获得 2004 年度"人民文学奖"。

作为诗人和小说家，张执浩的审美志趣究竟在哪里？在他看来，写作者永远是一个"地下工作者"，心中有美，却苦于赞美。因无法学会"赞美"，只能更加倾向于沉默，"让歌声腐烂，/在胸腔里"，低调地存在于喧嚣的世界的边缘，逐渐发现写作的快乐，使自己的趣味从低级到高级，

———————————

① 张执浩：《美声》，《星星》2002 年第 5 期。

"象写作本身，在白纸上涂抹些色彩，慢慢看见彩虹"。这是一种颇为个人化的诗意表述，无疑道出了写作艺术的某种内在的品质——个人性、符号性、寓意性。文学的写作其实就犹如地质勘探一般，是不断寻找、终生探究的过程。作为一个一直在寻找"调门"的人，现在的张执浩可以说已经走过了他的"童音期"、"变声期"，正在走向他的"成熟期"。如果沿着张执浩的写作路径回溯，就可以发现他始终是文学队伍中的一个散兵游勇、一个独立的行者。用文坛惯常的价值判断比较难以衡量他的写作。因为张执浩从不属于任何的文学思潮、文学派别或文学运动，一直游走于潮汐的间歇或边缘，默默地、不懈地写着自己的作品。

综观大陆 20 世纪 90 年代以来的写作，由诗歌转入小说的作者颇多，王小妮、方方、林白、韩东、陈应松、刘继明、南野、朱文、红柯、宁肯、李冯……张执浩也从 1995 年开始进入小说写作，他为自己的第一篇小说拟了一个颇具词语解析意味的标目——《谈与话》，小说发表于 1995 年 10 月的《山花》杂志，新进小说的张执浩并未一举轰动文坛而引人注目，他必须以自己的耐力和坚韧持续地走下去。直到新的世纪开始后，张执浩的文学创作在经历了由诗歌到小说、由个人体悟到存在言说、由表达自我经验到表现揭示人生的渐变与转型之后，写下了《虚拟生活》《灯笼花椒》《亲爱的泪水》《到动物园看人》《街心公园的旁观者》《蒋介石之死》《试图与生活和解》《徐小婷的故事盒》《天堂施工队》《雪里红》《向右看齐》……张执浩的文学创作体现了一种从诗意到虚拟的过程。如果说张执浩的诗歌是由隐喻到纯净澄明的清朗，那么小说无疑就体现了其对生活由认知到恐惧疼痛的虚拟。

张执浩的创作，并不是单纯地由诗歌的深度隐喻转换为小说的虚拟构筑，而是借助诗歌的想象丰富、扩张小说的内涵，诗意在小说中流淌，小说在诗歌中组接。在文体的穿越中，突破文体的界限，创造出属于自己的一片文学天地。在张执浩的小说中，虚构与想象的力量所产生的审美效应是强烈的。他在小说中所描绘的不仅是当下的真实存在，而且也在描绘可能的存在的真实。因为"如果诗人只是表现人的真实生活世界，或者说致力于表现人的平凡、琐碎和忧愁的境遇，那么文学就失去了'想象的力量'。……想象不仅是将已有的生活经验召唤到艺术形式中来的创造性力量，也是将虚幻的梦想的美妙生命经验'构拟并展示'在艺术形式中的心灵力量，即想象是可以将'已有的一切和将有的一切'展示出来的创造方式"。在《天堂施工队》中，张执浩并没有重写现实生活，而是表达了一种超验的体验，带有浓烈的非现实的魔幻、神秘色彩，小说艺术中的"场效应"成为其中必不可少的空间态度。小说以限制的傻子视角结构小说，叙述者第一人称的"我"与傻子视角合为一体，既方便了叙述，也增强了小说的现场感和真切感。小说开头这样写道：

> 我从天上下来的时候四野里空无一人。躺在草地上，我感到后脑勺在隐隐作痛。

张执浩就是以这样的句子开始了以傻瓜（关得天）——"我"为主人公的漫无边际的想象、漫游和荒诞的生活体验。"我"不明白怀堂老爹自杀以后为什么要把脸藏起来？"我"不明白明清所说的大事业是什么意思；"我"看到神仙一般美貌的许花子就念念不忘，她一次次地教"我"与她一起"上天"（性爱）；"我"虽是村长，其实是个顶名的甩手掌柜，日常村务都由父亲去处理；"我"带着以"天堂"为名的乡村施工队，来到城里打工，莫名其妙地成为特异创造的建筑设计师；"我"带出来的施工队的工友，在一次重大建筑施工事故中全部"上天"，"我"为那座城市留下突兀的、形似男性生殖器的烂尾楼回到乡村，从此养成仰望蓝天的习惯……在《天堂施工队》中，傻瓜的叙述成为小说叙述的方便法门。张执浩似乎希望借助常人眼中傻子那颠倒的、混乱的、无序的思维方式与言语行为，揭示存在世界的荒诞和乖谬；可是缘于小说语言的过分睿智与合乎正常思维理性，"太接近一般人的眼光，太容易对这个世界的秩序表示认同"（李敬泽语），超验时常无法落实到经验中来，从而导致了小说叙述和小说设计的脱节，消释了小说的逻辑理性和价值判断。

当然，以傻子的视角结构故事，不是张执浩的首创，中外小说中，傻子形象、傻子的叙述方式何其多也？白痴班吉（福克纳《喧哗与骚动》）、帅克（哈谢克《好兵帅克》）、丙崽（韩少功《爸爸爸》）、二少爷（阿来《尘埃落定》）、大傻（张生《全家福》）……傻子往往成为揭露扭曲、变形的荒诞世界、荒诞现实与荒诞事件的关键词；成为揭露民族精神病态、思想行为的象征符号；成为摆脱形而下问题的纠缠、直接进入人的灵魂审判、啼听人类心灵变态的音符。《天堂施工队》展示给读者的感觉似乎是一个大智若愚的"智者"的游刃有余，一个熟谙生存法则的"明人"的心路历程。作为一部纵情恣肆的挥霍作家想象力的"值得期待"的作品，小说的成功是有限的。

在我看来，张执浩小说中最有意味的是那些充满了游戏色彩的作品。这些作品在不断地探究生存在人群中的个体的人的孤独、无助。面对世界，面对命运，他们有一种深深的无力感。既无法选择自己的生存环境，又无法摆脱命运的拨弄；既对生活充满恐惧，又不得不深陷其中随波逐流。因为"命运是一种神奇而古怪的东西，它不会因为你的固执而放弃主宰你的任何机会"[1]。他们在流逝的时光中茫然、困惑，在置换的空间里分裂、感伤，直到生命的最后时刻。

《徐小婷的故事盒》[2] 以录音机与录音带的形式组接故事，用"封面""A面""B面""快进1""快进2""倒带""快进3""配乐"几大块将一个小说衔接起来，通过"我"、徐小婷自述、黄克强、范无忌多角度地讲述了孤儿徐小婷的学艺、走红、下岗、开服装店、离家出走……悲欢离合中，流逝的时光里，蕴蓄了人在成长中的无数的苦涩、艰辛和秘密。人性犹如一个多棱镜，对镜细察，凹凸中难免变形、走样，待撞进去，融入其中，还原后留下的可能只有残片和碎影，这就是生活的历史。

《雪里红》中马奇是孤独的、认命的。他从乡下来到城里和年迈的奶奶、瘫痪的爷爷一起生活，在这个古老的小镇度过了他的童年、少年，长大后与青梅竹马的女孩盘姗考入同一所大学。两人在一段不经意的陌路之后，终于热恋。而晕血的马奇始终恐惧得到处女的盘姗，在一次意外的歹徒袭击后，盘姗失踪，马奇也在自暴自弃里熬到大学毕业。辗转地换过几次工作，被误为在校园袭击恋人的歹徒关入监狱。出狱后下海经商，巧遇已经成为富商的盘姗。为了完成朋友的嘱托，他们远赴越南，而盘姗却在此行中被战争遗留的地雷夺取了生命。生活的起伏悲欢使马奇慢慢意识到，每个人的一生看似漫长，其运行轨迹看似无规律可循，其实，总有几个人或几件事在左右一个人的命运，如同翱翔在宇宙间的陨石，一次漫不经心的撞击往往会带来一连串的变数，从而使未来显得扑朔迷离。因为"人都无力操控那条命运的舢板"。"每个人活在这个世上都是一个从不习

---

① 张执浩：《徐小婷的故事盒》，《山花》2002 年第 2 期。

② 同上。

惯到习惯的过程，直至麻木"。小说浪漫温润，凄切哀婉，诗意徜徉，显示了强烈的戏剧性。

张执浩的创作经历了张望生活、逃离生活、抛弃生活、融入生活的过程，阅读他的小说可以感受到人对于生活的恐惧、情感的恐惧、死亡的恐惧，常常有一种浓厚的渴望隐匿倾向。当然这种隐匿不是逃离繁华都市，隐居于穷乡僻壤，而是阖上自己的眼睛、封闭自己的心扉，隐匿于斗室，隐匿于人海，不显山、不露水地逃脱义务和责任的捕捉与追踪，成为一个边缘人、局外人。

《盲人游戏》① 里的朴喜欢收集墨镜，他"愤世，厌世，有时某些东西可以唤醒他内心深处的某些美好的感情，但更多的时候，他深陷于自我所营造的空间里举步维艰"。他对自己的表述是："我来自黑夜，却与朝霞失之交臂……我是一个漂浮在街面上的人，始终在路过的幽灵。由于找不到任何可以依附的实体，我只能是在疾风吹送下的一件宽大的衣袍，没有形状，也缺乏必要的作为象征的特点。"朴闭上眼睛时，内心一片雪亮；睁开眼睛后，反而什么也看不见。于是，他在人海里失踪了，妻子、朋友都无法找到他。他最终戴上墨镜，跟随在一队盲人后面，成为一个崭新的人。

《亲爱的泪水》② 讲述张望和他的同学、朋友周游、马太之间的故事。周游游历西藏一待九年，因为高原的缘故使泪腺出了毛病，不得不在泪腺处插管而使视力不至于下降。管子犹如一个对外宣泄的通道，他时时流出的眼泪，而无须掩饰。只有这样，才能保持对事物清晰的感觉。让人想到禅宗那句"时时勤拂拭，莫使惹尘埃"的偈语。周游是可以随便流泪的，他的眼泪已经是与心灵无关的泪水，可是张望和马太还得循着现实的规则，做到"男儿有泪不轻弹"，涌出体外的只能是语言而非眼泪。周游在武汉失踪后，张望他们四处寻找，随着寻找周游，张望和马太得以了解社会边缘和底层的真实生活，他们最终找到周游是得知他进了看守所。小说像一个连环套，把周游刻意地隐匿于人群中的隐匿生活与社会存在的真实糅在一起，体现了一种从逃离到隐匿到拘囿的虚拟过程。

---

① 张执浩：《盲人游戏》，《山花》1997 年第 5 期。
② 张执浩：《亲爱的泪水》，《东海》2000 年第 2 期。

　　《一路抖下去》① 中李福天——一个即将退休的工会主席，他在离职之际打算好好地利用公款享受一下人生，所以他借助一个出差的机会四处旅游，一路上吃喝玩嫖，把以往工作中的一本正经的遮蔽掀了个精光。他似乎要抓住老之将至前的短暂时光，享尽人间的"美好与幸福"，过一过神仙般的日子。李福天还教育与他一道的工会干事苏生，"生活并不残酷，残酷的是时间。时光，噢，时光，这看似虚无飘缈的东西实际上是世界上最锋利的武器"。"人生最大的乐趣莫过于与时间斗。"而这一切对于习惯于平淡生活、七八年不出门的苏生来说，都是强烈的——身体的、感官的、心灵的——刺激，因而他像患了疟疾一样，一路都在发抖。在小说中，权欲隐身、弥漫于无边无际的黑暗中，禁忌与欲望的冲突，潜意识里的犯戒冲动，不仅在一定的时候会蓄势爆发，而且还会以其无形的能量洞穿人的肉体与灵魂的最深处。

　　当人被权利固定之后，他的角色意识会在心里形成一种固定的模式，久而久之自己也会为这种角色模式所规范成为一种模式的人。犹如《蒋介石之死》② 中所刻画的主人公蒋碧文一样。本来他和蒋介石没有任何关系，但在演戏的时候扮演了蒋介石之后，由于扮相的神似，他成为"群众"批斗的对象，沦为一个被侮辱与被损害者。但是，长期的批判竟然使蒋碧文渐渐认同了他作为"蒋介石"的身份，甚至在他听说蒋介石在台湾去世后，就发疯了。发疯以后就一直住在一个当年挨批时自己挖的防空洞里，直到生命终结。在蒋碧文那里，人活着就没有安全可言，任何感觉都是活着的人的刹那间感觉，对于个体的人来说，也许刹那就是永恒。小说表现了一种对看与被看的理解。"人越是不堪回首的时光，却越喜欢不断地张望。事实上，无论你身在何时何地，无论你是在眺望、仰望或俯望，你都永远看不清楚那些过往的雾障。"这种看是对历史、对现实、对他者的观望艺术与现实存在是一种什么样的关系？艺术就是对现实生活的探究。耐人寻味的是，缺乏自觉的审判意识的张执浩竟然在懵懂中展示了一幅恍如隔世却又触手可及的荒谬图景。

　　作为一个以耐心、韧性和承受力见长的作家，张执浩的写作是诗性的。文字中弥漫着浓烈的幻想性与抒情性。他的作品中有很多明显的自我

---

① 张执浩：《一路抖下去》，《青年文学》2000 年第 7 期。
② 张执浩：《蒋介石之死》，《天涯》1996 年第 6 期。

生活的色彩，主体与客体之间有时"互在其中"，有时又在叙述中清醒地保持着与叙述事件之间的必要的距离，形成了一种"张执浩"式的特有模式——讲究结构与章法，注重预置语言的迷宫，诗意大于叙事。正如巴赫金所指出的那样："如同外在人的空间形式一样，人的内在生命的具有审美内涵的时间形式，也是从另一个心灵的时间观察优势中展现的，这种优势包括一切超越性的形成心灵生活内在整体的优势。"① 张执浩的小说呈现出明显的互文特质，有许多人物、叙事者与场景都在不同的作品中出现，故事发生的地点、人物生活的场景都来自校园、旅途、边地，人物的姓名都称为马太、张望等。朱莉娅·克里斯蒂娃曾说："每一个文本把它自己建构为一种引用语的马赛克；每一个文本都是对另一个文本的吸收和改造。"张执浩写作的互文性还表现为他的诗歌与小说、散文写作呈现着一种并行、互补的态势。张执浩 1995 年以来的创作有一种诗与小说同题和多体裁杂糅的特点。比如《亲爱的泪水》《继续下潜》《向右看齐》等都是既有诗歌又有小说。《美声》《乡村皮影戏》是小说性的诗歌，而《雪里红》《灯笼花椒》则是诗性的小说。在小说《向右看齐》中有一个类似诗歌中才会有的意象：人不如石头，也不如纸。掉进了江中，人是先沉下去，再浮上来，等到浮上来的时候人的面目已全非。人的生命就是移动与漂泊的过程，或漂泊于乡野村落，或漂泊于街头巷尾，或漂泊于边地高原。生命究竟应该以怎样的状态存在？张执浩的创作意象由对生活的赞美、质疑，融入拥抱体验生活的精神与叙事要素结合构成的。张执浩的散文是从小处着眼，发现生命的偶然在时光的线性前行中不可逆转地耗散，思考无处存身的现代人应该如何安身立命？在张执浩看来，个体人是不存在的，他们只以符号的形式存在于世界。城市里的人全都是纸上的人，他们被浓缩于一本电话簿，以符号与编码的形式存在着。人为物所掌控、所异化，最终是将自己彻底遗弃（《一个人与一个时代·电话》）。但"我是那种冥顽不化的家伙，生活得毫无生气。我在自己脚边挖了一个地洞，然后将自己隐蔽起来"。像一只鼹鼠，"借助人群的掩护，苟且偷生"。冬天是残缺的，连梦也被偷盗，人真的被掏空了……张执浩还善于从小事中发现人性的微光，并借以抒发积蓄于内心深处的柔弱的情感，如《钥匙论》《关心鼻子》《怀念一只茶杯》等。与此同时，也把虚拟的手法带入了散

---

① ［俄］巴赫金：《巴赫金文论选》，中国社会科学出版社 1996 年版，第 442 页。

文的写作，他的散文片什中呈现出明显的虚拟成分，例如《街心花园的旁观者》《时光练习簿》《前往长安》等。

当代作家中，较早在散文中运用虚拟手法的应该是莫言，他曾借助史料、影片等虚构了游记散文《莫斯科纪行》，另外像钟鸣的《豹》，张锐峰的《河流》《算术题》，林白的《二皮杀猪》，玄武的"神话系列"——《蚕马》《盘瓠》，格致的《转身》等散文，也像张执浩的《街心花园的旁观者》《搬运阳光》一样，诗意的虚拟更是经常成为散文写作中必不可少的技艺与路数。他们的创作，让散文不再是"螺丝壳里做道场"，局限个人心灵感受的流溢，局限于采花酿蜜的小感觉、小技巧，局限风景名胜的游历触动，大大拓宽了散文的写作视域。

在张执浩看来，写是快乐的。"快乐是写作者个人的内心体验，是纯操作技艺上的一种快感，具有隐秘的趣味性和自我满足、自我陶醉的性质。"① 现实中的张执浩属于无门无派者。他不属于知识分子写作，不属于民间写作，也不属于中间代。不参与论战、争执张执浩的收获颇丰，因为张执浩自身的吸纳能力也很强，很多优秀的创作理论和方法他都可以拿来为我所用。如果张执浩想要进一步在创作上发展，就需要进一步强化对人性——人性的善良、人性的悖论、人性的卑劣、人性的悲剧——的自觉审视，以个体化的文本，超越"理念写作""技艺写作"的拘囿，到达真正的"个人写作"。

张执浩在诗歌中写道：

> 可以哭泣，但泪水必须还给心灵。
> 在这个写作之夜，词语的砖头越垒越高了：
> "城堡即将落成，大路上
> 到处都是忙乱的蚂蚁……"
> …………
> 春天的大厦将在今晚落成。
> 最后一顶安全帽从空中撒下来，我看见
> 这张少年老成的脸，激动又茫然。
> 他拼命对我们比划着，他想说

---

① 张执浩：《写作辞条》，见张执浩散文集《时光练习簿》，北岳文艺出版社 1997 年版。

他目睹了朝霞，但是，我知道

他已成长为哑巴，心中有美，却苦于赞美。

——《内心的工地》

张执浩自己所言："我还在路上，还在摸索，在东张西望。"这种"在路上"的感觉应该说是一个作家的最佳状态，它意味着无限的可能性，意味着不断地自我突破和自我超越。

原载《南方文坛》2005 年第 2 期

浮游于死亡之海

——胡性能小说简论

　　人，当他作为个体，当他离开了母亲幽暗温暖的子宫来到世界，就失去了保护的屏障，一切都必须独自面对，独自承担自然的洗礼、生活的磨难、感情的伤害和命运的折磨。孤独、忧伤、痛苦、疾病、死亡……所有的一切都要由一己的血肉之躯来体验，由心灵之思来感悟。人从没有个体意识的婴儿开始生命之旅，在一天天长大，一步步走向成熟、丰富的同时，也是在一步步走向衰老，走向死亡。任何个体的人都不可能超越时间之维与宇宙同在，任何个体的人都不免一死。死亡，不仅是个体的终极归属，也是所有个体生命的最终结局。在死亡的大限之前，人人平等毫无例外。任何人都不可能超越，也是无力超越的。生生世世，未有穷期。"人是会思想的芦苇"（帕斯卡尔），可是，任何一种偶然的外力都能够使一棵芦苇折断，使大脑停止思想。死亡以它无形的巨手剥夺了人呼吸自由、享受欢乐、思索意义的权利，死亡意味着作为生物有机体的生命的结束，意味着与自己所爱的人——父母、妻子、儿女、朋友的永别，意味着自己的生活、事业突然被强行中止，意味着不得不丧失人生进程中所拥有的一切。蝼蚁尚且贪生，何况人乎？但是，死亡与人生如影随形，相依相伴，不可分离。生命是无常的偶然存在，死亡才是永久的归宿，生存是暂时的，死亡是永远的。因而，古往今来的哲学著作、文学作品都在不断地探究死亡。西方美学家乔治·桑塔耶那在《美感》一书中指出："假如人间没有死亡这回事，假如死亡不以痛苦的逼迫烦扰我们的思想，我们就永远不会要求艺术来缓和它、崇敬它，用美丽的形式来表现它，用慰藉的联想来围绕它。艺术并不想追求凄恻的、悲壮的、滑稽的东西；是生活强迫我们注意这些主题，而且招来艺术为他们服务，使得我们在静观人生难免的忧患时至少尽可能忍受下去。"① 文学艺术缓解了死亡带给人的精神压力，使人在有限的生存期间的痛苦得以释放，让遭受生活的、命运的暴风雨侵袭的伤痕斑驳的小船——人的心灵和肉体——找到暂时得以休憩、停泊的港湾，使生命有所安慰。

　　胡性能的小说创作似乎与死亡结下了不解之缘。《大家》《钟山》《山花》《作家》等四家期刊推出了"联网四重奏"，1999 年初同时推出了他的小说，这显示着作家的创作实力。在胡性能的作品中，描写死亡的占有相当比重，他仿佛要以小说的、艺术的、审美的观照，写尽人间的死相：自杀、殉情、病夭、误死、偶然之死、赌气而亡、相互残杀……写尽与死亡须臾不曾分离的人们如何在死亡的反衬下忍耐、求生、徘徊、挣扎，在死神巨大的羽翼笼罩下哭泣、叹息、沉默直至消亡。创作中的胡性能浸淫在死神黑色的魔法中，浮游于死亡之海，不停地出入于人世和冥府，手执黑白两色的通行证，来去虽然匆匆，却也自由自在。在他那里，死亡是如此的迅捷、自由和轻快，通体流泻出的是昏蒙阴晦的光泽，轻轻抚摩着人的身体和心灵。在胡性能笔下的人物只有两类：目睹、体验死亡的人和已经死亡的人。《来苏》中的李琪，生命的最初六年，是与母亲一起在医院里度过的。十二三岁时，为了找寻母亲的气息，她常常坐在母亲自杀的桥下的鹅卵石上。16 岁的一天，当她从到家中为父亲诊病的医生蒋一身上找回了她记忆中的母亲的来苏味，就不断地到蒋一的房间去，贪婪地呼吸那令她心醉的气味，以满足内心对童年的回忆和对母亲的思念。父亲企图阻止她与蒋医生来往时，她便把蒋一的白大褂带回自己的卧室，拥着弥漫来苏味的白大褂，用刀片割断了自己的手腕，又在弥漫着来苏味的医院里，在看见妈妈的幻觉中，神情满足地闭上了眼睛。对于生命的消失，人们关注的不是生命本身——生命的脆弱、生命的重量、生命的价值和生命的意义，而是其中的隐私、其中的秘密。看到李琪被从血泊中剥离出来，抬上救护车的人们纷纷议论着、探究着，一如鲁迅笔下的看客麻木而淡漠。《日常生活景象（三题）》之一的《兄弟》，童年时长护幼依，成年后弟兄相残，弟弟用利斧劈开了哥哥的头颅，争夺的是粮食。《民工李朝东》写一个打工仔在探家等车的时候，被公路边山崖突然滚落的石头击中身亡，临死前，还挣扎着把照片里的儿子和妻子握在手中。《扑腾的

　　① 　桑塔耶那：《美感》，缪灵珠译，中国社会科学出版社 1985 年版，第 150 页。

鸟》则向我们展示两个警官的误死：张鲁在分析同学兼同事陈凯死因时，无从得解，无聊中拿起手枪，取下弹夹，自觉不自觉地用仅剩一颗子弹的手枪抵着太阳穴，可怕地模仿了想象里的陈凯，在一声巨响中剥夺了自己的生命。胡性能不停地描写着死亡，描写着与死相伴的人群。死亡是个体的，也是人类的。生存还是死亡，不仅是作为世界的存在者——人的终极命题，也是文学艺术的永恒主题。史铁生的小说《命若琴弦》通过散文化的形象来突出艺术的效果，体现人在大千世界里的微不足道，攫取内心世界的感悟，即人在宇宙空间里异常渺小的生命若琴弦般刹那间断裂的感悟。胡性能也是，在他看来，探讨死也就是探讨生，因为死的不讲理由便最鲜明、最本真地逼问了生的理由。"死，作为此在的终了，是此在最本己的可能性——它是无关涉的，确实的，本身又是不确定的、不可逃脱的。死作为此在的终了，在这一存在者向着他的终了的存在中"①。在死的追逐下，在一切都无法改变的空间里，人应该如何平静地活着享受生命，珍惜现在的拥有，这正是胡性能小说提醒我们领悟的。

胡性能的小说，在叙述的控制方面——故事的建构方式上，以虚拟的逼真展示了他对于想象的组织能力，通过独特的结构表现了故事的隐喻氛围。他喜欢极平静地入笔，引诱你进入他设置的环境，同他一起去追踪人物，认识过程。随着场景的转换、了解的加深，故事慢慢地由简单交叉到复杂。不知不觉中，你也参与到其中故事的组织、拼接之中，而这个过程也是小说的领略过程。过程结束以后，你会发现在记忆中积淀了有价值的生命体验。《暗处》一开始就明确告诉我们简述将扮演一个跟踪者，他将跟踪妻子潘小红的行动。当你随着简述舟车劳顿，翻山越岭，疲惫不堪后，你会体验到人生满载了痛苦的回忆，人心的隐秘犹如太平洋的玛里亚纳海沟一样幽深难测。即使是同床共枕的夫妻，你也难于完全进入他（她）的灵魂深处。因为人永远是个体的，人以个体的方式存在于世界，无论过程如何美丽或惨烈，如何邀朋唤友，举杯高歌，党同伐异，参与到群体世界的创造之中，最终都必然会回归个体。痛苦必须独自体验，独自承受。《暗处》写道："93 年，简述曾与潘小红一起回热带农场探亲，他经常夜不归宿，使寂寞的潘小红找了许多老照片来打发时光。在照片里，她无意发现了初恋的情人陈凯和简述在大学时的合影。回到城里以后，十

---

① ［德］海德格尔：《存在与时间》，陈嘉映等译，三联书店 1987 年版。

年前就已经沉眠在黔西的初恋情人不断在梦中出现，对婚姻的极度失望促
使她再赴黔西，寻找失去的爱恋。而简述则误以为潘小红在热带农场时发
现了自己大学期间因陈凯失踪在巨大的精神压力下曾患精神病的秘密，或
者是发现了他的不忠，于是决定跟踪妻子。来到黔西之后，他蓦然发现并
非如此，潘小红并没有去访寻他想象中的人，而是去了另外的城镇——金
钟。当他乘坐汽车翻越山岭时，他从车窗里发现妻子正坐在路边的一个土
堆旁。车上的人指着坐在土堆旁的潘小红说："八四年的一月，一个步行
回昭通的年轻学生就冻死在那里。"陈凯，一个极力被遗忘的人，两个竭
力想遗忘这个曾经参与过他们的生活并成为他们的秘密的人，却蓦然凸现
在各自的记忆深处。他们把各自内心的隐秘埋藏在心底十年之久，被命运
系结在一起生活了多年却互不知情。偶然？必然？一切都在空旷的静寂
中，在静寂中隐秘如幽灵一般地行走，真实的底细，或者说结果与想象、
意识错位，事件的发展与常惯的思维截然不同，复线交叉穿插。形成小说
现实与历史的双重谜面，通过交叉重叠、扑朔迷离的效果来推进情节的发
展，制造出迷蒙的氛围。看来，胡性能不愿使小说成为简单明了的意图演
绎，希望多一些蕴涵，多一层深意。他的一招一式表面随意，但都步步为
营，读进去以后方能领略他的机关算尽。《暗处》《来苏》《扑腾的鸟》
无一例外地展现了他的机巧。《来苏》中蒋一想："要是那个已经和他离
异了的女人今晚敲门进来，那他就会同意同她复婚，并且原谅她的过
失。"有人敲门，进来的不是他的女人而是李琪。小说的复调进入了另外
一重——来苏的气味对女孩心理的暗示和影响是关乎性命的，源于来苏也
止于来苏的李琪，因为蒋一而唤醒了记忆又因为外界的阻力使生命戛然而
止，蒋一已成为议论的中心自己却一无所知。在胡性能的小说世界里，因
果关系的终极目的没有地位，也没有意义，种种事件全来自生活的伤痕、
失望与困惑。鲜血和死亡的冰冷摧残着人们，也推动着他们一步步走向未
知。瑞士著名神学家卡尔·巴特在论述莫扎特时说："生活是轻之沉重和
沉重之轻。"胡性能驾轻驭重的本领和技巧在他的小说中有充分的展示，
死亡的轻盈，隐秘的沉重，消逝之轻盈，存在之沉重，都有其独特之处。
《暗处》《怀抱死婴的女人》《来苏》让读者体会"诗是生动感觉的无意
识呼喊"。（泰纳）小说把感觉和感觉之外的世界融合起来，很少有情感
的流露，总是在不动声色地揭示人无法挣脱的执著、烦恼与妄想，徘徊此
岸，灵魂在生者与逝者两条生命之间颤动的真实；他用无声的语言向着无

数的心灵说话，既体现了创作的自身，同样又体现了这无数的心灵的追求与命运。胡性能小说的"二度抽象"使小说人物虚化，成了一种真正的符号。无名无姓的如《兄弟》里的兄弟二人，《怀抱死婴的女人》中的女人、黑衣人，《民工李朝东》中的打工仔；姓名俱全的有陈凯、简述、蒋一等，我们不知道这些人物的外貌、衣饰、身高，不像读罗曼·罗兰、艾特玛托夫、芥川龙之介，以形象去寻找共鸣，倒是有点像读加缪和辛格，要从总体去把握其中的荒谬，以及追求形式提纯后，单纯中蕴含的丰富，在丰富中回味，在回味中将我们感知、体验与自身的生活储存融化，于难解难分时辨出一种形态与意义。

　　胡性能的小说，有时又似电影的分镜头剧本，画面感很强，他善于运用镜头的转换控制叙述的节奏，甚至利用"互文"的方式调整叙述的纵横，以强调其内在的悲剧色彩。《民工李朝东》、《怀抱死婴的女人》就是以此方式展开的。《民工李朝东》里女人的手抚摸着自己的乳房，并把滑动的手想象为"一只粗糙的，结满老茧的手"，这和李朝东临死前顽强地抓住照片并用"粗糙的，结满老茧的手"把它死死地压在地上如连接着的特写镜头，渲染了死亡的恐怖。女人怀抱里的死婴和母亲怀抱里的自己纠结在黑衣人的记忆中，使童年、母亲、疾病、死亡与小说中的人物和叙述人的感受穿插在一起，生命的律动、停息和灵魂的释放、拘囿，一时间建构了黑色的领域和地带，进去的人没有一个能走出来，外面的人没有一个真正想进去，虽说"死亡是一门技艺，我精于此道"（美·普拉斯），可胡性能对于死的凭吊，并没有超越理性的节制。他的小说着眼于对死的探索，沉浸于想象力所创造的世界中，难以自拔。他把人的生命和庇护人的生命的日常生活推向永恒的死亡境地，构筑了苍凉的小说世界。

　　从总体来看，胡性能用死亡建筑了一个小说群体，这个群体把握了生命律动的节奏，语言成熟而老到，有自己的建筑风格。当一个人在生活历程中因为某种契机意识到了人生在世的孤独和苍凉，意识到了人与人之间的差别和隔离的不可避免时，他可以凭借自己觉醒的心智去寻找弥补。但是，安慰是暂时的，孤独是不可避免的，人生的残缺永远难以回避，这就决定了人要不停地追寻，追寻爱、追寻生命，追寻自己向往而不曾拥有的一切。可是，若就胡性能某一篇小说（无论中、短篇）展示的审美意蕴来体悟，仍感觉不够丰厚，线索单一，辗转有余而起伏不足。对于命运给予人的精神的拷问显得有些理屈似的，含糊而纤弱，如《怀抱死婴的女人》里设置的角色的转换，黑衣人—男孩—我，女人—母亲，似乎太多地停留于技巧的展览、悬念的设置而未能更深入地发掘命运的深层意味——人类整体的偶然性和个性不可抗拒的必然性给一个人带来的荒谬。漫步在胡性能的小说里，一次次地感受死亡的召唤，更深切地感受生命的存在和生命的沉重，"天者不可测，寿者不可知"的古训回响在耳畔，午夜，打开窗户，倾听如注的春雨，忽然想到，就像雨水总会被大地吸收一样，人的肉体总是归于死亡，当灵魂在黑暗中飞升，与死共舞，你撞开的不就是自由的大门？

原载《当代文坛》2000 年第 1 期

水在冰下流

——曹乃谦《温家窑风景》漫论

新时期小说简直可以说是"各领风骚三五天"。意识流、结构主义、魔幻现实主义、新写实主义等。有多少作者在拼尽全力追逐一个又一个浪潮，有的冲上了浪峰，领异标新，众人瞩目；有的人则滑进浪谷，尾随其后，平庸无闻；也有些作者只赶上了浪潮的末流，作品虽竭力仿效，但终因自身的功力和心高力薄方方面面的因素，而被读者放置于脑后，遗忘净尽。

当然也有一些作家独辟蹊径，别具一格。曹乃谦属其中之一。对于社会上流行的小说款式和流行的小说风格，他不闻不问，固守着他的一方宝地，执着地挖掘着他的宝藏——温家窑风景。短短28（梁艳萍写这个评论时，我还有两篇她还没有看到——曹乃谦注）个短篇，为我们勾勒了一幅又一幅的塞北风俗画，凸透着曹乃谦艺术个性的秘密，展示了他对艺术的探索和理想的追求，同时，也表现了他对我们古老的民族文化历史的深深思索。

曹乃谦的小说篇幅短小，外貌简素，语言冷峻、直白，到了不加修饰的地步，乍一看不无单调之感，但读过的人都有这样的感觉，这组小说有一股吸引力在其中，吸引着你将它们读完。原因何在？我以为可以从这样几个方面来解释。

（1）曹乃谦《温家窑风景》系列中，没有一般短篇小说惯有的故事情节，没有对小说主人公精镂细刻地雕琢，它所提供的是不完全、不连贯的生活场景，截取的往往是一个生活的片断，把作者自己的感情深融其中，没有议论，没有旁白，不流露一点主观痕迹，犹如传统的中国画一般，留下了大幅空白，让读者自己去体味、想象、思索、补充。这种

"冷冷的笔法，使曹乃谦的小说画面'土'得既亲切又残酷"。①

　　契诃夫曾说："简洁是才能的姊妹。"曹乃谦的小说情节、细节、语言都力求简洁，但并不简单、苍白，他常常用淡淡的几笔使小说"活"起来，使读者从中透视社会，烛照人生。系列小说既非全然的否定，也非旨在张扬，它包含了对古老而残酷的伦理道德观念和价值规则的反省。对古老的文化传统和淳朴的民风民俗的思索。在《温家窑风景》系列中，曹乃谦用他简洁的笔法描绘了温家窑女人的命运。无论是温孩女人、黑旦女人，还是柱柱女人、丑哥的情人，他们都是温家窑这古老而贫瘠的土地上唯一的财富，都作为工具和商品而存在着。呼吸着以男性为中心的社会空气，长期因袭的生存秩序和数千年繁衍的传统观念像梦魇一样吞噬着她们诱人的灵魂，在他们生活的闭塞的天地里，处于与现代文明格格不入的、非人的境遇中，使她们从未觉醒，而是默认了自己的身份和价值，使人感到这种习以为常的、细碎荒谬的生活，正是消磨人的美好天性的巨大堕力。黑旦女人因为亲家聘女儿少要了一千块，就得以一年一个月为条件，到亲家家里去朋锅——"做个那个啥"而毫无反抗。黑旦的心虽然在一悠一悠地打悠悠，但他还是让老婆去了，原因是"说话算数"。温孩女人因为温孩娶他时花了两千元，就得让他打，让他骂，让他"闹"，还得带着满脸的黑青（瘀血瘢）下地干活，忍受村邻的指指点点和屈辱。老柱柱女人为了给两个儿子娶媳妇，就得在丈夫和小叔子中间"隔几天这厢隔几天那厢"地过日子，为了让儿子走民工，挣几个活钱，就得答应下乡干部老赵的要求。曹乃谦的这种写法，在简洁平静的描绘中透着强烈的艺术张力，使人从中受到震撼；认识到唤醒古老而沉睡的土地的艰难和重要。

　　（2）"文章不难于巧而难于拙，不难于曲而难于直。"曹乃谦的《温家窑风景》系列朴而拙，看不出一点修饰的痕迹，但却写得格外细致、精到，细节非常真实，令人击节赞叹。在《亲家》中，他这样描绘黑旦送女人到亲家去的心情，女人骑着驴，亲家牵着已走下山坡了，黑旦"扭头再瞭瞭，瞭见女人的那两只萝卜脚吊在驴肚下，一悠一悠打悠悠"。烘托出黑旦痛苦、自责却又无奈的心境。《狗子、狗子》里，写狗子爱见他的大洋柜——棺材，而会计为给生病的外父冲喜，打着手电来借他的大

---

① 　许子东：《到黑夜我想你没办法——两举"乡土文学"中的一个共同主题》。

洋柜，面对这个黑黑的影子，遮住半个天的人，狗子无可奈何，想来想去，他终于想出了会计夺不走大洋柜唯一的办法——死。当等了许多天，仍不见狗子的人影，会计撬门而入要抬洋柜，才发现他已躺在大洋柜里了，"面迎天躺着，像是在呼喊，像是在嘻笑，又像是在诉说"。曹乃谦拙朴的独特之处不在于他用别人所用的词，而在于他在别人也常用的词汇中赋予意想不到的意蕴，展示了人物在生存环境的挤兑、重压下的扭曲、变态的心理，如愣二的发疯、锅扣大爷的"到黑夜我想你没办法"，羊娃惦着下等兵捣的古，至死也没见上"天日"，最后，自己把自己吊在一棵歪脖子树上，迎风晃，像一面旗。老银银坦然地买了羊头、洋旱烟、烧酒，准备跟羊娃一样，死了算了，在回家的路上，他边走边想："火车是个啥东西？都快死的人，还管人家火车什么样儿，再说人一辈子没见过的东西多了，那会儿上头来的干部不是就不认得胡麻"，这里没有囿于形式，更不拘泥语言的框架，每一个词都浸润着深沉的感情力量，使人悟得，"神圣、伟大的悲哀不一定有一摊血一把泪，一个聪明的作家写人类的痛苦是用微笑来表现的，而这微笑，依旧包含着作家的悲哀，蓄满了哀其不幸、怒其不争"的使命感。于这素朴、直白、练达中，显示着曹乃谦的创作理想和创作个性，寓巧于拙、直中写意，使那天荒地老的山村风景凸显，引起人们的重视，呼唤变革现实的新血液的注入。

（3）曹乃谦的小说——《温家窑风景》系列读来似入"无我之境"，他用第三人称的叙事角度，在叙事的结构、时间方面并没有违反传统的习惯，却十分注重叙事方式，向我们展示了一个个耐人寻味、引人思索的故事，勾画出那种"初极狭，进入豁然开朗"的情境。在整个《温家窑风景》系列中，所叙事的人物、场景都是重复、交错的，既表现了系列的风采，也丰富了小说的容量。例如，《女人》中，塑造了那位新婚之日将上衣与裤子缝得严丝合缝，在村里的人们"不楔扁也要她挠"的揣掇中，被丈夫打得满脸黑青的温孩女人，不仅没有逃出温家窑，而且还与温孩相依为命地过起了日子，为他生了两个狗狗。在《福牛》中，她已变成一位精明能干、善解人意的家庭主妇，在温孩离家外出时，她央求隔壁的光棍福牛帮她开荒，同时，也希望福牛给她温存，因而她暗示了许多，在地里她说："兄弟，你看（地）平展得就像炕似的。"吃晚饭时，她为福牛陪酒，当福牛拒绝后，她说："不喝甭喝，咱们坐会儿，咱们老也不在一块坐坐。"可见，温孩女人此刻已被温家窑的观念所同化，已成为真正的温家窑人，接受了温家窑的伦理道德的熏陶而麻木，从逆反走向了自为。这样的例子还可以举出许多，如《男人》和《柱柱家的》里的柱柱女人，《愣二疯了》和《吃糕》中的愣二。从这些人物的变化，我们可以看到环境对于人的心理个性的制约作用，看到生存环境对人的命运的塑造，同时也可以看到愚昧和不文明的人们对于环境的认同，不思变革的可悲。

运用地方语言叙事、对话、描写，也是曹乃谦《温家窑风景》系列的又一特点。在《温家窑风景》系列中，大量的晋北方言融汇其中，使人在读小说的过程中，感受到语言色彩对于小说魅力的重要。例如《狗子、狗子》中描写大队会计的蛮横、飞扬跋扈，曹乃谦是这么写的：

> 会计最好拿手电晃人，一村人都怕他晃……
> 会计手里的电筒射出的白光，像棍子似的在路上一扫一荡。狗子觉得那光能把树砍断，能把墙扫倒。会计的影子黑黑地遮住了半个天，狗子想：手电那一般光怎能闹出恁大的黑影子，日头就不能，手电比日头也毒。怨不得一村人都怕会计的手电。
> 会计走出那么一大截，狗子又听见他在打口哨。狗子听不出这口哨吹得是啥调调，可狗子知道会计这阵子很高兴，很得劲，很受活。

短短的这一段，写出了会计的特权，会计的得意忘形和霸道，表现了权居山村的权势者对善良农民心理上的压迫，而"很得劲，很受活"六个字更凸显了这种情态。

在表现重复劳作时，往往是"日每日""啥不啥""简直简"这类的语言。这种语言的运用，使小说写作的地域色彩得以深化，而富有感召力。

（4）民歌的运用。曹乃谦的《温家窑风景》系列，广泛地运用晋北民歌，其寓意在于增强小说的美学色彩和艺术氛围，使小说成为塞北风光的全景而不是侧面；同时，也表现了贫苦、悲凉重压下的温家窑人的幽默和苦中作乐的心态，使我们透过小说更深地感受塞北，感受黄土地，感受那赤裸而毫不掩饰、坦荡无遗的原生形态的宣泄和情感的流动。《贵举老汉》里东家的媳妇所唱的：

> 羊肚肚手巾方对方

> 天天见面天天想
> 大红炕沿顺山山炕
> 咱二人心思一般模样

　　表现的是年轻美貌的东家媳妇儿对长工身强力壮、年轻英俊的倾慕和挑逗，表现了另一种意义上的人情与人性美。为此，贵举老汉终身未娶并且每天都在天一黑的时候把艾绳点着，只因她爱闻那苦苦的艾香味。

　　当《天日》中的羊娃对"天日"这个"古"百思不得其解之后，他首先完成的是自己的饮食需要。歇晌时，把嘴伸进水坑里，像牲口一样饮了一顿，然后掏出黑得油光光的小布袋，把炒莜面放在破碗里拌点水，一撮一撮往嘴里送。之后，他便哼着麻烦调：

> 羊羔羔吃奶双腿腿蹬
> 想想我羊娃真惨心

　　展示了这个无父母的放羊娃凄苦的内心世界和他不幸的命运。还有锅扣大爷唱不离口的"到黑夜想你没办法"的苦闷、抑郁，以及山野里牧羊人冲柱柱家的唱的：

> 二细细草帽双飘带
> 越看妹妹越心爱
> 煸火板凳腿儿朝天
> 想想我光棍汉真可怜

　　则从反面描摹了柱柱家的内心那滋滋润润的舒服、满足和心理平衡，因她用自己为儿子换来了一个走民工的份额，走了民工就能娶得起媳妇了，而她自己又没损失什么，这种交换在她看来是值得的。从而更烘托出她的可悲可叹。

　　除此以外，曹乃谦《温家窑风景》系列的小说标题几乎全部都是以民歌为题的，这样，不仅深化了小说的主题，而且也起到了画龙点睛的作用，如《到黑夜想你没办法》《阴天下雨毛迎外》《三十三颗荞麦九十九道棱》《白马马儿撒欢跑草滩》《羊肚肚手巾方对方》（我一组一组地发表"温家窑风景"时，每组都有个这一类的小标题——曹乃谦注）等，不一而足，表现了曹乃谦小说最富特色的大技巧。

（5）象征与暗示。在《温家窑风景》系列中，曹乃谦调动了一切小说创造的手法，创作了反映晋西北农村生活的作品，在这些篇篇都称得上佳作的短小说中，象征与暗示也是其常用的手法之一，《福牛》中，从许多方面暗示了温孩女人老是跃跃绊绊地走不稳，老能撞住福牛。"不撞，福牛想叫撞，一撞，福牛又受不了，福牛简直简就要把铁锹往地上扔呀，可就是没扔，扔呀扔呀，没扔，扔呀扔呀，没扔。"一再地抵御眼前的诱惑的福牛并非不想得到女人的爱抚、亲近，因为他非常清楚男人里头没有他。《男人》里，"老柱柱盘腿儿坐在煤油灯前，眼睛倒来倒去的紧跟着那两个蛾儿，它们忽扇着翅膀要扑那灯，灯苗儿给它们扑得明一下、暗一下的闪"。"这人活一世，男人就是那没出息的蛾儿，女人就是他妈这要命的灯。"以灯蛾扑火来象征人的欲望与渴求，表现生命的冲动，从而使我们窥出作者在学习和借鉴西方某些艺术手法上的创新。在著名的作家中，曹乃谦最崇拜海明威，我以为他不仅学习海明威式的电报式的短句和冷峻的风格，也学习海明威式的象征、暗示的表现手法来丰富自己，这不仅仅表现在《福牛》，而且还表现在《锅扣大爷》《愣二疯了》《莜秸窝里》等篇章中，这种暗示、象征的阐释透在小说中，印着作者在创作道路上跋涉的足迹和对创作过程的执着的完美的追求。故此，《温家窑风景》系列才独具魅力，达到了一般作者不易达到的境地。

（6）深深扎根于民族的土壤。"曹乃谦开始写作的时候，新时期文学已经发生了很大变化，西方现代主义的影响已成为大陆文学界的一种普遍趋向，对语言自身的价值追求已超过了对文学承担社会责任的追求，这种新文学观念的变化已成为他们的区别于前辈作家的基本特征。"[①] 诚然，曹乃谦的《温家窑风景》系列小说的语言已突破传统的语言框勒，采用大量的短语、重复句式进行叙述，用对话推动情节的发展，紧缩的结构无论情节还是细节都力求简洁，都极富表现力，这些标志着曹乃谦的小说创作走进了一个新的领域——融合中西方小说创作之精粹，调动语言的驱遣力，转而投入《温家窑风景》系列的创作，形成自己拙朴、冷峻的风格。但他深深扎根的是温家窑，是晋西北黄土高原，是我们民族语言的土壤。

---

① 谢泳文，《联合文学》1992 年第 8 期。

曹乃谦所创作的浑然天成的《莜麦秸窝》《亲家》，寓含着我国古代笑话的《晒阳窝》《天日》，充满悲怜之感的《狗子，狗子》《锅扣大爷》，极富幽默的《贵举老汉》《老银银》，蕴蓄着暗示、象征意味的《男人》《福牛》，当他不动声色（在小说的行文中）又满怀悲悯（在他的内心世界里）地表现这些落后的小人物，并写出一篇又一篇小说时，曹乃谦乡音不离口，我手写我心。用晋西北的方言、俗语进行创作，不仅丰富了小说的创作语言，也使这些小说具有与众不同的艺术魅力。

有人说：地域性越强的作品，属于民族性的成分越多；民族性强的作品，充分显示民族风格、民族语言文化色彩的作品，才能在世界文学的大舞台上立足。承传与借鉴往往是一种不知不觉和潜移默化的过程，需要长期的积累和探索。曹乃谦的小说《温家窑风景》系列，几乎所有的叙事方式、语言风格都未脱离晋西北黄土高原的地域色彩，因而为评论界所瞩目。

罗曼·罗兰指出："谁热爱人类，谁在必要时候就一定要同人类作斗争。"从此角度看曹乃谦的《温家窑风景》系列，我联想到这样一个事实：一种事不关己的冷漠之心，一种心如止水的淡然系情是无法从事创作的。那种徒唤奈何的焦灼与困惑，那种悲悯顿足的急切与不安，其实也是一种执着的关爱，曹乃谦的《温家窑风景》系列所奉献的正是后者。

原载《北岳》1992年第4期

宁肯论

　　新时期以来，由诗歌进入文学写作的人很多，宁肯也是其中之一。宁肯的创作，在文体方面经历了诗歌、散文、小说的三重演变，也经历了写作由追随到独立的过程。20世纪80年代前期"今天""朦胧诗""第三代诗歌"所呈现的前所未有的丰富表现形式，冲击着宁肯，使他兴奋，并参与其中；也令他沉思，并找到"自己"。诗歌突出到"语言为止"，小说强调"怎么写"，散文却在此时哑然"失语"。虽然有铺天盖地的散文文本，却鲜见独特的散文创作主张，也少有新写法的尝试。散文存在的现状，令年轻的宁肯心有不甘，他以自己的思考创作散文，开始了"没有主张"的尝试。1986年，刚从西藏回到北京的宁肯写出了《天湖》《藏歌》《西藏的色彩》等散文，他总是"直接从视觉与意识入手，让自己进入某种非回忆的直接的在场的状态"①。在《藏歌》中，他写道：

　　　　寂静的原野是可以聆听的，唯其寂静才可聆听。一条弯曲的河流，同样是一支优美的歌，倘河上有成群的野鸽子，河水就会变成竖琴。牧场和村庄也一样，并不需风的传送，空气便会波动着某种遥远的类似伴唱的和声。因为遥远，你听到的已是回声，你很可能弄错方向，特别当你一个人在旷野上。你走着，在陌生的旷野上。那些个白天和黑夜，那些个野湖和草坡，灌木丛像你一样荒凉，冰山反射出无数个太阳。你走着，或者在某个只生长石头的村子住下，两天，两年，这都有可能。有些人就是这样，他尽可以非常荒凉，但却永远不会感到孤独，因为他在聆听大自然的同时，他的生命已经无限扩展开

---

① 宁肯：《我与新散文》。

去，从原野到原野，从河流到村庄。他看到许多石头，以及石头砌成的小窗——地堡一样的小窗。他住下来，他的心总是一半醒着，另一半睡着，每个夜晚都如此，这并非出于恐惧，仅仅出于习惯。

宁肯在散文中调动了视、听、触、心理多重感觉（这些后来都融进他的小说中），文字犹如裹挟于流动的蒙、藏音乐中的歌词，一唱三叹，凄清悠长，呈现一种精神在场。只因他自己倾向的散文语言不是传统散文的字斟句酌、炼词炼意，而是进入某种状态、抵达某种形式之后，作者心灵深处应和的语言。就散文叙述语言的切入与展开而言，宁肯倾向的方式有两种：一是由视觉展开或伴随的意识活动，二是由意识活动引发的视觉推进。前者像一个长镜头，并且一镜到底，有设定好的某种现场的视角，同时不断展开内心活动或高度主观的画面呈现。后者则是散点透视由意识活动引发的蒙太奇画面的切换，所有的事物，包括景象事件，都根据内心活动调动。《天湖》等系列散文就是在这样的自觉意识中的表达。宁肯的散文探索，虽不至于孤独，但识者甚少，无论是媒体还是批评都失之必要的关注。作为重要的散文家，他的名字还远没有苇岸、张锐锋、刘亮程、刘烨园、冯秋子那样为更多读者所知晓，他甚至到现在还没出过一本散文集。仅就这个层面来说，宁肯是小众而非大众的。当然，他的小说已广为人知。

当初在传统媒体遭拒之时，宁肯是否可能以他自己的散文、小说的写作走出来？质疑者恐不止一二。许多人很难想象他的第一部长篇小说《蒙面之城》，会在 2000 年成为新浪网受众多网民青睐的、炙手的香饽饽，更不会想到他会获得全球中文网络最佳小说奖、《当代》文学拉力赛总冠军，接着又成为第二届"老舍文学奖"的得主。三年后，宁肯向读者奉献了他的第二部长篇小说《沉默之门》，进一步展现了他深厚的写作功力、独特的文学见解与审美意趣。宁肯施了什么法术吸引了大量读者的眼球？用什么魅力让自己的小说在今天的喧哗与骚动中脱颖而出？从《蒙面之城》到《沉默之门》《环形女人》，宁肯所塑造的主人公永远是游走于时代主流之外的边缘人，是甘于沉淀下来的叛逆者或者怯懦得没有勇气和力量向上游的底层小人物。这类人物，虽然在现实生活中不可能找到原型，但他们却是"现代人"精神内核的真实写照。

《蒙面之城》中的马格天然地拥有一份优越的生存环境，如果按照父辈为他规划好的路径循规蹈矩地往前走，就可以升学、出国，安稳地工作，并且出人头地，过上许多人梦寐以求的天堂般的生活，但是"他宁愿下地狱也不想到什么天堂"。就因为对父亲"历史般的迷茫"，他在高考的时候，有的科目几乎是满分，有的科目把做对的题目改错，有的科目令人意外地交上白卷。马格处心积虑地要逃离使他感到压抑的、深不可测的高官厚禄之家，决绝地选择了流浪远方。他斩断了与家庭、同学、朋友的一切联系，隐姓埋名地从古老神秘的北京逃离，意外地落入了民间寓言般的秦岭，辗转到超越与绝顶的西藏，最后堕入活力四射欲望如海的深圳。无论偏远也好，喧嚣也好，马格永远坚守着底层人的姿态，以一种生命的本真和原始的动力过着一种原生态的生活。从装卸工到安装工，从推土车司机、保安到地下乐人，马格始终保持着一种拒绝的姿态，他拒绝了何萍的安排、成岩的施舍和杜枫的邀请，以玩世不恭的姿态拒斥着主流社会的一切诱惑。正如他《别对我有所期待》的低吟浅唱：

> 别对我有所期待/我不是不想走出黑海/我是没有火柴/别对我有所期待/我不是不想回家/我是没有未来/我没有火柴/我没有未来/我没有火柴/我没有未来/我没有火柴/我是一颗空心菜/空心菜/空心菜/我不是不想走出黑海/我——是——没——有——火——柴/没有火柴/没有火柴/

马格背弃了过去，也不愿有未来。他关注的只是当下——稍纵即逝的现在。他宁可虚无，也不愿意接受强加于他意志之上的所谓准则与标准。马格拒斥既定的价值（地位，金钱，名誉，身份）、理想（无爱情的婚姻，事业有成）、尊严（成岩），随心所欲地漫游、流浪，他只愿意在"狼"的引领下"蒙面天涯"，做一个现实存在的局外人。

《沉默之门》中的李慢则是一个被命运玩弄的怯懦者。他似乎永远无法摆脱运命的拨弄，长期处于被轻慢、被嘲弄、被损害、被侮辱的境地，无论他怎样想方设法地或挣脱、或迎合，都难以使自己成为生活的驾驭者、主宰者。他为存在所异化，又不见容于存在。他几乎是四脚着地地爬出倒闭报社所在的地下室，在中国社会商务调查所的调研工作让他几乎是被扔出了饭馆，溜冰场结识的唐漓带来的美好爱情在一夕之间莫名地远走使他最终堕入精神病院，而《中国眼镜报》的荒诞存在竟然成为疗救的药方。李慢所有的隐忍、逃避、退缩与恐惧无疑都是人面对现代生活的价值、理想异化的无助表现。如果说马格表达了一种现代人对理想生命人格的坚守与追求的话，那么李慢则是凸显了理想的消解与追求的溃败。

文学作品渗透着作家对描写对象以至整个人类社会和宇宙的认识与评价，这种认识和评价与科学著作所表达的内容一样具有真理性意义。宁肯所表现的认识的重点不是人类所经历的外部世界，而是在外部世界所影响下的人本身的存在状态与意识状态。《蒙面之城》的马格的流浪生涯是一种向外求真的过程，但是这种求真的目的是找寻对人本身的认识。卡西尔说："从人类意识最初萌发之时起，我们就发现一种对生活的内向观察伴随着并补充着那种外向观察。"①"蒙面"是马格行走的特点，他所要摆脱的是人赖以存在的文化身份，他所要追求的是没有身份桎梏的彻底的自由。"人是文化造就的动物而身份是人对自己与某一种文化的关系确认。对身份的认同，是一种心理现象，也是一种心理过程。"②任何一个人都会需要知道自己从何处来，归属于哪一个群体，有一种什么样的生存背景和环境。而这种文化身份将会对人的发展起着至关重要的作用，是人发展的基点与根源。"我们何时能生出父亲"③的疑问不仅仅是对自己生命本源的怀疑，更是自我独立面对世界创造世界的宣言。这正如宁肯借马格的哥哥——哲学博士马维——的嘴对他进行的分析：

> 你大概知道了他离开的一些原因。但我并不认为就是因为父亲的缘故，或者不能简单这么认为。我上次回来同父亲开诚布公地讨论过某些命题，比如家族、血缘、亲子，我认为这是低等宗法社会的特征，事实上它们构不成哲学上的概念，也是人的概念。人就是他自己，与这个世界发生联系，此外什么都不是，与血缘无关。一只岩羊或者一只豹子可以独立面对世界，一个人面对世界也是可能的，不仅

---

① ［德］恩斯特·卡西尔：《人论》，上海世纪出版集团、上海译文出版社 2003 年版，第 6 页。

② 刘俐俐：《知识分子的身份认同与艺术描写的空间》，《中国文化研究》2003 年第 4 期，第 154—158 页。

③ 宁肯：《蒙面之城·题记》，作家出版社 2001 年版，第 1 页。

是可能的，也是必要的。我们有多少人有独自面对世界的意识？我们的依存常常就是我们的桎梏。马格看起来可笑的怀疑精神却使他具有了天然的摆脱桎梏的可能，他没有明确意识但做出来了，并且至今仍在做着。我佩服的人不多，极为罕见，但我佩服这个弟弟。

相比较而言，成岩自始至终都未曾走出身份的阴影，未曾获得真正的自由。虽然在西藏这个精神的香格里拉他拥有孤傲的诗人身份，在深圳他拥有了成功人士所拥有的一切，但在面对马格的时候，他仍然有一种莫可名状的挫败感；他一直痛恨自己身为底层的过去，一直未曾抛开与生俱来的出身的贫贱和艰难的奋斗历史。他一切的世俗化的成功在马格那里都归于消解，一切他所追求的东西，马格天生拥有又弃之如敝履，换言之，成岩如同现代大多数人一样精神是委顿的，生命力是萎缩的。物质上的奢华与富有无法从根本上消解心灵深处——骨子里的自卑与萎靡，越是奢华富裕就越感到心的无依无靠。

宁肯的另一力作《沉默之门》则是一种完全不同方向的探索。如果说马格是开阔之地的一匹流浪的狼，那么李慢则是狭小空间拘囿的蜗牛。"门"在小说中是一种有意味的象征。一般说来，"门"代表着拒斥、封闭、孤僻与褊狭。从某种意义上，李慢是神经质的，他小时候不容于学校不容于伙伴不容于家人，成人后不容于出版社不容于调研所不容于眼镜报不容于同事不容于爱人，甚至连精神病人也视他为异类，为怪胎。但从原初的意义上来说，"门"本是家园，家园的门意味着防御与保护。紧闭的门是作者对世俗世界的拒绝，门成为容纳无限诗意空间的艺术形式。门保护了人类精神家园的纯洁与宁静，门意味着对世俗社会的反叛与抗争，门不是封闭而是敞开的，是一种精神的敞开。德国哲学家 G. 齐美尔指出："世人无时无刻不站在门的里边和外边，通过门，人生的自我走向外界，又从外界走向自我。"与生俱来的沉默让李慢被先于李慢的沉默存在的图书馆所吸引，这样的境遇又使李慢接触了早已被历史刻意尘封的老人倪维明，正是这位老人打开了通向人类精神大殿虚掩的门，让李慢获得了一只敏锐而奇特的观照世界的眼睛，一颗沉静而纯正的心灵。这反过来也使李慢越发成了一个沉默寡言的人，就连他写的诗也透着事物本身的安宁与虚静。李慢通过这扇门走进了历史，走进了社会，走进了人生。他发现了社会生活、价值观念、人格理想的无意义；发现了命运的荒诞、爱情的空洞、权利的虚无和死亡的宁静；李慢又通过这扇门走进了自己，发现了自己的怯弱、渺小，"我愿背着一个重重的壳儿，在安静的时候伸出触角，感知世界，有动静就收起自己成为一个内倾的壳。我在壳子中实现着自我的世界，而我仍可以透过壳子凝视天空，非常安全"。让人想到卡夫卡《变形记》中的格里高利。

宁肯的小说处处笼罩着浓厚的神秘主义气氛。我们可以看到，宁肯在两部小说中似乎都对福尔摩斯和希区柯克情有独钟，可以说这也是理解小说文本的重要的含义密码。怀疑精神，推理求证，好奇冒险，悬念与圈套的设置……宁肯用一切技巧营造出悬疑的氛围。首先，神秘离不开怀疑与求证：马格对身份的追问、对数学老师的跟踪，还阳界队长对巫一般的女人林因因的调查，成岩对果丹的怀疑，李慢甚至对自己的所见所闻所感都难以相信，以至于需要求助精神病院的心理分析治疗……所有的质疑和求证都显示着人对自己的生存状态的思考与存在意义的探寻。其次，神秘需要营造远离日常生活的陌生环境：还阳界是原始而蛮荒的，西藏是高远而绝顶的，图书馆是神秘而幽深的，倪维明故居是导向反思与内省的，精神病院是无意识而自成体系的。最后，神秘必须直面死亡：马格对手术刀谋杀的想象，母亲的割腕，队长让鹰把自己啄空，头骨放射性地大笑，活埋林因因，雪崩，站长诡异的两次圆寂，倪维明身上的失去活力的苦难的身体，李慢对唐漓离去时所产生的枪杀的幻听和幻视，李大头在失去"权利"后选择的奇异的死亡方式……宁肯似乎对死亡有着独特的态度与感受：在他眼中，死亡不是悲伤与可怕的，而是生命的一部分，是实现生命意义的最后的一次表演。母亲的割腕是为了将生前欠下的罪一并还给她内心的"主"，队长的死表明了他对生命原始意义的回归的勇气与对难以理解的生活的抗争，雪崩只是为了见证两个男人面对人格尊严挑战时的勇气和一个女人在面对道德和珍爱时痛苦选择和自我牺牲的无奈，倪维明对专制国家机器的不屈不挠的抗争，李慢对唐漓的恐惧并不是来源于死亡的威胁，而是唐漓将安全套甩在他脸上时对他的命根的羞辱，精神失常的李友贵自己选择死亡的方式似乎也表明了人对失去权利后的不甘。在宁肯的笔下，连死亡都带有唯美与诡异的气氛。也许这正像希区柯克悬疑电影一样，看得见死亡，但不见血腥；看得见暴力，但却并不露骨，悬念并不是源于未知，而是基于一种对精神上缺失和道德倾斜的焦虑。

　　宁肯的小说中充满着冷峻的荒诞。荒诞表现的是存在的异化和意义的缺席，荒诞的产生是因为人类决心在世界上发现目的和秩序，然而这世界却不提供这两者的例证。宁肯展示了个体经历的荒诞：《蒙面之城》中的那场雪崩看起来似乎是偶然的，而马格的获救、成岩的罹难似乎都是上天的安排。但是成岩在最后突然发现，果丹嫁给他不过是为了使自己在两难的困境中获得解脱，这种牺牲成就了果丹的圣女形象，也使她获得了蔑视成岩的权利。宁肯揭露了人类精神追求的荒诞：《沉默之门》中李慢师从倪维明老人似乎是李慢被人类的精神财富和老人的人格魅力所吸引，但是事实上，李慢是为了监视老人而和老人接触的，李慢并未受到老人言传身教的影响，依然是猥琐怯弱的。李慢一直以来都被命运的荒谬所捉弄：他在地下室报社工作不久就遭遇停刊面临失业，在调查所的工作又是在客户和老板的双重冷眼下夭折的，校对的工作让李慢只有孤独和虚无，在《中国眼镜报》当编辑又使李慢不得不在 O 与 W 的斗争夹缝中求生存，日复一日编织着"柏涅罗泊的布"。相反，只有在精神病院中，李慢才真正贴近了自己的内心，走进了自己的精神。他并非病人，而是人类精神疾病的观察者、人类灵魂的拷问者，甚至他完全颠覆了他的身份和职责，充当了杜眉医生的"心理医生"……李慢生活的世界，似乎就如同卡夫卡笔下的文学世界，秩序颠倒，价值错位，道德沦丧，理想虚无。他永远在迷宫一样的生活中找不到出路，永远感受不到生命的意义。"李慢像蒲公英一样被世界的风吹来吹去，来到了不同的地方，看到了不同的景象。而事实证明，李慢不论经历了什么，他看到的都是大致相似的景象，因而他最终也没有能够与世界苟合。"也许现代生活本身就是荒诞的，也许现代人的精神已经变形，人早已像甲壳虫一样异化为动物，除了荒诞与无奈之外什么也没留下。

　　葡萄美酒需用夜光杯。宁肯有熟练的驾驭小说结构和语言的能力。从叙事方式上来看，在《蒙面之城》中，宁肯还是采用传统的"中立的全知"的作者叙事情境来讲述故事。也就是说，在小说中叙述者是外在于人物世界的，他将叙述视角集中在作品中的人物上，叙事采用第三人称的形式。叙事者虽然对马格的遭遇和故事是全知的，但是，他并没有参与对马格的行为的评论，并未将作者的情感强加于人物之上。这样的叙事手法，使得马格能够尽情彰显他独特的自由的个性。而《沉默之门》的叙事手法则要复杂得多，它更接近现代先锋小说的表现方式。有时候，他采用自由的"中立全知"视角，将李慢作为一个观察与分析的对象；有时候，宁肯采用主人公的"第一人称"叙事情境，透过李慢的眼睛来观察这个世界。这样宁肯使读者既能够站在故事之外对李慢身处荒谬的世界而浑然不觉感到悲悯，又能使读者走进故事行动的旋涡中心，以李慢诗性的眼睛来观察这个失去重心的，肮脏、废墟般的世界，如同陀思妥耶夫斯基小说笔下的主人公一样，抽丝剥茧般地剖析自己内心世界，与自我意识辩驳争鸣，直抵人性的深处。

宁肯是想让读者获得斯蒂文森那样的以"十三种方式"观察世界的能力？宁肯的文字没有喧嚣，只有宁静。他似乎就是想通过文本向读者展示他心灵中的一幅幅画卷，似乎就是想以沉潜、平和的语调朗诵一首首淳朴的叩问心灵的诗篇。午门、岩画、西藏、飞地、冰川、旧梦、情人、音乐、地下室、红方、时间、结局或开始、长街、唐漓、医生、南城、幸福，每一章节，都如同一幅意味隽永的油画，它散落在作者的意识里，又真实地展现在我们的眼前。"墙上的风景是一张脸，中年人，布满细纹，可以想象早年的脆弱，但是现在类似岩石的图案，片麻岩或页岩。在河边有水和无水的时候，我们看到某类相似的时候，经常会想到一些人，想到自己，有时甚至会在水中照一照。是的，这是你的脸或者我的脸，别人的脸。我们是否在怀念年轻时代？不，这没有意义，我早已接受自己。我回忆，不是因为怀念。""李慢轻轻推开虚掩的殿门时没发出一点声响，轻手轻脚，甚至带不起灰尘。但是老人的耳朵多灵敏啊，好像比灰尘还灵敏，早就听到了有人来，只是当李慢已经走近，站着不动了，老人才慢慢转过身，微笑着看着李慢。"这就像一组组无声的慢镜头，只导向冥想。宁肯的小说不仅是故事，也是诗篇。这不仅仅是因为文本中穿插了淳朴的民歌（《阿姐鼓》），苍劲的摇滚（《蒙面天涯》《前世兄弟》），忧郁的诗歌（《观察乌鸦的十三种方式》），更是因为宁肯的语言本身就是诗性的语言。"老人的时间是不动的，像钟表停在了时间深处"，"我们不再抽搐、僵直，尽可能地优美抒情"，"五根指骨被打开，怒放，晶莹剔透，有如精美的冰花"。在宁肯的笔下，邪恶、荒诞、落后、苦难都可以变得唯美、芬芳、迷人，崇高也可以变得虚无。在宁肯游戏的心态下，潜藏着深刻的理性思考和温和的嘲弄。

人的心灵是广阔无边、博大深邃的，生命的意义是无法言说的。"小说就是让那些在黑夜里发光的东西清晰地呈现出来，让黯淡的生命星光闪烁。"① 宁肯用如歌的文字为我们提供了大千世界芸芸众生的精神切片，而意义将远远超出于文本之外。

原载《文学界》（专辑版）2008 年第 8 期

---

① 宁肯：《关于沉默》，《沉默之门》，北京十月文艺出版社 2004 年版，第 325—329 页。

悲苦中升华的一脉精魂

——陈应松小说管窥

陈应松是哪个?

陈应松小说什么味?

在我们展读《黑艄楼》《苍颜》《大寒立碑》《寻找老鳡》《雷婭》《男人之间》等一系列小说之前,他犹如飘在天空中的云朵,难以捕捉。当我们在这个"草色遥看近却无"的春天里,有机会拿起湖北作家陈应松的小说,真切地体悟作品中的情感经验,以及这情感经验所散发着的作者对于世界、生活的"解构",对历史的建构,我们就不能不为作家感到欣喜。因为小说是"陈应松式"的,显现着他独特的个性,使我们透过小说的文本,看到一个追求崇高的大写的人的灵魂,一种渗透着绚烂的楚文化色彩的罡风,一脉于悲苦中升华的精魂,一首不绝如缕的希望之歌。

笔者不揣浅陋,就陈应松小说加以析解,以见教于大方之家。

一 回眸心路,生命意义的感悟

毕加索指出:"艺术家必须从自己的内心抽取一切。"陈应松的许多小说应该是他心路历程的回溯,是他对生命本义的独特感悟。犹如置身于储量丰富的矿藏中的挖掘者,陈应松在生活的隧道里不断地探索前行,以期得到灵魂的舒展、感情的宣泄和梦的追寻。正如陈应松在《黑艄楼·后记》中所祖露的:"我喜欢写一些与自己人生经历有关的小说。"由于他有着与众不同的生活,他才铭心刻骨地体味了处于原生状态的人生经验,不断地回头寻觅着,寻他的根、他的曾经。透过陈应松小说的间隙,我们不难发现，悲苦、凄清、压抑、漂泊的记忆在他的心里积淀成为意象，在小说中凸显出来，成为不可或缺的色调与背景，组合成为陈应松小说的情节核心。

"认识是小说的唯一道德。"① 这是捷克小说家米兰·昆德拉的介说。陈应松小说，有一种很特别的认识，那就是并非"为赋新词强说愁"的虚浮，而是从骨子里渗透的悲苦。使人想亲近它们，又想远离它们。远离是因为悲苦中充斥着压抑，对人性的扼制、自由的羁绊，而亲近则由于悲苦中蕴含着希望、生命的召唤。基于此，陈应松的小说揭示了人类生存的困窘，使他的小说成为"胀裂的人格"的恰当雕塑。

《黑艄楼》中那个血管里洋溢着忧伤情调的"我"，在无法介入的心态中随船漂泊着，陆上的人不理解，因为我是船工；船上的人不理解，认为我不是船工。那么"我是谁?"在茫然中，"我"在"暗示中自觉行动"，时时感受到一种"不可违抗的胁迫力"，"我"无法伸直腰杆，甚至连喘气都不畅。而船上那个像鸭子一般的矮子却自由自在，任意恣情地生活着，并且参与着人类的繁衍——娶妻……而"我"这"祖先的孤独英雄的后代"，却只能在侏儒或亚侏儒的驱遣下被迫地漂流、旋转，唯有内心那挥之不去的情感支撑着高大的身躯，毫不手软地同那个怪物僵持着。那排列有序的 12 个"陈应松"似时光划过的一个年轮，使人感悟到生命的流逝。的确，人类的祖先从洪荒中走出来，水就既是滋润和养育人的生命之源，又是人生飘零的悲苦之源。陈应松小说的"水"才成为一种象征、一种体悟，蕴含了许多言外之意。不仅仅是《黑艄楼》，还有《镇河兽》《一船四人》《黑藻》《龙巢》《樱桃拐》等与水有联系的小说，都反映出陈应松的"水情结"，——想亲近，又想远离，思之甚深，又恶之甚重。当陈应松的小说以浓笔重新呈献了长江（虎渡河）的风俗，船工、渔人的"生河"，我们还将捕获作者弥漫于其中的硬朗、粗豪、刚猛、悲苦与忧伤的气息。

不仅是以"水"为题材的小说，陈应松其他以农村、知青、城镇、都市为题材的小说，都充满了自我心路的回溯感。那位不满足于庸碌、嘈杂、喧嚣的生活，不时想起又不停地寻找心目中的男子汉老毓的"我"；劳作一生，认真、守成，退休之后面对市场经济浪潮的冲撞全副身心都无

---

① ［捷］米兰·昆德拉:《小说的艺术》，三联书店 1992 年版，第 4 页。

处依托的电泵站管理员（《无所依托》）；远离故乡，一生含辛茹苦地生活在外乡，直到终老，都未能回到他魂牵梦绕的故乡的罗裁缝（《大寒立碑》）；对于任何工作都兢兢业业，无力摆脱命运的摆布、现实的桎梏，魂渐趋苍老的孟南（《苍颜》）；极力想寻求刚健有力的男子保护自己，潜意识力求冲破母亲留下的阴影，以沉默来抗拒世界对自己的不公平，而经过两次婚姻轮回又站在原点上的蒲（《城市寓言》）。所有这些，都表明陈应松是以"我"的心境看人生，追求生命终极的真谛。当他以清醒的意识进入小说创作，驾驭着自己独特的生活之舟，去寻找主体精神的家园时，便形成了陈应松小说的独立品格：以小说去书写历史的沧桑、命运的变迁，用心灵的回声传达人类生命的希望。这希望中含着悲苦，含着忧伤，含着忍从，含着无奈，可历史毕竟是公正的，正如陈应松小说中几个结尾那样，"江面更宽了"。船向着"巨大的霞光里驶去"。

二　转换视角，建构形式之异格

"现代小说艺术逐渐失去了一种永恒的力量，主要原因就是舍弃了悟想，不自觉走入了繁琐的阅读和仿制。"（张炜《时代：阅读与仿制》，《读书》1994 年 7 月号）陈应松小说的生命力，就是在于摆脱了简单的阅读和仿制，钟情于悟想，建构形式之异格。陈应松小说是他以自己独特的生活感悟，对于楚文化的深刻领略凝铸而成的，因而，在形式上也是用自己的方式和方法去组织小说的每一个细节，按照创作主体的审美感受、审美经验去结构小说。因此，他奉着"力量＋变异＋才情"① 的圭臬，不断地探索，力求突破传统小说的范式和魅力，去寻找新的视点、新的表现形式，在更广泛的时空意义上进行尝试。

当我们触摸着陈应松小说的文字，并以此为起点，沿着小说的叙事方式和基调深入下去就会感知：陈应松小说的叙述视角和象征方式是交织着的，二者在小说中显现出剪不断的"血缘"关系，共同构成了陈应松小说的特征。透过小说这个窗口，我们似乎捕捉到了作家的创作进程和心态——在对客体存在的解剖中，托出主体内心的立体图景和纵深，力图张扬人类的精神，进行一种人生的进化和自我的完成。

---

① 　参见陈应松《苍颜·作者的话》，海南出版社 1993 年版。

　　陈应松小说的叙事方式，整体上来说是三类人称各具其长的。我在这里主要是探讨第一和第二人称的小说。

　　陈应松第一人称的小说，主要是写"我"的故事，倾诉"我"的情感，描绘"我"的视线所及的情景，把情节设置为横向的并列和同时。展示人们对于现存的生活秩序、生存方式、生存环境的极端困惑和厌倦，既想追求生活的变异，又无力摆脱既定的布置，人格的自由追求和这种要求实际上不可能变为现实的矛盾困扰着人们，使其内心不断地掀起波澜。例如，"我"，既想维护内心高贵的自尊，又想与现实的环境融合，却始终不被接纳的心境（《黑艄楼》），在这篇小说中，"我"是小说中的一个人物，采用内部聚焦的方式完成。在这里，陈应松的叙述情境是灵活的，我既是主人公又是目击者。以"我"的高大健美与矮子的侏儒丑陋相对比，象征着愚昧对文明的鲸吞，腐朽的文化对于现代文明的拒斥。在《寻找老鳇》中，"我"一方面不满于现实的存在和周围人的一切，像感受到生命的召唤一般去寻找那象征着"固执，百折不挠"的老鳇，寻找男子汉，也寻找已经失落了的自我；另一方面，"我"又难以告别自己固守着的心灵一隅，力图维持内心的平衡。小说中，老鳇的象征意味随叙事的进深而凸显，在主观神秘感的掩盖下，"我"既是叙事者，也是观察主体，同时还是观察对象的视点，对于主体进行反观。而"老鳇"，则既是真正的男子汉、与现存秩序抗争的英雄，又是"我"潜意识中理想的幻影。在那芳香袭人的死亡气息里，"我"暗暗珍爱、久久寻觅着的老鳇消失了，死亡了，异化为分离和精神的悲怆，表现了作者对于此岸世界的无力挣脱和对于彼岸世界的美好追慕。

　　陈应松小说第二人称的叙事方式，应该说是第二、第三和第一人称交叉复合的叙事方式。这类小说的叙事情景是弗里德曼所谓的"编辑者全知类型的"，叙述者如上帝一般居高临下俯视着作品中的芸芸众生，抛头露面地直接在作品中发表关于人物评价、道德习俗，风土人情的议论。小说中的"你"是人物，也是场景，更多的是情感起伏的波澜，内心意蕴的抒发和宣泄。如《大寒立碑》中，"你"是父亲，裁缝铺，故乡，也是读者——倾听者和阅读者。我们略作摘录以见一斑：

　　　　你一个人走在异乡的土地上，初秋的天高朗无言。你揣着一把剪子——活命的根。你占了一门手艺，荒年饿不死手艺人，生了孩子，要穿；死了老人，要穿。生生死死，婚丧，嫁娶都离不开它。罗裁缝，你就是一片悲壮的霞色，替这个万恶的人类打扮黎明和傍晚，以你的手艺陪伴他们走完世间的路，让你的剪刀裁剪着世态炎凉，人情冷暖。你的针线缝补着岁月的罅痕，让遗憾、秘密、爱与恨，绵绵不断，与天地长存。

你没见过我父亲的裁缝铺。在乱糟糟的河堤下，在小镇那唯一的一块高地上，极苍凉无言地矗立着。暗红的门楣上用很幼稚而自矜的黑漆写着铺名。尘幡一直吊在檐下，空荡荡的铺子里一览无余。它衰落的征兆在它建造之初就已显露出来了。薄砖墙正在慢慢地倾斜，人们不得不用许多铁铆钉和竹筒来加固它，墙里的填土也在悄悄往下掉，就象一个老人身上的皮糠一样。

前面一段中的"你"指代父亲，浓墨重彩地倾诉着自己的情感和对父亲的赞美；后面一段"你"是阅读的对象或故事的倾听者，描写中潜藏着讲述，以第二人称开头之后，叙述者变换为第三人称，从而完成了叙述情境的转换。

在"故居——以前的房子"一节里，用的是第二和第一人称的复合叙述方式。写父亲和我们"象燕子衔泥一样做起了一栋土砌瓦盖的两间房子!"写父亲"下乡去做上工"时我们的盼望；写父亲为了养活儿女，去学捉龟的劳苦；写父亲去世后，我从坟上归来，站在故居前的慨叹，使我们想到了陈应松正是在"怀着严肃的心面对生活，思考生活，力图透视到生活漩流的深处"[1]。在对父亲的缅怀和祭悼之中，融入了精神的象征和对于灵魂的深沉、坚韧与永恒的呼唤。

陈应松第二人称的小说还有《雷殛》《野木樨》等篇，写的都是长期生存于困窘之中的小人物。但这类以第二人称为叙述视角的小说，都是陈应松浸在痛苦之中，与小说中的人物一起挣扎，共有苦涩的结晶。它们可以说是小说叙事方式的革新，为我们提供了以别一种叙事视角结构小说成功的范例，同时，也以很大的自由的叙述空间，抒发了创作主体的深切关注和淋漓尽致的表达。

---

[1] 曾卓：《梦游的歌手·序》，长江文艺出版社1991年版，第115页。

三 追求悲美,诗意裂变中升华

当陈应松的小说"镜头",通过延长、慢摇把我们带向了长江(虎渡河),带上了航船,带入了城镇,带进了都市,我们就会感知到:小说里的一个个小人物穿着悲苦的外套,怀着悲苦的内心,被冥冥之中的命运之神驱赶着,无可奈何地旋转着,在精神的自虐中维持着自己心态的平衡,上演了一幕幕生活的悲剧。在小说中,人格被撕成碎片,孕育了诗意的裂变,构成了一幅绚烂、精彩的悲美写意图。

维特根斯坦指出:"没有任何痛苦的要求能比人的要求更为强烈,或者,没有任何痛苦能比一个个体的人所能遭受的痛苦更为强烈。"① 陈应松的小说正是用诗意的笔调去抒写悲苦、悲哀、悲剧,用痛苦给自己的创作注入了活力和灵感,使小说呈现出沉重之感、沉郁之风。《城市寓言》以诗一般行云流水的细腻写了蒲的孤独、蒲的凄凉,蒲内心深处的创伤和悲哀,蒲面对背叛和不幸的沉默,赋予其悲苦的诗意美。《苍颜》中孟南不时闪动着的潜意识,一切像是命中注定的无可奈何的悲哀,孤独袭来时,"他感到了灵魂深处的苍老和悲哀"。而他曾经交往的小肖和绮,与其说是生活中曾经出现的真实,不如看作生命与心灵中闪现的渴望。固有的传统范式束缚着孟南,使他不可能离开自己固定的位置,因而他只能充满悲哀地去完成自己的人生。《旧歌的骸骨》中固执地呼喊着,期待有人能回答他"我在哪里?"却总找不到回音的末末盖子和他生活在死鬼丈夫和活鬼儿子中间,有着惨痛记忆和痛苦现实的母亲——小盖子嫂,学会遗忘就学会了生存的梆子大叔,他们在生活中享受苦难,遗忘过去,挣扎着生存,使人感受到强烈的悲剧之美。陈应松小说文本的全部心境和隐伏于心底的瞬间冲动,是一股躁动的超越理性的力量。小说的文本和文本之后藏着的精神自虐,使我们这样理解:"人,决不都是美丽的,可也不都是丑恶的……当人们在凝视着自己,在烦恼与苦闷中追求人生的真谛,那身姿却又是美丽的。"② 因为陈应松在《女人如水》中借波之口,这样解释:

---

① [美]维特根斯坦:《文化与价值》,黄正东、唐少杰译,北京大学出版社1987年版,第65页。

② 黑宕重吾:《日中交流·人生·小说》1986年第1期,第216页。

"我喜欢陶醉在自己制造的痛苦里。我欣赏人生的痛苦……它会带给我无穷无尽的事业的灵感。"这是一个痛苦的灵魂，一个微笑、清醒而痛苦的灵魂，他唱着一支苦难的生活之歌向未来走去，向希望走去。悲美的基调，使陈应松小说在某种意义上舍弃了事件的节奏感和统一性而追求人物内在精神的充分展现，使诗意的色彩析解、升华，在更广阔的文化背景上回观现实，那种隐隐约约的、挥之不去的希望；淡淡忧伤的绝世旧歌；沉郁悲凉的内在意蕴；找不到精神家园的迷惘；灵魂不得舒展的凄楚和苦涩，共同组合建构了陈应松的小说格调。就像《淮南子·说山训》所言："美之所在，虽污辱，世不能贱；恶之所在，虽高隆，世不能贵。"在我们这个国度里，普通人、小人物当然应该是小说中的主题人物，他们日复一日地劳作，无怨无悔地期盼，忍辱负重地承受。生活就这样渐渐积淀了；历史就这样默默地前进了，美也就这样悄悄地诞生了。

陈应松用小说创造了自己的世界，用他的彩笔饱蘸着心血书写着、歌唱着，用心灵的回声建构着崇高的精神图像，这绚烂的、沉雄如太阳一般的声音，将回荡在未来的时空……

原载《大同高等专科学校学报》（综合版）1995 年第 4 期

隐藏着我们的爱和怕

——李修文小说《滴泪痣》解析

季节：仲春。

气候：小雨·风3—4级。

时间：凌晨的3点44分。

地点：武汉沙湖之滨。

连续几天，我都在夜阑如水、周边静谧的时候，阅读李修文的第一部长篇小说《滴泪痣》，今天终于读完了第三遍。阅读所产生的视觉疲惫和情感兴奋交织在一起，推波助澜，形成了强烈的合力，令人无法安眠。写下一些文字为记。

应该说，李修文的小说我还是比较熟悉的，他的大部分作品我都读过。我所看重的是他的小说的情感流动和人性追寻。李修文此前的作品大致可以分为两种类型，一是以青春的理想激情和反叛的姿态解构经典文本，如《西门王朝》《心都碎了》《王贵与李香香》等，《西门王朝》中对于爱情不敌存在的无奈，西门庆、潘金莲的情真意切，《心都碎了》表现花木兰"性倒错"的烦恼，都属于这一类；另外一类展现现实生活的作品，多是存在对人性的压抑的逼仄，如《小东门的春天》《洗了睡吧》等。即使是在那些解构经典的文本中，情感的线索依然有迹可寻。《西门王朝》反复强调潘金莲和西门庆"她16岁，我18岁"的青春妙龄，《王贵与李香香》中少年王贵与李香香无邪的爱慕，都显现出青春少年对于爱的不假思索的寻求与渴望，以及在现实的种种阻隔面前不可能实现的哀痛令人心碎。

在阅读《滴泪痣》的过程中，我特别注意捕捉小说对自己的冲击。以辨析这种冲击与感受究竟是生理的、心理的、情感的、理智的？随着阅读的逐渐深入，挥之不去的惆怅与隐痛弥漫在心底深处，直到完全浸润在悲怆和抑郁中。生命的意义究竟是什么？难道浮生中的人真的都是打冷清里来，在冷清里住，往冷清里去？《滴泪痣》反复叙说、描摹、渲染人的个体性、虚无感、孤独体验和距离意识，那种特有的不自由（无法摆脱身体的隔膜与所爱的人不离不弃，永远合一）与自由（爱的选择和对爱人的占有）微妙共存所产生的外表看似轻松的虚无主义，背后其实隐藏着深刻"绝望"——对爱的绝望与恐惧。在小说中，李修文试图以爱的"不离不弃"的执著，架构一座桥梁——连通身体与道德、身体与心灵、我与扣子、我与朋友——情感的桥梁，将宿命与认命柔密地合为一体。小说中，无论扣子怎样对"我"，"我"都喜欢。"无论她怎样，我都是难以自制的喜欢。"只要能够听到她的声音，看到她的脸庞，把她抱在怀里，抚摩着她，和她在一起，"我"就非常满足。"我"从来就不曾埋怨过她，即使在"我"意识到她要离开的最绝望的时候，"我"都没有一丝怨艾。爱的执著，爱的痴迷，爱的无怨无悔，正是《滴泪痣》与李修文以往的小说的共通之处。

《滴泪痣》叙说的是一个爱的悲剧。漂泊日本的大陆青年——"我"在北海道接到东京新宿警视厅的信，于"月见节"接回了失踪爱侣"扣子"的骨灰。"我"抱着骨灰沿着我们曾经走过的路一步步前行，在东京游荡，直到为"我"心爱的扣子找到安放之所。小说从"我"捧着骨灰的沿途经过切入，运用多种视角结构小说，叙述故事。以爱与死为线索，交错地组接、穿插了其他人物的运命，谱就了一曲绝对的"爱"与"死"的绝唱。小说整体氛围凄怆、哀婉，情节曲折、跌宕，读来如日本小说，充溢着樱の花刹那生灭的悲剧意蕴。《滴泪痣》中的人物都是孤独、寂寞、漂泊的灵魂，无论是我、扣子，还是筱常月、安崎杏奈、阿不都西提，都不得不接受疾病、分离、痛苦和死亡的煎熬。他们在漂泊中承受无助的困苦，在死亡里领悟情爱的隔绝，在欢交时体味人生的虚无，在孤独中品尝生命的悲哀……一切都是命中注定的、别无选择的。当"我"与扣子在东京偶然相遇，一种无法言说的满足感和惧怕感始终笼罩、缠绕着"我"，隐藏着的爱和怕，令"我"焦灼不安，即使是在宣泄痛苦的"交际援助"时刻，我的孤独感依然难以消除，"当我大汗淋漓地进入到一个人的身体里去，却感到全世界只有我一个人"。感到的"是气泡一般的虚无感"。和扣子在一起相厮相守的时候，这种满足与恐惧交织的感觉愈益强烈，不断地困扰着"我"，"人之为人，可真是奇怪啊：两个人出生了，在各自都不知晓的地方生长，……有一天，两个人遇见了，仿佛对方是磁铁一般被吸引，在一起的愿望甚至变成本能，什么东西都阻拦不住，即使他们各自的身体，也觉得多余，两个人只有一具身体就够了，但上帝造人时就已经安排妥当，谁也改变不了，谁也妄想不了"，"只有我们共同使用一具身体，我们才不会担心下一分钟可能发生的事情。这大概是惟一的解决方法了。只可惜，这个愿望，即使死去，化为尘埃和粉末，也还是无法办到"。当"我"充满爱意地凝视扣子时，失去或者别离的恐惧不断加剧着。焦虑不安中，"我"总是突然觉得和她——扣子隔了好远……"这么一想，我便使劲攥住了扣子的手，把她往怀里拉得更近一点，可是，越是这样，越是觉得还不够，我和她之间还隔着相当的距离。""我在爱，与此同时我在厌恨。……我厌恨我们各自的肉体，这多余出来的皮囊，使我们的鼻息不能相通，哪怕我和扣子永远在三步之内。"是的，即使是深深相爱、情意绵绵的爱侣，也不得不接受身体的隔绝，灵的相契与肉的分裂是个体的人永恒的悲哀。

《滴泪痣》的故事发生在日本，也只能发生在日本。日本《万叶集》里有这样一首："有物能凭借，劝君意自安，赴汤蹈火处，吾亦有何难。"《滴泪痣》中，"我"对扣子的爱，其实可以说是"不假思索的青春"之爱，流溢着青春期（18—20 岁）到成年过渡时段特有的忧伤情感，这种忧伤不是急风暴雨式的，而是舒缓的忧伤，充满了怜悯、悲伤之情，犹如早春的寒雨，点滴入心。小说把根于感觉的爱的人体美，逐渐向根于情绪的爱的心情美和根于精神本身的爱的人性美、人格美提升，最后化作浸润于心魂的爱之美。这种表现手法，透露出李修文的小说创作受日本文学的影响至深。他在《滴泪痣》所表达的，我以为既与日本本土的生活环境和风俗人情密切相关，也在某种意义上与日本审美文化中所贯穿的那种对于弱小的怜爱、抚慰的"美しい"——美与爱的意识相关。日本美学家今道友信在《东方的美学》中指出：日本的审美意识中，无论是"うるさい"还是"美しい"都包含着爱的三个条件——"恍惚的自我忘却、勇于牺牲的献身以及友好的同一性"，《滴泪痣》里几乎所有人物的爱情、心灵和行为，暗含了这"爱"的三个条件。"我"与扣子、安崎杏奈与辛格、筱常月与他的前后两个丈夫都是心甘情愿地在一起，（筱常月，为了北海道"七年祭"的传说，为了不至于因为自己的耽误使逝去的丈夫成为孤魂野鬼，居然在《蝴蝶夫人》演出的时候，将匕首刺入自己的胸膛。）无论是贫苦、疾病、流浪，还是挑衅、战乱、黑社会的追杀，爱恋的人都心甘情愿地一起承担，贫贱不移，富贵不淫，威武不屈。还有什么比这样的坚贞的情感更令人感佩？

《滴泪痣》中，依然延续了李修文的小说手法，善于运用多视角的叙述。有全知的居高临下的审视，也有半知的"我"的感知；有意识流的宣泄，也有梦幻的朦胧和迷离，将平常的所见里隐藏着的爱与怕，永不复还的青春，犹如颗流星般的浮生揭示与读者。"一只画眉，一丛石竹，一朵烟花，它们，都是有前世的吗？"在茫茫东京里，"我"和扣子也从来没有过春风沉醉，最多只是两颗流星般的浮生。"只有在不经意之间一回头，看见雪地上清晰的脚印，想着飞雪很快就会将它们掩盖，内心里才会颤动一下。……何谓'诸行无我，诸法无常'，是啊，哪一个时段、哪一个动作里的我，才是真正的我呢？"这种舒缓的忧伤，弥漫于作品之中，极大地加深了那种不离不弃的青春之爱的力度。

小说中场景的对比，色彩的感觉非常强烈，桜の花、雪国、温泉、瀑布、音乐、绘画，以及御苑的宁静安谧，秋叶原的灯光夜景，飞驰的高速列车，共同建造了小说的艺术氛围。读来仿若在日本的土地上行走，亲切、自然。雪国之爱的场面描写，身外冰雪的寒冷和身体爱的热烈构成了极大的反差，冰天雪地里，青春的身体交合为一，感受生命的存在。这是"我"与扣子第一次做爱，湖水是冰冷的，"我"却觉得有一股莫名的温润；感觉到回到母亲的子宫里的踏实与心安理得，"我"在水下的黑暗里看见我的命运。当扣子的手抓住"我"的时候，"我的鼻子突然一酸，终于没能忍住，号啕着打掉了她的手，疯狂地、不要命地将这具身体狠狠地抱在怀里，像抱着一个寂寞的水妖"。"在最后的时刻到来一分钟之后，我们身下的冰排从中间悄然断裂，我们抱着，逆来顺受，一起落入了水底。"此刻，青春的情爱与渴望已久的母爱的寻找获得了同一，潜在的生命原意识获得苏醒回归，不离不弃也就自然而然了。

我以为，李修文所展示的是"有梦不觉夜长"爱的沉浸；是"我"对于扣子满怀赤诚，共赴危难的决绝；是在异国他乡的困厄中相互扶助，为了所爱甘愿放弃一切的真情……那青春的、柔软的、流淌的爱之美，那凄婉、阴柔、华丽的异国风情，也只有借助阅读《滴泪痣》的文本，才可能欣赏并获得其中的美感。